2011년 문화체육관광부 우수학술도서 선정

문제해결을 위한 수학

Power Math

장경윤 · 류현아 · 한세호 · 장만석 · 서효훈 · 홍선표

KyoWooSa 敎友社

머리말

어린이들은 누구나 수학을 좋아한다. 도형의 이름을 하나 둘 배우고, 1, 2, 3, … 수 세기를 배우고 1, 2, 4, 8, 16, … 나름대로 규칙적으로 수를 띄어 읽는 일은 어린 아이들에게 매우 즐거운 놀이이다. 어린이들은 선천적으로 작은 수학자이다.

그러나 여러 국제 비교연구 결과에 의하면, 우리나라 중학생들은 수학에 대한 성취도가 상대적으로 높은 편임에도 불구하고 수학에 대한 흥미나 관심은 매우 낮은 것으로 알려져 있다. 또한 우리 주변에서 수학을 어렵고 지루하며 종종 자신감 보다는 실패의 경험과 관련되어 기억하는 사람들을 만나기란 어렵지 않다. 슬프게도 어느 순간부터인가 수학을 한다는 것이 지루하고 복잡한 일(?)이 되어 버리고 만 것이다.

수학은 문제해결에 매우 강력한 도구이다. 수학은 실제적인 문제해결을 위해 고안된 학문이며, 학교수학이 다루는 개념 중에 맥락과 무관하게 순수 형식적으로 생겨난 것은 없다. 그럼에도 불구하고 많은 학생들에게, 수학은 일생동안 전혀 사용하지 않을 것 같은 복잡한 규칙과 기계적인 조작을 힘겹게 강요하는 교과로 인식되고 있는 것이다.

대부분 현행 수학 교과서에 수록된 문제는 지필조작이 가능하도록 지나치게 간단한 형태로 제시되고 있으며, 대부분 맥락과 무관한 방식으로 다루어지고 있다. 또 학생들에게 문제를 해결하기 보다는 공식과 절차를 암기하고 형식적인 조작기능을 익히게 하는데 초점을 맞추고 있다. 이 책은 '개념 → 알고리즘 제시 → 알고리즘 암기→ 알고리즘 적용'으로 요약되는 교과서 저술방식과 맥락과 유리된 교과서 문제들 때문에 학생들이 수학을 기계적 계산으로 생각하며 수학의 유용성과 힘을 인지하지 못한다는 저자들의 문제인식에서 출발하였다.

이 책은 1차 함수에서 삼각함수에 이르기까지 고등학교 대수와 함수 내용을 다루고 있으며, 수학적 개념의 이해와 적용을 동시에 고려하여 진정한 수학적 사고 개발을 목적으로 집필되었다. 저자들은 이 책의 집필방향을 다음과 같이 설정하였다.

첫째, 수학적 사고를 확장하고 적용할 수 있도록 적절한 문제 세트를 개발하여 제공한다.

둘째, 문제를 맥락과 관련시킨다.

셋째, 실제 자료를 사용하는 문제를 다룸으로써 수학을 통해 중요한 정보에 접속할 수 있게 한다.

넷째, 다양한 표상을 연결시킬 수 있게 하며, 컴퓨터나 계산기를 사용하는 문제를 포함시킨다. 컴퓨터나 그래픽계산기는 실질적 자료 관련 복잡한 계산을 대신하기도 하지만 문제해결에 대안적 방식을 제공하기도 한다.

다섯째, 내용 영역별로 문제해결에 필요한 주요 개념과 용어를 정리하고, 예시문항을 통해 수학적 개념과 절차를 설명한다.

여섯째, 알고리즘이 아닌 사고하는 수학으로 수학적 사고의 외연을 확대하게 한다.

일곱째, 열린 문제 제시로 수학하는 경험을 제공한다.

이 책은 고등학교 수학을 보완한다. 저자들은 모두 고등학교와 대학에서 수학을 가르치는 교사들로서, 독자들이 학교수학을 외우는 수학이 아니라 “생각하는” 수학, “의미있는” 수학, “하는” 수학으로 경험함으로써, 수학이 살아있고 유용한 도구임을 느끼고 사용하게 되기를 기대한다.

2010. 4

저자일동

Power Math 서문

1. 책의 구성에 대하여

이 책은 고등학교 2학년까지 수준의 수학 중 대수 영역 주요 부분을 문제해결 위주로 다루고 있습니다. 단원 1~단원 9까지 각 단원은 개념 주제별로 몇 개의 절로 나뉘어 있으며 각 문제는 문제의 맥락이나 내용을 서술하는 제목으로 시작합니다.

각 단원별 구성은 다음과 같습니다.

핵심개념: 각 절에서 다루는 핵심적인 수학개념과 용어를 간략히 요약하여 제시하고 있습니다.

개념이해: 개념을 사용하는 기본 문제 세트가 제시되며, 풀이 과정이 상술되어 있습니다.

문제 해결: 개념을 사용하는 문장제 문제로 실제적 자료나 실생활과 관련된 문제 세트입니다.

실력 다지기: 각 단원의 끝에 개념이나 기능을 익히게 하기 위해 서로 다른 몇 가지 범주의 문항들로 구성되어 있습니다.

- ○ 열린문제: 확산적 사고가 필요한 경우로 여러 가지 답이 가능한 문제
- ○ 추론문제: 학생들이 틀리기 쉬운 사례를 제시하여 오류를 찾아내게 하는 문제와 답을 추론하는 문제
- ○ 발전문제: 몇 개의 개념이 복합적으로 연결되거나 다소 곤란도가 높은 문제

풀이와 답: 단원별로 마지막 부분에 문제에 대한 풀이와 답이 수록되어 있습니다.

2. ICT 활용과 관련하여

이 책에서 ICT(Information Communication Technology)는 컴퓨터나 그래픽계산기, 또는 계산기를 의미합니다.

ICT 활용과 수학교육

수학교육에서 ICT는 단순히 복잡한 계산을 대신해 줄 뿐 아니라 학생의 수학적 활동과 추론의 수준과 범위를 확장시킵니다. ICT는 학생들로 하여금 종이와 연필로 하는 지필연산의 한계를 극복하고, 의미 있는 수학활동에 참여할 수 있게 합니다. 학생들은 문제해결을 위하여 ICT를 적절히 사용할 수 있어야 하며, 동시에 문제해결에서 ICT를 사용할 지 여부를 판단할 수 있는 능력이 있어야 합니다.

ICT 활용 지침

이 책은 지필연산으로만 하는 활동, 기본적으로 지필연산이 중요하지만 ICT 사용을 허용하는 활동, ICT 사용을 전제로 하는 활동을 모두 포함하고 있습니다. 각 문제 제목옆에 ICT 활용 지침을 다음과 같이 아이콘으로 표시하였습니다.

 계산기 활용을 권장하는 문제

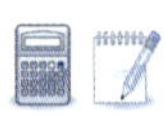 계산기와 지필 모두 가능한 문제

ICT 활용방법 안내

이 책에서 언급한 ICT 종류는 컴퓨터와 그래핑계산기입니다. 다양한 컴퓨터 소프트웨어가 가능하지만 이 책에서는 접근가능성을 고려하여 엑셀(Excel) 사용을 권장하여 그 사용방법을 소개하였습니다. 그래핑계산기는 Classpad300 화면으로 제시하고 있으나, TI-89, CFX9850, 9860, HP 등 다른 기종의 그래핑계산기를 사용할 수 있습니다.

그래핑소프트웨어를 인터넷 홈페이지에서 무료로 제공하기도 하는데, 유사한 기능을 가진 그래핑계산기를 제공하는 홈페이지 주소도 함께 소개하였습니다.

단원 1~단원 6까지, 각 단원 마지막 부분에 문제해결과 관련하여 그래핑소프트웨어나 Excel을 활용하는 기초적인 방법을 소개하였습니다. ICT 활용은 각 단원 마지막 부분에 있지만 문제해결에 ICT를 적절히 활용하려면, 순서를 달리하여 미리 살펴보는 것이 유익할 것입니다.

차 례

Chapter 03 이차방정식과 인수분해 / 105

Chapter 04 다항식과 다항함수 / 171

Chapter 05 제곱근과 역함수 / 241

Chapter 06 지수함수와 로그함수 / 295

Chapter 07 유리함수 / 365

C·H·A·P·T·E·R 1

1장 일차방정식과 일차함수

1.1 일차방정식과 일차함수

핵심개념

• 핵심용어
일차함수
일차함수의 그래프
정의역
치역
절편
정비례

▸ 일차함수

정의역 X와 공역 Y가 수의 집합인 함수 $f : X \rightarrow Y$에서 Y의 원소 y가 X의 원소 x에 대한 일차식, 즉 $y = ax + b$ (a, b는 상수, $a \neq 0$)로 나타내질 때, 이 함수 f를 일차함수라고 한다.

▸ 일차함수 $y = ax + b\,(a \neq 0)$의 x절편과 y절편

(1) x 절편 : 그래프가 x축과 만나는 점의 x좌표 $\left(-\dfrac{b}{a},\ 0\right)$

(2) y절편 : 그래프가 y축과 만나는 점의 y좌표 $(0,\ b)$

개념이해 집단장

윤진이는 3시간 동안 일정한 속도로 20m^2의 벽면에 페인트칠을 하였다. 친구 기현이도 40m^2의 벽면을 일정한 속도로 칠하는 데 5시간이 걸렸다.

두 사람이 지금까지 속도대로 함께 일을 한다면 110m^2의 벽을 칠하는데 걸리는 시간은 얼마인지 구하시오.

이해 두 사람이 각각 일정 속도로 110m^2의 벽을 칠한다.

함께하면 얼마나 시간이 걸릴까?

계획 각자 1시간 동안 칠할 수 있는 넓이를 구한다.

두 사람이 함께 1시간 동안 칠할 수 있는 넓이를 구한다.

(칠해야 하는 전체넓이)÷(두사람이 1시간에 칠할 수 있는 넓이)를 구한다.

풀이 각자 1시간 동안 칠할 수 있는 넓이는

$$\text{윤진: } 20\text{m}^2 \div 3\text{시간} = \frac{20}{3}(\text{m}^2/\text{시간})$$

기현: $40\text{m}^2 \div 5\text{시간} = 8(\text{m}^2/\text{시간})$이고

두 사람이 함께 1시간 동안 칠할 수 있는 넓이는

$$\frac{20}{3} + 8 = \frac{44}{3}(\text{m}^2/\text{시간})\text{이다.}$$

따라서 (전체 넓이)÷(1시간에 칠할 수 있는 넓이)를 계산하면

$$110 \div \frac{44}{3} = \frac{30}{4} \text{ 또는 } 7.5(\text{시간})\text{이 된다.}$$

∴ 두 사람이 110m^2의 벽을 칠하는데 걸리는 시간은 7시간 30분이다.

검토 윤진이가 칠한 넓이 : $\frac{20}{3} \times 7.5 = \frac{150}{3} = 50(\text{m}^2)$

기현이가 칠한 넓이 : $8 \times 7.5 = 60(\text{m}^2)$

두 사람이 페인트칠한 넓이를 합하면, $50 + 60 = 110(\text{m}^2)$가 된다.

1 교통카드 사용

금액 20000원이 적립되어 있는 교통카드를 구입하였다. 집에서 학교까지 가는데 한 번 버스를 탈 때마다 카드에서 700원씩 요금이 빠져나간다.

(1) 버스를 x회 타고 난 후 카드에 남은 금액을 x에 관한 식으로 나타내시오.

(2) 이 카드로 최대 몇 주 동안 통학할 수 있을지 판단하시오. 또 이 문제에 답하기 위하여 구체적으로 어떤 정보가 더 필요한지 쓰시오.

2 전화카드

민수는 600분 동안 통화할 수 있는 공중전화카드를 구입하였다. w주 후 카드에 남아있는 통화가능 시간(M)은

$$\mathrm{M}(w) = -50w + 600 \text{ (단위 : 분)}$$

이라 한다. 아래 물음에 답하시오.

(1) 위 함수의 정의역과 치역을 구하시오.

(2) 위 함수의 그래프를 구하시오.

(3) 민수가 한 주에 전화카드를 사용하는 시간은 몇 분인가?

3 타일 채우기

오른쪽 그림과 같이 4×4 타일 바닥을 2×1짜리 x개와 3×1 짜리 y개의 작은 타일로 겹치거나 남는 부분 없이 꼭 맞게 덮으려고 한다.(단, x와 y 모두 양수이다.)

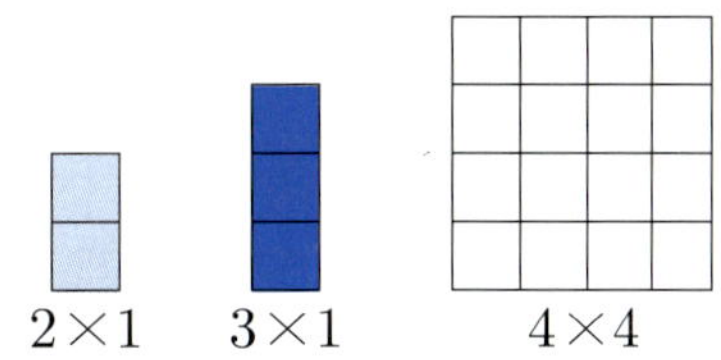

(1) x와 y 사이의 방정식을 구하시오.

(2) (1)의 방정식을 만족하는 정수해 $(x,\ y)$를 모두 찾으시오.

(3) (2)에서 찾은 해가 실제로 타일 바닥을 덮을 수 있는 작은 타일 개수로 적절한지 직접 그림을 그려서 확인하시오.

4 길이 단위 환산

서울에서 도쿄로 비행중인 비행기 기내 스크린에 비행 정보가 다음과 같이 한국어와 영어로 번갈아 나타났다.

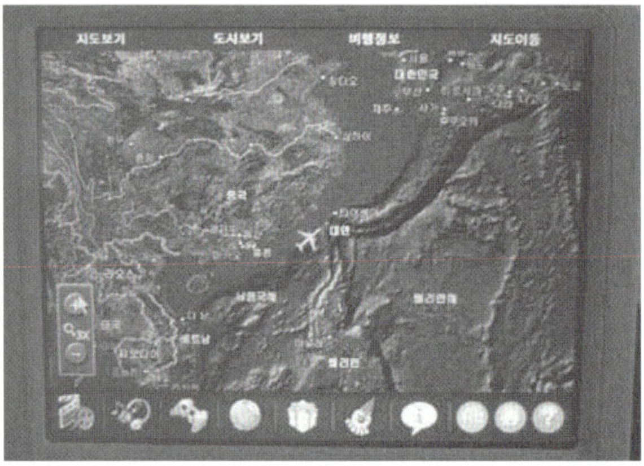

한국어 화면		영어 화면	
속력(km/h)	800 km/h	속력(mile/h)	500 mile/h
비행기 고도(m)	8200 m	비행기 고도(feet)	A feet
남은 거리(km)	B km	남은 거리(mile)	312.5 mile

※ 미터(m), 킬로미터(km), 피트(feet), 마일(mile)은 모두 길이를 나타내는 단위이다. 1 피트는 30.5 cm이다.

다음 물음에 답하시오.

1. (1) 한국어와 영어 화면을 비교하여 1m는 몇 피트인지 구하시오.
(소수 셋째 자리에서 반올림하여 소수 둘째 자리까지 구할 것)

(2) 한국어와 영어 화면을 비교하여 1 mile은 몇 km인지 구하시오.

(3) 비행기 고도를 피트로 나타낸 값 A를 구하시오.

(4) 남은 거리를 km로 나타낸 값 B를 구하시오.
(소수 둘째 자리에서 반올림하여 소수 첫째 자리까지 구할 것)

(5) 경부고속도로 최고 제한속력은 시속 100 km이다. 이는 시속 몇 mile인지 구하시오.

2. (1) x피트(feet)가 y미터(m)라 할 때, y를 x에 관한 식으로 나타내시오.

(2) x피트(feet)가 y미터(m)라 할 때, x를 y에 관한 식으로 나타내시오.

문제해결

1 백화점에서

어느 날 미화 1달러(USD)에 대한 호주(AUD), 유로통화(EUR), 일본(JPY), 홍콩(HKD) 화폐의 환율이 아래와 같았다.

통화명	매매기준율(원)	미화환산율(dollar)
미국 달러 USD($)	929.70	1.0000
유로 EUR(€)	1263.93	1.3595
영국 파운드 GBP(£)	1850.43	1.9904
호주 달러 AUD(A$)	768.40	0.8265

※ 이 표에서 마지막 행을 예로 들어 설명하면 호주달러 1달러(A$)가 한화로는 768.40원(₩)이고 미화로는 0.8265달러($)임을 나타낸다.

(1) 공항 기념품점에서 인형을 미화 200달러($)에 판매하고 있었다. 인형 값은 한화로 얼마인지 구하시오.

(2) 영국에서 이모가 책을 한 세트 보내주셨다. 책 박스에 정가가 420파운드(£)로 적혀 있었다. 책 한 세트 값을 한화로 환산하면 얼마인지 구하시오.

(3) 미국에서 온 친구와 함께 백화점에 갔다. 친구가 1장에 1500원 하는 카드 10장을 사려고 한다. 카드 10장 값을 미국 달러($)로 환산하면 얼마인지 구하시오.
(소수 셋째 자리에서 반올림할 것)

2 외환거래

외국돈(외화)과 한국돈(한화)을 교환할 때 팔 때와 살 때, 은행 간 송금할 때도 보낼 때와 받을 때 각각 적용하는 환율이 다르다. 다음은 2009년 1월 16일 미화 1달러($)를 한국에서 송금 또는 매매할 때 적용하는 한국 돈 액수를 나타낸 환율표이다.

〈2009년 1월 16일 최종환율표-한화(₩)와 미화(USD $)〉

송금		현찰		매매기준율	매매환산율
받으실 때	보내실 때	파실 때	사실 때		
1340.10	1365.90	1329.33	1376.67	1353	1.0000

※ 이 표에 의하면, 미화 1달러($)를 사려면 한화 1376.67원을 지불해야 한다. 그런데 내가 가지고 있는 1달러($)짜리 지폐를 팔면 한화로 1329.33원을 받는다.

(1) 한화 20만원을 미화($)로 바꾸면 몇 달러를 받을 수 있는지 구하시오.

(※ 이 경우 한화 20만원으로 미화($)를 사는 경우와 같음)

(2) 한화 20만원을 미화($)로 바꾸는 대신 미국으로 송금하려고 한다.
몇 달러($)를 송금할 수 있는지 구하시오.

(3) 친척 아주머니에게서 생일 선물로 미화($) 50달러짜리 지폐를 1장 받았다.
이 돈을 한화(₩)로 바꾸면 얼마인지 구하시오.

3 무역회사 수익

한 달에 전자기기 부품 2만개를 생산하여 전량 미국으로 수출하는 회사가 있다. 부품 1개의 생산 원가는 3100원인데 1개에 4달러씩 받기로 하고 수출 계약을 체결하였다.

(1) 운송비, 보험 등 기타비용을 고려하지 않는다고 할 때, 이 회사의 한 달 수익을 한화로 계산하면 얼마인지 구하시오.
(단, 현재 매매기준율을 달러($)당 1353원(₩)으로 계산할 것)

(2) 이 수출계약은 매매기준율이 1 달러에 920원일 때 맺은 것이다.
계약 당시, 이 회사의 한 달 수익은 한화(₩)로 얼마였는지 구하시오.

4 환율계산

기준매매율이 1US달러($)당 D원(₩)일 때, 미화 x달러($)를 한화(₩)로, 또 그 반대로 바꾸는 식을 만들려고 한다. 아래 물음에 답하시오.

(1) 미화 1달러는 몇 원인가? ______________________

미화 10달러는 몇 원인가? ______________________

(2) 빈 칸을 채워 미화 a달러를 한화(₩)로 바꾸기 위한 식을 완성하시오.

a ($) × [　　　] (원/$) = [　　　　　] (원)

(3) 한화 1원은 몇 달러인가?______________________

한화 200원은 몇 달러인가? ______________________

(4) 빈 칸을 채워 한화 x달러를 한화(₩)로 바꾸기 위한 식을 완성하시오.

x (원) × [　　　] ($/원) = [　　　　　] ($)

5 섭씨 · 화씨 온도 환산

서울에서 도쿄로 비행중인 비행기 기내 스크린에 비행 정보가 다음과 같이 한국어와 영어로 번갈아 나타났다.

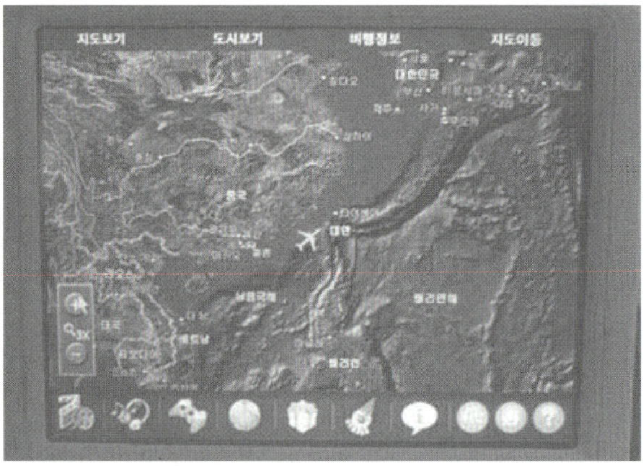

속력(km/h)	800 km/h	속력(mile/h)	500 mile/h
외부 온도(°C)	−45 °C	외부 온도(°F)	−49 °F
도착지 기온(°C)	24 °C	도착지 기온(°F)	75.2 °F

※ 섭씨와 화씨는 온도를 측정하는 데 사용되는 단위이다. 기준 온도가 같지는 않지만 섭씨 온도차이에 대한 화씨 온도차이의 비율은 일정하다고 한다.

(1) 섭씨 0도(°C)는 화씨로 몇 도(°F)인가?

(2) 섭씨 x도(°C)가 화씨 y도(°F)라 할 때, y를 x에 관한 식으로 나타내시오.

(3) 섭씨 30도는 화씨로 몇 도인가?

(4) 화씨 78도는 섭씨로 몇 도인가?

(5) 다음 태양계 행성의 낮 기온을 나타내는 다음 표를 채우시오.

행 성	화씨온도 °F	섭씨온도 °C
수 성	725 °F	
금 성	865 °F	
지 구		20 °C
화 성	−24 °F	
목 성		−106.7 °C

6 걷기 / 달리기

재혁이는 자선단체에서 개최한 '24km 걷기/달리기' 대회에 참여하였다. 달릴 때는 시간당 8km, 걸을 때는 6km의 속도를 유지했다. 아래의 물음에 답하시오.

(1) 달리는 시간을 r, 걷는 시간을 w라 할 때 r과 w의 관계식을 세우시오.

(2) (1)의 관계식을 r을 w에 관한 식($r=f(w)$)으로 표현하고 그래프를 그리시오.

7 열풍선의 높이

열기구가 지상 60m 높이에 떠있다. 연소기를 가동시키면 열기구는 분당 45m의 속도로 올라간다. 열기구의 높이를 h(m), 연소기 가동 후 시간을 t(분)라 할 때, h를 t에 관한 식($h=f(t)$)으로 나타내고, $0 \le t \le 5$에서의 그래프를 그리시오.

8 보고서 작성

영균이와 은규가 컴퓨터로 보고서를 작성하고 있다. x는 시간(단위 : 분), y는 x분 후에 남아 있는 단어의 수라 할 때, 영균이는 $y=1400-60x$, 은규는 $y=1200-50x$로 남아있는 단어의 수를 나타낼 수 있다. 아래의 물음에 답하시오.

(1) 같은 좌표평면에 두 그래프를 그리시오.

(2) 두 그래프에서 x절편, y절편, 기울기를 각각 구하시오.

(3) 누가 먼저 보고서 작성을 끝마치겠는지 설명하시오.

(4) 두 함수의 상황을 두 사람의 보고서 작성과 관련하여 설명하시오.

9 집 수리

무료로 집을 수리해 주는 한 봉사단체가 올해 초 창립하여 한 해 동안 50채의 집을 수리해 주었다. 앞으로 매년 15채의 집을 수리할 계획이라면, 앞으로 x년 후까지 이 단체가 수리하게 되는 집 y는 총 몇 채인지 x에서 y로의 함수식을 세우시오.

ICT 활용 Excel로 만드는 환전 프로그램

A 엑셀 다루기

1. Excel 열기(새파일) ※ Excel: MS office에 포함되어 있는 소프트웨어
2. Excel 기본
   (1) 엑셀의 모든 칸은 셀(cell)이라 부르며, 각각 고유한 주소를 갖는다.
   (2) 셀을 선택하면 선택한 셀의 테두리가 생기고(아래 그림에서 직사각형 부분), 셀 주소가 창(아래 그림에서 원의 내부)에 나타난다.
   (3) 셀 안에 문자나 수식 모두 쓸 수 있다.
   - 아래 화면에서 선택된 셀의 주소는 C2이고, C2에 문자 "y"가 입력되어 있다.
   - 수식은 항상 "="로 시작한다.
   - C4에는 수식 "=B4+2"가 입력되어 있다.

   이는 셀 C4에 셀 B4에 있는 수에 2를 더한 결과를 쓰라는 의미이다.

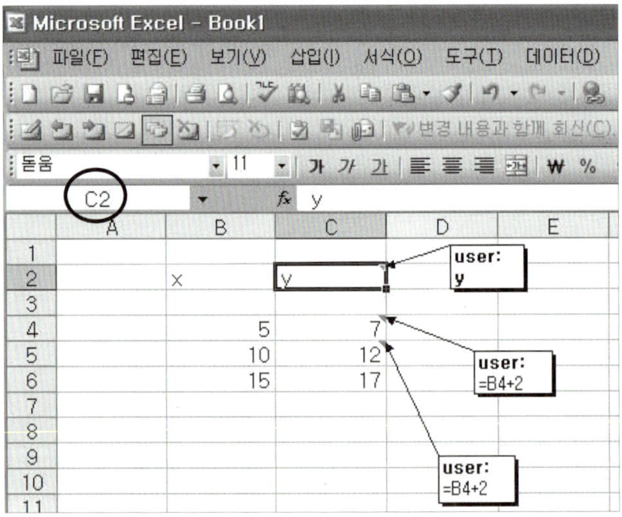

B Excel 환전 프로그램 만들기 1 : 미화($) ⇄ 한화(₩)

1. Excel 새파일에 다음과 같이 입력한다.(색/ 화살표는 표시 하지 않아도 됨)

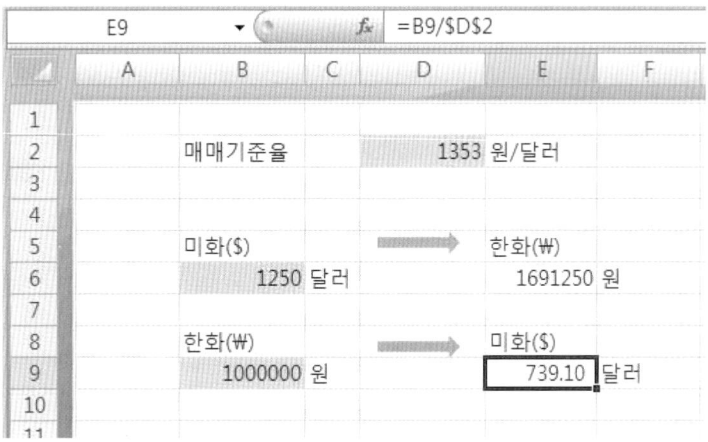

입력	B2: 매매기준율	E2: 원/달러
	B5: 미화($)	E5: 한화(₩)
	C6: 달러	F6: 원
	B8: 한화(₩)	E8: 미화($)
	C9: 원	F9: 달러

2. 매매기준율(D2) 변동에 따라 미화(B6)를 한화(E6)로 계산하는 프로그램을 만들어 봅시다.

프로그램 계획:

(1) D2와 B6에 사용자가 값을 입력하면, E6에 값이 계산되도록 한다.

(2) D2, B6는 (사용자가 값을 입력하도록) 비워둔다.

(3) E6에는 수식을 입력하여, 자동으로 한화 금액이 계산되도록 한다.
즉, E6에는 등호(=)로 시작하는 식을 입력해야 한다.
※ 매매기준율(D2)은 1달러가 한화로 얼마인지 말해주는 값이다.

E6에 수식을 어떻게 입력해야 할지 쓰시오.

____

다음 표에서 D2, B6에 임의의 값을 입력하여 각자 만든 프로그램이 제대로 작동하는지 확인해 보시오. D2, B6를 수정하여 표를 완성하시오.

입 력		출 력
D2 (매매기준율)	B6 (미화 금액)	E6 (한화 환전금액)
1353	200	
1353	1250	
1260		
990		
870		

3. 매매기준율(D2) 변동에 따라 한화(B9)를 미화(E9)로 계산하는 프로그램을 만들어 봅시다.

프로그램 계획:

(1) D2와 B9에 사용자가 값을 입력하면, E9에 값이 계산되도록 한다.
(2) D2, B9은 (사용자가 값을 입력하도록) 비워둔다.
(3) E9에는 수식을 입력하여, 자동으로 한화 금액이 계산되도록 한다.

E9에 수식을 어떻게 입력해야 할지 쓰시오.

____

다음 표에서 D2, B9에 임의의 값을 입력하여 각자 만든 프로그램이 제대로 작동하는지 확인해 보시오. D2, B9을 수정하여 표를 완성하시오.

입 력		출 력
D2 (매매기준율)	B9 (한화 금액)	E9 (미화 환전금액)
1340	240만	
1329	39만	
1270	560만	
1120		
970		

C Excel 환전 프로그램 만들기 2 : 미화($) ⇄ 영국 파운드(£)

1. B와 같은 방법으로 미화와 영국 파운드 간의 환전 프로그램을 만들고 다음 표를 작성하시오.

통화명	미화($)	영국 파운드(£)
매매기준율	1353	1850
환 전	200	
		100
		5300
	370	
		720
	2160	

실력다지기

추론문제

01 $B \neq 0$일 때, $Ax+By=C$의 그래프를 생각해보자. 기울기와 y절편을 A, B, C로 표현하시오.

발전문제

01 다음 세 식에 대한 상황을 각각 설명하시오.

(1) 어떤 스포츠 센터에서는 이용한 개월 수에 대한 회비를 나타내는 식이 $y=7x+12$ $(x \geq 1)$라 한다. 여기서 y는 지불해야 하는 회비이고, x는 스포츠 센터를 이용한 개월 수이다. (단, y의 단위는 만 원)

(2) 전국의 야영지를 자유롭게 이용하기 위한 연회비를 나타내는 식은 $y=3x+15$이다. 여기서 y는 연회비이고, x는 야영일 수이다. (단, y의 단위는 만 원)

(3) 어떤 볼링장의 이용 요금을 나타내는 식이 $y=3x+1.5$라 한다. 여기서 y는 지불해야 하는 요금이고, x는 게임 수이다. (단, y의 단위는 천 원)

02 오른쪽 그림과 같이 5×5 타일 바닥을 3×1 짜리 x개와 4×1 짜리 y개의 작은 타일로 겹치거나 남는 부분 없이 꼭 맞게 덮으려고 한다. x와 y 사이의 방정식을 만들어 5×5 타일 바닥을 덮을 수 있는 3×1 타일과 4×1 타일의 개수를 구하시오.

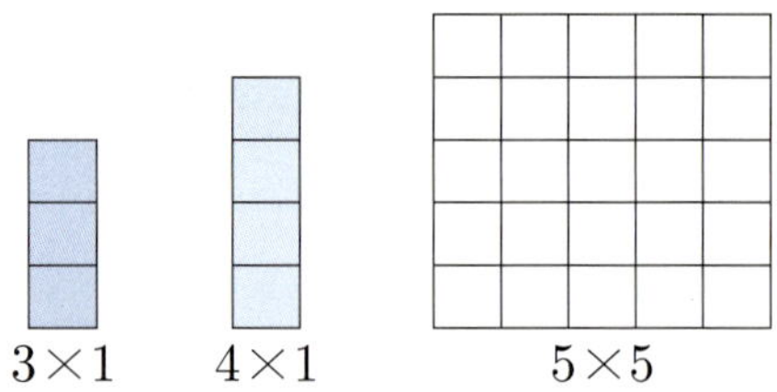

열린문제

01 x절편은 있지만 y절편이 없는 직선과 y절편은 있지만 x절편이 없는 직선의 방정식이 각각 어떤 형태가 될지 탐색해 보세요.

02 (1) $a\div b=-8$ 이 되는 범자연수* a와 정수가 아닌 유리수 b값을 구하시오.
어떻게 a, b값을 구했는지 각자 의견을 나누어 보시오.

(2) 정수를 사용하여 분배법칙을 나타내는 식을 2개 제시하시오.
분배법칙은 식의 괄호를 푸는 것과 괄호로 묶는 것 중 어느 쪽을 말하는 지 각자 의견을 나누어 보시오.
*범자연수 : 자연수 또는 0을 지칭하는 말

03 오른쪽 그림과 같이 $n\times n$ 타일 바닥을 $(n-2)\times1$ 짜리 x개와 $(n-1)\times1$ 짜리 y개의 작은 타일로 겹치거나 남는 부분 없이 꼭 맞게 덮으려고 한다.
두 직사각형의 조합으로 타일 바닥을 항상 덮을 수 있는가? 항상 덮을 수 있다면 방법을 설명하시오.

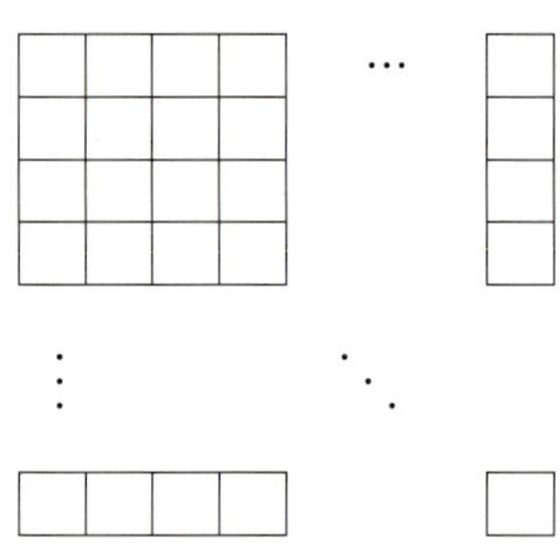

풀이와 답

1.1 일차방정식과 일차함수

개념이해

1. 교통카드 사용 p.4

풀이

(1) 적립되어 있는 금액이 20000원, 한 번 탈 때마다 700원씩 감소하므로, 버스를 x회 타고 난 후 카드에 남은 금액을 y라고 하면 남은 금액 $y = 20000 - 700x$이다.

(2) 카드는 남은 금액이 0이 될 때까지 사용할 수 있다.

$y = 20000 - 700x$ 에서, $y = 0$일 때 x값을 구하면 된다.

따라서 $2000 - 700x = 0$을 풀면, $x = 28.5\cdots$.

x는 횟수이므로 음이 아닌 자연수이다.

그러므로 20,000원이 적립되어 있는 교통카드로 최대 28회 버스를 이용할 수 있다. 이 카드로 최대 몇 주 동안 통학할 수 있을 지는 한 주에 몇 번 카드를 사용하는가에 따라 다르므로 이 문제에 답하기 위해서는 통학하는 데 버스를 몇 번 타는 지에 관한 정보가 더 필요하다.

2. 전화카드 p.4

풀이

(1) 구입 당시의 전화카드에는 600분 동안의 통화량이 있었고 통화가능 시간이 전부 소진되는 때, 즉 $M = 0$일 때 w값은 12이다. 그러므로 이 함수가 의미를 지니는 정의역과 치역은 각각

정의역 : $0 \le w \le 12$

치역 : $0 \le M \le 600$이다.

(2)

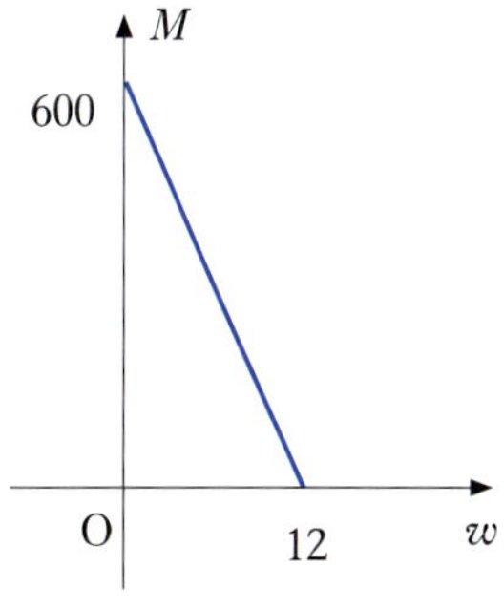

(3) w의 계수가 -50이므로 한 주(w)가 지날 때마다 M(시간)값이 50씩 감소한다. 따라서 민수의 한 주당 전화카드 사용시간은 50분이다.

3. 타일 채우기

p.5

풀이

(1) $2x+3y=16$

(2) (2,4), (5,2)

(3) $x=2$, $y=4$일 때

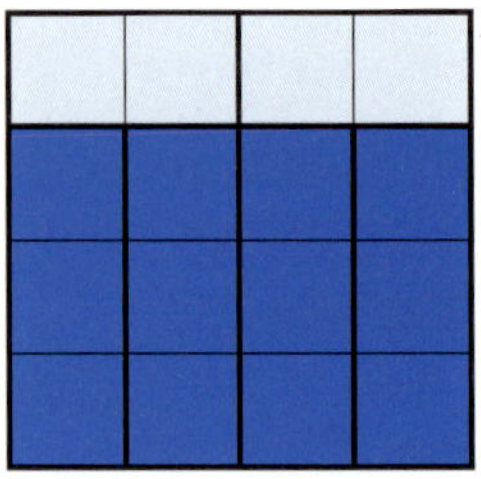

$x=5$, $y=2$일 때

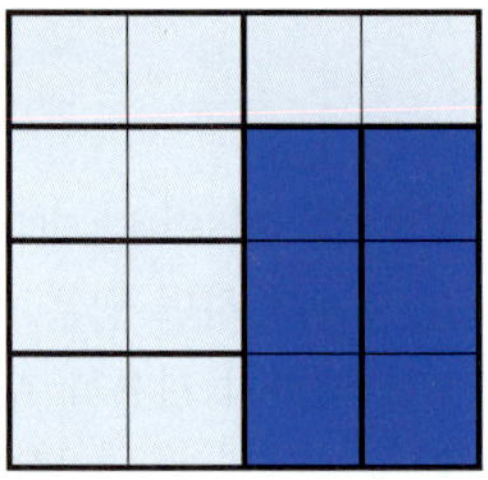

그러므로 2가지 모두 가능하다.

4. 길이 단위 환산

p.6

이해 :
- 1 킬로미터는 1000미터이다.
- 1 피트는 30.5cm, 즉 0.305m이다.
- 800 킬로미터가 500 마일이다.
- 길이가 0일 때 단위가 무엇이든 그 값은 0이다.
- 킬로미터와 마일, 피트를 서로 환산하는 문제이다.

계획 : 비례식을 이용하여 계산한다.

풀이

1. (1) 1(피트) : 0.305(미터) = x(피트): 1(m)

$$x=\frac{1}{0.305}=3.279$$ 그러므로 1m는 약 3.28 피트이다.

(2) 800 (km): 500 (mile) = x(km) : 1(mile)

$$x=\frac{800}{500}=1.6$$ 그러므로 1 mile은 1.6km이다.

(3) 1m = 3.28피트이므로,

1 : 3.28 = 8200 : x

그러므로 고도 $x = 8200 \times 3.28 = 26896$ 피트이다.

$\therefore$ A = 26896

(4) $1 : 1.6 = 312.5 : x$ 그러므로 $x = 312.5 \times 1.6 = 500$ km

$\therefore$ B = 500 km

(5) 800(km): 500(mile) = 100(km) : x(mile)

$50000 = 800x$

그러므로 $x = \dfrac{50000}{800} = 62.5$(mile)

2. (1) $x : y = 3.28 : 1$이므로, $x = 3.28y$

그러므로 $y = \dfrac{1}{3.28}x$ 또는 $y = 0.30x$

(2) $x = 3.28y$

문제해결

1. 백화점에서 p.8

이해 : 국가 간 화폐단위를 서로 환산하는 문제이다.

계획 : 비례식을 이용하여 계산한다.

풀이

(1) $1 : 929.7 = 200 : x$

$x = 929.7 \times 200$

$= 185940$(원)

(2) $1 : 1850.43 = 420 : x$

$x = 1850.43 \times 420$

$= 777180.6$(원)

(3) 1500(원)×10(장)=15000원 이므로

$1 : 929.7 = x : 15000$

$x = \dfrac{15000}{929.7}$

$\fallingdotseq 16.13$(\$)

2. 외환거래

p.9

이해 : 화폐 단위를 서로 환산하는 문제이다.

계획 : 비례식을 이용하여 계산한다.

풀이

(1) $1 : 1376.67 = x : 200000$

$x = \dfrac{200000}{1376.67}$

$\fallingdotseq 145.2781(\$)$ (계산기를 사용한다.)

(2) $1 : 1365.9 = x : 200000$

$x = \dfrac{200000}{1365.9}$

$\fallingdotseq 146.4236(\$)$ (계산기를 사용한다.)

(3) $1 : 1329.33 = 50 : x$

$x = 1329.33 \times 50$

$= 66466.5$(원)

3. 무역회사 수익

p.10

이해 : 화폐 단위를 서로 환산하는 문제이다.

계획 : • 부품 1개당 수익은 부품 1개의 판매가에서 생산 원가를 빼면 된다.
• 부품 1한개의 판매가는 4×(매매기준율(₩/$))원 이다.

풀이

(1) (1개 당 수익) = (판매가) − (생산 원가)

$= 4 \times 1353 - 3100$

$= 2312$

한달 수익 = 2312×20000 = 46240000(원)

(2) (1개 당 수익) = (판매가) − (생산 원가)

$= 4 \times 920 - 3100$

$= 580$

한 달 수익 = $580 \times 20000 = 11600000$(원)

4. 환율계산

p.11

풀이

(1) D원, 10D원

(2) a ($) × D (원/$) = aD

(3) $\frac{1}{D}$달러, $\frac{200}{D}$달러

(4) x (원) × $\frac{1}{D}$ ($/원) = $\frac{x}{D}$

5. 섭씨 · 화씨 온도 환산

p.12

이해 :
- 섭씨 −45도는 화씨 −49도이다.
- 섭씨 24도는 화씨 75.2도이다.
- 화씨 온도차는 섭씨 온도차에 비례한다.
- 섭씨와 화씨 온도를 서로 환산하는 문제이다.

계획 :
- 비례식을 이용하여 계산한다.
- 섭씨 −45도와 24도의 온도차 : $|-45-24| = |-69| = 69$
- 화씨 −49도와 75.2도 온도차 : $|-49-75.2| = |-124.2| = 124.2$
- (화씨차이) : (섭씨차이) 비율 일정

풀이

(1) $\frac{(\text{화씨 온도 차})}{(\text{섭씨 온도 차})} = \frac{124.2}{69} = 1.8$

(75.2 °F, 24 °C)와 (x °F, 0 °C)를 비교하면,

$\frac{(75.2-x)}{(24-0)} = 1.8$

$75.2 - x = 1.8 \times 24$

$x = 32$ (°F)

(2) (32 °F, 0 °C)와 (y°F, x °C)를 비교하면, $\frac{y-32}{x-0}=1.8$

$y=1.8x+32$ 또는 $y=\frac{9}{5}x+32$

(3) $x=30$이므로

$$y=\frac{9}{5}\times 30+32$$
$$=54+32$$
$$=86$$

$\therefore\ y=86$°F

(4) $y=78$이므로

$$78=\frac{9}{5}\times x+32$$
$$\frac{9}{5}x=78-32$$
$$x=46\times\frac{5}{9}$$
$$\fallingdotseq 25.56$$

$\therefore\ x=25.56$ °C

(5)

행 성	화씨온도 °F	섭씨온도 °C
수 성	725 °F	385 °C
금 성	865 °F	462.78 °C
지 구	68 °F	20 °C
화 성	−24 °F	−31.11 °C
목 성	−160.06 °F	−106.7 °C

(계산기를 사용한다.)

6. 걷기/달리기

p.14

풀이

(1) (시간)×(속도)=(거리)이므로 $8r+6w=24$.

(2) 식 $8r+6w=24$를 r에 대한 함수식으로 변형하면

$$r=-\frac{3}{4}w+3 \text{이다.}$$

w, r축과 직선의 교점은 각각 (4,0)과 (0,3)이므로 그래프를 그리면 다음과 같다.

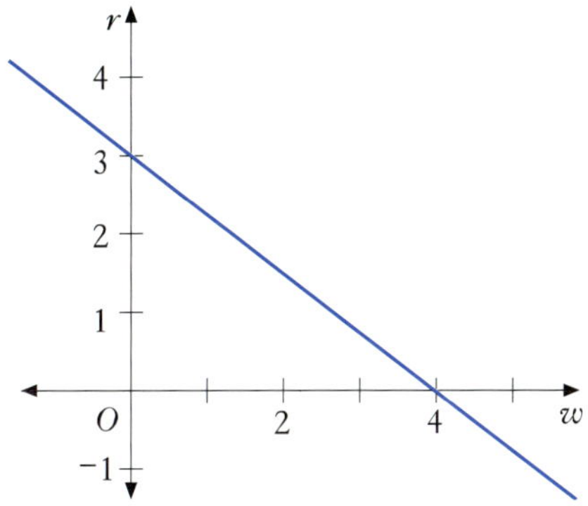

7. 열풍선의 높이

p.14

이해 : • 열기구가 지상 60m 높이에 떠있다.
• 연소기를 가동시키면 열기구는 분당 45m의 속도로 올라간다.
• 정의역은 $0 \le t \le 5$이다.

계획 : • 열기구는 분당 45m의 속도로 올라가므로 높이는 45t로 나타낼 수 있다.
• 열기구는 이미 60m 높이에 떠있는 상태이므로 높이 45t에 60m를 더해야 한다.

풀이

h를 t에 관한 식으로 나타내면 $h=45t+60$이므로 h절편은 60이고 기울기는 45이다. 정의역 $0 \le t \le 5$에서 치역은 $60 \le h \le 285$이고 그래프를 그리면 다음과 같다.

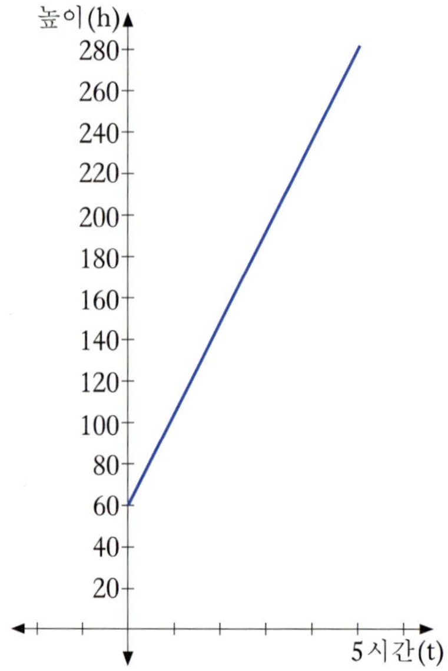

8. 보고서 작성

p.15

풀이

(1)

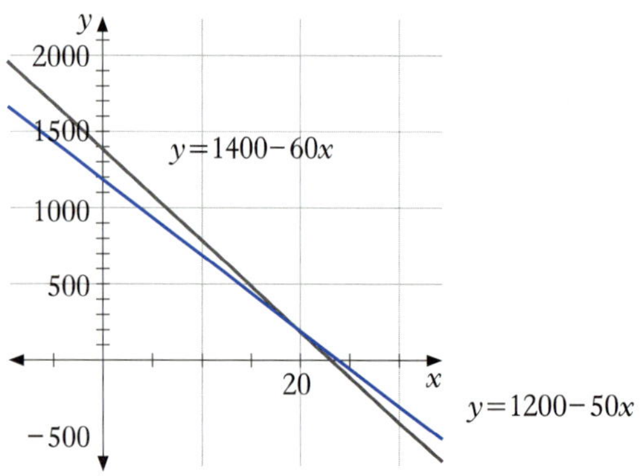

(2) 영균이의 식 $y = 1400 - 60x$에서

x절편: $\dfrac{70}{3}$, y절편: 1400, 기울기: -60

은규의 식 $y = 1200 - 50x$에서

x절편: 24, y절편: 1200, 기울기: -50

(3) 보고서 작성을 끝냈을 때는 남아있는 단어의 수 y가 0일 때이다.
그러므로 x절편의 값을 비교하여 더 작은 값을 골라야 한다.
영균이의 식 $y = 1400 - 60x$의 x절편이 더 작으므로 보고서 작성을 더 빨리 끝내게 된다.

(4) 영균이는 1400 단어의 보고서를 작성해야 하는 데 1분에 60개의 단어를 작성하는 속도로 $\frac{70}{3}$분에 걸쳐 보고서를 완성하고, 은규는 1200 단어의 보고서를 작성해야 하는 데 1분에 50개의 단어를 작성하는 속도로 24분에 걸쳐 보고서를 완성한다.

9. 집 수리

p.15

풀이

올해 창립하여 한 해 동안 50채를 수리하였고, 이후부터 매년 15채를 수리할 계획이므로 x년 후 총 수리해 주게 될 집은 x년 동안 수리해 줄 집 $15x$에 처음 한 해 동안 수리해 준 집 50을 더해서 $y = 15x + 50$이다.

ICT 활용 Excel로 만드는 환전 프로그램

풀이

B. 2. = D2*B6(= B6*D2, 또는 = B6*D2) [여기서는 D2와 D2가 같음]

p.17

예시화면 :

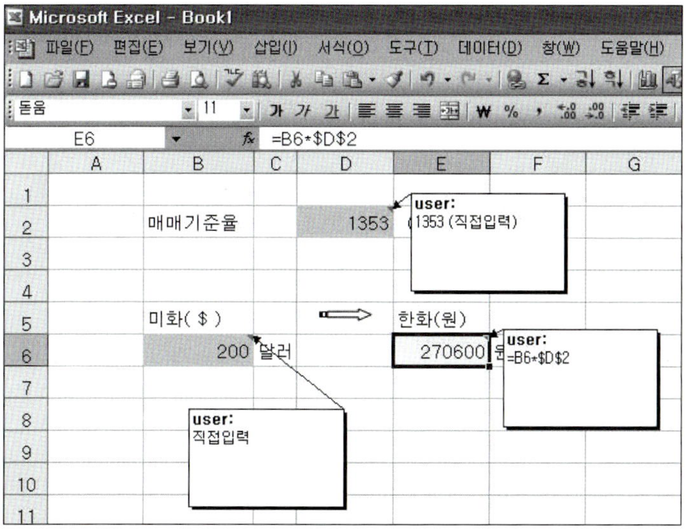

※ 프로그램은 http://kchang@konkuk.ac.kr [자료실]-[ICT자료]에 있음.

입 력		출 력
D2 (매매기준율)	B6 (미화 금액)	E6 (한화 환전금액)
1353	200	270600
1353	1250	1691250
1260		
990		
870		

3. = B9/D2 (또는 = B9/D2) ☜ p.18

입 력		출 력
D2 (매매기준율)	B9 (한화 금액)	E9 (미화 환전금액)
1340	2400000	1791.04
1329	390000	293.45
1270	5600000	4409.45
1120		
970		

C. 예시화면 : ☜ p.20

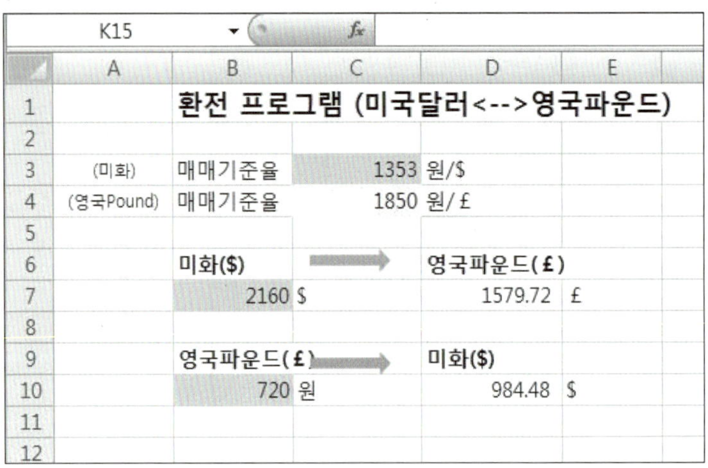

※ 프로그램은 http://kchang@konkuk.ac.kr [자료실]-[ICT자료]에 있음.

D7에 입력할 식 : = B7*C3/C4

D10에 입력할 식 : = B10*C4/C3

통화명	미화($)	영국 파운드(£)
매매기준율	1353	1850
환 전	200	146.27
	136.73	100
	7246.86	5300
	370	270.6
	984.48	720
	2160	1579.72

실력 다지기

추론풀이

01

p.21

풀이

$$Ax + By = C$$

$$By = -Ax + C$$

$$y = -\frac{A}{B}x + \frac{C}{B}$$

그러므로 기울기는 x의 계수 $-\frac{A}{B}$이고, y절편은 $\frac{C}{B}$이다.

발전풀이

01

p.21

풀이

(1) 스포츠 센터의 기본 이용료(운동복 대여비, 사물함 이용비, 등록비 등)는 12만원이고, 여기에 매월 이용료는 7만원이다. 예를 들어 3개월을 이용하게 되면 21만원에 12만원을 더해서 33만원, 5개월을 이용하게 되면 35만 원에 12만원을 더해서 47만원이다.

(2) 야영지의 기본 사용료(텐트 대여료 등)는 15만원이고, 여기에 야영일 수 x에 따라 3만원씩 추가된다. 예를 들어 1년간 10일을 사용하는 경우 30만 원에 15만원을 더해서 45만원, 20일을 사용하는 경우 60만원에 12만 원을 더해서 72만원이다.

(3) 볼링장 이용 요금은 기본 사용료(신발 대여료 등)는 1500원이고, 여기에 게임 수에 따라 3000원씩 추가된다. 예를 들어 3게임을 하면 9000원에 1500원을 더해 10500원이다.

02

p.22

이해 : 3×1짜리 타일 x개와 4×1짜리 타일 y개로 5×5 타일을 덮어야 한다.

계획 : 두 종류의 작은 타일의 넓이의 합이 타일 바닥의 넓이와 같아야 한다.

풀이 : x와 y 사이의 방정식 세우면 $3x+4y=25$이고 이 방정식을 만족하는 정수 해를 구하면 (7, 1), (3, 4)이다.

검토 : 5×5 모눈종이를 실제로 덮을 수 있는 경우는 (3, 4)이다.
(7, 1)은 방정식을 만족하는 정수해이긴 하지만 5×5 모눈종이를 꼭 맞게 덮을 수 없다. 따라서 3×1 타일 3개와 4×1 타일 4개로만 5×5 타일 바닥을 겹치거나 남는 부분 없이 꼭 맞게 덮을 수 있다.

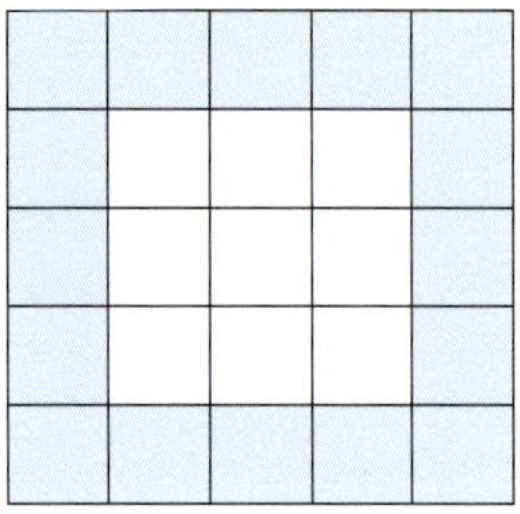

열린풀이

01

p.22

풀이

아래 그래프의 y절편은 3이고, x절편은 보이지 않는다.

그러나 아래의 그래프처럼 직선이 x축과 평행하지 않으면 직선은 x축과 만나게 되므로 x절편이 존재하게 된다.

그러므로 x절편이 없는 직선은 x축과 평행한 직선 즉 $y=a$ $(a \neq 0)$형태이다.

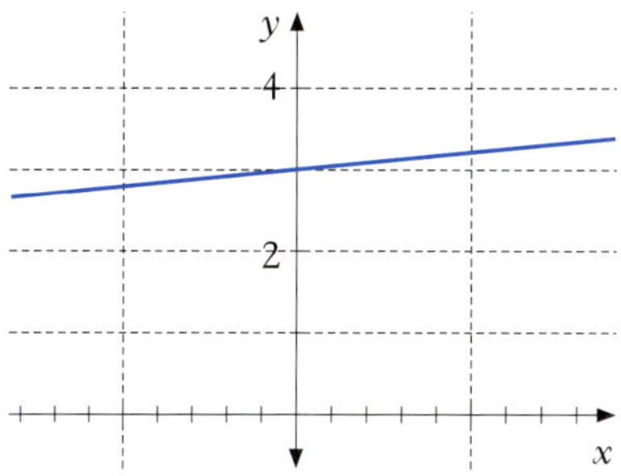

마찬가지로 y절편이 없는 직선은 y축과 평행한 직선 즉 $x=a$ $(a \neq 0)$형태이다.

02

p.22

풀이

(1) $a=4,\ b=-\dfrac{1}{2}$ 또는 $a=-3,\ b=\dfrac{3}{8}$, …

- a, b중 하나를 정하고 나머지를 계산한다. …
  a, b 중 어느 것을 먼저 정하는 것이 편리한지 또 그 이유에 대해 생각해 보자.

(2) $3\times\{(-1)+(-2)\}=3\times(-1)+3\times(-2)$

$(-3)\times(-1)+(-3)\times(-2)=(-3)\times\{(-1)+(-2)\}$ 등...

$a(b+c)=ab+ac$ 또는 $ab+ac=a(b+c)$ 형태의 식을 쓰면 된다.

- 분배법칙은 괄호를 푸는 것과 묶는 것 모두를 의미한다.

03

☜ p.22

풀이

x와 y사이의 방정식 세우면 $(n-2)x+(n-1)y=n^2$이다.
$(n-1)\times 1$ 타일로 $n\times n$ 타일의 테두리를 먼저 덮는다.
그러면 항상 4개의 타일이 필요하다.
다음으로 중앙의 빈 공간을 $(n-2)\times 1$ 타일로 덮어주면 된다.
이때 $(n-2)\times 1$ 타일은 $n-2$개 필요하다.

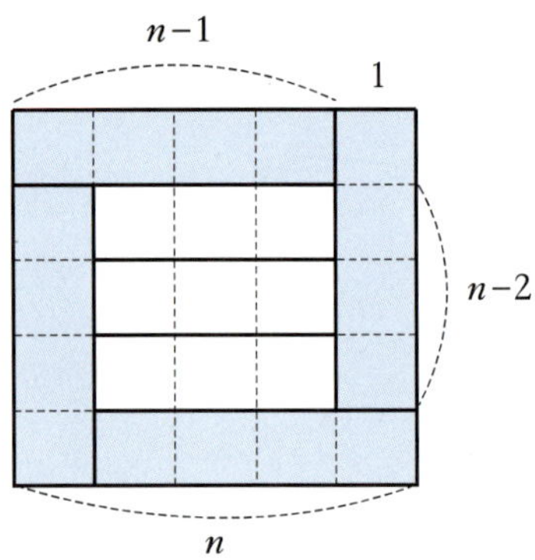

C·H·A·P·T·E·R 2

2장 연립방정식과 행렬

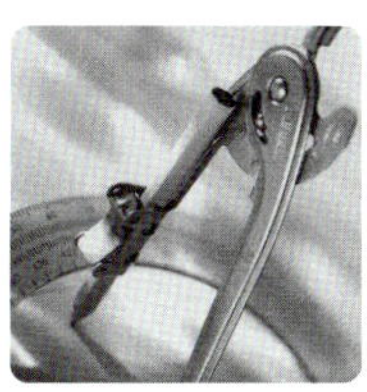

2.1 연립방정식

핵심개념

- 핵심용어
  미지수가 두 개인 일차연립방정식

▸ 미지수가 두 개인 일차연립방정식

$$\begin{cases} Ax+By=C \\ Dx+Ey=F \end{cases}$$ (A, B, C, D, E, F는 상수)의 꼴로

두 개의 미지수 x, y를 갖는 한 쌍의 연립된 일차방정식

▸ 미지수가 두 개인 일차연립방정식의 해

- 연립된 일차방정식을 동시에 만족하는 x, y의 값
- 두 직선의 교점의 $(x,\ y)$좌표
- $\begin{cases} Ax+By=C \\ Dx+Ey=F \end{cases}$ 의 해의 개수

$\dfrac{A}{D} \neq \dfrac{B}{E}$	$\dfrac{A}{D} = \dfrac{B}{E} = \dfrac{C}{F}$	$\dfrac{A}{D} = \dfrac{B}{E} \neq \dfrac{C}{F}$
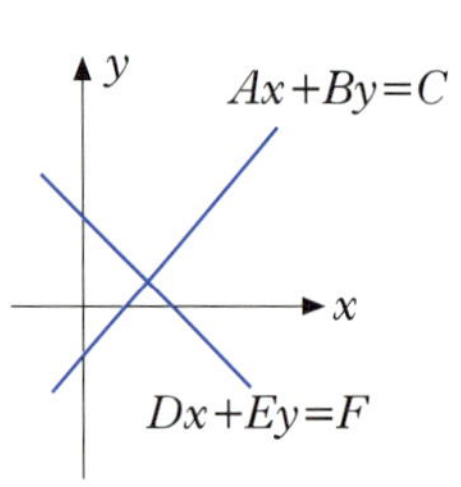	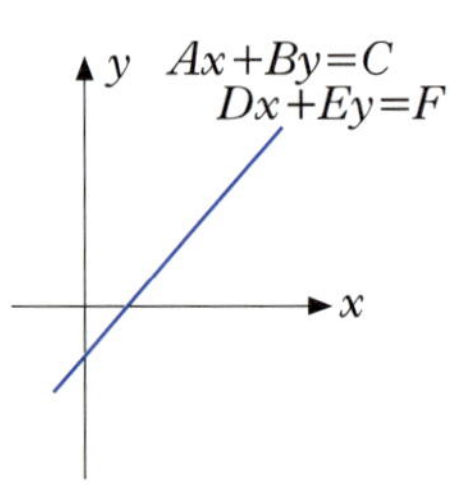	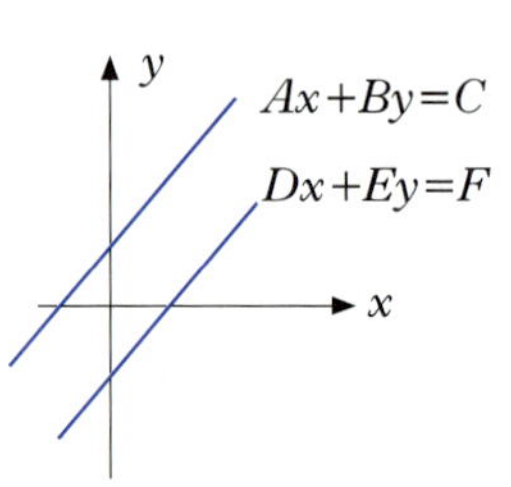
한 점에서 만남 (한쌍의 해)	무수히 많은 점에서 만남(일치) (무수히 많은 해)	만나지 않음(평행) (해 없음)

개념이해 후불제 버스카드

A, B 두 종류의 후불제 버스카드가 있다. A는 기본요금 5000원에 추가로 버스에 승차할 때 마다 250원씩 지불되는 카드이고, B는 기본요금 없이 승차할 때 마다 500원씩 지불되는 카드이다. 두 카드를 같은 횟수만큼 사용했을 때, 두 카드의 사용요금이 같아지는 것은 몇 번째 승차 때인지 구하고, 그 때의 사용요금은 얼마인지 구하시오.

이해 버스요금은 카드사용 횟수에 따라 일정금액이 지불되므로 사용횟수에 대한 일차함수로 표현된다.

계획 버스의 승차횟수를 x, 버스요금을 y라하고 A, B카드에 대한 $y=f(x)$의 일차함수를 구한다.

풀이 (1) 계산에 의한 방법

방법1. 버스의 승차횟수 : x, 버스요금 : y

A카드 : $y=250x+5000$

B카드 : $y=500x$로 쓸 수 있다. 이것을 연립방정식으로 표현하면

$$\begin{cases} y=250x+5000 \cdots\cdots\cdots\cdots ① \\ y=500x \cdots\cdots\cdots\cdots\cdots\cdots\cdots ② \end{cases}$$

이다. ①을 ②에 대입하면,

$250x+5000=500x$, 이항하여 정리하면 $250x=5000$, $x=20$이고 그 때의 y는 10000이다. 따라서 두 카드의 사용요금이 같아지는 것은 20번째 승차할 때이고 그 때의 사용요금은 각각 10000원이다.

방법2. 방법1에서 구한 연립방정식

$$\begin{cases} y = 250x + 5000 & \cdots\cdots \text{①} \\ y = 500x & \cdots\cdots \text{②} \end{cases}$$

에서 ①-②를 하면

$0 = -250x + 5000$, $250x = 5000$

$\therefore\ x = 20$, $y = 10000$

(2) 그래프에 의한 방법

방법1에서 구한 연립방정식

$$\begin{cases} y = 250x + 5000 \\ y = 500x \end{cases}$$

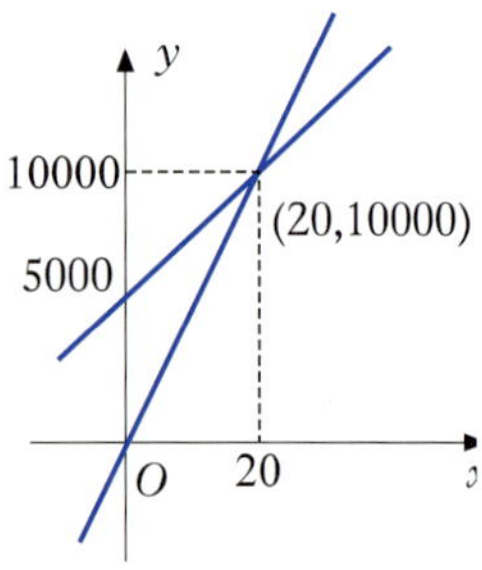

에서 각각의 일차함수의 그래프를 그려보면 오른쪽과 같다. 두 그래프의 교점이 (20,10000)이므로 승차횟수가 20회일 때, 두 카드의 버스요금이 10000원으로 같아짐을 알 수 있다.

1 이원일차연립방정식

연립방정식 $\begin{cases} x-2y=1 \\ 2x-3y=3 \end{cases}$의 해를 서로 다른 두 가지 이상의 방법으로 구하시오.

2 티셔츠 판매

D아파트 부녀회는 불우이웃을 돕기 위해 티셔츠를 팔았다. 반소매 티셔츠는 5000원에 구입하여 8000원에 팔았고 긴소매 티셔츠는 7000원에 구입하여 12000원에 팔았다. 부녀회에서는 총 250만 원을 들여 티셔츠를 구입하여 모두 판매하였다.

총 판매금액이 420만 원이었다면 반소매 티셔츠는 몇 벌이 팔렸는지 구하시오.

문제해결

1 봉사활동

민철이는 지난주에 14시간의 봉사활동을 하여 96점의 봉사활동 점수를 받았다. 구청 일손 돕기로 시간당 6점, 환경 정화 활동으로 시간당 8점을 받았다고 할 때, 민철이가 지난주에 구청 일손 돕기와 환경 정화 활동으로 일한 시간은 각각 몇 시간인지 구하시오.

2 탁구경기

96명의 선수들이 탁구경기를 하기 위해 실내 체육관에 모였다. 한 경기에서 단식은 2명, 복식은 4명의 선수가 뛰게 된다. 모든 선수가 32대의 탁구대에서 동시에 경기를 했다면 단식과 복식은 각각 몇 게임이었는지 구하시오.

3 자동차 유지비용

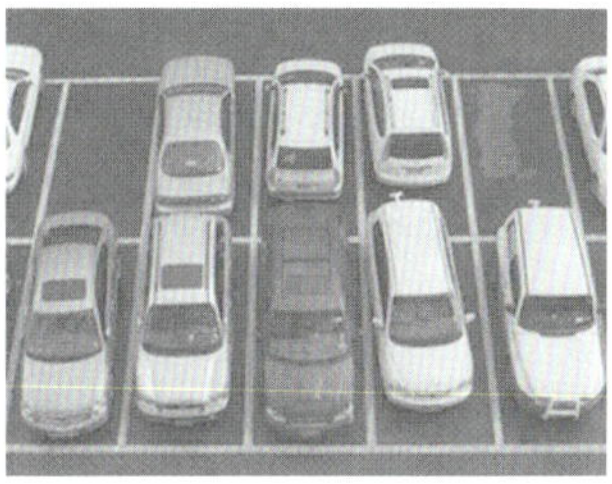

어떤 자동차 A, B의 가격은 각각 1200만 원, 1800만 원이라고 한다. A를 구입한 사람은 자동차 유지비용으로 평균적으로 매년 550만 원, B를 구입한 사람은 매년 530만 원을 쓴다고 한다.

(1) 몇 년 후에 두 자동차의 총 소요비용이 같아지겠는가?

(2) A, B중 어떤 자동차를 구입하는 것이 경제적인지 그 이유와 함께 설명하시오.

4 농기계 회사

A, B 두 공장을 가동하여 경운기와 트랙터를 생산하는 농기계 회사가 있다. 각 공장의 일주일당 기계별 생산 대수는 오른쪽 표와 같다.

	A 공장	B 공장
경운기	20	40
트랙터	10	30

이 회사는 경운기 220대, 트랙터 140대의 주문을 받았다. 두 공장을 최대로 가동시켜 주문량을 정확히 생산하기 위해 A, B 두 공장을 각각 몇 주씩 가동해야 하는지 구하시오.

5 환경단체 캠페인

어느 환경단체에서는 온실가스 배출의 억제를 홍보하는 장거리 걷기 캠페인을 개최하였다.

동현이와 민호는 이 캠페인에 참가하여 동현이는 시속 4km의 속력으로 오전 10시에 출발하였고, 민호는 동현이보다 2시간 늦게 같은 지점을 출발하였으나 시속 6km로 빠르게 걸었다.

(1) 동현이가 이동한 거리를 시간에 관한 식으로 나타내시오.

(2) 민호가 이동한 거리를 시간에 관한 식으로 나타내시오.

(3) 민호가 몇 시에 동현이를 따라잡는지 방정식을 세우고 해를 구하시오.

(4) 민호가 출발 후 1시간 만에 동현이를 따라잡으려면 속력의 변화 없이, 민호의 출발시간을 어떻게 바꾸면 되는지 구하시오.

(5) 출발시간을 그대로 유지하고 1시간 만에 동현이를 따라 잡으려면 민호는 시속 몇 km로 걸어야 하는지 설명하시오.

6 곡물의 가격

농산물 시장에서 찹쌀과 콩의 가격은 1kg당 각각 5600원, 7200원이다. 한편, 찹쌀과 콩이 섞인 혼합곡물 1kg의 가격은 6000원이라고 한다. 이 혼합곡물 50kg에 들어있는 찹쌀과 콩은 각각 몇kg인지 구하시오.

7 자전거의 속도

성호와 용수의 집, 공원은 아래의 그림과 같이 길가에 나란히 위치해 있다.

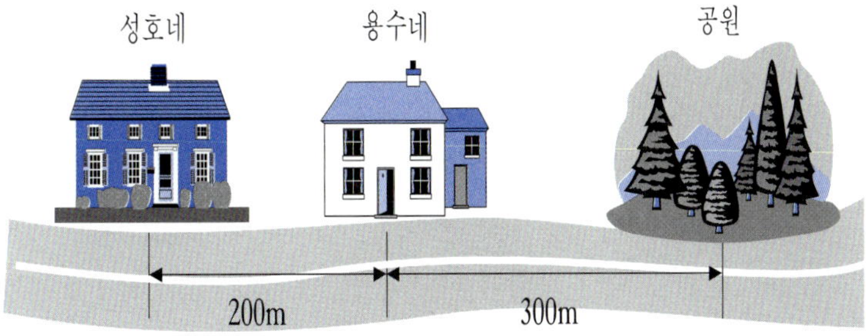

오후 1시에 성호와 용수는 각자의 집에서 자전거를 타고 출발하여 공원으로 향했다. 성호는 초속 2.5m의 일정한 속력으로, 용수 또한 일정한 속력으로 달려서 동시에 공원에 도착했다고 한다.

(1) 성호가 집을 출발한 지 t초 후, 공원까지 남은 거리 d(단위: m)를 나타내는 식을 세우고 그래프를 그리시오.

(2) 용수가 탄 자전거의 속력은 얼마인가? 왜 그렇게 생각했는지 설명하시오.

(3) 용수가 출발하여 t초 후, 공원까지의 남은 거리 d(단위: m)를 나타내는 식을 세우고 그 그래프를 (1)에서 그린 그래프와 같은 좌표평면 위에 그리시오.

2.2 연립부등식

핵심개념

▸ 연립일차부등식 해법

- 1단계 : 각 부등식을 만족하는 영역을 좌표평면 위에 나타낸다.
- 2단계 : 각 부등식이 타나내는 공통 영역이 연립부등식의 해이다.

▸ 미지수가 세 개인 연립일차방정식 해법

- 1단계 : 미지수 한 개를 소거해서 미지수가 두 개인 방정식으로 만든다.
- 2단계 : 1단계의 연립방정식의 해를 구한다.
- 3단계 : 2단계에서 구한 해를 이용, 나머지 해를 구한다.

※ 주의

$x \cdot 0 =$(상수)와 같은 방정식을 얻었을 때 : 해가 없다.

$x \cdot 0 = 0$과 같이 항등식이 얻어진 경우 : 해는 모든 실수
(해가 무수히 많다.)

개념이해 할인행사

철수네 떡집은 설 명절을 맞아 2만원에서 8만원 상당의 떡을 10%에서 60%까지 할인 해주는 행사를 하고 있다. 정상가를 x, 할인가를 y라고 할 때, x와 y의 관계식을 쓰고, 관계식을 만족하는 영역을 그려보고 이를 이용하여 정상가 7만원인 떡의 할인 가격의 범위를 구하시오.

이해 연립부등식의 영역은 각 부등식이 나타내는 영역의 공통 영역이다.

계획 떡의 정상가를 x, 할인가를 y라 하고 x, y에 대한 연립부등식을 세운다.

풀이 떡의 정상가를 x, 할인가를 y라고 하면

$$\begin{cases} 20 \le x \le 80 \\ 0.4x \le y \le 0.9x \end{cases}$$ (단위: 천원)이다.

이를 그래프로 나타내면 오른쪽과 같다.

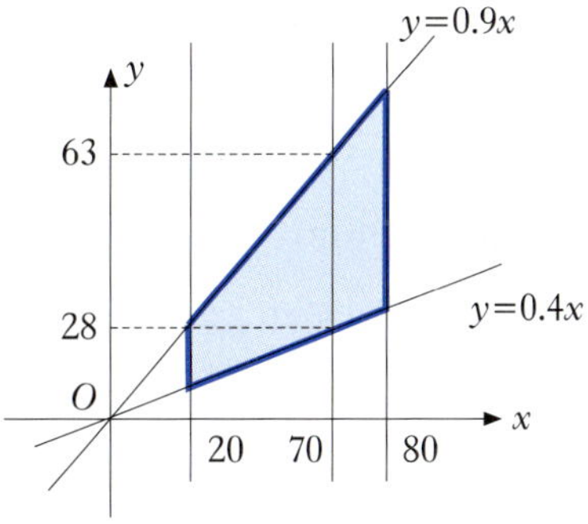

한편, $x=70$일 때, 각각의 직선에 대한 함숫값이 28, 63이므로 정상가 7만 원인 떡의 할인판매가격의 범위는 2만 8천 원에서 6만 3천원이다.

1 대나무 축제

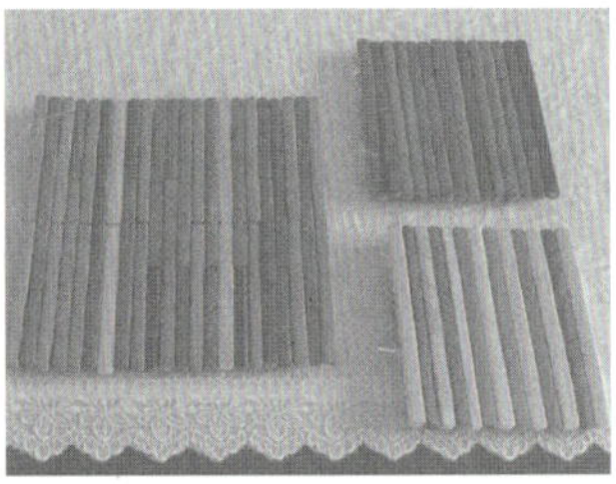

상진이 가족은 담양 대나무 축제에 참여하여 대나무로 컵 받침과 국 받침을 만들었다. 컵 받침과 국 받침을 하나 만드는데 대나무가 각각 12g, 24g이 필요하고 총 120g의 대나무를 구입하였는데 적어도 4개 이상의 컵 받침을 만들려고 한다. 컵 받침 개수를 x, 국 받침 개수를 y라 할 때, 이를 연립부등식으로 나타내시오.

만약 바자회에서 컵 받침은 1개에 천 원, 국 받침은 1개에 3천 원에 판매 한다고 할 때, 상진이 가족의 최대 판매금액을 구하시오.

2 앨범 세일

인숙이네 앨범가게에서는 졸업과 신학기를 맞이하여 정상가격이 2만원에서 5만원인 앨범을 30%에서 최대 50%까지 세일하여 판매하고 있다. 세일가를 나타내는 연립부등식을 만들고, 정상가 2만원 앨범에 대한 세일 가격의 범위를 그래프를 이용하여 구하시오.

문제해결

1 야 구

야구에서 스트라이크 존은 타자 무릎에서 유니폼 바지 윗부분과 어깨 윗부분 중간점까지를 높이로 하고, 홈플레이트 길이를 폭으로 하는 직사각형이다. 홈 플레이트 폭은 43cm, 세호 무릎 높이는 지면에서 50cm이고, 바지 윗부분과 어깨 윗부분의 중간점은 지면에서 100cm로 가정한다.

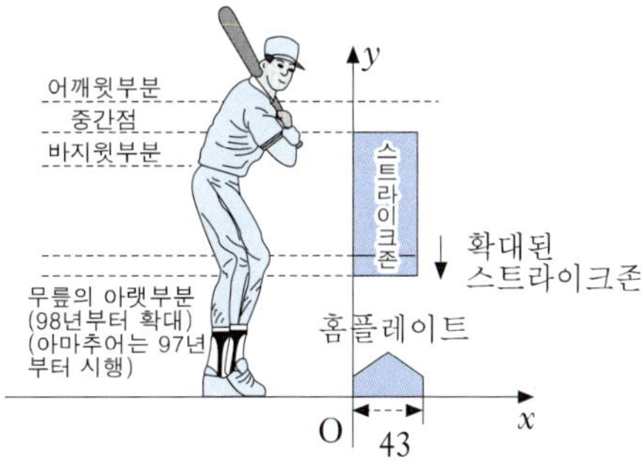

(1) 위 그림과 같이 좌표축을 잡았을 때, 스트라이크 존을 표현하는 연립부등식을 세우고, 영역을 좌표평면에 나타내시오.

(2) 그림과 같이 스트라이크 존이 무릎 높이에서 무릎 아랫부분으로 확대되었다고 한다. 세호의 무릎 아랫부분이 지면에서 42cm라 할 때, 스트라이크존의 넓이를 구하시오.

2 동전의 개수 추측

상진이와 수경이는 유리병 속에 있는 100원 짜리 동전의 개수를 추측하려고 한다. 동전은 100개 이상 있다는 것을 두 명 모두 알고 있다. 유리병 속의 100원짜리 동전이 정확히 200개가 있다고 할 때, 100원짜리 동전 개수를 상진이는 x개, 수경이는 y개로 추측하였다. 동전의 개수를 상진이가 수경이보다 더 실제 개수와 가깝게 추측할 수 있도록 하는 x, y로 된 부등식을 세우고 그 부등식의 영역을 좌표평면 위에 나타내시오.

3 마케팅 광고

모 기업의 한 달 광고 예산은 3억원이다. 1회를 기준하여 TV광고는 1000만원, 라디오 광고는 200만원, 신문 광고는 500만원의 비용이 든다. 한 달 총 60번 광고를 하는데, TV광고와 신문광고 수의 합을 라디오 광고 수와 같게 하려고 한다. 이 회사의 한 달간 TV, 라디오, 신문 광고수를 각각 구하시오.

4 햄버거 세트 메뉴

홍기는 햄버거 가게에서 아르바이트를 하는데 샐러드 두 개, 햄버거 한 개, 사이다 한 병을 14000원, 샐러드 한 개, 햄버거 한 개, 사이다 세 병을 15000원, 샐러드 세 개, 햄버거 한 개를 16000원에 판매하고 있다. 이 가게의 햄버거, 사이다, 샐러드의 한 개 가격을 각각 구하시오.

5 육상대회

한국 고등학교는 육상대회에서 총 20개의 메달을 획득 하였다. 대회 규정상 금메달에 5점, 은메달에 3점, 동메달에 1점을 부여하는데, 총점 68점으로 대회 우승의 영광을 차지하였다. 금메달과 동메달 개수의 합은 은메달 수와 같았다고 할 때 다음 물음에 답하시오.

(1) 금, 은, 동메달의 개수를 구할 수 있는 방정식을 세우고, 그 해를 구하시오.

(2) 위 조건에서 한국고등학교가 총점 70점을 받을 수 있는가? 그렇지 않다면 이유를 설명하시오.

2.3 행렬의 덧셈과 뺄셈

핵심개념

• 핵심용어
행렬

▸ 행렬의 정의

• 수 또는 문자를 직사각형 모양으로 배열하여 괄호로 묶은 것을 행렬(行列: matrix)이라고 한다.

예를 들어, $\begin{pmatrix} 4 & -1 & 3 & 1 \\ 2 & 5 & -3 & 7 \\ 1 & 6 & -8 & -9 \end{pmatrix}$는 행렬이다.

• 행렬에서 가로줄을 행(行 : row), 세로줄을 열(列: column)이라고 한다.

▸ 행렬의 덧셈과 뺄셈, 스칼라 곱

같은 꼴의 두 행렬 A, B에 대하여

• 행렬의 덧셈 $(A+B)$: 행렬 A와 행렬 B에 대응하는 각 성분의 합을 새로운 성분으로 하는 행렬

• 행렬의 뺄셈 $(A-B)$: 행렬 A와 행렬 B에 대응하는 각 성분의 차를 새로운 성분으로 하는 행렬

• 스칼라 곱 kA : A의 모든 성분을 k배한 것을 새로운 성분으로 하는 행렬

$A=\begin{pmatrix} a & b \\ c & d \end{pmatrix}$, $B=\begin{pmatrix} x & y \\ z & w \end{pmatrix}$일 때,

$$A \pm B=\begin{pmatrix} a & b \\ c & d \end{pmatrix} \pm \begin{pmatrix} x & y \\ z & w \end{pmatrix}=\begin{pmatrix} a \pm x & b \pm y \\ c \pm z & d \pm w \end{pmatrix},$$

$$kA=\begin{pmatrix} ka & kb \\ kc & kd \end{pmatrix} \quad (k\text{는 실수})$$

※ 행렬의 합과 차는 두 행렬이 같은 꼴일 때만 정의된다.

개념이해 공개경쟁 채용시험

오른쪽 표는 2년간 공개경쟁 채용시험별 합격인원과 경쟁률을 나타내고 있다.

2006년과 2007년 각각에 대해서 시험별 합격인원과 경쟁률을 나타내는 행렬을 만드시오.

최근 2년간 공개경쟁채용시험별 경쟁률

시험종류	구 분	2006년	2007년
행정고시	응시인원	11,324	10,744
	합격인원	235	248
	경 쟁 률	48.2 : 1	43.3 : 1
외무고시	응시인원	1,274	1,439
	합격인원	25	30
	경 쟁 률	51.0 : 1	48.0 : 1
7급공채	응시인원	72,193	58,513
	합격인원	1,105	715
	경 쟁 률	65.3 : 1	81.8 : 1
9급공채	응시인원	187,562	186,478
	합격인원	2,756	2,888
	경 쟁 률	68.1 : 1	64.6 : 1

풀이

2006년(A): 합격인원, 경쟁률 / 2007년(B): 합격인원, 경쟁률

행정고시, 외무고시, 7급 공채, 9급 공채

$$A = \begin{pmatrix} 235 & 48.2 \\ 25 & 51.0 \\ 1105 & 65.3 \\ 2756 & 68.1 \end{pmatrix} \qquad B = \begin{pmatrix} 248 & 43.3 \\ 30 & 48.0 \\ 715 & 81.8 \\ 2888 & 64.6 \end{pmatrix}$$

1 축구화 판매

축구화는 잔디가 심어져있는 땅의 강도와 잔디의 길이에 의해 SG, HG, FG의 제품으로 분류된다.

축구화를 전문적으로 파는 스포츠용품 가게에서 2월과 3월에 판매한 축구화의 개수를 행렬로 나타내면 다음과 같다.

2월 판매량(A)

	255	260	265	270
SG	40	57	67	35
FG	43	66	102	76
HG	55	72	89	97

3월 판매량(B)

	255	260	265	270
SG	45	60	65	50
FG	38	75	109	68
HG	34	80	101	83

행렬 $B-A$를 구하시오.

문제해결

1 학생회장 선거

한국고등학교는 각 학년이 남녀 각각 100명씩인 학교이다. 2학년인 인섭이와 순희는 학생회장이 되기 위하여 입후보를 하여 오른쪽 표와 같이 학생들에게 표를 얻었다. 인섭이와 순희의 학년별 득표 수를 남학생과 여학생으로 구분하여 각각 행렬로 만들고, 두 행렬의 합을 구하시오. 행렬의 합은 무엇을 의미하는지 설명하시오.

	인 섭		순 희	
	남학생	여학생	남학생	여학생
1학년	55	34	45	66
2학년	52	48	48	52
3학년	49	54	51	46

[인섭이와 순희의 득표수]

2 직사각형의 넓이

좌표평면에 네 점 (1, 1), (1, 4), (5, 1), (5, 4)를 꼭짓점으로 하는 직사각형이 있다.

(1) 1행은 각 꼭짓점의 x좌표, 2행은 각 꼭지점의 y좌표를 나타내는 2행 4열의 행렬 A를 구하시오.

(2) 위의 행렬 A에 대하여 $3A$를 구하고 $3A$가 나타내는 직사각형은 A가 나타내는 직사각형과 어떤 관계가 있는지 설명하시오.

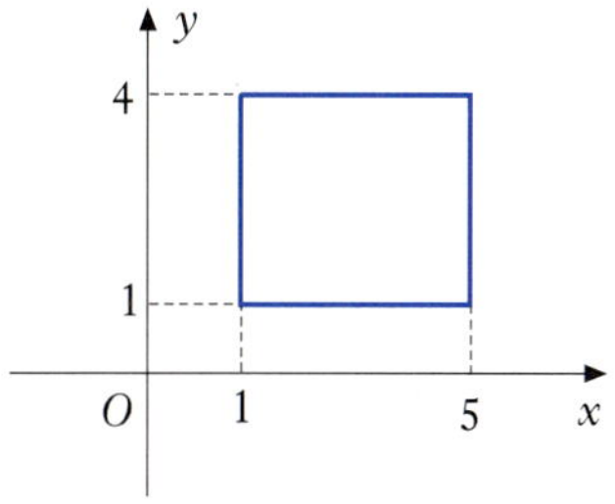

2.4 행렬의 곱셈

핵심개념

• 핵심용어
행렬식
크레머 공식

▸ 행렬의 곱셈

두 행렬 A, B의 곱 AB는 행렬 A의 열의 개수와 행렬 B의 행의 개수가 같을 때 정의된다.

$A=\begin{pmatrix} a & b \\ c & d \end{pmatrix}$, $B=\begin{pmatrix} x & y & z \\ u & v & w \end{pmatrix}$에서

$$AB=\begin{pmatrix} a & b \\ c & d \end{pmatrix}\begin{pmatrix} x & y & z \\ u & v & w \end{pmatrix}=\begin{pmatrix} ax+bu & ay+bv & az+bw \\ cx+du & cy+dv & cz+dw \end{pmatrix}$$

▸ 행렬의 곱셈에 대한 성질

합과 곱이 정의되는 A, B, C 에 대하여

• $(AB)C=A(BC)$ (결합법칙)
• $A(B+C)=AB+AC$, $(A+B)C=AC+BC$ (분배법칙)
• $(kA)B=A(kB)=k(AB)$ (실수배 정의)

※ 행렬의 곱셈에서는 교환법칙이 성립하지 않는다. 즉, 두 행렬 A, B에서 $AB\neq BA$인 경우가 존재한다.

▸ 행렬식(Determimant)

• 2×2행렬

$$\det\begin{pmatrix} a & b \\ c & d \end{pmatrix}=\begin{vmatrix} a & b \\ c & d \end{vmatrix}=ad-bc$$

• 3×3행렬

$$\det\begin{pmatrix} a & b & c \\ d & e & f \\ g & h & i \end{pmatrix}=\begin{vmatrix} a & b & c \\ d & e & f \\ g & h & i \end{vmatrix}=\begin{vmatrix} a & b & c \\ d & e & f \\ g & h & i \end{vmatrix}\begin{matrix} a & b \\ d & e \\ g & h \end{matrix}=(aei+bfg+cdh)-(gec+hfa+idb)$$

▸ 크레머 공식(Cramer's Rule)

• 연립일차방정식을 행렬을 이용하여 구할 수 있다.

(1) $\begin{cases} ax+by=e \\ cx+dy=f \end{cases} \Rightarrow \begin{pmatrix} a & b \\ c & d \end{pmatrix}\begin{pmatrix} x \\ y \end{pmatrix}=\begin{pmatrix} e \\ f \end{pmatrix}$ 에서

$A=\begin{pmatrix} a & b \\ c & d \end{pmatrix}$라고 하면

$$x=\frac{\begin{vmatrix} e & b \\ f & d \end{vmatrix}}{\det A},\quad y=\frac{\begin{vmatrix} a & e \\ c & f \end{vmatrix}}{\det A}$$

(2) $\begin{cases} ax+by+cz=j \\ dx+ey+fz=k \\ gx+hy+iz=l \end{cases} \Rightarrow \begin{pmatrix} a & b & c \\ d & e & f \\ g & h & i \end{pmatrix}\begin{pmatrix} x \\ y \\ z \end{pmatrix}=\begin{pmatrix} j \\ k \\ l \end{pmatrix}$에서

$A=\begin{pmatrix} a & b & c \\ d & e & f \\ g & h & i \end{pmatrix}$라고 하면

$$x=\frac{\begin{vmatrix} j & b & c \\ k & e & f \\ l & h & i \end{vmatrix}}{\det A},\ y=\frac{\begin{vmatrix} a & j & c \\ d & k & f \\ g & l & i \end{vmatrix}}{\det A},\ z=\frac{\begin{vmatrix} a & b & j \\ d & e & k \\ g & h & l \end{vmatrix}}{\det A}$$

개념이해 원자의 무게

세 분자의 무게가 아래 표와 같을 때, 탄소(C), 수소(H), 산소(O) 원자의 무게를 각각 구하여라.

화합물	화학식	분자무게
포도당	$C_6H_{12}O_6$	180
이산화탄소	CO_2	44
과산화수소수	H_2O_2	34

이해 크래머 공식을 이용하여 미지수가 세 개인 연립일차방정식을 풀 수 있다.

계획 $C_6H_{12}O_6$는 C가 6개, H가 12개, O가 6개가 결합된 화합물이다.

풀이 위의 화학식에 맞게 식을 세우면

$$\begin{cases} 6C + 12H + 6O = 180 \\ C + 2O = 44 \\ 2H + 2O = 34 \end{cases}$$

의 연립방정식을 얻을 수 있다.

주어진 방정식을 행렬로 표현하고 행렬식을 구한다.

크래머공식을 이용하여 C , H , O의 값을 구한다.

$$\left|\begin{matrix} 6 & 12 & 6 \\ 1 & 0 & 2 \\ 0 & 2 & 2 \end{matrix}\right|\begin{matrix} 6 & 12 \\ 1 & 0 \\ 0 & 2 \end{matrix} = (0+0+12)-(0+24+24) = -36$$

$$C = \frac{\begin{vmatrix} 180 & 12 & 6 \\ 44 & 0 & 2 \\ 34 & 2 & 2 \end{vmatrix}}{-36} \quad H = \frac{\begin{vmatrix} 6 & 180 & 6 \\ 1 & 44 & 2 \\ 0 & 34 & 2 \end{vmatrix}}{-36} \quad O = \frac{\begin{vmatrix} 6 & 12 & 180 \\ 1 & 0 & 44 \\ 0 & 2 & 34 \end{vmatrix}}{-36}$$

즉, 탄소(C), 수소(H), 산소(O)의 무게는 각각 12, 1 , 16이 된다.

검토 크레머 공식을 이용하지 않고 문자를 소거해서 해를 구할 수도 있다.

1 배드민턴 장비

A, B 두 고등학교의 배드민턴 팀은 이번 전국대회를 위해 오른쪽과 같이 장비를 구입하였다.

라켓 1개의 가격은 8만원, 셔틀콕은 1세트에 2만원, 유니폼은 1벌에 3만원일 때, 각 팀의 총 장비 구입 비용을 행렬을 이용하여 구하시오.

장비 목록	
A 고	라 켓 10개 셔틀콕 5세트 유니폼 11벌
B 고	라 켓 11개 셔틀콕 6세트 유니폼 13벌

2 캘리포니아 앞바다

오른쪽 그림은 미국 캘리포니아 앞바다의 한 지형이다.

주어진 그림과 같이 Bodega만, Farallon섬, AnoNuevo섬을 연결한 가상의 지역의 넓이를 아래의 식을 이용하여 구하여라.

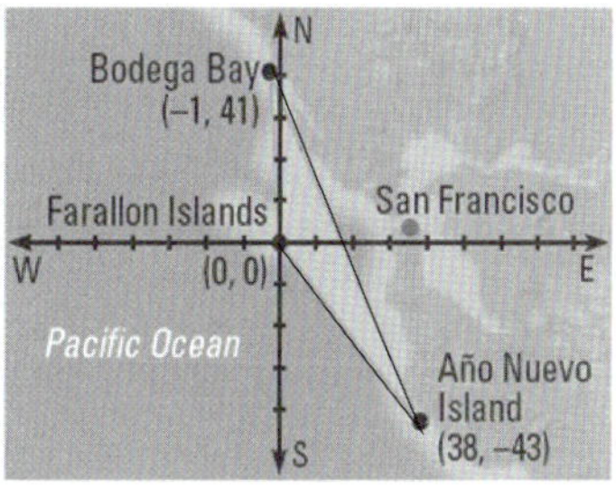

※ 삼각형의 세 점의 좌표가 주어진 경우의 삼각형의 넓이도 행렬식을 이용해서 구할 수 있다.

$A(x_1,\ y_1)$, $B(x_2,\ y_2)$, $C(x_3,\ y_3)$일 때의 넓이는

$$S=\pm\frac{1}{2}\begin{vmatrix} x_1 & y_1 & 1 \\ x_2 & y_2 & 1 \\ x_3 & y_3 & 1 \end{vmatrix}$$

(단, 여기서 부호 ±는 +와 −중 구한 값이 양수가 되도록 선택한다는 의미이다.)

문제해결

1 공연티켓

한 연극동아리에서는 학교 축제를 맞이하여 공연티켓을 학생은 3천 원, 성인은 만 원, 노인은 5천 원에 판매하였다.

금요일 공연에서는 학생 120명, 성인 150명, 노인 40명이 관람하였고, 토요일 공연에는 학생 192명, 성인 215명, 노인 54명이 관람하였다면 금요일과 토요일 이틀간 판매한 티켓의 총 금액을 행렬의 곱셈을 이용하여 구하시오.

2 메달의 점수

2008년 베이징 올림픽에서 최종 순위권 세 나라는 중국, 미국, 러시아이다. 각 나라의 점수를 금메달은 3점, 은메달은 2점, 동메달은 1점으로 환산할 때, 각 나라의 총점을 행렬을 이용하여 구하시오.

	금	은	동
중국	32	30	29
미국	30	28	26
러시아	25	23	20

3 매출액

한 패스트푸드점에서는 4종류의 세트메뉴를 판매하고 있다. A세트 메뉴의 가격은 3000원, B세트의 가격은 4000원, C세트의 가격은 5000원, D세트의 가격은 6000원 일 때, 최근 3일간 각 세트의 판매량이 아래와 같다. 최근 3일간의 총 매출액을 행렬을 이용하여 구하여라.

	A	B	C	D
4월 11일	20	23	15	10
4월 12일	22	21	13	9
4월 13일	21	20	16	10

4 버뮤다 삼각지대

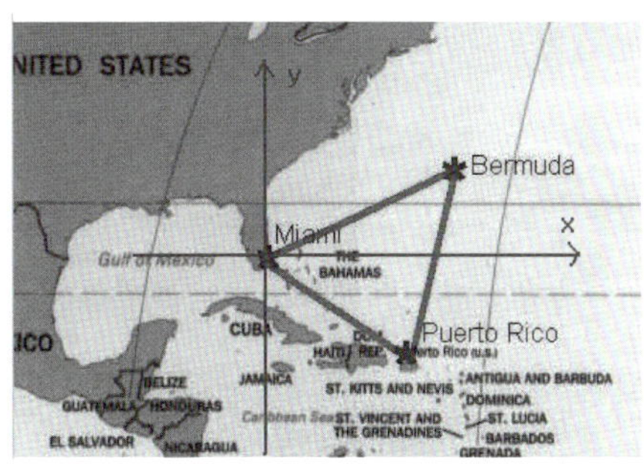

오른쪽 그림은 미국 해안에 위치한 버뮤다 삼각지대이다.

세 지역 중 마이애미를 원점에 대응시키고 나머지 세 곳의 위치를 좌표로 대응시켜보니 푸에르토리코의 위치는 $(1448, -834)$이고, 버뮤다의 위치는 $(1510, 730)$이 된다. 이때, 버뮤다삼각지대의 넓이를 구하시오. (단, 좌표상의 단위는 km이다.)

5 화훼단지 조성

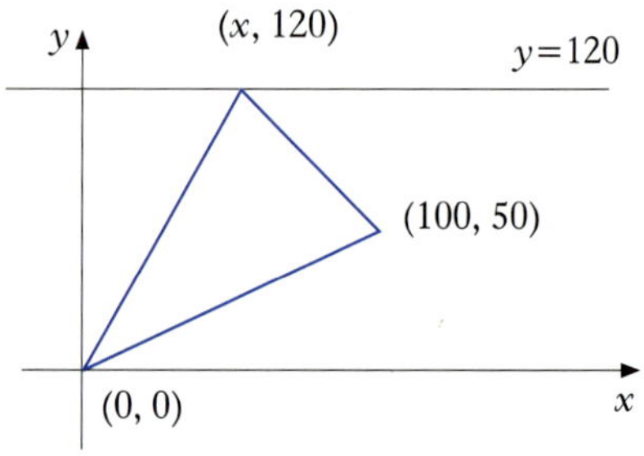

오른쪽 그림과 같이 (0, 0)과 (100, 50)지점에 기둥을 세우고 $y=120$에 해당하는 경계선에 마지막 하나의 기둥을 세워 세 기둥을 잇는 울타리를 설치하여 삼각형 모양의 화훼단지를 조성하고자 한다.(단위: m)

총 5000m^2의 지역을 개발하고자 할 때, 마지막 기둥을 어디에 설치하여야 하는지 구하시오.

2.5 역행렬

핵심개념

• 핵심용어
단위행렬
역행렬
첨가행렬

▸ 단위행렬

• 임의의 n차 정사각행렬 A에 대하여 $AE=EA=A$가 성립하는 n차 정사각행렬 E를 n차 단위행렬이라 하고, E 또는 I로 나타낸다. (단위행렬은 왼쪽 위에서 오른쪽 아래로의 대각선 위의 성분이 모두 1이고, 그 이외의 성분은 0이다.)

2×2 단위행렬 $$E=\begin{pmatrix}1&0\\0&1\end{pmatrix}$$

3×3 단위행렬 $$E=\begin{pmatrix}1&0&0\\0&1&0\\0&0&1\end{pmatrix}$$

▸ 역행렬

• 영행렬이 아닌 임의의 정사각행렬 A와 단위행렬 E에 대하여 $AX=XA=E$를 만족하는 행렬 X가 존재할 때, X를 A의 역행렬이라 하고, 기호로 A^{-1}로 나타낸다.(※ 모든 성분이 0인 행렬을 영행렬이라고 하고, 기호로 O으로 나타낸다.)

• 행렬 $A=\begin{pmatrix}a&b\\c&d\end{pmatrix}$에서 행렬식 $D=ad-bc$라 할 때

1) A의 역행렬이 존재할 필요충분조건은 $D\neq 0$

2) $D\neq 0$이면 $A^{-1}=\dfrac{1}{D}\begin{pmatrix}d&-b\\-c&a\end{pmatrix}$

• 역행렬을 이용한 연립방정식 풀이

1) 행렬방정식 $AX=B$를 쓴다. 이때, A는 계수행렬, X는 변수행렬, B는 상수행렬이다.

2) A의 역행렬을 구한다.

3) $AX=B$ 양변의 왼쪽에 A^{-1}를 곱해서 $X=A^{-1}B$를 구한다.

▸ 첨가행렬(augmented matrix)

연립방정식에서 계수행렬과 상수행렬을 묶어 놓은 것을 말한다.

연립방정식 $$\begin{cases}x-4y=9\\-6x+7y=-2\end{cases}$$

⇒ 첨가행렬 $$\left(\begin{array}{cc:c}1&-4&9\\-6&7&-2\end{array}\right)$$

계수행렬 상수행렬

개념이해 관람권 셋트 상품

영화 관련 인터넷 사이트에서 세 가지 묶음 상품을 판매하였다. 실버상품은 영화 관람권 2매와 팝콘 1개에 15000원, 골드상품은 영화 관람권 2매, 팝콘 2개, DVD 1장에 26000원, 스페셜상품은 영화 관람권 4매, 팝콘 3개, DVD 2장에 49000원이다. 첨가행렬을 이용하여 영화 관람권, 팝콘, DVD 한 개의 가격을 각각 구하시오.

이해 미지수가 세 개인 일차연립방정식을 계수행렬의 대각선 성분을 1로 만든 첨가행렬을 이용하여 주어진 연립방정식을 간결하게 만들어 해를 구할 수 있다.

계획 영화관람권, 팝콘, DVD의 가격을 각각 x, y, z라 하고 문제의 조건에 맞도록 연립방정식을 세운 후 첨가행렬로 표현한다.

풀이 영화관람권, 팝콘, DVD의 가격을 각각 x, y, z라 하고 문제의 조건에 맞도록 연립방정식을 세우면

$$\begin{cases} 2x+y=15000 \\ 2x+2y+z=26000 \\ 4x+3y+2z=49000 \end{cases}$$

이다.

이것을 첨가행렬로 나타내고 계수행렬에서 대각선의 값을 1로, 대각선 아래 부분의 값을 0으로 만든다.

$$\begin{pmatrix} 2\,1\,0 & \vdots & 15000 \\ 2\,2\,1 & \vdots & 26000 \\ 4\,3\,2 & \vdots & 49000 \end{pmatrix}$$

↓ 1행에 −2를 곱하여 3행에 더해준다.

$$\begin{pmatrix} 2\,1\,0 & \vdots & 15000 \\ 2\,2\,1 & \vdots & 26000 \\ 0\,1\,2 & \vdots & 19000 \end{pmatrix}$$

↓ 1행에 −1을 곱하여 2행에 더해준다.

$$\begin{pmatrix} 2\,1\,0 & \vdots & 15000 \\ 0\,1\,1 & \vdots & 11000 \\ 0\,1\,2 & \vdots & 19000 \end{pmatrix}$$

↓ 2행에 -1을 곱하여 3행에 더해준다.

$$\begin{pmatrix} 2\,1\,0 & \vdots & 15000 \\ 0\,1\,1 & \vdots & 11000 \\ 0\,0\,1 & \vdots & 8000 \end{pmatrix}$$

↓ 1행에 $\frac{1}{2}$을 곱한다.

$$\begin{pmatrix} 1 & \frac{1}{2} & 0 & \vdots & 7500 \\ 0 & 1 & 1 & \vdots & 11000 \\ 0 & 0 & 1 & \vdots & 8000 \end{pmatrix}$$

3행에서 $z=8000$

2행에서 $y+z=11000$ 이므로 $y=3000$

1행에서 $x+\frac{1}{2}y=7500$ 이므로 $x=6000$

따라서 영화 관람권은 6000원, 팝콘은 3000원, DVD는 8000원이다.

검토 첨가행렬의 계수행렬을 단위행렬로 만들면 그때의 상수행렬이 연립방정식의 해가 된다.

여기서는 계수행렬의 대각선 성분인 1의 아래 성분을 0으로만 바꾸어도 비교적 해를 구하기 쉬운 간결한 형태의 연립방정식이 되므로 계수행렬을 단위행렬로 변형하지는 않았다.

1 롤케이크와 머핀

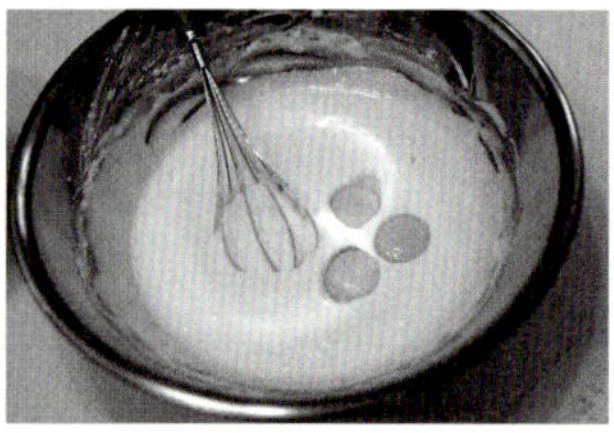

요리 실습에서 롤케이크와 머핀을 만드는데 우유 8컵과 달걀 11개를 사용하였다. 롤케이크를 하나 만드는데 우유 2컵과 달걀 3개가 필요하고 머핀을 하나 만드는데 우유 1컵과 달걀 1개가 필요하다.

(1) 롤케이크 개수를 x, 머핀 개수를 y라고 할 때 x, y에 대한 연립방정식을 세우시오.

(2) 행렬 방정식 $AX=B$의 방정식을 세우시오.

(3) 역행렬을 이용하여 위의 행렬 방정식을 풀고, 요리 실습에서 롤케이크와 머핀을 몇 개씩 만들었는지 말하시오.

문제해결

1 비행기 조종

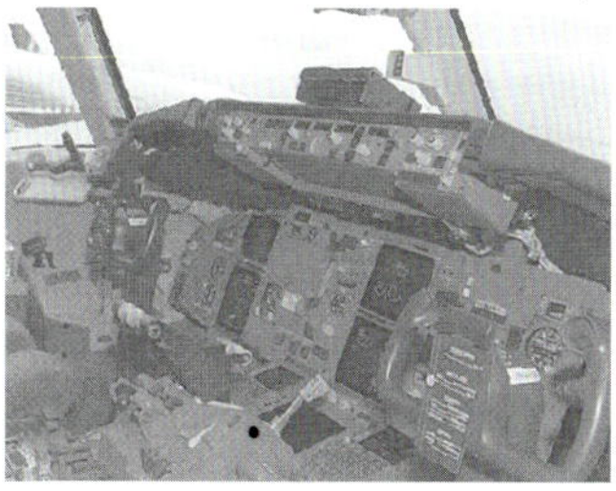

비행기 조종사가 엔진 하나짜리 비행기와 엔진 두 개짜리 비행기로 200시간 비행하였다. 엔진 하나짜리 비행기의 사용료는 시간당 6만 원이고, 엔진 두 개짜리 비행기의 사용료는 시간당 24만 원이다. 조종사는 비행기 사용료로 2100만 원을 지불하였다. 역행렬을 이용하여 두 비행기로 비행한 시간을 각각 구하시오.

2 농구선수 기록

NBA 2003년~2004년 시즌에, 댈러스 매버릭스팀의 더크 노비츠키 선수는 총 976개 슛을 성공해서 1680점을 획득하였다. 성공한 슛의 점수는 2점이거나 3점이고 자유투는 1점이다. 자유투보다 2점 슛이 135개 더 많다. 역행렬을 이용하여 각각의 슛이 몇 개인지 구하시오.

3 일을 한 시간

대민이, 민구, 동현이가 어떤 일을 끝마치는데 대민이와 민구가 함께 하면 20분, 민구와 동현이가 함께 하면 12분, 대민이와 동현이가 함께 하면 15분이 걸린다. 세 사람이 함께 이 일을 하여 끝마치는 데 걸리는 시간을 구하시오.

4 식염수 농도

농도가 서로 다른 세 가지 식염수 A, B, C가 있다. A와 B를 각각 100g씩 섞었더니 10%의 식염수가 되었고, A와 C를 각각 100g, 300g씩 섞었더니 15%의 식염수가 되었다. 또한, B와 C를 각각 200g, 400g씩 섞었더니 15%의 식염수가 되었다. A, B, C의 농도를 각각 구하시오.

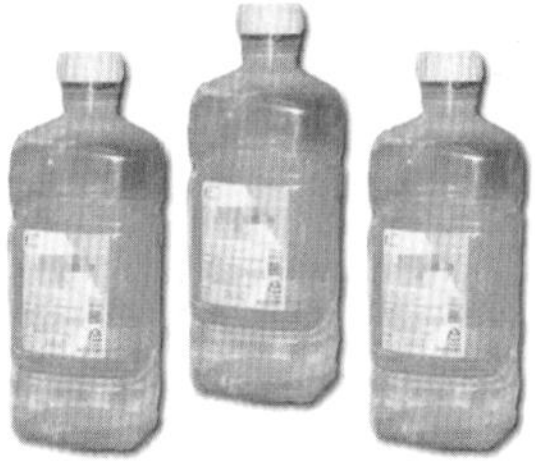

5 새 모이

애완동물 가게에서 새 모이 10kg을 69000원에 판매한다. 새 모이는 해바라기씨와 엉겅퀴씨 두 가지가 혼합되어 있다. 해바라기씨는 500g에 3000원, 엉겅퀴씨는 500g에 4500원이다. 첨가행렬을 이용하여 해바라기씨와 엉겅퀴씨가 혼합물에 각각 얼마나 포함되어 있는지 구하시오.

ICT 활용 그래핑 소프트웨어를 활용하여 연립방정식 풀기

☞ Web에서 무상으로 제공하는 소프트웨어 Graphing Calculator를 활용하면 그래프를 문제해결의 도구로 사용할 수 있다.(http://javaboutique.internet.com/graphcalc/)

1 그래프로 연립방정식 $\begin{cases} y = 2x^2 - 5 \\ y = x \end{cases}$ 풀기

풀이 : 두 함수의 그래프를 그려서 교점의 좌표를 구하면 된다.
즉, 그래프가 만나는 점의 좌표를 읽는다.

그래프로 풀기

(1) 식을 입력한다. (그림 1의 직사각형 부분)

(2) 그래프 그리기(Graph 클릭)

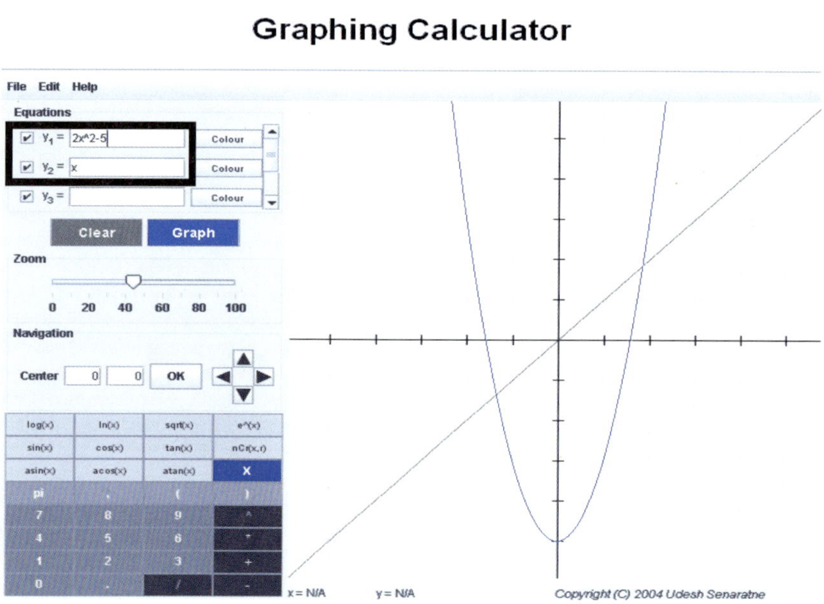

그림 1

(3) 마우스를 두 그래프의 교점으로(그림 2, 3 원 내부) 이동하여, 화면에서 좌표(타원 내부)를 읽어 답을 구한다. 그림 2에서 교점의 좌표가 각각 (타원 부분)으로 나타났다. 또 다른 교점의 좌표를 읽어 두 쌍의 답을 구한다.

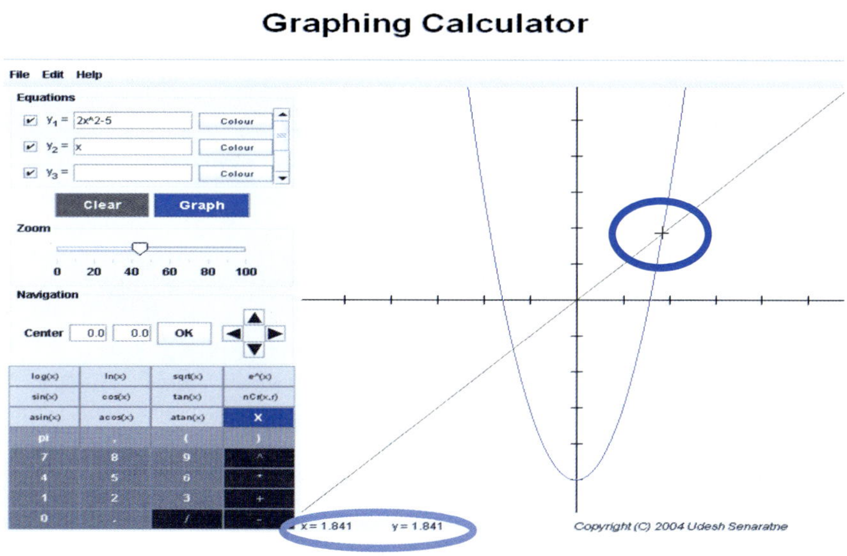

그림 2

답은 $x = -1.838,\ y = -1.838$
또는 $x = -1.35,\ y = -1.35$이다.

※ 이렇게 구한 답은 근사해이다. 실제 상황에서는 참값 $x = \dfrac{1+\sqrt{41}}{4}$, $y = \dfrac{1+\sqrt{41}}{4}$, 또는 $x = \dfrac{1-\sqrt{41}}{4}$, $y = \dfrac{1-\sqrt{41}}{4}$보다 더 유용한 경우가 많다.

☞ 웹에서 접근이 가능한 다른 그래핑계산기를 앞의 문제해결에 이용할 수 있다.
http://my.hrw.com/math06_07/nsmedia/tools/Graph_Calculator/graphCalc.html

이 프로그램은 그려진 그래프의 교점 좌표를 사용자가 그래프에서 읽어 낼 필요가 없이 바로 보다 정밀한 근사값을 보여준다.

(1) 그래프 그리기

Equations(식 입력 탭)에 y_1, y_2에 각각 식을 입력하고, Graph 클릭한다.

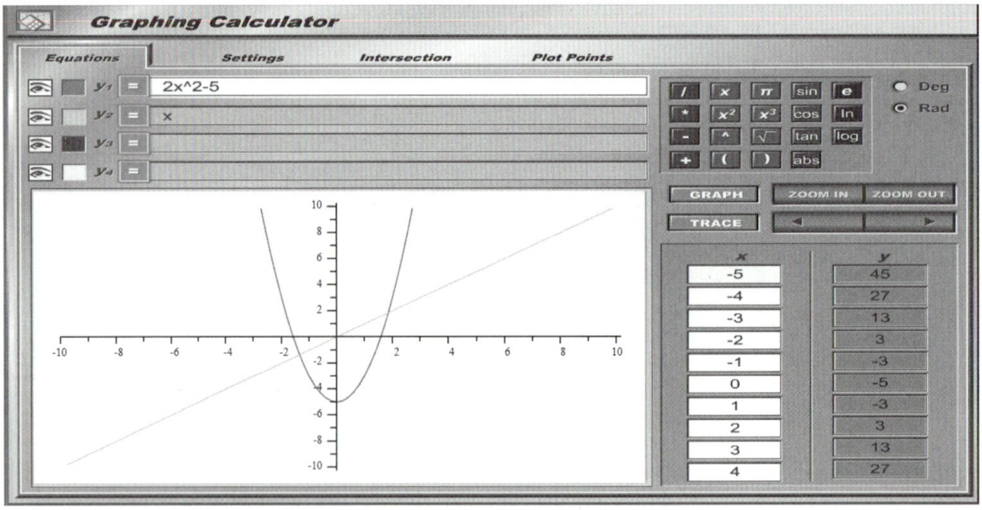

http://my.hrw.com/math06_07/nsmedia/tools/Graph_Calculator/graphCalc.html

그림 1 그래프 구하기

(2) 교점의 좌표를 구한다.

Intersection(교점) 탭을 누른 후, 바뀐 화면에서 y_1, y_2 두 식을 선택하여 오른쪽에 있는 Find Intersection point(s) 단추를 누른다.

그러면 바로 아래 네모 상자 부분에 교점의 좌표가 나타난다.

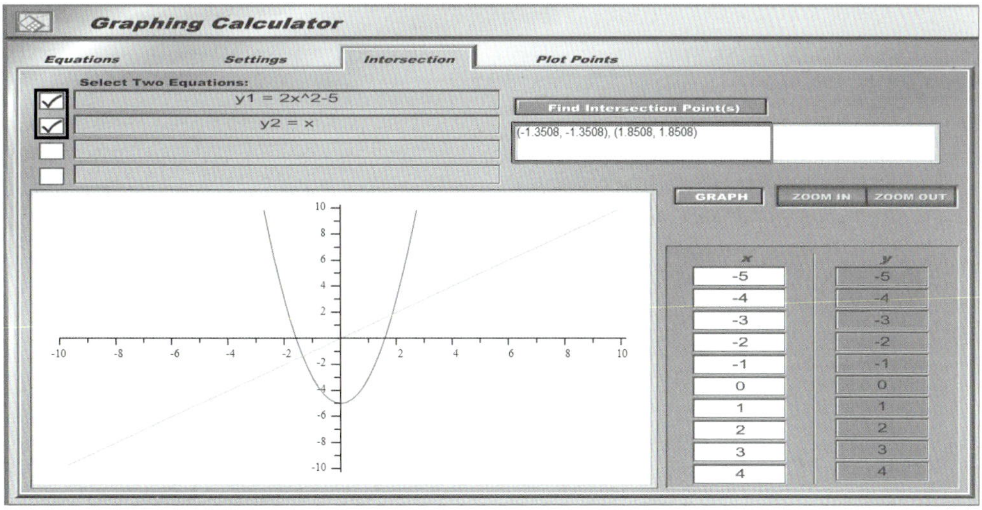
Graphing Calculator
Equations
Settings
Intersection
Plot Points
Select Two Equations:
y1 = 2x^2-5
y2 = x
Find Intersection Point(s)
(-1.3508, -1.3508), (1.8508, 1.8508)
GRAPH
ZOOM IN
ZOOM OUT
x
y

그림 2 교점구하기

실력다지기

열린문제

01 다음 상황에 맞는 미지수가 두 개인 일차연립방정식을 세우시오.

(1) 오직 한 쌍의 해를 갖는 연립방정식

(2) 해가 없는 연립방정식

(3) 무수히 많은 해를 갖는 연립방정식

02 좌표평면에서 점 (2, −1)을 해집합의 원소로 갖는 일차연립부등식을 2개 만들어 보시오.

03 집합 $A=\{c|c=2x+3y,\ c>0\}$에 대하여 각 조건을 만족하는 $(x,\ y)$의 영역을 좌표평면에 한 가지 예를 들어 표현하시오.

(a) A는 최댓값을 가지지만 최솟값을 가지지 않는다.

(b) A는 최솟값을 가지지만 최댓값을 가지지 않는다.

발전문제

01 다음 그림은 밤, 사과, 배, 가지에 대하여 4개의 양팔저울이 평형을 이루고 있는 그림이다. 마지막 그림에서 사과와 균형을 이룰 수 있는 밤의 개수를 구하시오.

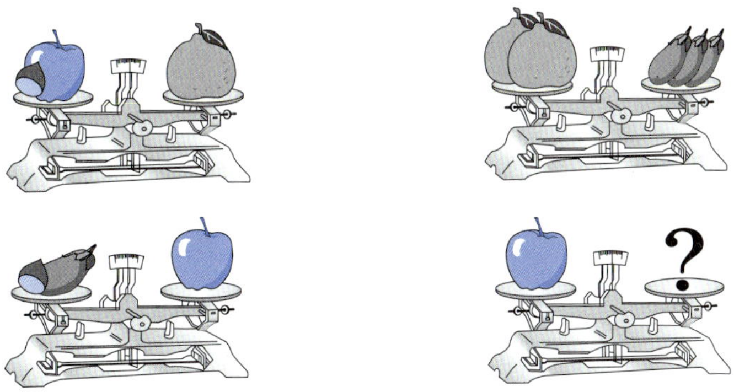

02 다음 연립 방정식의 해가 (−1, 2, −3)이 되도록 a, b, c 값을 구하시오.

$$\begin{cases} x+2y-3z=a \\ -x-y+z=b \\ 2x+3y-2z=c \end{cases}$$

03 행렬 $T=\begin{pmatrix}1&3&5\\1&4&2\end{pmatrix}$, $A=\begin{pmatrix}0&1\\-1&0\end{pmatrix}$에 대하여 T의 열은 삼각형의 꼭짓점의 좌표를 나타낸다고 한다.

(1) 행렬 AAT를 구하고 원래 삼각형과 변환된 삼각형을 좌표평면에 그리시오.

(2) 행렬 AA는 T가 나타내는 삼각형을 어떻게 이동시키는가?

증명문제

01 2×2행렬 A와 B에 대하여 $AB=E$, $BA=E$ (E는 단위행렬) 이면

$B=A^{-1}=\frac{1}{|A|}\begin{pmatrix}d&-b\\-c&a\end{pmatrix}=\frac{1}{ad-bc}\begin{pmatrix}d&-b\\-c&a\end{pmatrix}$, $(ad-bc\neq0)$임을 보이시오.

$\left(\text{단, } A=\begin{pmatrix}a&b\\c&d\end{pmatrix}\right)$

풀이와 답

2.1 연립방정식

개념이해

1. 이원일차연립방정식 p.41

이해 : 미지수가 두 개인 일차연립방정식의 풀이법에는 대입법, 소거법, 등치법 등이 있다.

풀이

(1) 방법 1(대입법)

첫째식에서 $x=2y+1$을 얻고 둘째식에 대입하면

$2(2y+1)-3y=3$ 에서 $y=1$

$x=2y+1$에서 $y=1$이면 $x=3$

따라서 구하는 해는 $x=3,\ y=1$이다.

(2) 방법 2(소거법)

x의 계수를 같게 하기 위해 첫째식의 양변에

2를 곱한다.

$\begin{cases} 2x-4y=2 \\ 2x-3y=3 \end{cases}$에서 위 식에서 아래 식을 빼주면 $-y=-1$이므로 $y=1$

$x-2y=1$에서 $y=1$이면 $x=3$

따라서 구하는 해는 $x=3,\ y=1$이다.

(3) 방법 3(등치법)

첫째식에서 $x=2y+1$을 얻고

둘째식에서 $x=\frac{3}{2}y+\frac{3}{2}$을 얻는다.

$\therefore\ 2y+1=\frac{3}{2}y+\frac{3}{2}$, 양변에 2를 곱하여 정리하면 $4y+2=3y+3$이므로 $y=1$

$x-2y=1$에서 $y=1$이면 $x=3$

따라서 구하는 해는 $x=3,\ y=1$이다.

※ 이 장의 뒷부분에서는 행렬을 이용하여 연립방정식을 풀 수 있는 방법이 소개될 것이다.

2. 티셔츠 판매

p.41

이해 : 티셔츠의 단가가 주어졌으므로 반소매와 긴소매 티셔츠의 구입 및 판매금액에 대한 연립방정식을 세울 수 있다.

계획 : 반소매 티셔츠의 수를 x, 긴소매 티셔츠의 수를 y라 하고 구입금액과 판매금액에 대한 연립방정식을 세운다.

풀이

반소매 티셔츠의 수를 x, 긴소매 티셔츠의 수를 y라고 하면

구입금액 : $5x+7y=2500$ ⋯ ①

판매금액 : $8x+12y=4200$ ⋯ ② (단위 : 천원)

①×8, ②×5를 하여 정리하면

$$\begin{cases} 40x+56y=20000 \cdots\cdots ③ \\ 40x+60y=21000 \cdots\cdots ④ \end{cases}$$

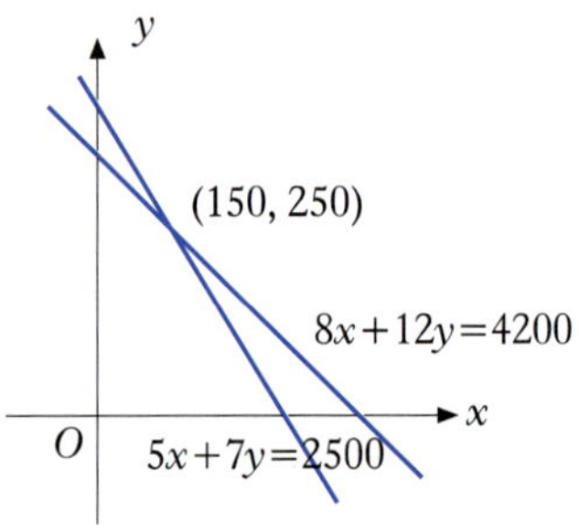

③−④를 하면 $-4y=-1000$, $y=250$이고 이 값을 ①에 대입하면 그 때의 $x=150$

따라서 반소매 티셔츠는 150벌이 팔렸다.

검토 : 반소매 티셔츠는 150벌, 긴소매 티셔츠는 250벌이 팔렸다.

문제해결

1. 봉사활동

p.42

이해 : 두 종류의 봉사활동에 대하여 봉사활동 시간과 시간당 점수가 주어졌으므로 시간과 점수에 관한 연립방정식을 세울 수 있다.

계획 : 구청 일손 돕기를 한 시간을 x, 환경 정화 활동을 한 시간을 y라 하고 봉사활동 시간과 봉사점수에 대한 연립방정식을 세운다.

풀이

구청 일손 돕기를 한 시간을 x, 환경 정화 활동을 한 시간을 y라 하면

$$\begin{cases} x+y=14 \cdots\cdots ① \\ 6x+8y=96 \cdots\cdots ② \end{cases}$$

①×6을 하여 정리하면

$$\begin{cases} 6x+6y=84 & \cdots\cdots ③ \\ 6x+8y=96 & \cdots\cdots ④ \end{cases}$$

③−④를 하면 $-2y=-12$, $y=6$이고 이 값을 ①에 대입하면 그 때의 $x=8$, 따라서 구청 일손 돕기 8시간, 환경 정화 활동 6시간을 한 것을 알 수 있다.

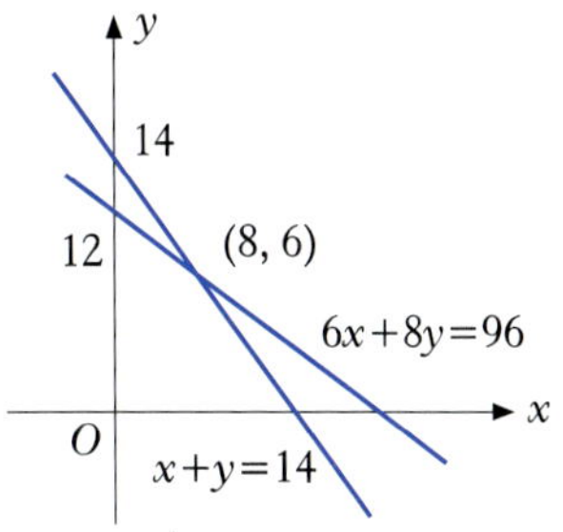

2. 탁구경기

p.42

이해 : 탁구대 수와 선수 인원에 대한 연립방정식을 세울 수 있다.

계획 : 단식 게임 수를 x, 복식 게임 수를 y라 하고 탁구대 수와 선수 인원에 대한 연립방정식을 세운다.

풀이

단식 게임 수를 x, 복식 게임 수를 y라 하면

$$\begin{cases} x+y\ =32 & \cdots\cdots ① \\ 2x+4y=96 & \cdots\cdots ② \end{cases}$$

①×2를 하여 정리하면

$$\begin{cases} 2x+2y=64 & \cdots\cdots ③ \\ 2x+4y=96 & \cdots\cdots ④ \end{cases}$$

③−④를 하면 $-2y=-32$, $y=16$이고 이 값을 ①에 대입하면 그 때의 $x=16$

따라서 단식과 복식 각각 16게임이다.

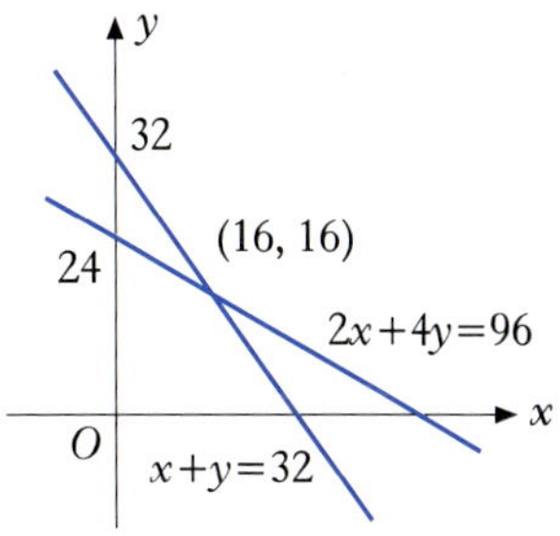

3. 자동차 유지비용

p.43

이해 : A자동차는 구입 가격은 낮지만 유지비용이 많이 들고 B자동차는 구입 가격은 높지만 유지비용이 적게 든다. 소요비용은 자동차의 구입가격과 유지비용을 합한 금액이다.

계획 : 자동차의 소요비용을 y, 구입 후 경과 년 수를 x라 하고 각각 식을 세우고 그래프를 그려서 두 자동차의 소요비용을 비교해 본다.

풀이

(1) 자동차의 소요비용을 y(단위 : 만원), 구입 후 경과 년수를 x(단위 : 년)라 하면

자동차 A : $y = 1200 + 550x$

자동차 B : $y = 1800 + 530x$

총 소요비용이 같아야 하므로 $1200 + 550x = 1800 + 530x$, $20x = 600$, $x = 30$이고 이 값을 위 식에 대입하면 $y = 17700$임을 알 수 있다.

따라서 30년 후에 두 자동차의 총 소요비용이 1억7천7백만 원으로 같아진다.

(2) 오른쪽 그래프에 의하면 30년 후에 1억7천7백만 원으로 두 자동차의 총 소요비용이 같아짐을 알 수 있고 자동차 구입 후 30년까지는 A자동차가, 30년 후에는 B자동차가 더 소요비용이 작다는 것을 알 수 있다.

따라서 자동차 A를 구입하는 것이 경제적인 면에서 더 유리하다. 자동차를 30년 이상 잘 관리하여 타면 자동차 B가 경제적으로 유리할 수 있겠으나 현실적으로 자동차를 30년 이상 타는 경우는 거의 없다.

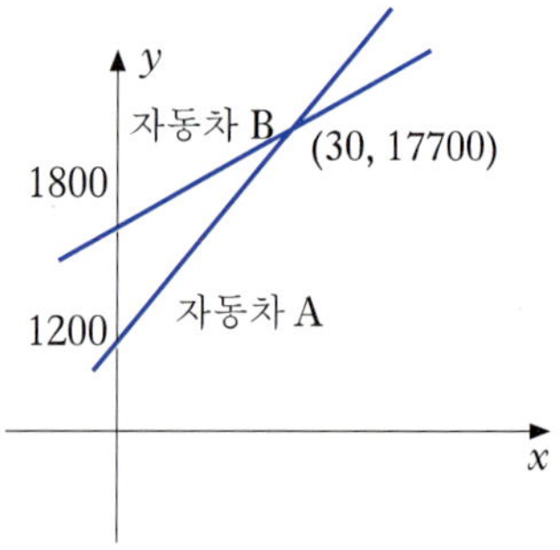

4. 농기계 회사

p.43

이해 : 주문량을 모두 생산하기 위해서는 두 공장을 모두 가동해야 한다.

계획 : A공장을 x주, B공장을 y주 가동하였다고 하고 경운기와 트랙터에 대한 연립방정식을 세운다.

풀이

A, B공장을 각각 x, y주 동안 가동하였다면

경운기 : $20x + 40y = 220$ ⋯ ①

트랙터 : $10x + 30y = 140$ ⋯ ② 이고 정리하면

$$\begin{cases} 20x + 40y = 220 \cdots\cdots ① \\ 10x + 30y = 140 \cdots\cdots ② \end{cases}$$

이다.

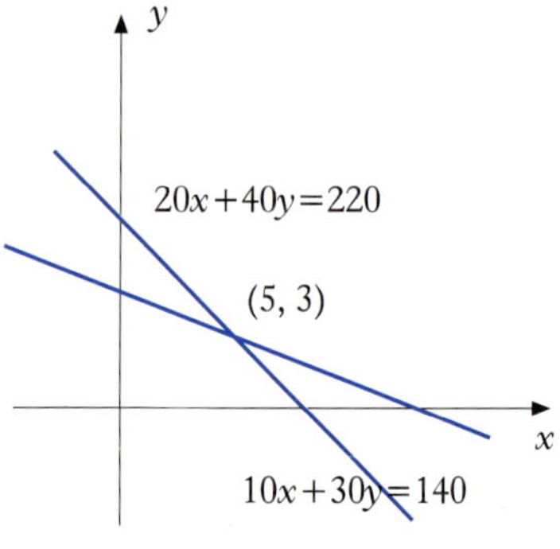

②×2를 하여 정리하면

$$\begin{cases} 20x+40y=220 & \cdots\cdots ③ \\ 20x+60y=280 & \cdots\cdots ④ \end{cases}$$

③-④를 하면 $-20y=-60$, $y=3$이고 이 값을 ①에 대입하면 그 때의 $x=5$.
따라서 A공장은 5주, B공장은 3주 동안 가동해야 한다.

5. 환경단체 캠페인

p.44

이해 : (거리)=(시간)×(속력) 식을 변형하여 문제 상황에 맞는 방정식을 세우고 해를 구할 수 있다.

풀이

(1) 동현이가 이동한 거리 : d_1, 이동한 시간 : h_1이라 하면 식은 $\boldsymbol{d_1=4\times h_1}$

(2) 민호가 이동한 거리 : d_2, 이동한 시간 : h_2라 하면 식은 $\boldsymbol{d_2=6\times h_2}$

(3) 민호가 동현이를 따라 잡으려면 동현이와 민호가 이동한 거리가 같아야 하므로 $4\times h_1=6\times h_2$, 그런데 민호가 동현이보다 2시간 늦게 출발하였으므로
$4\times h_1=6\times(h_1-2)$이고 $h_1=6$이다.
그러므로 동현이가 출발한 지 6시간 후에 따라 잡는다.
∴ 오후 4시

(4) 민호의 속도변화 없이 1시간 만에 동현이를 따라잡으려면 민호가 1시간동안 걸은 거리와 동현이가 걸은 거리가 같아야 하므로 $4\times h_1=6\times 1$에서 $h_1=1.5$ 즉, 동현이는 출발한 지 1시간 30분 후에 민호를 만난다.
따라서 민호는 동현이가 출발한지 30분이 지난 오전 10시 30분에 출발하면 된다.

(5) 민호가 동현이보다 2시간 늦게 출발하여 1시간 만에 동현이를 따라 잡으려면 민호의 속력을 시속 $x$km라할 때 $4\times h_1=x\times h_2$, $h_2=(h_1-2)$에서 $4\times h_1=x(h_1-2)$, $h_1=3$이므로 $x=12$, 즉 민호의 속력은 시속 12km가 되어야 한다. 이 속도는 뛰어야 하는 상황으로 판단된다.

6. 곡물의 가격

p.44

이해 : 찹쌀과 콩의 가격은 섞이기 전과 후에 변화가 없다.

계획 : 50kg에 포함되어 있는 찹쌀과 콩을 각각 x, y(단위: kg)라 하고 혼합곡물의 무게와 가격에 대한 연립방정식을 세운다.

풀이

50kg에 포함되어 있는 찹쌀과 콩을 각각 x, y(단위: kg)라고 하면

혼합곡물 무게 ⇒ $x+y=50$

혼합곡물 가격 ⇒ $5600x+7200y=6000\times 50$

$$\begin{cases} x+y=50 \\ 5600x+7200y=300000 \end{cases}$$

정리하면

$$\begin{cases} x+y=50 & \cdots\cdots ① \\ 7x+9y=375 & \cdots\cdots ② \end{cases}$$

①×7을 하여 정리하면

$$\begin{cases} 7x+7y=350 & \cdots\cdots ③ \\ 7x+9y=375 & \cdots\cdots ④ \end{cases}$$

③-④를 하면 $-2y=-25$, $y=12.5$이고 이 값을 ①에 대입하면 그 때의 $x=37.5$.

따라서 찹쌀: 37.5kg, 콩: 12.5kg이 포함되어 있다.

7. 자전거의 속도

p.45

이해 : (거리)=(시간)×(속력) 식을 활용하여 문제 상황에 맞는 방정식을 세우고 그래프를 그릴 수 있다.

풀이

(1) $d=500-2.5t$ ($d=0$일 때, $t=200$(초)임)

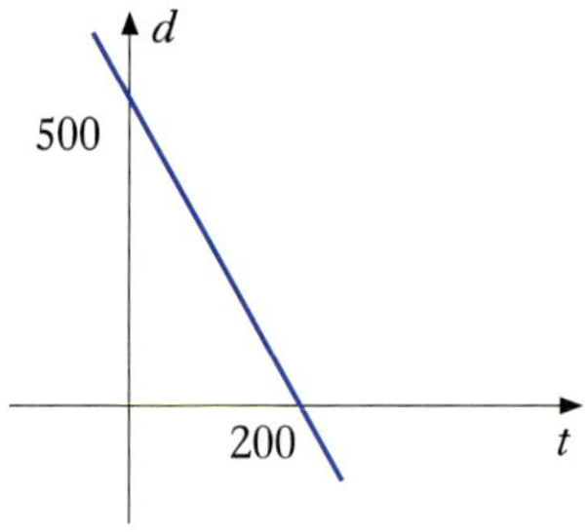

※ $d=0$이라는 것은 공원에 도착함을 의미함

(2) 성호와 용수가 공원에 동시에 도착했으므로 성호와 용수가 각자의 집에서 공원까지 이동할 때 걸린 시간은 200초로 같다. 따라서 용수 자전거의 속력은 300 ÷ 200 = 1.5(미터/초)이다.

(3) (2)에서 용수 자전거의 속력이 1.5이므로

$d = 300 - 1.5t$

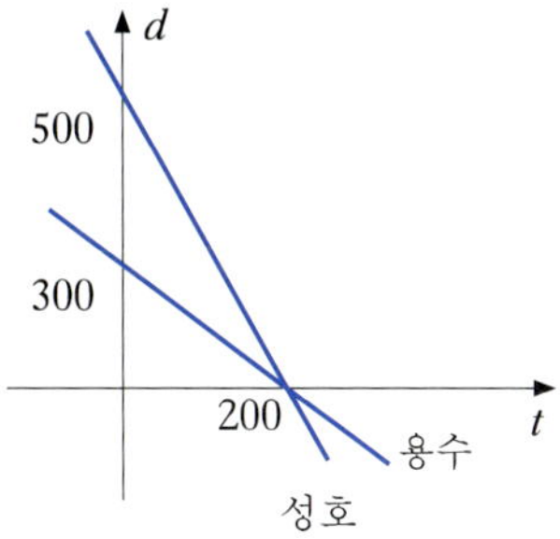

※ 두 그래프의 t축에 대한 절편이 200으로 같은 것은 성호와 용수 모두 출발한 지 200초 만에 동시에 공원에 도착했음을 의미한다.

2.2 연립부등식

개념 이해

1. 대나무 축제

p.48

이해 : 컵받침과 국받침의 무게와 개수에 대한 연립부등식을 세운 후 연립부등식의 영역 중 상진이 가족의 판매금액을 최대로 하는 값을 찾는다.

풀이

컵받침 수를 x, 국받침 수를 y라 하면

$$\begin{cases} x \geq 4,\ y \geq 0 \\ 12x + 24y \leq 120 \end{cases} (x,\ y\text{는 정수})$$

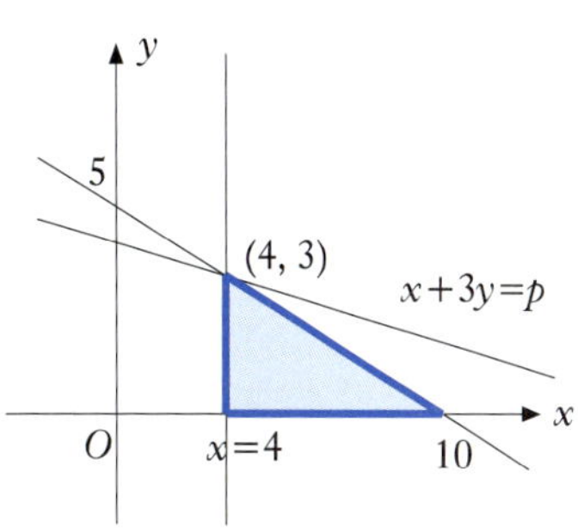

이고, 각 부등식을 동시에 만족하는 영역은 오른쪽 어두운 영역과 같다.

한편, 상진이 가족이 바자회에서 컵받침 x개와 국받침 y개를 팔았을 때의 판매금액은 $x + 3y = p$ (단위: 천 원)이므로 오른쪽 그림에서와 같이 $(4,3)$에서 p값이 최대임을 알 수 있다.

※ $x+3y=p$는 $y=-\frac{1}{3}x+\frac{p}{3}$로 표현되고, p가 최대일 때 y절편 $\frac{p}{3}$도 최대이므로 어두운 영역중 점 (4, 3)을 지날 때 이 직선의 y절편이 최대임을 알 수 있다.

검토 : $(4,3)$에서 $p=4+3(3)=13$(최대)
$(6,2)$에서 $p=6+3(2)=12$
$(8,1)$에서 $p=8+3(1)=11$
∴ 상진이 가족의 최대 판매금액은 13000 원이다.

2. 앨범 세일

p.48

이해 : 연립부등식의 영역은 각 부등식이 나타내는 영역의 공통영역이다.

계획 : 앨범의 정상가격을 x, 세일가격을 y라 하고 x, y에 대한 연립부등식을 세운다.

풀이

앨범의 정상가격을 x, 세일가격을 y라고 하면

$$\begin{cases} 2 \le x \le 5 \\ 0.5x \le y \le 0.7x \end{cases}$$ (단위: 만 원)이다.

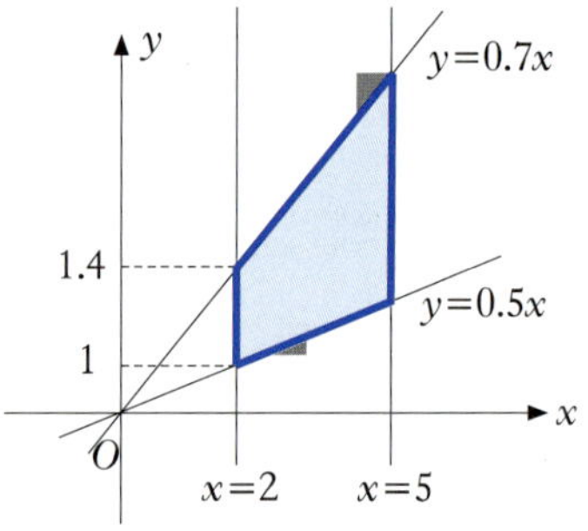

이를 그래프로 나타내면 오른쪽과 같다.
한편, $x=2$일 때, 각각의 직선에 대한 함숫값이 1, 1.4이므로 정상가 2만 원인 앨범의 판매가격의 범위는 만 원에서 만 4천 원이다.

문제 해결

1. 야구

p.49

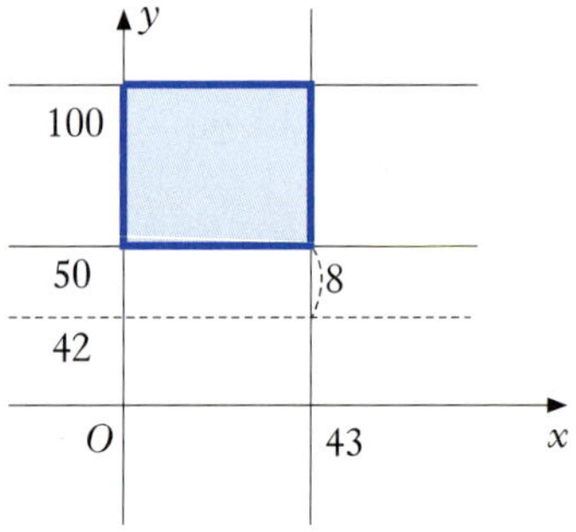

이해 : 연립부등식의 영역은 각 부등식이 나타내는 영역의 공통영역이다.

풀이

(1) 스트라이크 존의 가로와 세로는 각각 x축, y축과 평행하므로

$$\begin{cases} 0 \le x \le 43 \\ 50 \le y \le 100 \end{cases}$$

(2) 스트라이크 존이 무릎 높이에서 무릎 아랫부분으로 8㎝ 확대되었고 스트라이크 존의 가로는 43㎝, 세로는 58㎝이므로 $43 \times 58 = 2494$㎠이다.

2. 동전의 개수 추측

p.50

이해 : ① 상진이와 수경이가 추측한 동전의 수와 실제 동전 수의 차에 대한 식은 절댓값을 포함하는 부등식으로 세울 수 있다.

② 절댓값을 포함하는 식은 절댓값 속의 값이 0보다 크거나 같을 때와 0보다 작을 때의 두 경우에 대하여 각각 계산한다.

계획 : 상진이와 수경이가 추측한 동전의 수 x, y에 대하여 문제의 조건을 만족하는 부등식을 세우고 좌표평면에 그 영역을 표시한다.

풀이

상진이와 수경이가 추측한 동전의 개수가 각각 x, y이고 상진이가 수경이보다 실제 동전의 개수 200과 가깝게 추측하였으므로

(ⅰ) $100 \le x < 200$ 일 때, $|y-200| > 200-x$

(ⅱ) $x \ge 200$ 일 때, $|y-200| > x-200$

(ⅰ), (ⅱ)에서 $|y-200| > |x-200|$ $(x \ge 100,\ y \ge 100)$이다.

① $x \ge 200,\ y \ge 200$일 때,

$y-200 > x-200,\ y > x$

② $x \ge 200,\ 100 \le y < 200$일 때,

$-y+200 > x-200,\ y < -x+400$

③ $100 \le x < 200,\ y \ge 200$일 때,

$y-200 > -x+200,\ y > -x+400$

④ $100 \le x < 200,\ 100 \le y < 200$일 때

$-y+200 > -x+200,\ y < x$

①, ②, ③, ④의 공통영역을 좌표평면에 표시하면 오른쪽의 어두운 영역과 같다.

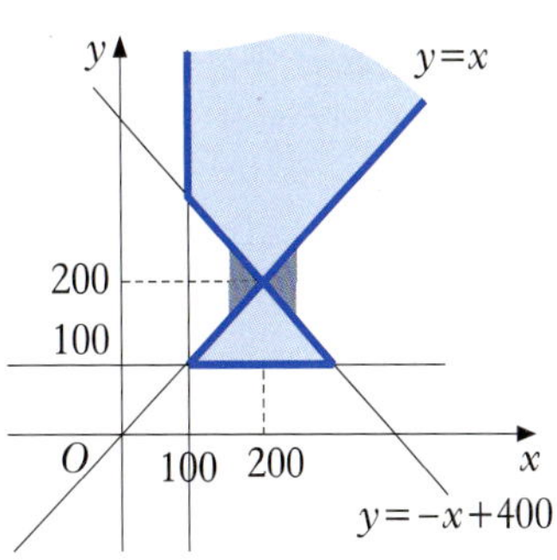

3. 마케팅 광고

p.50

이해 : 미지수가 세 개인 연립일차방정식을 풀 때에는 먼저 미지수 하나를 소거한 다음에 남은 두 미지수에 대한 연립방정식을 풀어서 해를 구할 수 있다.

계획 : TV 광고수를 x, 라디오 광고 수를 y, 신문 광고 수를 z라 하고 문제의 조건에 맞도록 연립방정식을 세운다.

풀이

TV 광고 수를 x, 라디오 광고 수를 y, 신문 광고 수를 z라 하면

$$\begin{cases} x+y+z=60 & \cdots\cdots ① \\ 1000x+200y+500z=30000 \text{ (단위 : 만 원)} & \cdots\cdots ② \\ y=x+z & \cdots\cdots ③ \end{cases}$$

의 연립방정식을 세울 수 있다.

②의 식을 100으로 나누어 정리하면

$$\begin{cases} x+y+z=60 & \cdots\cdots ① \\ 10x+2y+5z=300 & \cdots\cdots ②' \\ y=x+z & \cdots\cdots ③ \end{cases}$$

이고 ③을 ①, ②'에 넣어 정리하면

$$\begin{cases} x+z=30 & \cdots\cdots ④ \\ 12x+7z=300 & \cdots\cdots ⑤ \end{cases}$$

④에서 $x=30-z$이므로 ⑤에 대입하여 정리하면 $12(30-z)+7z=300$, $-5z=-60$, $z=12$이다.

이 z값을 ④에 대입하면 $x=18$이고 ③에서 $y=30$이다.

따라서 TV 광고 수는 18, 라디오 광고 수는 30, 신문 광고 수는 12이다.

4. 햄버거 세트 메뉴

p.51

이해 : 미지수가 세 개인 연립일차방정식을 풀 때에는 먼저 미지수 하나를 소거한 다음에 남은 두 미지수에 대한 연립방정식을 풀어서 해를 구할 수 있다.

계획 : 샐러드, 햄버거, 사이다 하나의 가격을 각각 x, y, z라 하고 문제의 조건에 맞도록 연립방정식을 세운다.

풀이

샐러드 한 개의 가격을 x, 햄버거 한 개의 가격을 y, 사이다 한 병의 가격을 z라 하면

$$\begin{cases} 2x+y+z=14 \cdots\cdots\cdots ① \\ x+y+3z=15 \cdots\cdots\cdots ② \\ 3x+y=16 \quad \cdots\cdots\cdots ③ \end{cases}$$

(단위: 천 원)의 연립방정식을 세울 수 있다.

③에서 $y=16-3x$이고 이것을 ①, ②에 대입하여 정리하면

$$\begin{cases} -x+z=-2 \quad \cdots\cdots\cdots ④ \\ -2x+3z=-1 \cdots\cdots\cdots ⑤ \end{cases}$$

④에 2를 곱하면

$$\begin{cases} -2x+2z=-4 \cdots\cdots\cdots ⑥ \\ -2x+3z=-1 \cdots\cdots\cdots ⑦ \end{cases}$$

⑥-⑦을 해주면 $-z=-3$, $z=3$. 이것을 ④에 대입하면 $x=5$. 이것을 ③에 대입하면 $y=1$이다.

따라서 샐러드 한 개의 가격은 5천 원, 햄버거 한 개의 가격은 천 원, 사이다 한 병의 가격은 3천 원이다.

5. 육상대회

p.51

이해 : 미지수가 세 개인 연립일차방정식을 풀 때에는 먼저 미지수 하나를 소거한 다음에 남은 두 미지수에 대한 연립방정식을 풀어서 해를 구할 수 있다.

계획 : 한국 고등학교가 획득한 금메달, 은메달, 동메달 수를 각각 x, y, z라 하고 문제의 조건에 맞도록 연립방정식을 세운다.

풀이

(a) 한국 고등학교가 획득한 금메달, 은메달, 동메달 수를 각각 x, y, z라 하면

$$\begin{cases} x+y+z=20 & \cdots\cdots\cdots ① \\ 5x+3y+z=68 & \cdots\cdots\cdots ② \\ y=x+z & \cdots\cdots\cdots ③ \end{cases}$$

의 연립방정식을 세울 수 있다.

③을 ①, ②에 대입하여 정리하면

$$\begin{cases} x+z=10 & \cdots\cdots\cdots ④ \\ 2x+z=17 & \cdots\cdots\cdots ⑤ \end{cases}$$

④−⑤를 해주면 $-x=-7$, $x=7$, 이것을 ④에 대입하면 $z=3$, 이것을 ③에 대입하면 $y=10$이다.

따라서 한국 고등학교가 획득한 금메달, 은메달, 동메달 수는 각각 7개, 10개, 3개이다.

(b) 위와 같은 조건에서 총 70점을 획득하였다면

$$\begin{cases} x+y+z=20 \\ 5x+3y+z=70 \\ y=x+z \end{cases}$$

의 연립방정식을 세울 수 있고 (a)의 풀이와 같은 방법으로 해보면 $x=7.5$, $y=10$, $z=2.5$로 이 연립방정식을 만족하는 음 아닌 정수는 존재하지 않음을 알 수 있다. 따라서 총점 70점 획득은 불가능하다.

2.3 행렬의 덧셈과 뺄셈

개념 이해

1. 축구화 판매

p.54

풀이

$$B-A=\begin{pmatrix}45&60&65&50\\38&75&109&68\\34&80&101&83\end{pmatrix}-\begin{pmatrix}40&57&67&35\\43&66&102&76\\55&72&89&97\end{pmatrix}=\begin{pmatrix}5&3&-2&15\\-5&9&7&-8\\-21&8&12&-14\end{pmatrix}$$

문제 해결

1. 학생회장 선거

p.55

풀이

〈남학생〉

	인섭	순희
1학년	55	45
2학년	52	48
3학년	49	51

〈여학생〉

	인섭	순희
1학년	34	66
2학년	48	52
3학년	54	46

〈전체 : 남+여〉

	인섭	순희
1학년	89	111
2학년	100	100
3학년	103	97

두 행렬의 합을 나타내는 행렬에서 1열과 2열은 각각 인섭이와 순희의 학년별 득표수를 의미한다. 1열을 더한 값 292는 인섭이의 총 득표수이고, 2열을 더한 값 308은 순희의 총 득표수이다.

2. 직사각형의 넓이

p.55

풀이

(1) $A=\begin{pmatrix}1&1&5&5\\1&4&1&4\end{pmatrix}$

(2) $3A=\begin{pmatrix}3&3&15&15\\3&12&3&12\end{pmatrix}$

두 도형은 닮음이다. 두 도형은 길이가 3배가 되며 넓이는 9배가 된다.

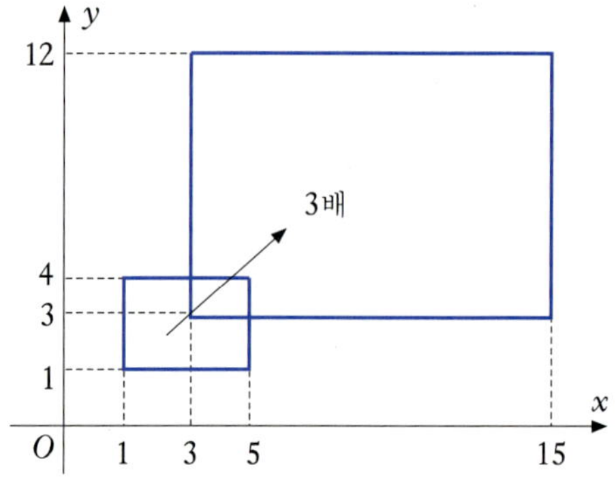

2.4 행렬의 곱셈

개념 이해

1. 배드민턴 장비 p.59

이해 : 주어진 장비목록과 각 장비의 구입비용에 관한 행렬식으로 정리한 후 행렬의 곱셈을 이용하여 총 장비구입비용을 구한다.

계획 : 각 고등학교의 구입한 장비 수와 비용을 아래와 같은 행렬로 정리한다.

$$\begin{array}{c} \\ A\text{고} \\ B\text{고} \end{array} \begin{array}{c} \text{라켓 셔틀콕 유니폼} \\ \begin{pmatrix} 10 & 5 & 11 \\ 11 & 6 & 13 \end{pmatrix} \end{array}, \quad \begin{array}{c} \\ \text{라켓} \\ \text{셔틀콕} \\ \text{유니폼} \end{array} \begin{array}{c} \text{비 용} \\ \begin{pmatrix} 8 \\ 2 \\ 3 \end{pmatrix} \end{array}$$

풀이

$$\begin{pmatrix} 10 & 5 & 11 \\ 11 & 6 & 13 \end{pmatrix}\begin{pmatrix} 8 \\ 2 \\ 3 \end{pmatrix} = \begin{pmatrix} 80+10+33 \\ 88+12+39 \end{pmatrix} = \begin{pmatrix} 123 \\ 139 \end{pmatrix}$$

검토 : A고등학교의 경우 총 장비 구입 비용이 123만원
B고등학교의 경우 총 장비 구입 비용은 139만원이 된다.

2. 캘리포니아 앞바다 p.59

풀이

세 지역의 위치를 좌표평면을 통해 나타내보면

(−1, 41), (38, −43), (0, 0)이고 행렬식을 이용하여 삼각형의 넓이 구하는 공식을 이용하면 다음과 같다.

$$\text{넓이} = \pm\frac{1}{2}\begin{vmatrix} -1 & 41 & 1 \\ 38 & -43 & 1 \\ 0 & 0 & 1 \end{vmatrix} \Rightarrow \pm\frac{1}{2}\begin{vmatrix} -1 & 41 & 1 \\ 38 & -43 & 1 \\ 0 & 0 & 1 \end{vmatrix}\begin{matrix} -1 & 41 \\ 38 & -43 \\ 0 & 0 \end{matrix}$$

$$= \pm\frac{1}{2}[(43+0+0)-(0+0+1558)]$$

$$= 757.5$$

문제 해결

1. 공연티켓 p.60

이해 : 티켓 가격을 나타내는 1×3행렬과 이틀 동안의 관람객 수를 나타내는 3×2행렬의 곱셈을 이용하여 이틀간 판매한 총 티켓 금액을 구할 수 있다.

풀이

티켓 가격을 나타내는 1×3행렬과 이틀 동안의 관람객 수를 나타내는 3×2행렬의 곱셈을 나타내면 다음과 같다.

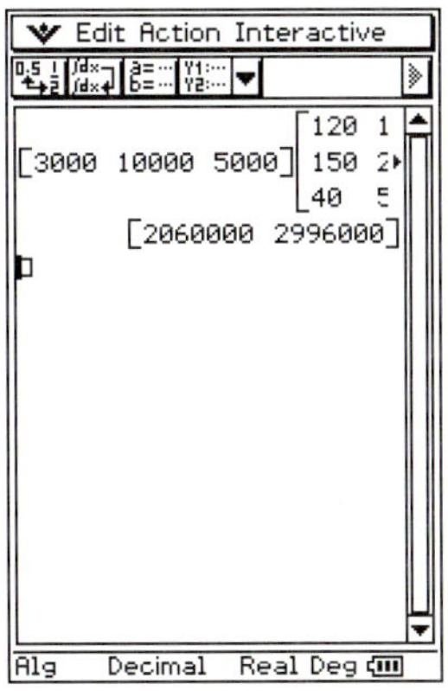

$$(3000 \quad 10000 \quad 5000)\begin{pmatrix} 120 & 192 \\ 150 & 215 \\ 40 & 54 \end{pmatrix} = (2060000 \quad 2996000)$$

즉, 금요일의 티켓 판매 금액은 2060000원이고, 토요일의 티켓 판매 금액은 2996000원이 된다.

따라서 이틀간 판매한 티켓의 총 금액은 5056000원이다.

2. 메달의 점수

p.60

이해 : 세 나라의 메달집계를 나타내는 3×3행렬과 메달의 점수를 나타내는 3×1행렬의 곱셈을 이용하여 각 나라의 점수를 계산할 수 있다.

풀이

세 나라의 메달집계를 나타내는 3×3행렬과 메달의 점수를 나타내는 3×1행렬의 곱셈을 나타내면 다음과 같다.

$$\begin{pmatrix} 32 & 30 & 29 \\ 30 & 28 & 26 \\ 25 & 23 & 20 \end{pmatrix} \begin{pmatrix} 3 \\ 2 \\ 1 \end{pmatrix} = \begin{pmatrix} 185 \\ 172 \\ 141 \end{pmatrix}$$

따라서 중국은 185점, 미국은 172점, 러시아는 141점이 된다.

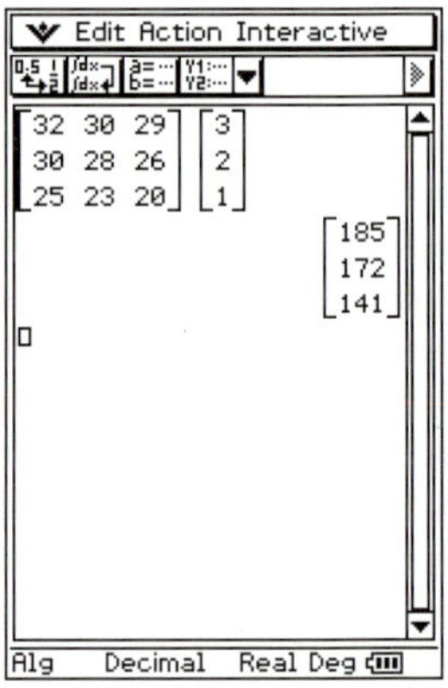

3. 매출액

p.61

이해 : 날짜별 세트메뉴를 나타내는 3×4행렬과 세트별 가격을 나타내는 4×1행렬의 곱셈을 이용하여 날짜별 매출액을 구할 수 있고 따라서 3일간의 총매출액도 구할 수 있다.

풀이

날짜별 세트메뉴를 나타내는 3×4행렬과 세트별 가격을 나타내는 4×1행렬의 곱셈을 나타내면 다음과 같다.

$$\begin{pmatrix} 20 & 23 & 15 & 10 \\ 22 & 21 & 13 & 9 \\ 21 & 20 & 16 & 10 \end{pmatrix} \begin{pmatrix} 3000 \\ 4000 \\ 5000 \\ 6000 \end{pmatrix} = \begin{pmatrix} 287000 \\ 269000 \\ 283000 \end{pmatrix}$$

따라서 3일간의 총 매출액은 839000원이 된다.

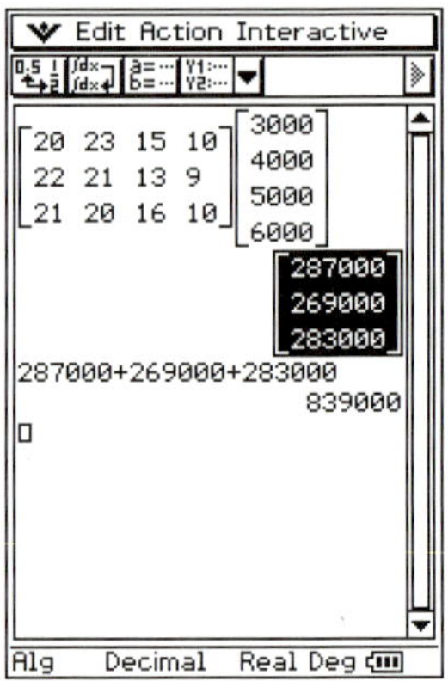

4. 버뮤다 삼각지대

p.61

풀이

(1) 세 점이 주어졌을 때 삼각형의 넓이를 구하는 공식을 활용한 문제이다.

$$S=\pm\frac{1}{2}\begin{vmatrix}1510 & 730 & 1\\ 1448 & -834 & 1\\ 0 & 0 & 1\end{vmatrix}=\pm\frac{1}{2}\left[(-1259340+0+0)-(0+0+1057040)\right]$$

$$=1158190$$

즉, 버뮤다 삼각지대의 넓이는 1158190km^2가 된다.

(2) 버뮤다 삼각지대를 좌표평면 위에 나타내면 오른쪽 굵은 삼각형과 같고 그 넓이는 점선으로 표시된 직사각형의 넓이에서 모서리에 있는 세 삼각형의 넓이를 빼면 된다. 각 변의 길이는 좌표에서 추정할 수 있다.

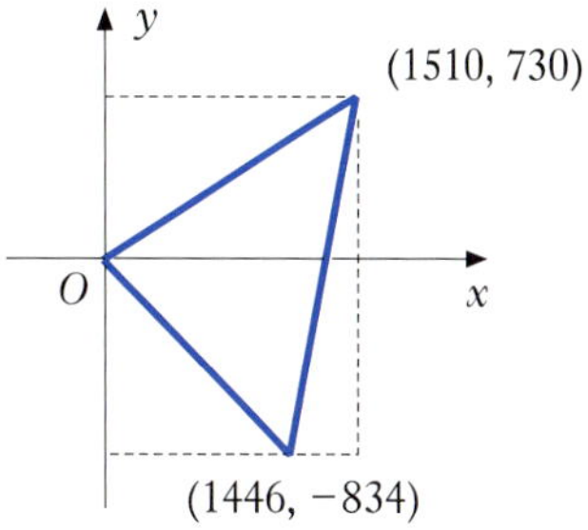

$$\underset{(\text{직사각형의 넓이})}{\underline{2361640}} - \underset{(\text{세 삼각형 넓이의 합})}{\underline{(551150+48484+603816)}}$$

$$=1158190(\text{km}^2)$$

5. 화훼단지 조성

p.62

풀이

세 꼭지점의 좌표가 주어졌을 때의 삼각형의 넓이구하는 공식을 활용한 문제이다.

$$S=\pm\frac{1}{2}\begin{vmatrix}100 & 50 & 1\\ x & 120 & 1\\ 0 & 0 & 1\end{vmatrix}=\pm\frac{1}{2}\left[(12000+0+0)-(0+0+50x)\right]=6000-25x$$

주어진 삼각형모양의 울타리의 넓이가 5000㎡이므로

$5000=6000-25x,\ x=40$

즉, 나머지 기둥의 위치는 좌표로 $(40, 120)$에 위치해야 한다.

※ 위 '버뮤다 삼각지대' 문제의 풀이에서 처럼 직사각형의 넓이에서 세 삼각형의 넓이를 빼서 답을 찾아도 된다.

2.5 역행렬

개념 이해

1. 롤케이크와 머핀

p.66

풀이

(1) x: 롤케이크의 개수, y: 머핀의 개수라고 하면

$$\begin{cases} 2x+y=8 & \cdots\cdots\cdots \text{ 사용한 우유} \\ 3x+y=11 & \cdots\cdots\cdots \text{ 사용한 달걀} \end{cases}$$

(2) $\begin{pmatrix} 2 & 1 \\ 3 & 1 \end{pmatrix}\begin{pmatrix} x \\ y \end{pmatrix} = \begin{pmatrix} 8 \\ 11 \end{pmatrix}$

(3) $A = \begin{pmatrix} 2 & 1 \\ 3 & 1 \end{pmatrix}$이므로

$$A^{-1} = \frac{1}{2-3}\begin{pmatrix} 1 & -1 \\ -3 & 2 \end{pmatrix} = \begin{pmatrix} -1 & 1 \\ 3 & -2 \end{pmatrix}$$

$$\therefore \begin{pmatrix} x \\ y \end{pmatrix} = \begin{pmatrix} -1 & 1 \\ 3 & -2 \end{pmatrix}\begin{pmatrix} 8 \\ 11 \end{pmatrix} = \begin{pmatrix} -8+11 \\ 24-22 \end{pmatrix} = \begin{pmatrix} 3 \\ 2 \end{pmatrix}$$

따라서 롤케이크는 3개, 머핀은 2개 만들었다.

문제 해결

1. 비행기 조종

p.71

이해 : 일차연립방정식을 행렬로 나타내고, 계수행렬의 역행렬을 우변의 상수행렬에 곱하여 연립방정식의 해를 구할 수 있다.

계획 : 엔진 하나와 두 개짜리 비행기로 비행한 시간을 각각 x, y라 하고 문제의 조건에 맞도록 연립방정식을 세운 후 행렬로 표현해 계수행렬의 역행렬을 우변의 상수행렬에 곱해 해를 구한다.

풀이

엔진 하나와 두 개짜리 비행기로 비행한 시간을 각각 x, y라 하고 문제의 조건에 맞도록 연립방정식을 세우면 다음과 같다.

$$\begin{cases} x+y=200 \\ 6x+24y=2100 \end{cases}$$

이를 행렬로 표현하면

$$\begin{pmatrix} 1 & 1 \\ 6 & 24 \end{pmatrix}\begin{pmatrix} x \\ y \end{pmatrix} = \begin{pmatrix} 200 \\ 2100 \end{pmatrix}$$

이고, 계수행렬의 역행렬을 구하면

$$\frac{1}{24-6}\begin{pmatrix} 24 & -1 \\ -6 & 1 \end{pmatrix} = \frac{1}{18}\begin{pmatrix} 24 & -1 \\ -6 & 1 \end{pmatrix}$$

이다.

$$\therefore \begin{pmatrix} x \\ y \end{pmatrix} = \frac{1}{18}\begin{pmatrix} 24 & -1 \\ -6 & 1 \end{pmatrix}\begin{pmatrix} 200 \\ 2100 \end{pmatrix}$$

$$= \frac{1}{18}\begin{pmatrix} 4800-2100 \\ -1200+2100 \end{pmatrix}$$

$$= \frac{1}{18}\begin{pmatrix} 2700 \\ 900 \end{pmatrix}$$

$$= \begin{pmatrix} 150 \\ 50 \end{pmatrix}$$

따라서 엔진 하나짜리 비행기로 비행한 시간은 150시간, 엔진 두 개짜리 비행기로 비행한 시간은 50시간이다.

2. 농구선수 기록

p.67

이해 : 일차연립방정식을 행렬로 나타내고, 계수행렬의 역행렬을 우변의 상수행렬에 곱하여 연립방정식의 해를 구할 수 있다.

계획 : 1점짜리 자유투, 2점짜리 슛, 3점짜리 슛의 개수를 각각 x, y, z라 하고 문제의 조건에 맞도록 연립방정식을 세운 후 행렬로 표현해 계수행렬의 역행렬을 우변의 상수행렬에 곱해 해를 구한다.

풀이

1점짜리 자유투, 2점짜리 슛, 3점짜리 슛의 개수를 각각 x, y, z라 하고 문제의 조건에 맞도록 식을 세우면 다음과 같다.

$$\begin{cases} x+y+z=976 & \cdots\cdots\cdots ① \\ x+2y+3z=1680 & \cdots\cdots\cdots ② \\ x+135=y & \cdots\cdots\cdots ③ \end{cases}$$

에서 ③을 ①, ② 두 식에 대입하면,

$$\begin{cases} 2x+z=841 & \cdots\cdots\cdots ④ \\ 3x+3z=1410 & \cdots\cdots\cdots ⑤ \end{cases}$$

이고 ⑤를 3으로 나누고 행렬로 표현하면

$$\begin{pmatrix} 2 & 1 \\ 1 & 1 \end{pmatrix}\begin{pmatrix} x \\ z \end{pmatrix}=\begin{pmatrix} 841 \\ 470 \end{pmatrix}$$

이고 계수행렬의 역행렬을 구하면

$$\frac{1}{2-1}\begin{pmatrix} 1 & -1 \\ -1 & 2 \end{pmatrix}=\begin{pmatrix} 1 & -1 \\ -1 & 2 \end{pmatrix}$$

이다.

$$\therefore \begin{pmatrix} x \\ z \end{pmatrix}=\begin{pmatrix} 1 & -1 \\ -1 & 2 \end{pmatrix}\begin{pmatrix} 841 \\ 470 \end{pmatrix}$$

$$=\begin{pmatrix} 841-470 \\ -841+940 \end{pmatrix}$$

$$=\begin{pmatrix} 371 \\ 99 \end{pmatrix}$$

따라서 1점짜리 자유투는 371개, 2점짜리 슛은 371+135=506개, 3점짜리 슛은 99개 던졌다.

3. 일을 한 시간

p.67

이해 : 일차연립방정식을 행렬로 나타내고, 계수행렬의 역행렬을 우변의 상수행렬에 곱하여 연립방정식의 해를 구할 수 있다.

계획 : 전체 일의 양을 1로 하고 대민이, 민구, 동현이가 1분 동안 할 수 있는 일의 양을 각각 x, y, z라 하고, 문제의 조건에 맞도록 연립방정식을 세운다. 연립방정식을 행렬로 나타내고, 계수행렬의 역행렬을 우변의 상수행렬에 곱하여 해를 구한다.

풀이

전체 일의 양을 1로 하고 대민이, 민구, 동현이가 1분 동안 할 수 있는 일의 양을 각각 x, y, z라 하면

$$\begin{cases} 20(x+y)=1 & \cdots\cdots\cdots ① \\ 12(y+z)=1 & \cdots\cdots\cdots ② \\ 15(z+x)=1 & \cdots\cdots\cdots ③ \end{cases}$$

이고 다시 쓰면

$$\begin{cases} x+y=\dfrac{1}{20} & \cdots\cdots\cdots ④ \\ y+z=\dfrac{1}{12} & \cdots\cdots\cdots ⑤ \\ z+x=\dfrac{1}{15} & \cdots\cdots\cdots ⑥ \end{cases}$$

이다.

⑥에서 $z=-x+\dfrac{1}{15}$이므로 이것을 ⑤에 대입하면

$$\begin{cases} x+y=\dfrac{1}{20} \\ -x+y=\dfrac{1}{60} \end{cases}$$

이고 이것을 행렬로 나타내면

$$\begin{pmatrix} 1 & 1 \\ -1 & 1 \end{pmatrix}\begin{pmatrix} x \\ y \end{pmatrix}=\begin{pmatrix} \dfrac{1}{20} \\ \dfrac{1}{60} \end{pmatrix}$$

이다.

$$\therefore \begin{pmatrix} x \\ y \end{pmatrix}=\frac{1}{2}\begin{pmatrix} 1 & -1 \\ 1 & 1 \end{pmatrix}\begin{pmatrix} \dfrac{1}{20} \\ \dfrac{1}{60} \end{pmatrix}$$

$$=\frac{1}{2}\begin{pmatrix} \dfrac{1}{30} \\ \dfrac{1}{15} \end{pmatrix}=\begin{pmatrix} \dfrac{1}{60} \\ \dfrac{1}{30} \end{pmatrix}$$

$$\therefore\ x=\frac{1}{60},\ \ y=\frac{1}{30},\ \ z=\frac{1}{20}$$

이다.

이 때, 세 사람이 함께 일을 하여 끝마치는 데 걸리는 시간을 k분이라 하면

$$\left(\frac{1}{60}+\frac{1}{30}+\frac{1}{20}\right)k=1 \quad \frac{1}{10}k=1, \quad k=10$$

따라서 대민이, 민구, 동현이가 함께 이 일을 하여 끝마치는 데 걸리는 시간은 10분이다.

4. 식염수 농도

☞ p.68

이해 : $(\text{소금물의 농도})=\dfrac{(\text{소금의 양})}{(\text{소금물의 양})}\times 100$

계획 : 식염수 A, B, C의 농도를 각각 $x\%$, $y\%$, $z\%$라 하고 문제의 조건에 맞도록 연립방정식을 세운 후 행렬로 나타내고, 계수행렬의 역행렬을 우변의 상수행렬에 곱해 해를 구한다.

풀이

식염수 A, B, C의 농도를 각각 $x\%$, $y\%$, $z\%$라 하면 이들 식염수 100g속에 들어 있는 소금의 양은 각각 xg, yg, zg이다. 따라서 주어진 조건에 따라 혼합된 식염수에 포함되어 있는 소금의 양을 방정식으로 나타내면 다음과 같다.

$$\begin{cases} x+y=10\times 2 & \cdots\cdots\cdots ① \\ x+3z=15\times 4 & \cdots\cdots\cdots ② \\ 2y+4z=15\times 6 & \cdots\cdots\cdots ③ \end{cases}$$

①에서 $x=-y+20$이고 이것을 ②에 대입하면

$$\begin{cases} -y+3z=40 & \cdots\cdots\cdots ④ \\ 2y+4z=90 & \cdots\cdots\cdots ⑤ \end{cases}$$

이고 ⑤의 양변을 2로 나누고 이것을 행렬로 나타내면

$$\begin{pmatrix} -1 & 3 \\ 1 & 2 \end{pmatrix}\begin{pmatrix} y \\ z \end{pmatrix}=\begin{pmatrix} 40 \\ 45 \end{pmatrix}$$

이다.

$$\therefore \begin{pmatrix} y \\ z \end{pmatrix} = \frac{1}{-5}\begin{pmatrix} 2 & -3 \\ -1 & -1 \end{pmatrix}\begin{pmatrix} 40 \\ 45 \end{pmatrix}$$

$$= \begin{pmatrix} 2 & -3 \\ -1 & -1 \end{pmatrix}\begin{pmatrix} -8 \\ -9 \end{pmatrix} = \begin{pmatrix} -16+27 \\ 8+9 \end{pmatrix} = \begin{pmatrix} 11 \\ 17 \end{pmatrix}$$

$$\therefore\ x=9,\ y=11,\ z=17$$

이다.

따라서 A의 농도는 9%, B의 농도는 11%, C의 농도는 17%이다.

5. 새 모이

p.69

이해 : 미지수가 두 개인 일차연립방정식을 계수행렬의 대각선 성분을 1로 만든 첨가행렬을 이용하여 주어진 연립방정식을 간결하게 만들어 해를 구할 수 있다.

계획 : 모이에 섞여 있는 해바라기 씨와 엉겅퀴 씨를 각각 x, y(kg)라 하고 문제의 조건에 맞도록 연립방정식을 세운 후 첨가행렬로 나타낸다.

풀이

모이에 섞여 있는 해바라기씨와 엉겅퀴씨를 각각 x, y(kg)라 하면 해바라기씨는 1kg에 6000원, 엉겅퀴씨는 1kg에 9000원이다. 이것을 연립방정식으로 나타내면 다음과 같다.

$$\begin{cases} x+y=10 & \cdots\cdots\cdots ① \\ 6000x+9000y=69000 & \cdots\cdots\cdots ② \end{cases}$$

②의 양변을 1000으로 나누고 첨가행렬로 나타내고 계수행렬에서 대각선의 값을 1로, 대각선 아래 부분의 값을 0으로 만든다.

$$\begin{pmatrix} 1 & 1 & \vdots & 10 \\ 6 & 9 & \vdots & 69 \end{pmatrix}$$

↓ 1행에 −6를 곱하여 2행에 더해준다.

$$\begin{pmatrix} 1 & 1 & \vdots & 10 \\ 0 & -3 & \vdots & -9 \end{pmatrix}$$

↓ 2행에 $-\frac{1}{3}$을 곱한다.

$$\begin{pmatrix} 1 & 1 & \vdots & 10 \\ 0 & 1 & \vdots & 3 \end{pmatrix}$$

2행에서 $y=3$

1행에서 $x+y=10$이므로 $x=7$

따라서 해바라기씨 7kg, 엉겅퀴씨 3kg이 혼합되어 있다.

검토 : 첨가행렬의 계수행렬을 단위행렬로 만들면 그때의 상수행렬이 연립방정식의 해가 된다. 여기서는 계수행렬의 대각선 성분인 1의 아래 성분을 0으로만 바꾸어도 비교적 해를 구하기 쉬운 간결한 형태의 연립방정식이 되므로 계수행렬을 단위행렬로 변형하지는 않았다.

실력 다지기

열린풀이

01

p.74

이해 : 연립된 일차방정식의 계수와 상수항의 비율에 따라 연립방정식의 해의 개수가 달라진다.(핵심개념 참조)

풀이

(1) $\begin{cases} x+y=32 \\ 2x+4y=96 \end{cases}$ 등

(2) $\begin{cases} x+y=32 \\ -x-y=23 \end{cases}$ 등

(3) $\begin{cases} x+y=32 \\ -2x-2y=-64 \end{cases}$ 등

02

p.74

풀이

$\begin{cases} y-x\le -1 \\ y+x\ge -1 \end{cases}$, $\begin{cases} 2y-x\le 1 \\ y-3x>-8 \end{cases}$

$x=2,\ y=-1$을 대입하여 모두 만족시키는 부등식을 한 쌍 찾으면 된다.

이 경우 점$(2,-1)$은 각 연립부등식의 영역에 속하게 된다.

03

p.74

풀이

(a) 꺾은선 아래 영역

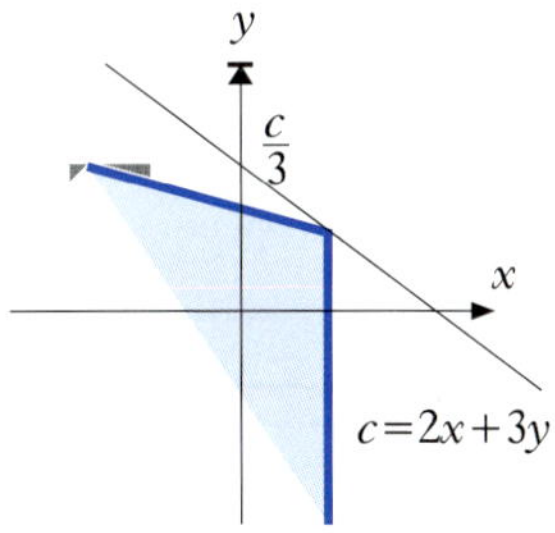

(b) 꺾은선 위 영역

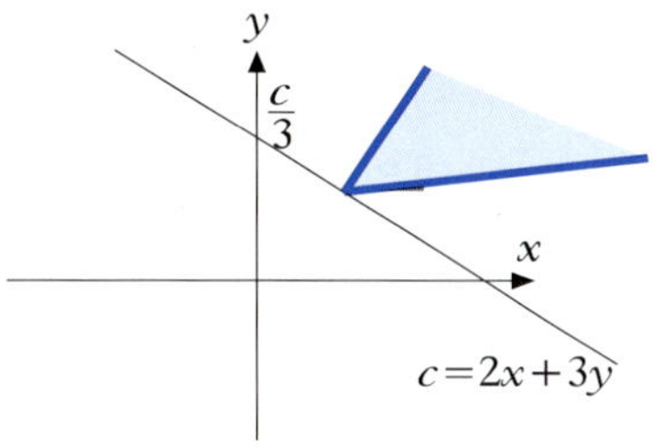

발전풀이

01

p.75

이해 : 미지수가 네 개, 식이 세 개인 경우의 연립방정식은 해가 존재한다면 비율이 일정하게 무수히 많은 해가 존재한다.

계획 : 밤, 사과, 배, 가지 한 개씩의 무게를 각각 x, y, z, w,라 하고 문제의 조건에 맞도록 연립방정식을 세운다.

풀이

밤, 사과, 배, 가지 한 개씩의 무게를 각각 x, y, z, w라 하면

$$\begin{cases} x+y=z & \cdots\cdots\cdots ① \\ 2z=3w & \cdots\cdots\cdots ② \\ x+w=y & \cdots\cdots\cdots ③ \end{cases}$$

의 연립방정식을 세울 수 있다.

①에 2를 곱하고, ③에 3을 곱하여 정리하면

$$\begin{cases} 2x+2y=2z & \cdots\cdots\cdots ④ \\ 2z=3w & \cdots\cdots\cdots ⑤ \\ 3x+3w=3y & \cdots\cdots\cdots ⑥ \end{cases}$$

이고 ④, ⑤, ⑥의 양변을 더하면

$$2x+2y+2z+3x+3w=2z+3w+3y,\ \ 5x=y$$

따라서 사과 한 개의 무게는 밤 5개와 같다.

검토 : $y=5x$를 ①, ②, ③에 대입하면 $w=4x$, $z=6x$이다.
따라서 이 경우, $x:y:z:w=1:5:6:4$이다.

02

p.75

풀이

주어진 연립방정식의 x, y, z에 -1, 2, -3을 대입하여 나온 a, b, c값을 구하면 된다.

$$\begin{cases}(-1)+2(2)-3(-3)=a\\-(-1)-(2)+(-3)=b\\2(-1)+3(2)-2(-3)=c\end{cases}$$

에서 $a=12$, $b=-4$, $c=10$이다.

※ $ax+by+cz+d=0$은 좌표공간에서 법선벡터가 $(a,\ b,\ c)$인 평면의 방정식을 나타낸다. 미지수가 세 개인 일차연립방정식의 해가 $(-1,\ 2,\ -3)$이라는 것은 좌표공간상의 세 평면의 교점이$(-1,\ 2,\ -3)$이라는 것을 의미한다.
일반적으로 세 평면의 교점은 없거나 무수히 많거나 유일한 한 점이다.

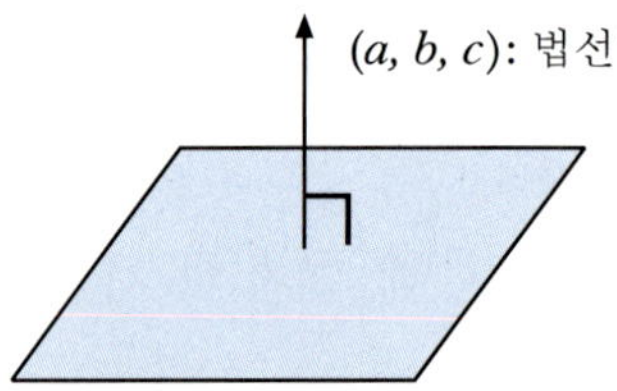

03

p.76

풀이

(1) $AA=\begin{pmatrix}0&1\\-1&0\end{pmatrix}\begin{pmatrix}0&1\\-1&0\end{pmatrix}=\begin{pmatrix}-1&0\\0&-1\end{pmatrix}$

$\therefore\ AAT=\begin{pmatrix}-1&0\\0&-1\end{pmatrix}\begin{pmatrix}1&3&5\\1&4&2\end{pmatrix}=\begin{pmatrix}-1&-3&-5\\-1&-4&-2\end{pmatrix}$

(2) 삼각형의 각 꼭짓점 좌표의 부호를 바꾸어 주므로 원점에 대하여 대칭이동 시킨다.

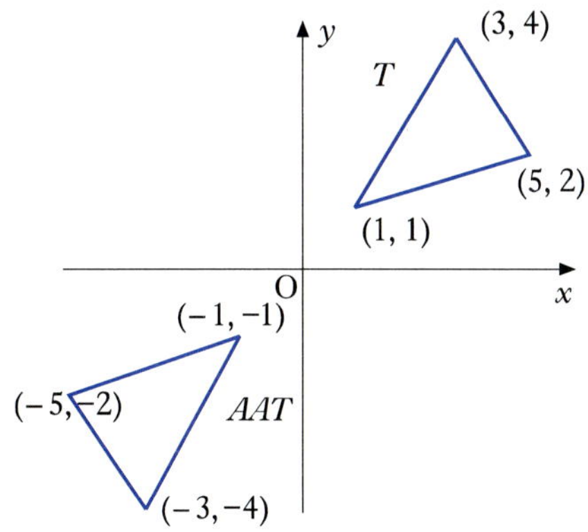

증명풀이

01

p.76

■ 풀이

$$AB=\begin{pmatrix} a & b \\ c & d \end{pmatrix}\frac{1}{ad-bc}\begin{pmatrix} d & -b \\ -c & a \end{pmatrix}$$

$$=\frac{1}{ad-bc}\begin{pmatrix} ad-bc & -ab+ab \\ cd-cd & -bc+ad \end{pmatrix}$$

$$=\begin{pmatrix} 1 & 0 \\ 0 & 1 \end{pmatrix}=E$$

$$BA=\frac{1}{ad-bc}\begin{pmatrix} d & -b \\ -c & a \end{pmatrix}\begin{pmatrix} a & b \\ c & d \end{pmatrix}$$

$$=\frac{1}{ad-bc}\begin{pmatrix} ad-bc & -ab+ab \\ cd-cd & -bc+ad \end{pmatrix}$$

$$=\begin{pmatrix} 1 & 0 \\ 0 & 1 \end{pmatrix}=E$$

따라서 A의 역행렬 $A^{-1}=\dfrac{1}{ad-bc}\begin{pmatrix} d & -b \\ -c & a \end{pmatrix}$, $(ad-bc\neq 0)$

※ 두 정사각행렬 A, B와 단위행렬 E에 대하여

$$AB=BA=E$$

를 만족하는 행렬 B를 A의 역행렬이라 하고, 기호로 A^{-1}과 같이 나타낸다.

C·H·A·P·T·E·R 3

3장 이차방정식과 인수분해

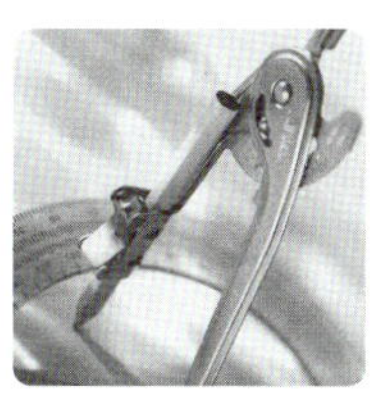

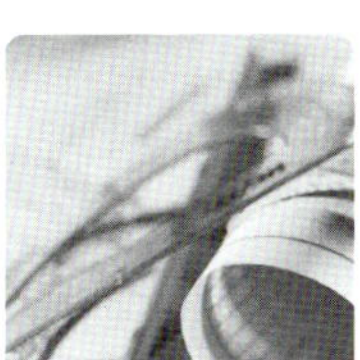

3.1 이차함수

핵심개념

- 핵심용어
  꼭짓점
  대칭축
  최댓값

▸ 이차함수의 유형

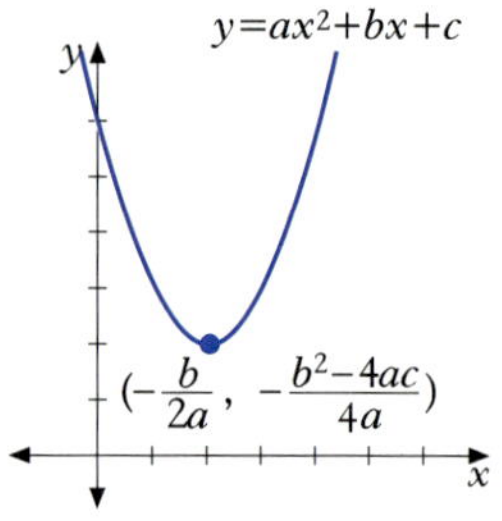

- $y = ax^2 + bx + c$ (단, a, b, c는 실수, $a \neq 0$)

  꼭짓점의 좌표 : $\left(-\dfrac{b}{2a},\ -\dfrac{b^2-4ac}{4a}\right)$

  대칭축의 방정식 : $x = -\dfrac{b}{2a}$

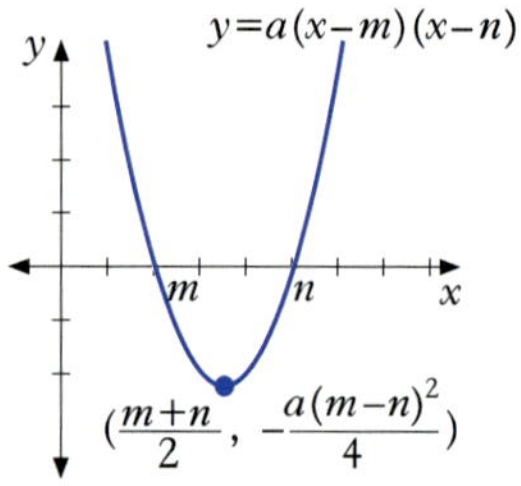

- $y = a(x-p)^2 + q$

  꼭짓점의 좌표 : $(p,\ q)$

  대칭축의 방정식 : $x = p$

- $y = a(x-m)(x-n)$

  꼭짓점의 좌표 :

  $\left(\dfrac{m+n}{2},\ -\dfrac{a(m-n)^2}{4}\right)$

  대칭축의 방정식 : $x = \dfrac{m+n}{2}$

▸ 이차함수의 최댓값

- $y = a(x-m)^2 + n$ $(a < 0)$의 꼴로 변형해서 최댓값 구하기

  ☞ 꼭짓점의 y좌표의 값이 최댓값이 된다.

- $y = a(x-\alpha)(x-\beta)$ $(a < 0)$의 두 근 α, β의 값을 이용하여 최댓값 구하기

  ☞ 이차함수가 x축과 α, β에서 만날 때 함수의 최댓값은

  $x = \dfrac{\alpha+\beta}{2}$일 때 $-\dfrac{a(\alpha-\beta)^2}{4}$이다.

개념이해 아이스크림 가격

민지네 아이스크림 가게에서는 하루에 200개의 아이스크림이 팔린다. 아이스크림 한 개 가격은 300원인데 가격을 10원 내릴 때 마다 하루에 20개의 아이스크림이 더 팔린다고 한다. 아이스크림의 총 판매 금액을 최대로 하려면 아이스크림의 가격을 얼마로 하면 되겠는가? 또 이때의 총 판매 금액은 얼마인가?

이해 판매금액(매출액) = (가격) × (판매량)임을 안다.

계획 10원씩 내리는 횟수를 x라 하고, 총 판매 금액을 y라 하자.
문제 상황에서 아이스크림의 가격은 $300-10x$원이고, 아이스크림 판매량은 $200+20x$개 이므로 아이스크림의 총 판매 금액 y는

$$\begin{aligned} y &= (\text{아이스크림가격}) \times (\text{아이스크림판매량}) \\ &= (300-10x)(200+20x) \end{aligned}$$

와 같다.

풀이 $y=-200x^2+4000x+60000$은 위로 볼록한 이차함수이므로 총 판매 금액의 최댓값은 꼭지점의 y좌표가 된다. 즉 이차함수 $y=ax^2+bx+c\ (a\neq 0)$에서 꼭짓점의 좌표는

$\left(-\dfrac{b}{2a}, -\dfrac{b^2-4ac}{4a}\right)$이므로

$$\begin{aligned} x &= -\frac{b}{2a} \\ &= -\frac{4000}{2\times(-200)} \\ &= 10 \end{aligned}$$

$x=10$일 때, 아이스크림의 총 판매 금액은 최대가 된다.

주어진 함수에 $x=10$을 대입하면

$$y=(300-10\times 10)(200+20\times 10)=80000$$

이므로 최댓값은 80000이다.

※ 또는 꼭짓점의 y좌표 $-\dfrac{b^2-4ac}{4a}$에 해당되는 값을 대입해도 된다.

검토 10원씩 10번 인하할 때 아이스크림 가격은 200원이고, 이때 총 매출액의 최댓값은 80000원이 된다.

별해 ※ 2차함수의 최댓·최솟값을 구하는 방법(p.109 핵심개념)을 이용하여 문제를 해결할 수 있다. 즉 주어진 함수의 최댓값은

$$x=\frac{-10+30}{2}=10$$

일 때의 값을 대입하면 된다.

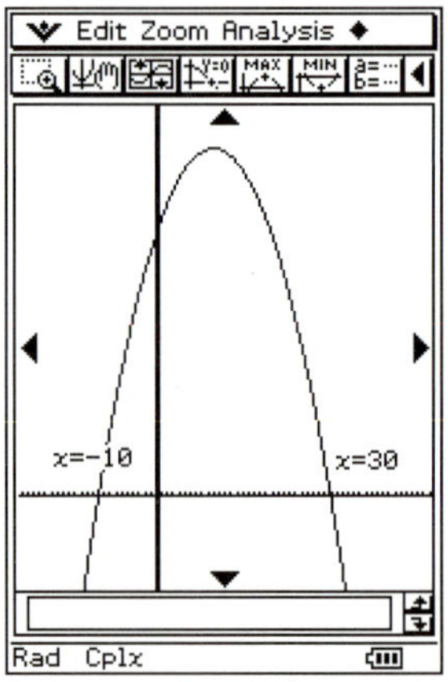

1 축구공의 경로

이운재 선수가 공을 찼을 때, 공의 경로는 다음과 같았다.

$$y = -0.025x(x-60)$$

(단, x는 수평거리, y는 x에 따른 높이, 단위: m)

이때, 축구공이 날아가 처음 지면에 떨어질 때의 수평거리와 공이 지면에서 가장 높이 있을 때의 높이를 각각 구하시오.

문제해결

1 달에서의 골프

지면과 45°의 각을 이루며 초속 30 m로 티샷 된 골프공의 경로는 다음과 같다.

$$y=-\frac{g}{900}x^2+x$$

(단, x는 골프공의 수평거리, y는 높이, g는 중력 가속도)

(1) 지구의 중력 가속도는 $g=9.8\text{m/sec}^2$이다. 이때 골프공이 날아가 처음 지면에 떨어질 때의 수평거리와 골프공의 최대높이를 각각 구하시오.

(2) 달에서 45°의 각을 이루며 초속 30m로 티샷 된 골프공은 얼마나 멀리, 높이 날아가 처음 지면에 떨어지겠는가? (단, 달의 중력 가속도는 $g=1.6\text{m/sec}^2$이다)

(3) 아래의 표에서 빈 칸을 채워 달과 지구에서의 중력가속도의 비, 골프공이 날아가 처음 지면에 떨어질 때 수평거리의 비, 골프공의 최대 높이의 비를 각각 구하고, 어떤 관계가 있는지 설명하시오.

	달	지구	비$\left(\frac{\text{지구}}{\text{달}}\right)$
중력가속도	1.6m/sec^2	9.8m/sec^2	
수평거리			
최대높이			

2 팝콘의 부피

옥수수의 수분을 일정량 제거하면 팝콘용 옥수수가 만들어진다. 팝콘용 옥수수가 열을 받으면 부피가 팽창하여 팝콘이 되는데, 이때 팝콘의 부피를 $y(\mathrm{cm}^3/\mathrm{g})$, 수분 함량을 $x(\%)$라 하고 다음 물음에 답하시오.

(1) 열풍으로 튀긴 경우 팝콘의 부피 y는 $y=-0.761(x-5.52)(x-22.6)$이다. 팝콘의 부피가 최대일 때, 수분 함량은 얼마인지 구하시오.

(2) 기름으로 튀긴 경우 팝콘의 부피 y는 $y=-0.652(x-5.35)(x-21.8)$이다. 팝콘의 부피가 최대일 때, 수분 함량은 얼마인지 구하시오.

(3) (1)과 (2)의 그래프를 한 평면 위에 그려보고 팝콘을 열풍으로 튀길 때와 기름으로 튀길 때 부피의 차이를 비교해 보시오.

3 월간지 구독료

한 시사 월간지는 1년 구독료가 10만 원이고 구독자의 수가 5만 명이라고 한다. 구독료를 만 원 올릴 때마다 약 3천 명의 독자가 감소한다면, 1년 매출을 최대로 하기 위해서는 월간지의 1년 구독료를 얼마로 해야 하는가? 또 이때 최대 매출액은 얼마인가? (단, 구독료는 만 원 단위로 인상한다.)

4 스피너 돌고래

수면 위로 높이 솟아올라 여러 번 회전하는 묘기로 유명한 스피너 돌고래는 한 번 점프를 시작하면 수평거리로 6m를 이동하고, 수면 위 최대 5m 높이까지 올라간다. 돌고래의 점프경로를 이차함수 $y=a(x-h)^2+k$ 꼴로 식을 세우려 할 때, a, h, k값을 구하고, a, h, k값이 변할 때 돌고래의 점프경로는 어떻게 바뀌는지 설명하시오. (단, 돌고래 점프 시작 지점을 원점으로 한다.)

3.2 인수분해

핵심개념

• 핵심용어
인수분해
이차방정식의 근
제곱근

▸ 인수분해, 인수

• 인수분해 : 하나의 다항식을 두 개 이상의 다항식의 곱으로 나타내는 것
• 인수 : 인수분해를 하였을 때 곱을 이루는 각각의 식

▸ 인수분해의 기본공식

(1) $ma - mb + mc = m(a - b + c)$

(2) $a^2 + 2ab + b^2 = (a+b)^2$, $a^2 - 2ab + b^2 = (a-b)^2$

(3) $a^2 - b^2 = (a+b)(a-b)$

(4) $x^2 + (a+b)x + ab = (x+a)(x+b)$

(5) $acx^2 + (ad+bc)x + bd = (ax+b)(cx+d)$

(6) $a^3 + b^3 = (a+b)(a^2 - ab + b^2)$

$a^3 - b^3 = (a-b)(a^2 + ab + b^2)$

(7) $a^3 + 3a^2b + 3ab^2 + b^3 = (a+b)^3$

$a^3 - 3a^2b + 3ab^2 - b^3 = (a-b)^3$

(8) $a^2 + b^2 + c^2 + 2ab + 2bc + 2ca = (a+b+c)^2$

(9) $a^4 + a^2b^2 + b^4 = (a^2 + ab + b^2)(a^2 - ab + b^2)$

(10) $a^3 + b^3 + c^3 - 3abc = (a+b+c)(a^2 + b^2 + c^2 - ab - bc - ca)$

$= \frac{1}{2}(a+b+c)\{(a-b)^2 + (b-c)^2 + (c-a)^2\}$

▸ 이차방정식의 근

$(x+a)(x+b) = 0$이면 $x + a = 0$ 또는 $x + b = 0$

▸ 제곱근

제곱하여 a가 되는 수 즉, $x^2 = a$가 되는 x를 a의 제곱근이라 한다.
($x = \pm\sqrt{a}$)

▸ 제곱근의 성질($a > 0,\ b > 0$)

- 곱셈 : $\sqrt{ab} = \sqrt{a}\sqrt{b}$
- 나눗셈 : $\sqrt{\frac{a}{b}} = \frac{\sqrt{a}}{\sqrt{b}}$

개념이해 낙하하는 계란

높이 h_0에서 떨어지는 물체의 t초 후의 높이를 구하는 식은 $h = -\frac{1}{2}gt^2 + h_0$이다.

(단, 중력 가속도 $g=9.8\text{m/s}^2$이다.)

10m 높이에서 계란을 떨어뜨릴 때, 땅에 떨어지는데 걸리는 시간을 구하시오

풀이 ※ 낙하하는 물체의 식 h_0높이에서 떨어지는 물체의 t초 후의 높이를 구하는 식은

$$h = -\frac{1}{2}gt^2 + h_0$$

이다.(중력가속도 $g = 9.8\text{m/s}^2$)

만약 처음 70m 높이에서 떨어지는 물체의 높이를 구하는 식

$$h = -\frac{1}{2}gt^2 + 70$$

의 그래프는 오른쪽 그림과 같다.

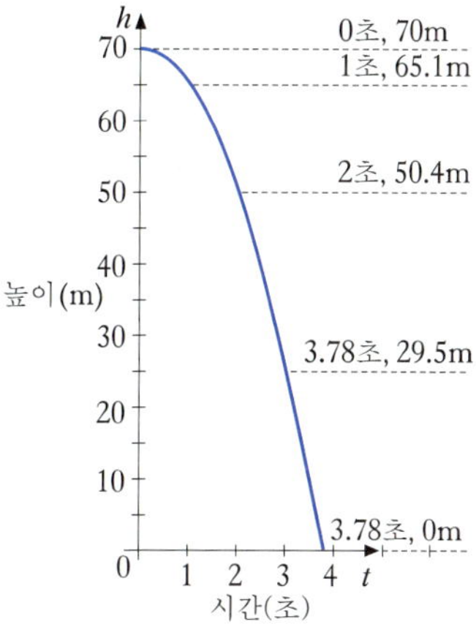

이해 높이 h_0에서 떨어지는 물체의 t초 후의 높이를 구하는 식은 t에 관한 2차식으로 표현된다.

계획
- 중력가속도 $g = 9.8\text{m/s}^2$이고, 계란의 처음 높이 $h_0 = 10\text{m}$이므로, $h = -\frac{1}{2} \times 9.8 \times t^2 + 10$이다.
- 계란 용기가 땅에 부딪히는 순간은 높이가 0일 때 이므로, $h = 0$이다.

  따라서 $0 = -\frac{1}{2} \times 9.8 \times t^2 + 10$

$$0 = -\frac{1}{2} \times 9.8 \times t^2 + 10$$

$$4.9t^2 = 10$$

$$t^2 = \frac{10}{4.9}$$

$$t^2 = \frac{100}{49}$$

$$t = \pm\sqrt{\frac{100}{49}}$$

$$\therefore\ t = \pm\frac{10}{7}$$

검토 시간이 음수가 될 수 없으므로 계란 용기가 10m 높이에서 땅에 부딪힐 때까지 걸리는 시간은 $\frac{10}{7}$초 이다.

1 생태학습장

어느 초등학교는 가로 20m, 세로 30m인 직사각형 모양의 생태학습장을 가지고 있다. 새 학기를 맞이하여 가로, 세로를 같은 길이만큼 확장하여 전체의 넓이가 원래의 2배가 되게 하려고 할 때, 가로와 세로의 길이를 얼마나 확장해야 하는지 구하시오.

문제해결

1 꽃밭 꾸미기

한 학교의 '들꽃사랑반'에서는 특별활동시간에 오른쪽 그림과 같이 학교정원을 가꾸고자 한다. 우선 빨간 튤립을 심어 가로 8m, 세로 12m인 직사각형 모양의 꽃밭을 만들고, 그 둘레에 노란 튤립을 심어 테두리를 만들 계획이다. 노란 튤립을 심는 부분과 빨간 튤립을 심는 부분의 넓이를 같게 하려면 노란 튤립을 심는 테두리의 폭을 얼마로 해야 하는지 구하시오. (단, 노란 튤립을 심는 테두리의 폭은 일정하다.)

2 주차장의 넓이

한 변의 길이가 4m인 정사각형의 자갈 주차장을 원형으로 바꾸는데 자갈을 더 사지 않고 동일한 넓이로 만들려고 한다.

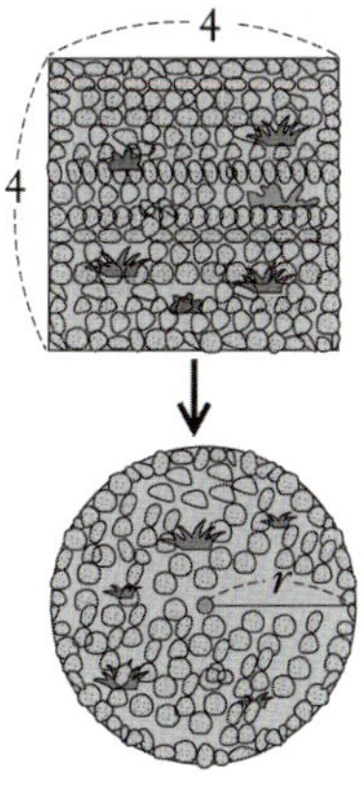

(1) 원형 주차장의 반지름 r을 얼마로 해야 하는지 구하시오.

(2) 일반적으로 정사각형의 한 변의 길이가 s라면 정사각형과 넓이가 같은 원의 반지름 r은 얼마인지 구하시오.

3 자전거의 속도

자전거 경주에서 공기저항이 R, 자전거 속도를 s라 하면, $R=0.00829s^2$의 관계식이 성립한다. (단, R, s의 단위는 생각하지 않는다.)

(1) 공기저항 $R=2$일 때, 자전거의 속도는 얼마인가?

(2) 자전거 속도가 두 배가 되면 공기 저항은 어떻게 되는가?

4 우편물 상자

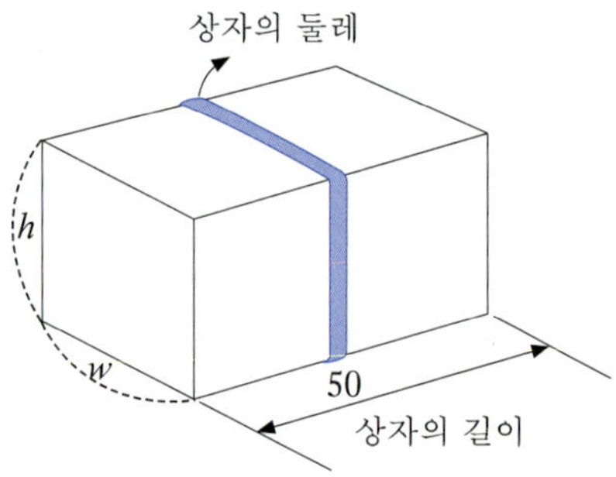

우체국배송서비스 지침에 의하면 오른쪽 그림처럼 직육면체 상자의 길이와 상자 둘레의 합이 1.6m를 초과할 수 없다. 어떤 짐을 길이는 50cm이고 둘레는 가능한 한 길게 한다고 가정할 때 다음 물음에 답하시오.

(1) 물건의 둘레의 길이는 얼마인가?

(2) 물건의 폭 w를 h에 관한 식으로 나타내고, 물건의 부피 V를 h에 관한 식으로 나타내어라.

(3) 물건의 부피를 최대로 하는 높이와 폭을 구하고 최대 부피를 구하여라.

3.3 복소수

핵심개념

- 핵심용어
  복소수
  켤레
  복소수

▸ 복소수

- $z = x + yi$ (단, x, y는 실수, $i = \sqrt{-1}$)

▸ 복소수의 절댓값

- $z = x + yi$(단, x, y는 실수, $i = \sqrt{-1}$ 에서)
- $|z| = \sqrt{x^2 + y^2}$

▸ 켤레 복소수

- $z = x + yi$, $\bar{z} = x - yi$일 때, z와 $\bar{z}$는 서로 켤레 복소수

▸ 복소수의 성질

- 덧셈 : $(a + bi) + (c + di) = (a + c) + (b + d)i$
- 뺄셈 : $(a + bi) - (c + di) = (a - c) + (b - d)i$
- 곱셈 : $(a + bi)(c + di) = ac + adi + bci + bdi^2$
  $= (ac - bd) + (ad + bc)i$
- 나눗셈 : $\dfrac{a + bi}{c + di} = \left(\dfrac{ac + bd}{c^2 + d^2}\right) + \left(\dfrac{bc - ad}{c^2 + d^2}\right)i$ (단, $c + di \neq 0$)

개념이해 복소평면

다음 그림은 $4+i$와 $2+5i$의 합이 $6+6i$라는 것을 기하학적으로 어떻게 구하는지를 보여주고 있다. 그림을 이용하여 다음 값을 구하시오.

a. $(5+i)+(1+4i)$

b. $(-7+3i)+(2-2i)$

c. $(3-2i)+(-1-i)$

d. $(4+2i)+(-5-3i)$

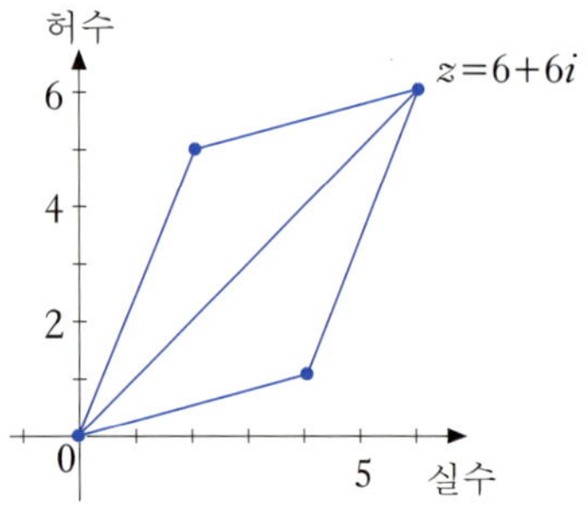

이해 복소수를 실수부와 허수부로 나누어 생각한다.

계획 복소평면에 복소수를 나타내고 평행사변형을 그려 합을 구한다.

풀이

a. $(5+i)+(1+4i)=6+5i$

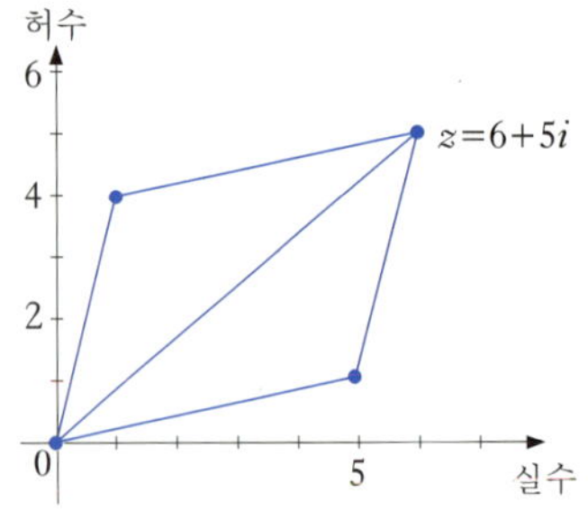

b. $(-7+3i)+(2-2i)=-5+i$

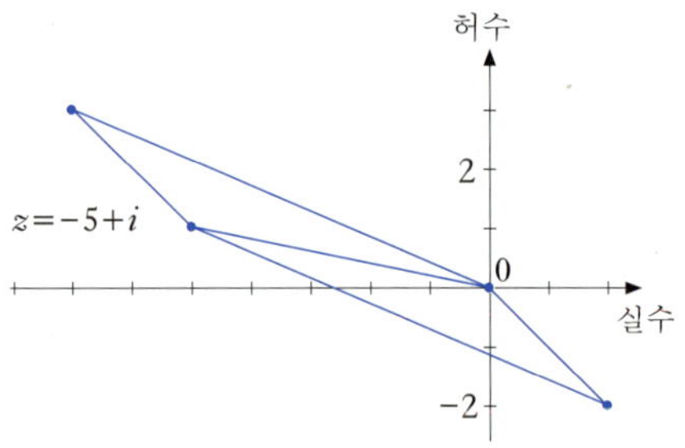

c. $(3-2i)+(-1-i)=2-3i$

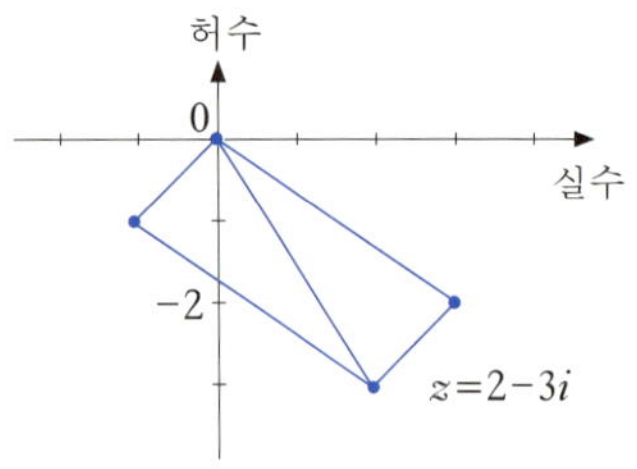

d. $(4+2i)+(-5-3i)=-1-i$

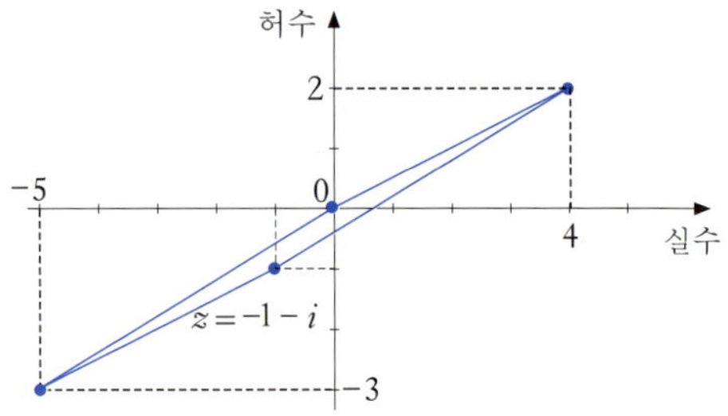

1 절대값과 켤레 복소수

복소수 $-4+3i$의 절댓값과 켤레 복소수를 구하시오.

2 덧셈과 곱셈의 역원

다음 복소수의 덧셈에 대한 역원과 곱셈에 대한 역원을 각각 구하시오.

(1) $1+i$

(2) $4-i$

(3) $-1+2i$

문제해결

1 직렬회로의 임피던스

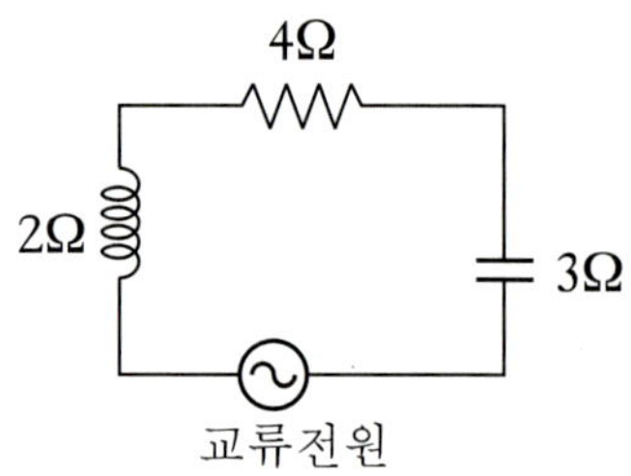

회로 구성요소인 저항(R), 코일(L), 콘덴서(C)등은 모두 전류의 흐름을 방해한다. R을 레지스턴스, L과 C를 리액턴스라고 하는데 이들 각각의 임피던스의 값은 아래 표와 같다.(단, 단위는 Ω)

전기회로	저항	코일 L	콘덴서 C
레지스턴스 또는 리액턴스	R	L	C
임피던스	R	Li	$-Ci$

회로 전체 전류의 흐름을 방해하는 정도는 각 구성요소들의 임피던스 합으로 나타낸다. 그림에 제시한 회로의 임피던스를 구하시오.(단, $i=\sqrt{-1}$)

- 임피던스란?
  교류회로에서 전류가 흐르기 어려운 정도를 나타낸다. 복소수로서 실수부분은 레지스턴스, 허수부분은 리액턴스를 의미하며 크기뿐 아니라 위상도 함께 표현할 수 있는 벡터량이다. 단위는 옴(Ω)을 사용하며, 보통 기호 Z로 표시한다.

2 병렬회로의 임피던스

2개의 경로를 가지고 있는 병렬회로에서의 임피던스는 다음과 같이 주어진다.

$$Z = \frac{Z_1 Z_2}{Z_1 + Z_2}$$

(단, Z_1, Z_2 각각은 직렬회로의 임피던스 합을 나타낸다.)

아래의 표를 참고하여 물음에 답하시오.

전기회로	저항	코일 (L)	콘덴서 (C)
레지스턴스 또는 리액턴스	R	L	C
임피던스	R	L i	−C i

(1) 다음 각각의 병렬회로들의 임피던스를 구하시오.

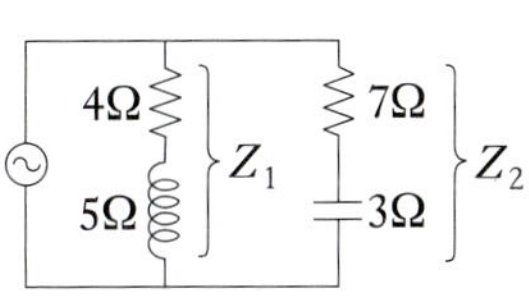

(a)

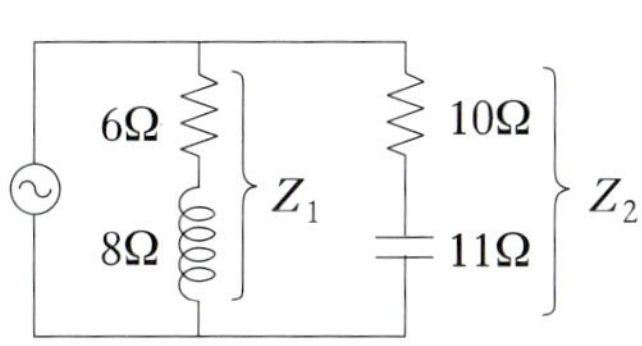

(b)

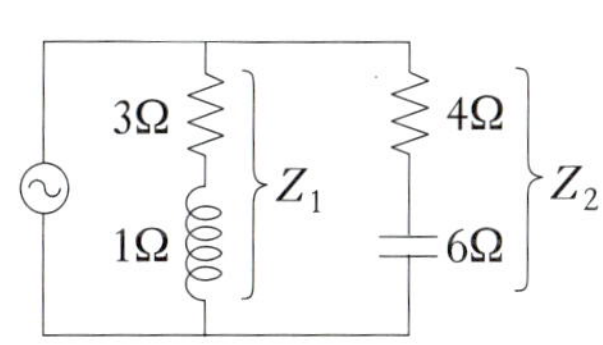

(c)

(2) 3개의 직렬회로를 연결한 병렬회로의 임피던스를 구하는 방법에 대해서 생각해보시오.

3 만델브로트 집합

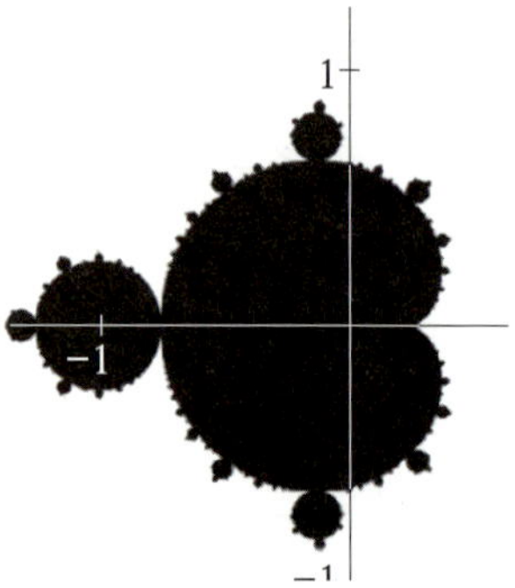

만델브로트 집합(Mandelbrot set)은 복소평면에서 정의된 프랙탈이며 임의의 복소수 c에 대하여 $f(z)=z^2+c$로 정의 된다.

함수 $f(z)=z^2+c$와 이 복소수에 대한 함수 값 $z_0=0$, $z_1=f(z_0)$ $z_2=f(z_1), z_3=f(z_2), \ldots$에서 만약 z_0, z_1, z_2, z_3, $\cdots$의 절댓값이 일정한 값보다 모두 작으면 c는 만델브로트 집합의 원소가 된다. 한편, 절댓값이 무한히 커지면 c는 만델브로트 집합에 속하지 않는다고 한다.

다음 원소들이 만델브로트 집합에 속하는지 확인하시오.

(1) i

(2) $-1+i$

(3) -1

(4) $-0.5i$

• 프랙탈이란?
부분이 전체를 닮는 자기 유사성, 즉 세부 구조를 확대해서 볼수록 전체 구조와 유사한 형태를 끊임없이 반복하고 있는 구조를 말한다.

4 줄리아 집합

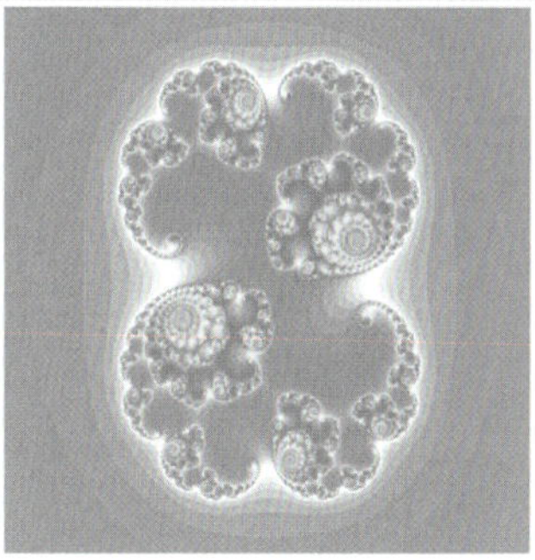

줄리아 집합(Julia sets)은 복소평면에서 정의된 프랙탈이며 임의의 복소수 c에 대하여, $f(z) = z^2 + c$로 정의된다.

예를 들어 $c=1+i$인 함수 $f(z) = z^2 + (1+i)$에서 줄리아 집합을 생각해 본다면 $z_1 = f(z_0)$, $z_2 = f(z_1)$, $z_3 = f(z_2)$, $\cdots$의 모든 절댓값이 일정한 값보다 작으면, z_0는 줄리아 집합에 속하고, 절댓값이 무한히 커지면 z_0는 줄리아 집합에 속하지 않는다.

다음 주어진 z_0가 함수 $f(z) = z^2 + (1+i)$에서 줄리아 집합인지 판별하시오.

(1) $z_0 = i$

(2) $z_0 = 1$

(3) $z_0 = 2i$

(4) $z_0 = 2+3i$

3.4 이차방정식의 근

핵심개념

- 핵심용어
  완전제곱식
  이방정식의 근의 공식
  판별식
  이차부등식

▸ 이차방정식의 근의 공식

- 이차방정식 $ax^2+bx+c=0$의 근은

$$x=\frac{-b\pm\sqrt{b^2-4ac}}{2a}$$ (단, a, b, c는 실수이고 $a\neq 0$)

특히, b가 짝수일 때 $b'=\frac{b}{2}$라고 하면

$$x=\frac{-b'\pm\sqrt{b'^2-ac}}{a}$$

▸ 이차방정식의 판별식 D

- 이차방정식 $ax^2+bx+c=0$(단, a, b, c는 실수이고 $a\neq 0$)에서

$D=b^2-4ac$ $\left(\frac{D}{4}=b'^2-ac\right)$를 이차방정식의 판별식이라고 한다.

▸ 이차함수의 그래프와 방정식, 부등식의 관계

$f(x)=ax^2+bx+c$ $(a\neq 0)$에서 $D=b^2-4ac$라고 하면

$a>0$일 때	$D=b^2-4ac>0$	$D=b^2-4ac=0$	$D=b^2-4ac<0$
$y=f(x)$의 그래프	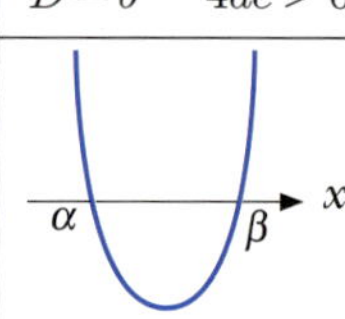	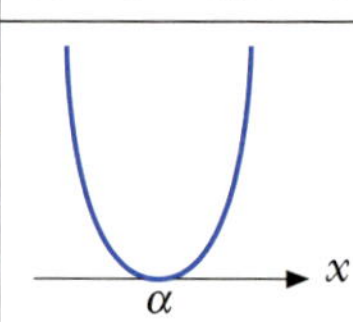	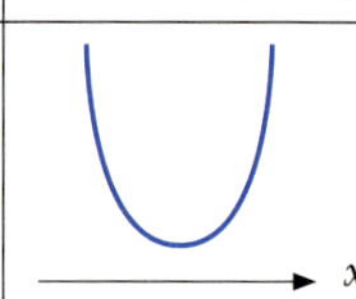
$f(x)=0$의 해	$x=\alpha$ 또는 $x=\beta$	$x=\alpha$(중근)	허 근
$f(x)>0$	$x<\alpha$ 또는 $x>\beta$	$x\neq\alpha$인 실수	모든 실수
$f(x)<0$	$\alpha<x<\beta$	해가 없다	해가 없다

개념이해 완전제곱식

이차식 $x^2+24x+c$가 완전제곱식이 되기 위한 상수 c의 값을 구하고, 완전제곱식으로 나타내시오.

풀이 방법1. 그림으로 이해하기

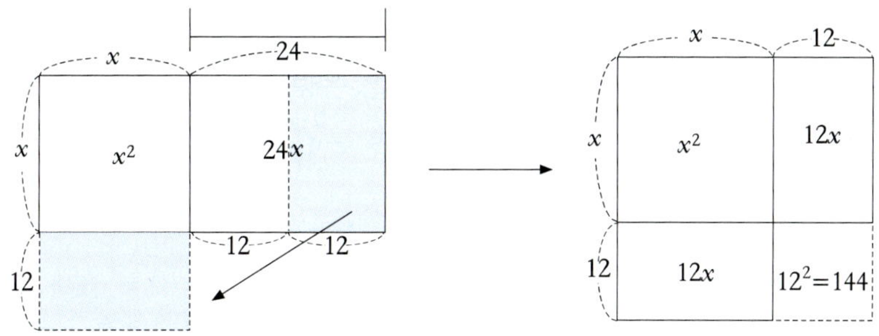

위의 그림에서 보듯 x^2+24x의 이차식이 $(x+12)^2$의 완전제곱식이 되기 위해서는 $12^2=144$가 필요함을 알 수 있다.

방법2. 계산으로 이해하기

1단계 : x 계수의 $\frac{1}{2}$의 값을 찾는다. $\frac{24}{2}=12$

2단계 : 1단계에서 찾은 값을 제곱한다. $12^2=144$

3단계 : 2단계에서 구한 값이 상수항 c이다. $x^2+24x+144$

따라서 $x^2+24x+c$는 $c=144$일 때,
$x^2+24x+144=(x+12)(x+12)=(x+12)^2$이 된다.

1 이차방정식의 풀이

완전제곱식을 이용하여 이차방정식 $x^2+6x+14=0$의 근을 구하시오.

2 이차방정식의 표준형

이차함수 $y=x^2-8x+13$를 $y=a(x-p)^2+q$꼴로 변형하고, 꼭짓점의 좌표를 구하시오.

3 이차방정식의 근의 공식

근의 공식을 이용하여 다음 이차방정식의 근을 구하시오. 또 판별식을 확인하여 서로 다른 두 실근, 중근, 서로 다른 두 허근인지 각각의 근을 검토하시오.

(1) $x^2+3x=2$

(2) $25x^2-18x=12x-9$

(3) $-x^2+4x=5$

4 이차부등식

한 고등학교에서 개최하는 농구대회의 참가팀 수를 y, 2008년 이후 경과 년 수를 x라 하면 x와 y의 관계 식은 다음과 같다.

$$y = 2x^2 - 5x + 5 \ (\text{단, } 0 \leq x \leq 10)$$

12개 팀보다 더 많은 팀이 참가하는 해는 언제인지 구하시오.

문제해결

1 월드컵 분수

한강에는 지난 2002년 한일 월드컵을 기념하는 분수대가 설치되어 있다. 이 분수의 중앙노즐에서 분사된 물줄기의 높이 h(단위 : m)와 분사된 후의 시간 t(단위 : 초)에 대하여

$$h = -17t^2 + 119t - 0.25$$

인 관계가 성립한다고 할 때, 다음 물음에 답하시오.

(1) 주어진 이차함수의 꼭짓점의 좌표를 구하고, 그래프의 개형을 그리시오.

(2) 꼭짓점의 좌표가 무엇을 의미하는지 설명하시오,

2 자전거 판매 수입

어느 자전거 전문 매장에서는 한 대에 8만원 하는 자전거를 일주일에 40대를 판다. 자전거 한 대의 가격을 천 원씩 인하할 때마다 일주일에 한 대의 자전거가 더 팔린다고 하자. 자전거 한 대 가격을 얼마로 할 때 일주일 간 수입을 최대로 올릴 수 있는지 구하고, 이때의 최대 수입은 얼마인지 구하시오.

3 동물원

어느 동물원에서는 봄을 맞이하여 아래 그림과 같이 길이가 60m인 실내 사육장의 한쪽 벽면을 이용하여 직사각형 모양의 야외 우리를 만들려고 한다. 120m 길이의 펜스로 우리의 세 면을 둘러 1350m^2의 우리를 만들고자 할 때, 이 우리의 가로와 세로의 길이는 각각 얼마로 해야하는지 구하시오.

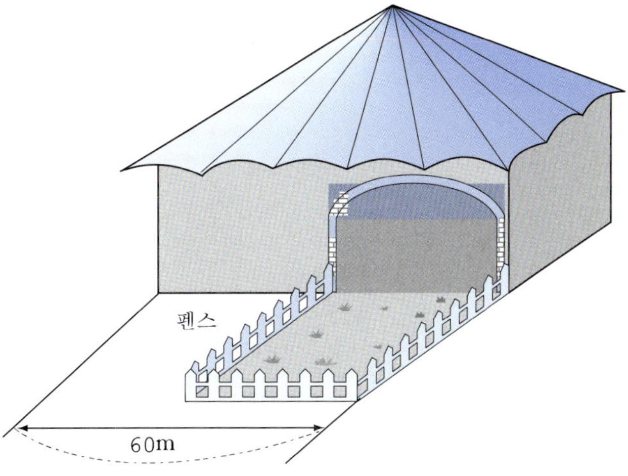

4 화병 만들기

재현이는 미술시간에 찰흙을 이용하여 화병을 만들었다. 아래 그림과 같이 반지름이 6cm이고 높이가 12cm인 원기둥 모양의 찰흙덩어리를 모두 이용하여 겉에서 보는 높이가 20cm이고, 내부공간의 반지름이 4cm인 원통형 화병을 만들었다. 화병의 두께가 균일하다고 할 때, 재현이가 만든 화병의 두께는 몇 cm인지 구하시오.

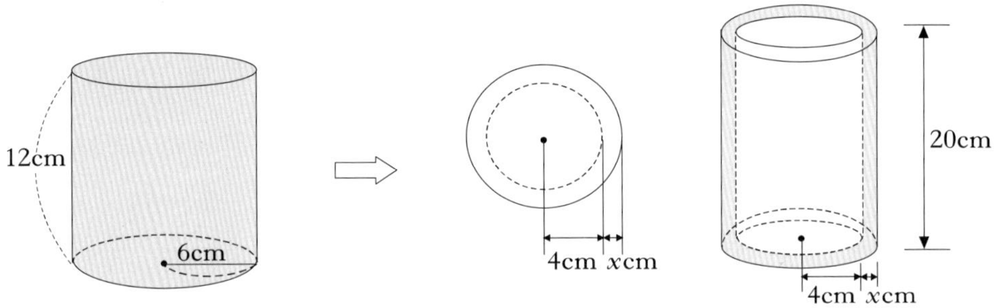

(찰흙) (화병을 위에서 본 모양) (화병을 옆에서 본 모양)

5 3점 슛

어느 농구 선수가 농구 경기 중에 시간에 쫓겨 마지막 슛을 시도했다. 농구골대의 림(Rim)을 향하여 날아가는 농구공의 경로는 슛을 시도한 순간 농구 선수 발의 위치를 원점으로 했을 때, 다음과 같이 시간 t를 매개변수로 하는 (x, y)의 평면 좌표로 표현된다고 한다.

$$\begin{cases} x = 5t \\ y = -2.5t^2 + 4t + 2 \end{cases}$$

(단, x, y의 단위는 m, t의 단위는 초이다.)

(1) 슛이 시도된 후 0, 0.5, 1, 1.5, 2초 때의 순서쌍 (x, y)를 좌표평면에 점으로 나타내시오.

(2) 매개변수 t를 소거하여 y를 x에 관한 함수로 표현하고, 그래프를 그리시오.

(3) 농구골대의 림의 위치가 (7, 3)일 때, 이 슛이 성공인지, 실패인지 판별하시오.

(4) 만약, 이 슛이 실패라면 선수는 어떻게 움직여서 공을 던져야 슛이 성공하겠는지 설명하시오.(단, 공의 경로는 변함이 없다.)

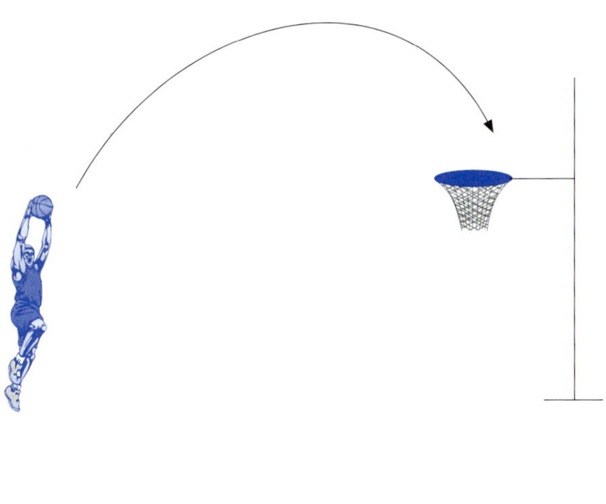

6 호박던지기 대회

투척기로 호박 멀리 던지기 대회가 열렸다. 투척기는 38 m/s속도로 호박을 7.6m 높이로 날렸다. 다음 표는 여러 각도에서 날렸을 때 호박이 날아간 수평 거리를 기록한 것이다. 그래픽 계산기를 이용하여 각도에 대한 거리의 최적화 이차함수 식을 구하시오.

각도(°)	20	30	40	50	60	70
거리 (m)	114.1	141.1	155.1	153	133.2	98.5

7 가라비 고가교

가라비 고가교는 프랑스 남부에 위치한 트위예르 강의 깊은 계곡을 횡단하는 다리이다. 이 철교의 상판을 지지하는 교각은 포물선의 아치형이다. 이 포물선 형태의 교각이 좌표평면상에서의 세 점 (0, 0), (40, 38.2), (165, 0)을 지난다고 할 때, 이 포물선의 방정식을 구하시오.

ICT 활용 그래핑 소프트웨어를 활용하여 방정식 풀기

☞ Web에서 무상으로 제공하는 소프트웨어 Graphing Calculator를 활용하면 그래프를 문제해결의 도구로 사용할 수 있다.(http://javaboutique.internet.com/graphcalc/)

2 그래프로 $x^2-3x+1=0$ 풀기

풀이 : 이 방정식을 풀기 위해 $y=x^2-3x+1$의 그래프를 그려서 $y=0$이 되는 점을 찾으면 된다. 즉, x축과 만나는 점의 x좌표를 읽는다.

그래프로 풀기

(1) 식을 입력한다. (그림 1의 직사각형 부분)

(2) 그래프 그리고 (식 아래 부분 Graph 클릭), Zoom을 설정(스크로바 조작)으로 그래프 크기를 조절한다.

Graphing Calculator

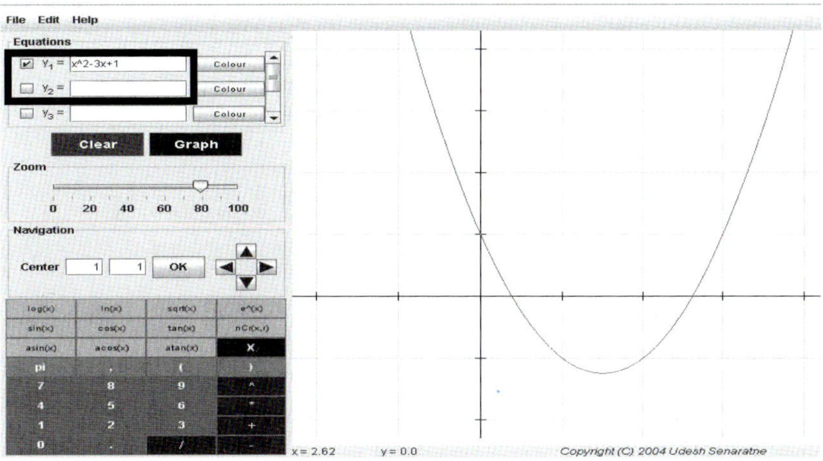

그림 1

(3) 마우스를 그래프가 x축과 만나는 점(그림 2의 붉은선 표시)으로 이동하여, 그림에서 x좌표(그림 2의 푸른선 표시)를 읽어 답을 구한다. 그림에서 교점이 2개 이므로 이 방정식의 해는 $x=0.387$(그림 1)과 $x=2.62$(그림 3)이다.

※ 이 값은 근사해이다. 실제 상황에서는 참값 $\dfrac{3 \pm \sqrt{5}}{2}$보다 근사값 0.387과 2.62가 더 유용한 경우가 많다.

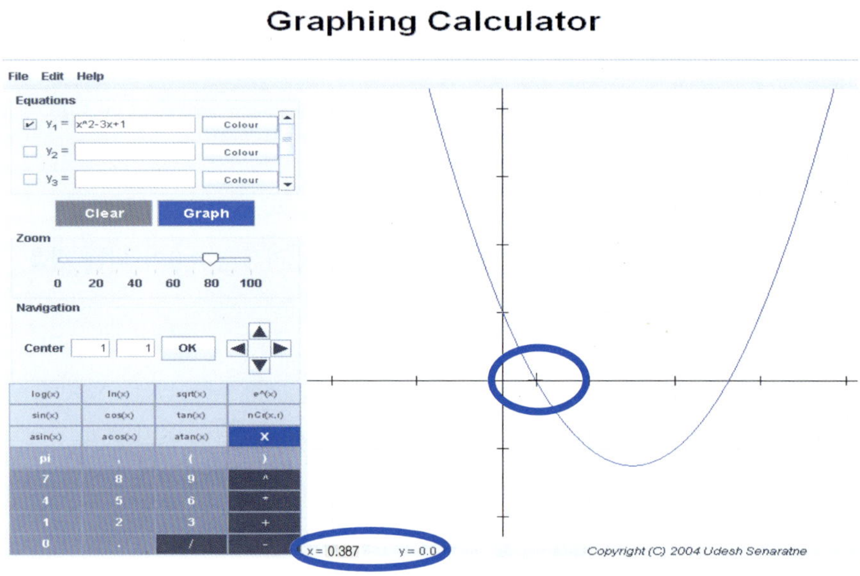

그림 2

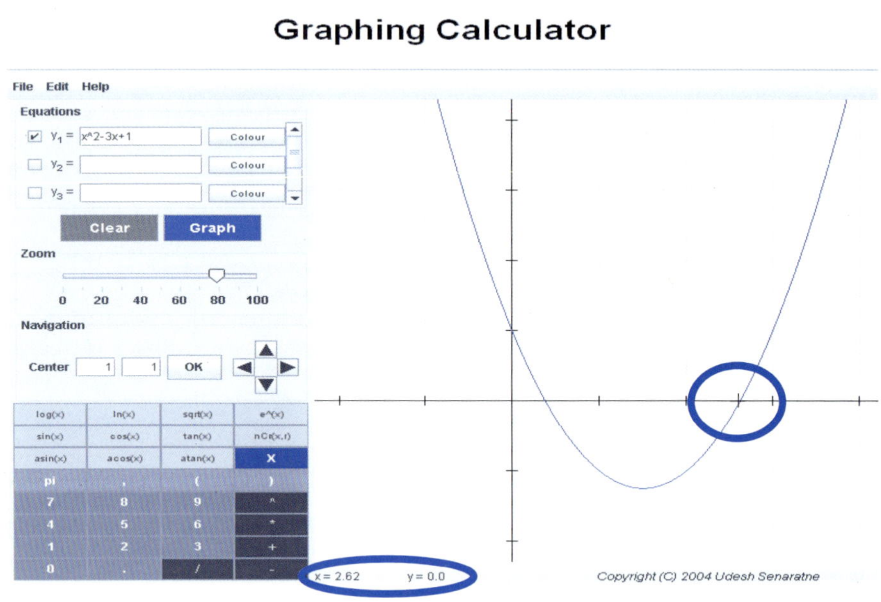

그림 3

http://my.hrw.com/math06_07/nsmedia/tools/Graph_Calculator/graphCalc.html를 이용해 다음 그림과 같이, 그래프와 x축과의 교점을 바로 구할 수도 있다.

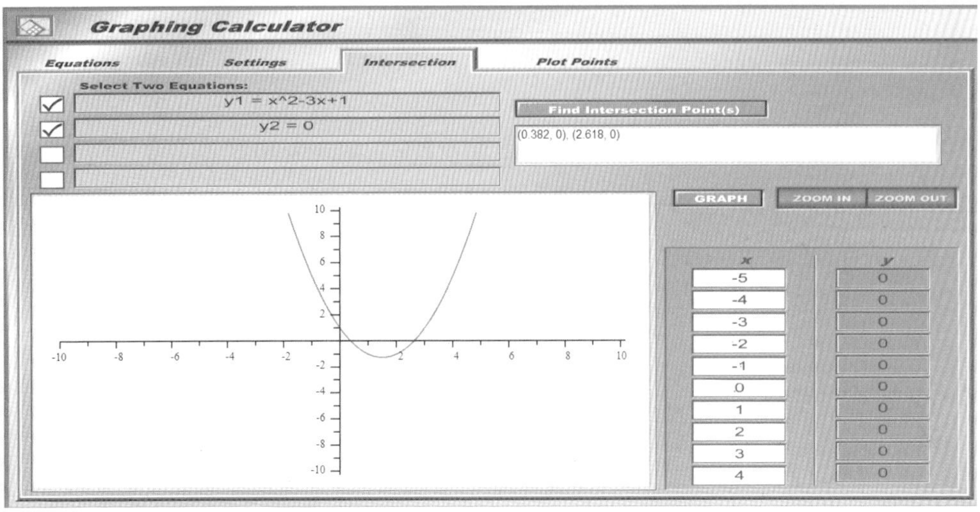

실력다지기

열린문제

01 $x=4$를 대칭축으로 하고, y절편이 다른 이차함수식을 3개 이상 제시하시오.

02 다음과 같이 근을 갖는 $x^2=s$ 형태의 방정식을 써 보시오.

(1) 두 개의 실근을 갖는다.

(2) 하나의 실근을 갖는다.

(3) 실근을 갖지 않는다.

03 두 복소수의 합이 실수가 되는 예를 2가지 제시하시오. 또 합이 실수가 되는 두 복소수는 어떤 관계인지 설명하시오.

04 판별식의 값이 음수인 이차방정식을 제시하시오.

05 이차함수 $y=ax^2+bx+c$의 그래프의 개형이 다음과 같을 때, 각각의 그래프에 알맞는 이차방정식 $ax^2+bx+c=0$을 하나씩 쓰고, 판별식의 부호를 조사하시오.

(1)

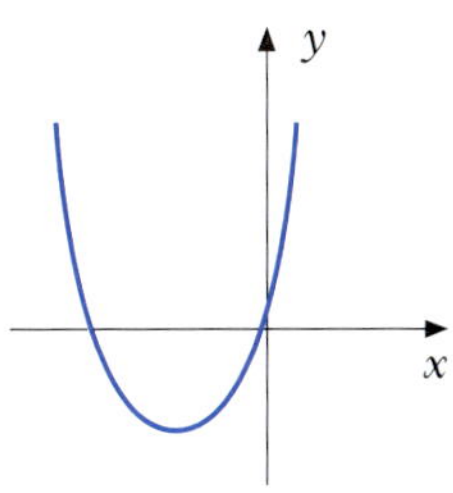

(2)

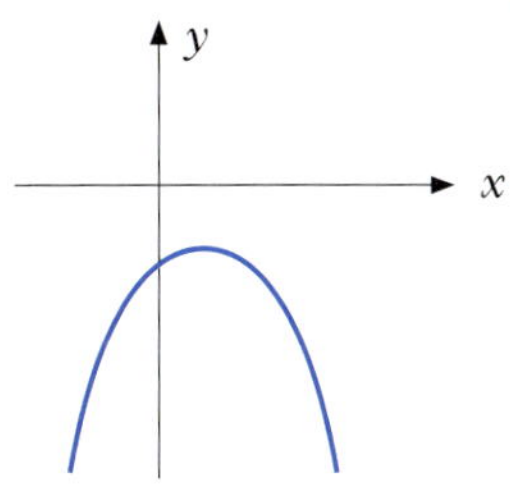

(3)

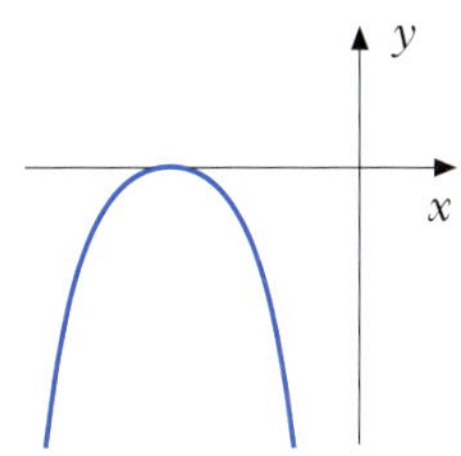

06 부등식의 해가 $x>5$ 또는 $x<-7$인 이차부등식을 제시하시오.

발전문제

01 수상안전요원은 수영이 가능한 구간에만 부표가 달린 일정한 길이의 로프로 그림과 같이 직사각형 모양의 경계를 설치하려한다. 수영이 가능한 구간의 넓이를 최대로 하기 위한 l과 w의 관계식을 구하시오.

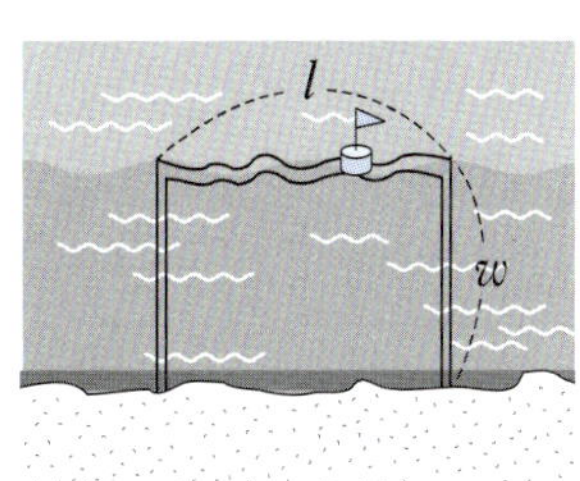

02 그림은 3종류의 직사각형을 붙여서 하나의 큰 직사각형을 만든 것이다.

(1) 큰 직사각형의 넓이를 작은 직사각형들의 넓이의 합으로 나타내시오.

(2) (1)식을 인수분해하고, 인수를 그림을 이용하여 설명하시오

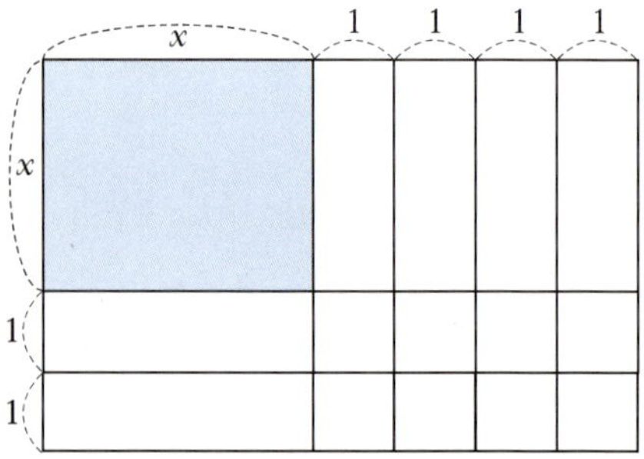

(3) 위 내용을 바탕으로 $x^2+8x+15=(x+3)(x+5)$을 나타내는 인수분해 모델을 그려보시오.

03 원의 내부에서 만나는 두 현의 길이에 대한 성질을 이용하여 오른쪽 그림의 x값을 구하시오.

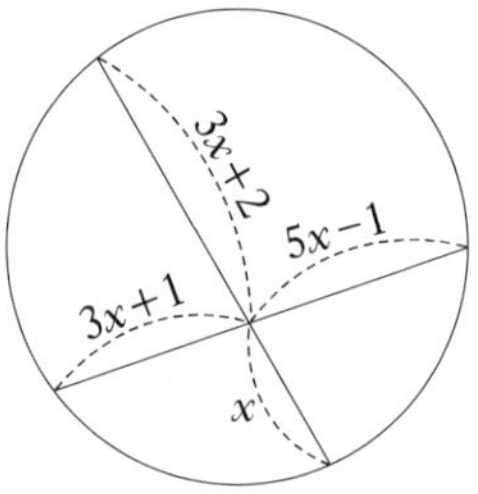

04 실근을 갖고 인수분해가 가능한 이차방정식을 하나 제시하고 인수분해와 완전제곱식을 이용하여 근을 구하시오.

05 그림과 같이 포물선과 x축에 평행한 직선에 의하여 둘러싸인 영역의 넓이 S는?

$S=\dfrac{2}{3}ah$ 이다.

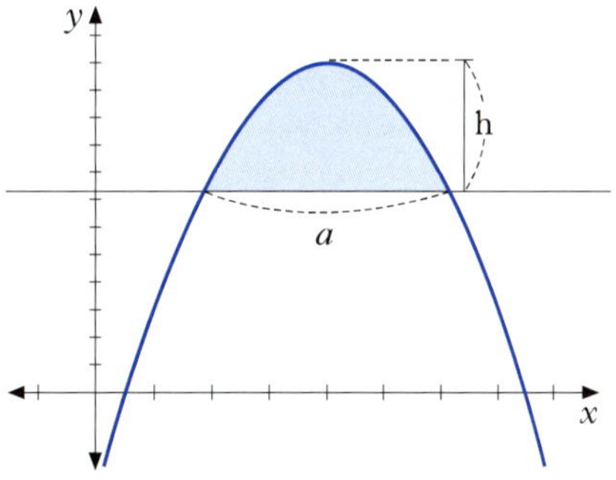

(단, a는 포물선과 직선의 교점간의 거리, h는 포물선의 꼭짓점과 직선과의 거리)

다음 연립부등식이 나타내는 영역의 넓이를 구하시오.

$$\begin{cases} y \geqq x^2-4x-5 \\ y \leqq 3 \end{cases}$$

06 하나의 원을 x개의 현으로 나눌 때 생기는 영역의 최대 수를 y라 할 때 y는 이차함수이다. 예를 들어 그림에서 $x=2$일 때 $y=4$이다. 다음의 표를 완성하고, x에서 y로의 이차함수를 구하시오.

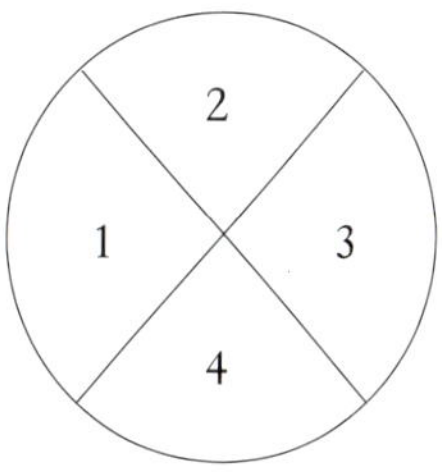

x	0	1	2	3	4	5	6
y			4				

07 $(1, 10)$, $(-1, 4)$, $(0, 5)$를 지나는 이차함수를 구하시오.

추론문제

01 이차함수 $y=ax^2+bx+c$의 꼭짓점의 좌표와 대칭축의 방정식을 완전제곱식을 이용하여 구하시오.

02 x에 관한 이차식 x^2+c^2(c는 실수)을 인수분해 할 수 있는가? 또 그 이유는 무엇인지 설명하시오.

03 순서쌍 $(x,\ y)$를 모아놓은 자료가 있다. 이 자료가 $y=ax^2$ 형태의 이차방정식의 모델인지 알 수 있는 방법은 무엇인지 설명하시오.

증명문제

01 이차함수 $y=ax^2+bx+c$에서 꼭짓점의 x좌표가 $x=-\dfrac{b}{2a}$임을 이용하여 꼭짓점의 x좌표가 (a)에서는 h, (b)에서는 $\dfrac{p+q}{2}$임을 보이시오.

(a) $y=a(x-h)^2+k$

(b) $y=a(x-p)(x-q)$

02 이차방정식 $ax^2+bx+c=0$ ($a,\ b,\ c$는 상수, $a\neq 0$)의 근이 $x=\dfrac{-b\pm\sqrt{b^2-4ac}}{2a}$ 임을 보이시오.

풀이와 답

3.1 이차함수

개념이해

1. 축구공의 경로 p.109

이해 : 이차함수 그래프의 x절편과 꼭지점의 좌표를 이해하고 찾을 수 있다.

풀이

공의 경로 $y=-0.025x(x-60)$에서 수평이동거리는 함수의 그래프에서 x축과 만나는 두 점사이의 거리와 같다.

즉 $-0.025x(x-60)=0$이 되는 x값은

$$x=0,\ x=60$$

따라서 공의 수평이동거리는 60m가 된다.

이차함수 $y=a(x-p)(x-q)\ (a>0)$에서

최댓값은 $x=\dfrac{p+q}{2}$(대칭축)일 때 y값이 된다.

주어진 함수에서 $x=\dfrac{0+60}{2}=30$을 대입하면

$$y=-0.025(30)(30-60)=22.5$$

즉, 공의 최대높이는 22.5 m가 된다.

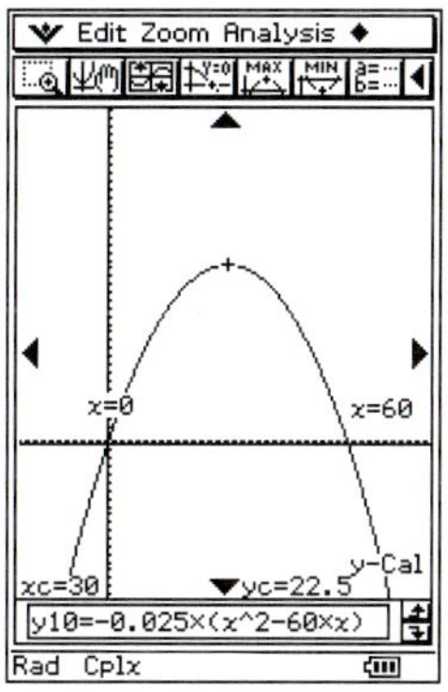

검토

발로 찬 공이 경로에 대한 식이 $y=-0.025x(x-60)$일 때 공은 60m를 날아가 지면에 떨어지고 공의 높이가 최대일 때는 22.5m이다.

문제해결

1. 달에서의 골프 p.110

이해 : 골프공의 경로는 이차함수이므로 각각의 문제에서 요구하는 답은 이차함수의 그래프를 통해 해결한다.

- 주어진 것 : 수평 거리 x와 높이 y의 관계식, 지구와 달의 중력가속도 g_1, g_2의 값
- 구해야 할 것 : 지구와 달에서 골프공이 날아가 처음 지면에 떨어질 때의 수평 거리와 골프공의 최대 높이

계획 : 골프공이 날아가 처음 지면에 떨어질 때의 수평 거리는 $y=0$일 때 x값이고, 골프공의 최대 높이는 이차함수 그래프 꼭짓점의 y값이다.

풀이

(1) 지구

$$y=-\frac{9.8}{900}x^2+x$$

$$=x\left(-\frac{9.8}{900}x+1\right)$$

$y=0$일때 $x=0$, $x=\dfrac{900}{9.8}=91.8367$

꼭짓점의 y좌표는 $\dfrac{1}{4\times\dfrac{9.8}{900}}=22.96$

따라서 수평거리 : 91.8367 m

최대높이 : 22.96 m

(2) 달

$$y=-\frac{1.6}{900}x^2+x$$

$$=x\left(-\frac{1.6}{900}x+1\right)$$

$y=0$일때 $x=0$, $x=\dfrac{900}{1.6}=562.5$

꼭짓점의 y좌표는 $\dfrac{1}{4\times\dfrac{1.6}{900}}=140.63$

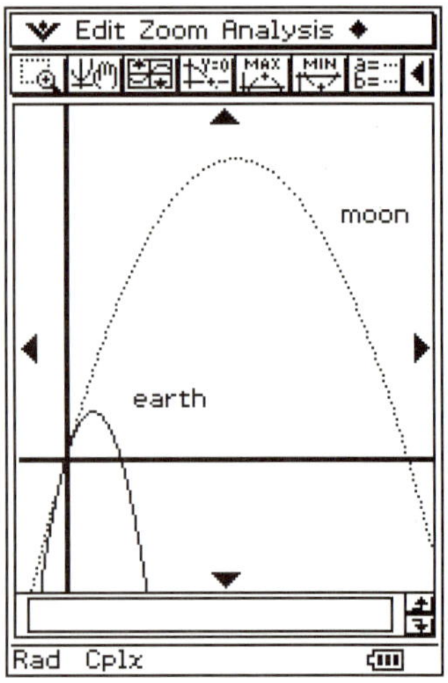

따라서 수평거리 : 562.5 m

최대높이 : 140.63 m

(3) 중력가속도 비 : $9.8/1.6 = 6.125 = 1/0.16327$

수평거리 비 : $91.8367/562.5 = 0.16327$

최대높이 비 : $22.96/140.63 = 0.16327$

달과 지구에서의 수평비행거리 비는 최대 높이의 비와 같고 중력가속도 비의 역수와 같다.

검토 : 지구에서의 골프공의 경로에 관한 함수식 $f(x) = -\frac{9.8}{900}x^2 + x$,

달에서의 골프공의 경로에 관한 함수식 $g(x) = -\frac{1.6}{900}x^2 + x$에서

중력가속도가 높을수록 골프공의 수평거리와 수직거리는 짧아지며 중력가속도에 의해 골프공의 수평거리와 수직거리가 결정된다.

2. 팝콘의 부피

p.111

이해 : 팝콘의 부피는 $y(\text{cm}^3/\text{g})$ 수분 함량은 $x(\%)$, 팝콘의 부피 y는 x에 대한 이차함수 이다.

계획 : $y = a(x-m)(x-n)$ 형태의 꼭짓점의 좌표는 $\left(\frac{m+n}{2}, -\frac{a(m-n)^2}{4}\right)$이고 문제(1), (2) 모두 a 값이 음수 이므로 $x = \frac{m+n}{2}$에서 최댓값 $-\frac{a(m-n)^2}{4}$을 가지게 된다.

풀이

(1) $y = -0.761(x-5.52)(x-22.6)$에서 꼭짓점의 좌표를 구하면

$$\left(\frac{5.52+22.6}{2}, \frac{-0.761(22.6-5.52)^2}{4}\right) \fallingdotseq (14.06, 55.5009476)$$

즉 열풍으로 튀기는 경우 팝콘은 수분 함량이 $x = 14.06\%$일 때 부피는 최대가 되며 값은 55.5cm^3이다.

(2) $y = -0.652(x-5.35)(x-21.8)$에서 꼭짓점의 좌표를 구하면

$$\left(\frac{5.35+21.8}{2}, \frac{-0.652(21.8-5.35)^2}{4}\right) \fallingdotseq (13.575, 44.1690930625)$$

즉 기름으로 튀기는 경우 팝콘은 수분 함량이 $x = 13.57\%$일 때 부피는 최대가 되며 값은 44.16cm^3이다.

(3) 오른쪽 그래프에서

점선 : 열풍에 튀긴 팝콘의 부피

실선 : 기름에 튀긴 팝콘의 부피

일반적으로 기름에 튀긴 팝콘보다 열풍에 튀긴 팝콘의 부피가 더 크며 기름보다 부피를 최대 1.25배 크게 만들 수 있다.

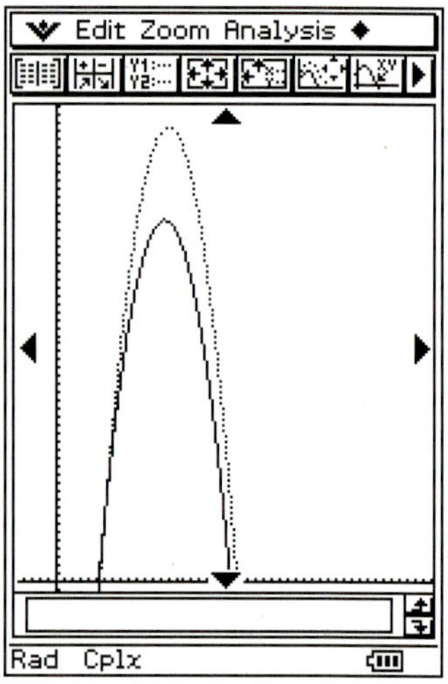

3. 월간지 구독료

p.112

이해 : (매출액) = (구독자 수)×(구독료)로 계산될 것이며 이차함수로 나타나는 매출액의 최댓값은 꼭짓점을 찾아 구한다.

계획 : 구독료를 만 원씩 인상하는 횟수와 총 매출액을 각각 x와 $f(x)$로 놓은후 $f(x)$의 최댓값을 구한다.

풀이

구독료를 만 원씩 인상하는 횟수와 총 매출액을 각각 x와 $f(x)$로 놓으면,

$$f(x) = (50000 - 3000x)(100000 + 10000x)$$

$$= -10^7(3x - 50)(x + 10)$$

$$\therefore x = \frac{\frac{50}{3} + (-10)}{2} = 3.333\cdots$$

일 때, 최댓값을 갖는다.

그런데 x는 자연수이므로 $x = 3$일 때 매출액은 최대가 된다.

즉 만 원씩 3번 인상하여 1년 구독료가 13만 원일 때, 이 시사월간지의 매출액은 최대가 된다.

$$f(3) = 5.3 \times 10^9$$

검토 : 1년 구독료가 13만 원일 때, 최대매출액은 5.3×10^9원, 약 53억 3천만 원이 된다.

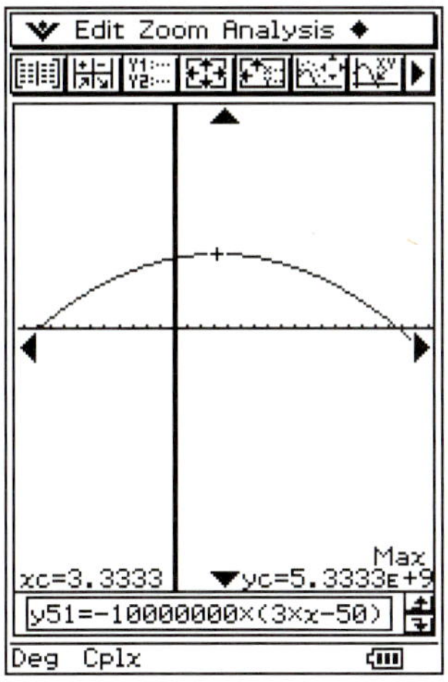

※ 2차함수의 최댓값 구하는 방법(p.109 핵심개념 참고)을 이용하여 문제를 해결할 수 있다.

4. 스피너 돌고래

p.112

이해 : 주어진 것 : 점프했을 때 수평거리 6m와 수면으로부터의 최대 높이 5m

구해야 할 것 : $y=a(x-h)^2+k$에서 a, h, k값

풀이

돌고래의 점프경로 $y=a(x-h)^2+k$에서 꼭짓점은 $(h,\ k)$이고 대칭축은 $x=h$이므로 돌고래의 수평거리 $6=2h$가 되어 $h=3$이다.

또한 최대높이는 꼭지점의 y좌표이므로 $k=5$이다.

한편, $y=a(x-3)^2+5$에서 출발지점을 원점이라 했으므로(0, 0)을 지나야 한다. $x=0$을 대입하면 $9a+5=0$이므로 $a=-\dfrac{5}{9}$가 된다.

$\therefore\ a=-\dfrac{5}{9}$, $h=3$, $k=5$

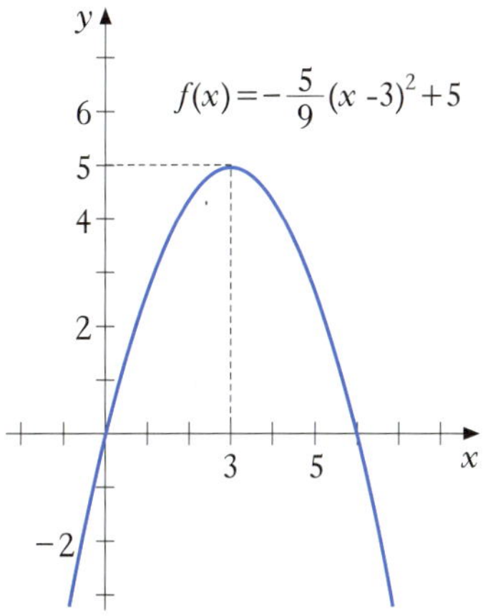

a, h, k값이 변할 때 돌고래의 점프 경로는, a의 값은 돌고래가 원점에서 점프하기 때문에 음수 이어야하고, h값이 커지면 돌고래는 더 멀리, k값이 커지면 돌고래는 더 높이 점프한다는 것이다.

3.2 인수분해

개념 이해

1. 생태학습장 p.116

이해 : 생태학습장의 현재의 넓이는 $20 \times 30 = 600\ \mathrm{m}^2$에서 확장되는 길이를 x라 하고 새롭게 확장한 생태학습장의 넓이를 구한다.

계획 : 새로운 영역의 넓이는 $2 \times 20 \times 30\ \mathrm{m}^2$, 새로운 영역의 가로와 세로의 길이는 각각 $(20+x)\,\mathrm{m}$, $(30+x)\,\mathrm{m}$이므로 문제의 조건에 맞게 식을 세우면 $2 \times 20 \times 30 = (20+x)(30+x)$이 된다.

풀이

$2 \times 20 \times 30 = (20+x)(30+x)$

$1200 = x^2 + 50x + 600$

$0 = x^2 + 50x - 600$

$0 = (x-10)(x+60)$

$x = 10$ 또는 $x = -60$

검토 : 길이는 음수일 수 없으므로 $x = 10$이 되며, 확장해야 하는 길이는 가로와 세로 각각 $10\,\mathrm{m}$씩이다.

문제 해결

1. 꽃밭 꾸미기 p.117

이해 : 빨간 튤립을 심은 꽃밭의 넓이는 $(8 \times 12)\mathrm{m}^2$이고, 노란 튤립을 심는 테두리의 폭을 $x\mathrm{m}$라고 하자. 이때, 노란 튤립과 빨간 튤립의 넓이는 같다고 했으므로 아래와 같은 식을 세울 수 있다.

풀이

$8 \times 12 = (2x+8)(2x+12) - 96$

식을 정리하면, $4x^2 + 40x - 96 = 0$

$x^2 + 10x - 24 = 0$

$(x-2)(x+12) = 0$

$\therefore \ x = 2$ 또는 -12

길이는 음수가 될 수 없으므로 $x = 2$

적용 : 문제의 조건에 만족하기 위해 노란 튤립을 심는 테두리의 폭은 2m로 해야 한다.

2. 주차장의 넓이

p.117

이해 : • 주어진 것 : 정사각형 주차장의 한 변의 길이 4m

• 구해야 할 것 : 원형 주차장의 반지름의 길이 r

정사각형과 넓이가 같은 원의 반지름의 길이

계획 : • 정사각형 주차장의 한 변의 길이가 4m이므로 넓이 $S_1 = 4^2$이다.

• 원형 주차장의 반지름을 r이라 할 때 넓이 $S_2 = \pi r^2$이다.

• 정사각형과 원의 넓이가 같아야 하므로 $S_1 = S_2$

풀이

$S_1 = S_2$이므로 $4^2 = \pi r^2$이다.

(1) $r^2 = \dfrac{4^2}{\pi}$

$$r = \sqrt{\frac{4^2}{\pi}}$$

$$= \frac{4}{\sqrt{\pi}}$$

$$= \frac{4\sqrt{\pi}}{\pi} \quad (\pi \fallingdotseq 3.14)$$

따라서 $r \fallingdotseq 2.26$ m

(2) 정사각형의 한 변의 길이를 s라 하면, $s^2 = \pi r^2$

따라서 $r = \dfrac{s\sqrt{\pi}}{\pi} \fallingdotseq 0.56s$

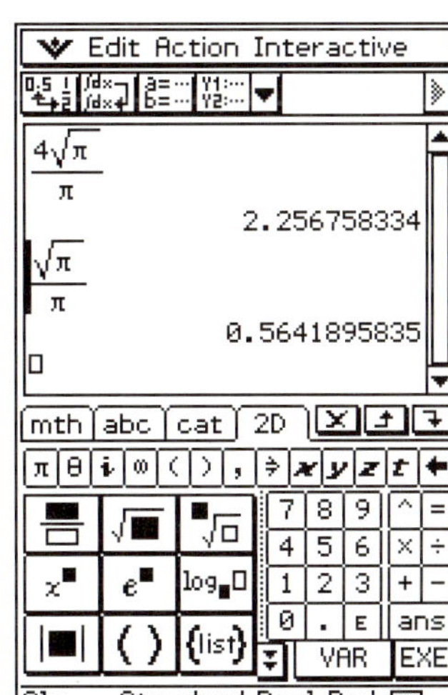

검토 : (1) 정사각형 주차장과 동일한 크기의 원형 주차장을 만들 때 반지름의 길이를 $\frac{4\sqrt{\pi}}{\pi} \fallingdotseq 2.26\,\mathrm{m}$로 해야 한다.

(2) 정사각형의 한 변의 길이를 s라 할 때 정사각형과 넓이가 같은 원의 반지름의 길이 $r=\frac{s\sqrt{\pi}}{\pi} \fallingdotseq 0.56s$이 된다.

3. 자전거의 속도

p.118

이해 : • 주어진 것 : 공기저항 R과 자전거 속도 s와의 관계식 $R=0.00829s^2$

• 구해야 할 것 : 공기저항이 2일 때 자전거 속도

자전거 속도가 두 배가 될 때 공기 저항

계획 : • 공기저항이 2이므로 식 $R=0.00829s^2$에서 R에 2를 대입하여 s를 구한다.

• 자전거 속도가 두 배가 될 때 이므로

$R=0.00829s^2$에서 s에 $2s$를 대입하여 R을 구한다.

풀이

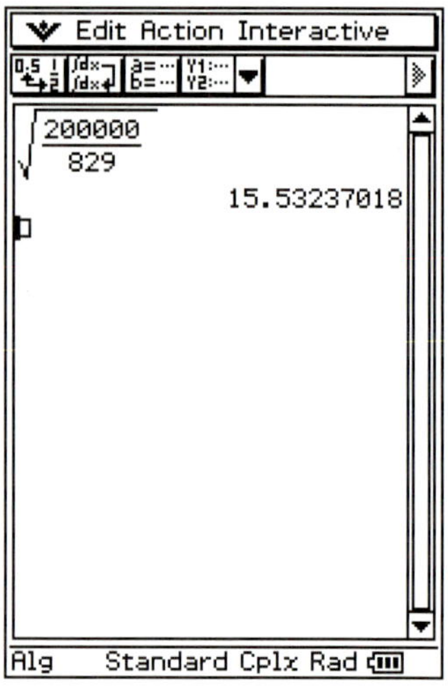

(1) $R=0.00829s^2$

$2=0.00829s^2$

$s^2=\frac{2}{0.00829}$

$=\frac{200000}{829}$

$s=\sqrt{\frac{200000}{829}}$

즉, 자전거의 속도는 $s=15.5$가 된다.

(2) $R=0.00829(2s)^2$

$R=0.00829\cdot 4\cdot s^2$

가 되어 공기저항은 4배가 된다.

검토 : (1) 공기저항이 2일 때 자전거의 속도는 $\sqrt{\frac{200000}{829}}=15.5$이다.

(2) 자전거 속도가 두 배가 되면 공기저항은 4배가 된다.

4. 우편물 상자

p.118

풀이

(1) 주어진 물건의 폭의 길이를 w, 높이를 h라 하면, 둘레는 $2(w+h)$이다.

합이 1.6m를 초과할 수 없으므로

$50+2(w+h) \leq 1.6 \times 100 = 160$ (단위는 cm)

$2(w+h) \leq 110$에서, 둘레의 길이는 최대 110(cm)까지 할 수 있다.

(2) $V = 50hw$

둘레가 최대일 때 $2(w+h) = 110$이므로

$w = 55-h$, 이것을 $V = 50hw$에 대입하면

$$V = 50h(55-h)$$

$$= -50h^2 + 2750h$$

(3) $V = -50h(h-55)$에서 최댓값은 꼭짓점의 y좌표이다.

즉, $h = \dfrac{0+55}{2} = 27.5$일 때,

$$V = -50 \cdot (27.5)(27.5-55) = -50(27.5)(-27.5)$$

$$= 37812.5 \fallingdotseq 37813$$

이때 $w = 55-27.5$

$$= 27.5$$

이다.

검토 : 우편물 상자의 길이가 50cm일 때,

둘레의 길이는 최대 110cm로 할 수 있다.

또한 우편물 상자의 높이와 폭이 모두 27.5cm일 때 부피는 약 37813cm^3로 최대가 된다.

3.3 복소수

개념 이해

1. 절대값과 켤레 복소수

p.121

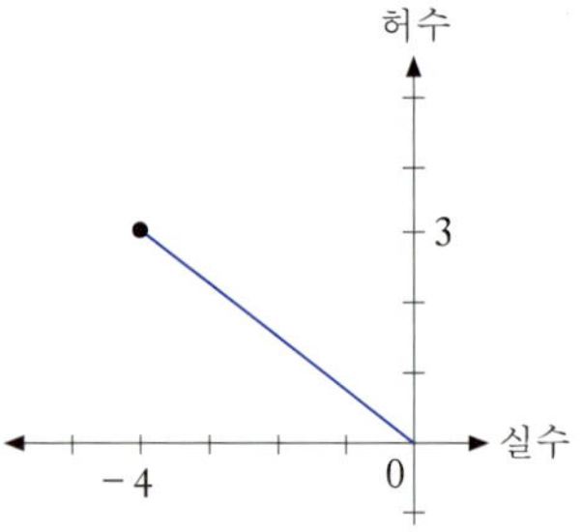

풀이

(1) 절댓값

$Z=-4+3i$의 절댓값은

복소평면에서 원점과 Z와의 거리

$|Z| = \sqrt{(-4)^2+3^2} = 5$

(2) 켤레 복소수

켤레복소수는 $Z=-4+3i$를 실수축에 대해 대칭시킨 상 $Z=-4-3i$

2. 덧셈과 곱셈의 역원

p.121

풀이

(1) (i) 덧셈에 대한 항등원은 0이다.

따라서, 덧셈에 대한 역원은 $(1+i)+x=0$

$\therefore\ x=-1-i$

(ii) 곱셈에 대한 항등원은 1이다.

따라서, 곱셈에 대한 역원은 $(1+i)x=1$

$$\therefore\ x=\frac{1(1-i)}{(1+i)(1-i)}=\frac{1}{2}-\frac{1}{2}i$$

(2) 덧셈에 대한 역원 $-4+i$, 곱셈에 대한 역원 $\frac{4}{17}+\frac{1}{17}i$

(3) 덧셈에 대한 역원 $1-2i$, 곱셈에 대한 역원 $-\frac{1}{5}-\frac{2}{5}i$

문제 해결

1. 직렬회로의 임피던스

p.122

이해 : 회로에서의 저항 레지스턴스 4Ω → 임피던스 4Ω

회로에서의 코일 리액턴스 2Ω → 임피던스 $2i$Ω

회로에서의 콘덴서 리액턴스 3Ω → 임피던스 $-3i$Ω

풀이

$$4+2i+(-3i)=4-i$$

검토 : 회로의 총 임피던스는 $4-i$(Ω)이다.

2. 병렬회로의 임피던스

p.123

이해 : 직렬회로와 다른 병렬회로에서의 임피던스를 구하는 문제이다.

계획 :
- 두 경로에 해당하는 각각의 직렬회로 임피던스를 구한다.
- 각각의 직렬회로의 임피던스를 문제에서 제시한 병렬회로 공식에 적용한다.

풀이

(1) (a) $Z_1=4(\text{저항})+5i(\text{코일})$

$Z_2=7(\text{저항})-3i(\text{콘덴서})$

$$Z=\frac{Z_1Z_2}{Z_1+Z_2}=\frac{(4+5i)(7-3i)}{(4+5i)+(7-3i)}$$

$$=\frac{43+23i}{11+2i}$$

$$=\frac{(43+23i)(11-2i)}{(11+2i)+(11-2i)}$$

$$=\frac{519}{125}+\frac{167}{125}i$$

(b) $Z_1=6(\text{저항})+8i(\text{코일})$

$Z_2=10(\text{저항})-11i(\text{콘덴서})$

$$Z=\frac{Z_1Z_2}{Z_1+Z_2}=\frac{(6+8i)(10-11i)}{(6+8i)+(10-11i)}$$

$$=\frac{2326}{265}+\frac{668}{265}i$$

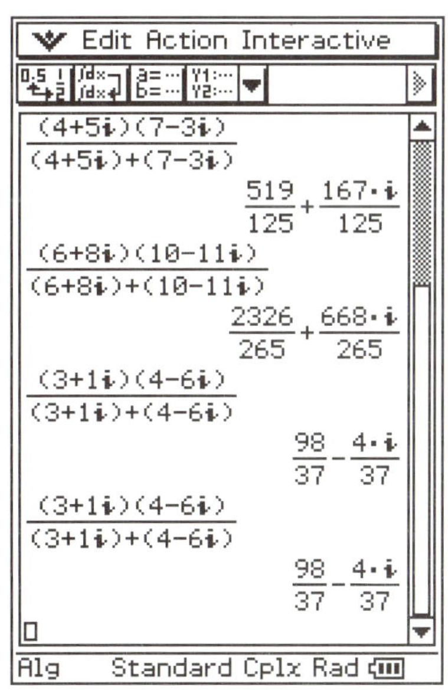

(c) $Z_1 = 3(\text{저항}) + i(\text{코일})$

$Z_2 = 4(\text{저항}) - 6i(\text{콘덴서})$

$$Z = \frac{Z_1 Z_2}{Z_1 + Z_2} = \frac{(3+i)(4-6i)}{(3+i)+(4-6i)}$$

$$= \frac{98}{37} - \frac{4}{37}i$$

(2) 2개의 직렬회로가 연결된 병렬회로 임피던스를 하나의 직렬회로의 임피던스로 생각하여 다시 2개의 직렬회로가 연결된 병렬회로의 임피던스식에 대입한다. 즉, 병렬로 연결된 3개의 직렬회로의 임피던스 합을 각각 Z_1, Z_2, Z_3라고 하면

$$Z = \frac{\frac{Z_1 \cdot Z_2}{Z_1 + Z_2} \cdot Z_3}{\frac{Z_1 \cdot Z_2}{Z_1 + Z_2} + Z_3} = \frac{Z_1 \cdot Z_2 \cdot Z_3}{Z_1 \cdot Z_2 + Z_3(Z_1 + Z_2)} = \frac{Z_1 \cdot Z_2 \cdot Z_3}{Z_1 \cdot Z_2 + Z_2 \cdot Z_3 + Z_3 \cdot Z_1}$$ 이다.

3. 만델브로트 집합

p.124

풀이

(1) $c = i$일 때

$f(z) = z^2 + i$

$z_0 = 0$	$\lvert z_0 \rvert = 0$
$z_1 = f(0) = 0^2 + i = i$	$\lvert z_1 \rvert = 1$
$z_2 = f(i) = i^2 + i = -1 + i$	$\lvert z_2 \rvert ≒ 1.41$
$z_3 = f(-1+i) = (-1+i)^2 + i = -i$	$\lvert z_3 \rvert = 1$
$z_4 = f(-i) = (-i)^2 + i = -1 + i$	$\lvert z_4 \rvert ≒ 1.414$
$z_5 = f(-1+i) = (-1+i)^2 + i = -i$	$\lvert z_5 \rvert = 1$

절댓값이 일정한 값 2 보다 모두 작으므로 i는 만델브로트 집합의 원소이다.

(2) $c = -1 + i$일 때

$f(z) = z^2 + (-1+i)$

$z_0 = 0$	$\lvert z_0 \rvert = 0$
$z_1 = f(0) = -1 + i$	$\lvert z_1 \rvert ≒ 1.414$
$z_2 = f(-1+i) = -1 - i$	$\lvert z_2 \rvert ≒ 1.414$

$z_3 = f(-1-i) = -1+3i$ $\quad |z_3| \fallingdotseq 3.16$

$z_4 = f(-1+3i) = -9-5i$ $\quad |z_4| \fallingdotseq 10.3$

$z_5 = f(-9-5i) = 55+91i$ $\quad |z_5| \fallingdotseq 106.33$

절댓값이 무한히 커지므로 $-1+i$는 만델브로트 집합의 원소가 아니다.

(3) $c=-1$일 때

$f(z) = z^2 + (-1)$

$z_0 = 0$ $\quad |z_0| = 0$

$z_1 = f(0) = -1$ $\quad |z_1| = 1$

$z_2 = f(-1) = 0$ $\quad |z_2| = 0$

$z_3 = f(0) = -1$ $\quad |z_3| = 1$

$z_4 = f(-1) = 0$ $\quad |z_4| = 0$

$z_5 = f(0) = -1$ $\quad |z_5| = 1$

절댓값이 일정한 값 2보다 모두 작으므로 -1은 만델브로트 집합의 원소이다.

(4) $c=-0.5i$일 때

$f(z) = z^2 + (-0.5i)$

$z_0 = 0$ $\quad |z_0| = 0$

$z_1 = f(0) = -0.5i$ $\quad |z_1| = 0.5$

$z_2 = f(-0.5i) = -0.25-0.5i$ $\quad |z_2| \fallingdotseq 0.56$

$z_3 = f(-0.25-0.5i) = -0.1875-0.25i$ $\quad |z_3| \fallingdotseq 0.31$

$z_4 = f(-0.1875-0.25i) \fallingdotseq -0.027-0.41i$ $\quad |z_4| \fallingdotseq 0.41$

$z_5 = f(-0.027-0.41i) \fallingdotseq -0.17-0.48i$ $\quad |z_5| \fallingdotseq 0.51$

절댓값이 일정한 값 2보다 모두 작으므로 $-0.5i$는 만델브로트 집합의 원소이다.

4. 줄리아 집합

p.125

풀이

(1) $z_0 = i$일 때

$f(z) = z^2 + (1+i)$

$z_0 = i$ $\quad |z_0| = 1$

$z_1 = f(i) = i^2 + (1+i) = i$ $\quad |z_1| = 1$

$z_2 = f(i) = i^2 + (1+i) = i$ $\qquad |z_2| = 1$

$z_3 = f(i) = i^2 + (1+i) = i$ $\qquad |z_3| = 1$

$z_4 = f(i) = i^2 + (1+i) = i$ $\qquad |z_4| = 1$

절댓값이 일정한 값 1이므로 i는 $f(z)$에 대한 줄리아집합의 원소이다.

(2) $z_0 = 1$일 때

$f(z) = z^2 + (1+i)$

$z_0 = 1$ $\qquad |z_0| = 1$

$z_1 = f(1) = 2+i$ $\qquad |z_1| \fallingdotseq 2.24$

$z_2 = f(2+i) = 4+5i$ $\qquad |z_2| \fallingdotseq 6.40$

$z_3 = f(4+5i) = -8+41i$ $\qquad |z_3| \fallingdotseq 41.77$

$z_4 = f(-8+41i) = -1616-655i$ $\qquad |z_4| \fallingdotseq 1743.70$

절댓값이 무한히 커지므로 1은 $f(z)$에 대한 줄리아집합의 원소가 아니다.

(3) $z_0 = 2i$일 때

$f(z) = z^2 + (1+i)$

$z_0 = 2i$ $\qquad |z_0| = 2$

$z_1 = f(2i) = -3+i$ $\qquad |z_1| \fallingdotseq 3.16$

$z_2 = f(-3+i) = 9-5i$ $\qquad |z_2| \fallingdotseq 10.30$

$z_3 = f(9-5i) = 57-89i$ $\qquad |z_3| \fallingdotseq 105.69$

$z_4 = f(57-89i) = -4671-10145i$ $\qquad |z_4| \fallingdotseq 11168.67$

절댓값이 무한히 커지므로 $2i$는 $f(z)$에 대한 줄리아집합의 원소가 아니다.

(4) $z_0 = 2+3i$일 때

$f(z) = z^2 + (1+i)$

$z_0 = 2+3i$ $\qquad |z_0| \fallingdotseq 3.61$

$z_1 = f(2+3i) = -4+13i$ $\qquad |z_1| = 13.60$

$z_2 = f(-4+13i) = -152-103i$ $\qquad |z_2| \fallingdotseq 183.61$

$z_3 = f(-152-103i) = 12496+31313i$ $\qquad |z_3| \fallingdotseq 33714.30$

절댓값이 무한히 커지므로 $2+3i$는 $f(z)$에 대한 줄리아집합의 원소가 아니다.

3.4 이차방정식의 근

개념 이해

1. 이차방정식의 풀이

p.128

풀이

$x^2+6x=-14$	주어진 방정식의 좌변에 있는 상수항을 이항하여 x^2+bx 꼴로 만든다.
$x^2+6x+9=-14+9$	x의 계수 6에 대하여 $\left(\frac{6}{2}\right)^2=3^2=9$를 양변에 더한다.
$(x+3)^2=-5$	좌변을 완전제곱식으로 표현한다.
$x+3=\pm\sqrt{-5}$	양변에 각각 제곱근을 취한다.
$x=-3\pm\sqrt{-5}$	x의 값을 구한다.
$x=-3\pm\sqrt{5}\,i$	허수단위 i로 나타낸다.

검토 : 구하는 근은 $-3+\sqrt{5}\,i$와 $-3-\sqrt{5}\,i$이다.

2. 이차방정식의 표준형

p.128

풀이

$y+\square=(x^2-8x+\square)+13$	완전제곱식을 만들기 위한 상수항의 자리를 비워둔다.
$y+16=(x^2-8x+16)+13$	x의 계수 -8에 대하여 $\left(\frac{-8}{2}\right)^2=(-4)^2=16$을 양변에 더한다.
$y+16=(x-4)^2+13$	우변의 이차식을 일차식의 제곱으로 표현한다.
$y=(x-4)^2-3$	좌변의 상수항을 우변으로 이항 후 정리하여 y에 대해서 푼다.

따라서 주어진 이차함수는 $y=(x-4)^2-3$으로 변형 되며 꼭지점의 좌표는 $(4,-3)$이다.

3. 이차방정식의 근의 공식

p.128

풀이

(1) $x^2+3x-2=0$에서 근의 공식을 적용하면

$$x=\frac{-3\pm\sqrt{3^2-4\times1\times(-2)}}{2\times1}=\frac{-3\pm\sqrt{17}}{2}$$

($D=17>0$, 서로 다른 두 실근)

(2) $25x^2-30x+9=0$에서 근의 공식을 적용하면

$$x=\frac{30\pm\sqrt{(-30)^2-4\times25\times9}}{2\times25}=\frac{30\pm\sqrt{0}}{50}=\frac{3}{5}$$

($D=0$, 중근)

(3) $-x^2+4x-5=0$에서 근의 공식을 적용하면

$$x=\frac{-4\pm\sqrt{4^2-4\times(-1)\times(-5)}}{2\times(-1)}=\frac{-4\pm\sqrt{-4}}{-2}=2\pm i$$

($D=-4<0$, 서로 다른 두 허근)

4. 이차부등식

p.129

이해 : 이차부등식 $ax^2+bx+c>0\ (a>0)$의 해는 이차방정식 $ax^2+bx+c=0$의 실근을 $\alpha, \beta\,(\alpha<\beta)$라 할 때, $x<\alpha$, $x>\beta$이다.

계획 : 2008년 이후 경과 년의 수를 x, 참가하는 팀의 수를 y라 하자. 여기서 $y>12$가 되는 x값을 찾으면 된다.

풀이

$2x^2-5x+5>12$

$2x^2-5x-7>0$

$(2x-7)(x+1)>0$

$x<-1$ 또는 $x>\frac{7}{2}$ 이고 $0\le x\le10$이므로

$\therefore\ \frac{7}{2}<x\le10$

따라서 2008년 이후 4년, 즉 2012년부터 2018년까지 참가팀이 12팀보다 더 많은 팀이 참가한다.

문제 해결

1. 월드컵 분수

p.130

풀이

(1) $h = -17(t^2 - 7t) - 0.25$

이차항의 계수 -17로 묶어 괄호 안을 $t^2 + bt$꼴로 변형한다.

$$h = -17\{t^2 - 7t + (-3.5)^2 - (-3.5)^2\} - 0.25$$

완전제곱식을 만들기 위해 $\left(\frac{-7}{2}\right)^2 = (-3.5)^2 = 12.25$를 괄호 안에서 더해 주고 빼준다.

$$h = -17\{t^2 - 7t + (-3.5)^2\} + 208$$

상수항을 정리하여 완전제곱식을 만들면 꼭짓점의 좌표를 알 수 있는 표준형이 완성된다.

$$h = -17(t - 3.5)^2 + 208$$

오른쪽 그래프처럼 주어진 함수의 그래프는 위로 볼록한 포물선이며 꼭짓점의 좌표는 $(3.5,\ 208)$이다.

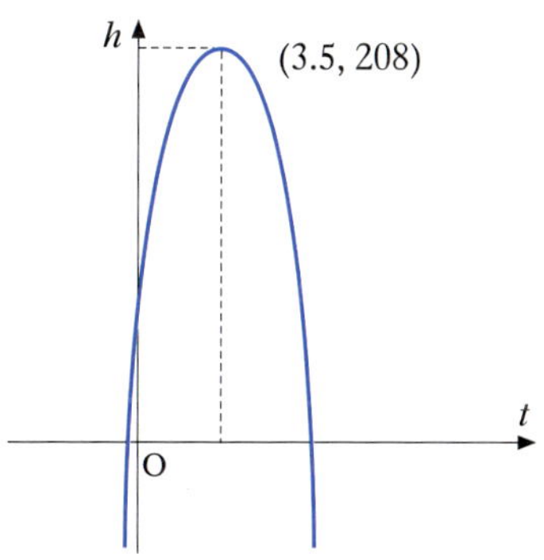

(2) 꼭지점의 좌표가$(3.5, 208)$라는 것은 분수의 중앙노즐에서 분사된 물줄기가 3.5초 만에 최대의 높이 208미터에 도달하는 것을 의미한다.

2. 자전거 판매 수입

p.131

이해 : (매장 수입) = (자전거 한 대의 가격) × (자전거 총 판매 대수)

계획 : 가격의 단위를 천 원으로 하고, 천 원씩 인하한 횟수를 x라고 하면 자전거 한 대의 가격은 $(80-x)$천 원이고 이때, 자전거의 총 판매 대수는 $(40+x)$대이다. 따라서 일주일간 매장 수입 y는 $y=(80-x)(40+x)$가 된다.

풀이

$y=(80-x)(40+x)=-x^2+40x+3200$

$=-(x^2-40x+20^2-20^2)+3200$

$=-(x-20)^2+3600$

따라서 $x=20$일 때 y는 최댓값 3600을 갖는다.

검토 : y값(매장 수입)은 $x=20$일 때 최댓값 3600(천원)이다.
따라서 이 자전거 매장에서 자전거 한 대의 가격을 (80−20)천원=6만원으로 할 때 일주일간 최대 수입은 360만원이 된다.

3. 동물원

p.131

이해 : 우리의 세로를 xm라 하면, 펜스의 길이가 120m이므로 가로는 $(120-2x)$m가 된다.

계획 : 우리의 세로와 가로는 모두 양수이고 가로 $(120-2x)$는 건물의 길이 60보다는 작아야 하므로 $x>0$, $120-2x>0$, $120-2x<60$에서 $30<x<60$이다. 우리의 넓이는 직사각형이므로 $(120-2x)x=1350$이다.

풀이

x에 대한 이차방정식을 풀면

$-2x^2+120x-1350=0$

$\Rightarrow \quad x^2-60x+675=0$

$\Rightarrow \quad (x^2-60x+30^2-30^2)+675=0$

$\Rightarrow \quad (x-30)^2=225$

$\Rightarrow \quad x-30=\pm 15$

$\therefore\ x=15,\ x=45$

검토 : ① x의 범위는 $30<x<60$이므로 x의 값으로는 45(m)만 가능하다.
따라서 우리의 가로는 30m, 세로는 45m이다.
② 가로의 길이를 xm로 놓고 풀 수도 있다.

4. 화병 만들기

p.132

이해 : (원기둥의 부피) = (밑면의 넓이) × (원기둥의 높이)
= (반지름) × (원주율 π) × (원기둥의 높이)

계획 : 만들 화병의 두께를 x(㎝)이라 하고 화병 제작에 사용된 찰흙의 부피를 구한다. 화병 제작에 사용된 찰흙의 부피는 큰 원기둥의 부피에서 작은 원기둥의 부피를 빼서 구한다.

풀이

주어진 찰흙의 부피는 $6^2\times\pi\times12=432\pi\text{cm}^3$

화병 제작에 사용된 찰흙의 부피= (바깥쪽의 원기둥의 부피) − (화병 내부의 부피)

$$=\ \pi\cdot(4+x)^2\times20\ -\ \{\pi\cdot4^2(20-x)\}=20\pi x^2+176\pi x$$

$$\therefore\ 20\pi x^2+176\pi x=432\pi\quad 5x^2+44x-108=0$$

근의 공식을 이용하면

$$x=\frac{-22\pm\sqrt{(-22)^2-5\times(-108)}}{5}=\frac{-22\pm\sqrt{1024}}{5}=\frac{-22\pm32}{5}$$

즉, $x=2,\ x=-\dfrac{54}{5}$

검토 : 화병의 두께 x는 양수이어야 하므로 구하는 답은 2cm이다.

5. 3점 슛

p.133

풀이

(1)

t	0	0.5	1	1.5	2
x	0	2.5	5	7.5	10
y	2	3.375	3.5	2.375	0

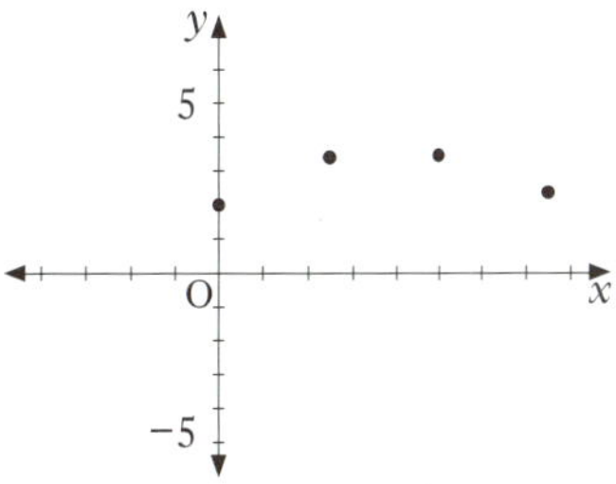

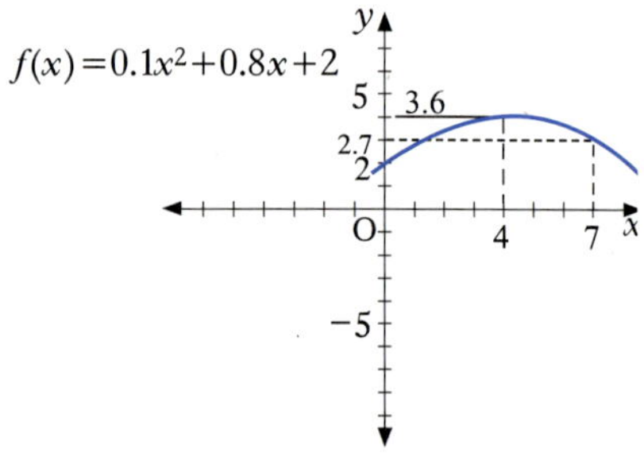

(2) $x=5t$ 에서 $t=\frac{x}{5}$ 이므로 이것을 두 번째 식

$y=-2.5t^2+4t+2$의 t에 대입하면

$y=-0.1x^2+0.8x+2$를 얻을 수 있고, 그래프는 오른쪽과 같다.

(3) (2)에서 얻어진 식을 보면 $x=7$일 때, y값은 2.7이다.

즉, 던져진 공은 (7, 2.7)을 지나게 된다. 그런데 림의 위치가 (7,3)이므로 공은 림 아래로 지나가게 되어 이 슛은 성공할 수 없다.

(4) 림의 높이(y좌표)가 3(m)이므로 (2)의 식에서 y는 3일때 x값을 구한다.

$-0.1x^2+0.8x+2=3$

$-0.1x^2+0.8x-1=0$ 에서 양변에 (−10)을 곱하면

$x^2-8x+10=0$

근의 공식에 의하여 x를 구하면 $x=\frac{-(-8)\pm\sqrt{8^2-4\cdot1\cdot10}}{2\cdot1}=4\pm\sqrt{6}$ 이다.

즉 $x\fallingdotseq 6.45$ 또는 $x\fallingdotseq 1.55$이다

그런데 슛이 성공한다는 것은 공이 아래로 떨어지면서 림을 통과할 때를 뜻한다.

그러므로 $x\fallingdotseq 6.45$일 때를 생각한다.

림이 (6.45, 3)지점에 있다면 슛이 성공하게 될 것이다.

이것은 원래 림의 x좌표 보다 0.55만큼 왼쪽에 있는 지점이다.

따라서 이 선수는 원래 슛을 던진 위치에서 림을 향해 0.55m 만큼 앞으로 더 나와서 슛을 시도해야 성공한다.

6. 호박던지기 대회

☞ p.134

이해 : 계산기를 이용하여 발진기로 각도를 달리 할 때 날아간 수평거리가 이차함수가 되는가를 확인한다.

계획 : 그래프를 그리기 위한 테이블을 만든다.
그래프를 그리기 전에, 점들이 이차곡선을 그리는지 확인한다.

풀이

(1) 테이블을 만든다.

	A	B
1	20	114.
2	30	141.
3	40	155.
4	50	153.
5	60	133.
6	70	98.5

(2) 점을 나타내어 본다.

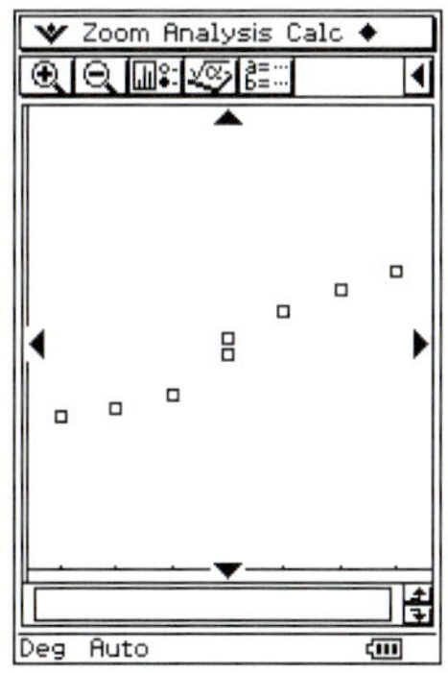

(3) 최적화 곡선을 그려본다.

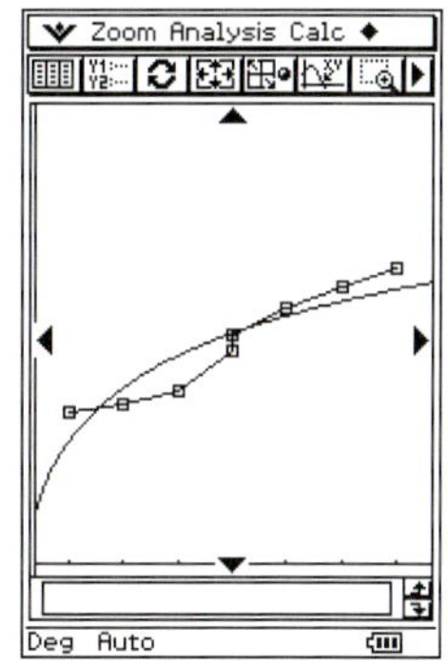

적용 : 가장 알맞은 이차함수식은 $y=-\frac{13}{200}x^2+5.95x+21$ 이다.

7. 가라비 고가교

p.134

이해 : 이차함수는 $y=ax^2+bx+c\ (a\neq 0)$ 으로 표현된다.

계획 : 이차함수의 그래프가 지나는 세 점의 좌표를 알고 있으므로 각각의 점의 좌표를 함수식에 대입하여 미지수를 구한다.

풀이

포물선 형태의 철교교각을 좌표평면상에서 이차함수라 하고, 주어진 이차함수가 $(0, 0)$, $(165, 0)$을 지나므로 $y=ax(x-165)$라 할 수 있고, 지나는 나머지 한 점$(40,\ 38.2)$을 식에 대입하면

$$38.2=a\cdot 40(40-165)$$

여기서 $a=-\frac{38.2}{5000}=-0.00764$가 되므로 구하고자 하는 이차함수식은

$y=-0.00764x(x-165)$가 된다.

실력 다지기

열린풀이

01

p.138

풀이

이차함수 $y = ax^2 + bx + c\ (a \neq 0)$에서의 대칭축은 $x = -\dfrac{b}{2a}$이므로

$-\dfrac{b}{2a} = 4$가 되도록 a, b값을 결정한다.

예를 들면, $y = (x-4)^2$, $y = -2x^2 + 16x$, $y = x^2 - 8x + 3$

02

p.138

풀이

(1) $s > 0$인 경우, 예를 들면 $x^2 = 4$

(2) $s = 0$인 경우, 예를 들면 $x^2 = 0$

(3) $s < 0$인 경우, 예를 들면 $x^2 = -2$

03

p.138

풀이

임의의 복소수 $z_1 = a_1 + b_1 i,\ z_2 = a_2 + b_2 i$에 대하여

$$z_1 + z_2 = a_1 + b_1 i + a_2 + b_2 i = (a_1 + a_2) + (b_1 + b_2)i$$

가 실수이기 위해서는 $b_1 + b_2 = 0$이므로 $b_2 = -b_1$ 즉, 두 허수부의 합이 0이 되어야 한다.

예를 들면, $(z_1, z_2) = (1+i, 2-i) \Rightarrow (1+i) + (2-i) = 3$

$$(z_1, z_2) = (\sqrt{2}+2i, \sqrt{2}-2i) \Rightarrow (\sqrt{2}+2i) + (\sqrt{2}-2i) = 2\sqrt{2}$$

04

p.139

풀이

$ax^2 + bx + c = 0$에서 판별식 $D = b^2 - 4ac$가 음수가 되도록 a, b, c의 값을 결정한다.

예를들면, $x^2 + 2x + 4 = 0$, $-2x^2 + 3x - 5 = 0$, $\cdots$ 등

05

p.139

이차함수 $y = ax^2 + bx + c$의 그래프가 x축과 만나는 점의 x좌표가 이차방정식 $ax^2 + bx + c = 0$의 실근이다.

(1) 아래로 볼록하고 두 실근을 갖기 때문에 판별식 $D = b^2 - 4ac > 0$이고 대칭축의 부호가 (−)가 되도록 a, b, c의 값을 결정한다.

예를 들면, $x^2 + 2x - 4 = 0$

(2) 위로 볼록하고 허근을 갖기 때문에 판별식 $D = b^2 - 4ac < 0$이고 대칭축의 부호가 (+)가 되도록 a, b, c의 값을 결정한다.

예를 들면, $-x^2 + x - 2 = 0$

(3) 위로 볼록하고 중근을 갖기 때문에 판별식 $D = b^2 - 4ac = 0$이고 대칭축의 부호가 (−)가 되도록 a, b, c의 값을 결정한다.

예를 들면, $-x^2 - 6x - 9 = 0$

06

p.139

이차방정식 $ax^2 + bx + c = 0\ (a > 0)$의 서로 다른 두 실근이 $\alpha, \beta\ (\alpha < \beta)$라고 하면 이차부등식 $ax^2 + bx + c < 0$의 해는 $\alpha < x < \beta$이고, $ax^2 + bx + c > 0$의 해는 $x < \alpha,\ x > \beta$이다.
문제에서 부등식의 해가 $x > 5$ 또는 $x < -7$이므로, 부등식 $(x-5)(x+7) > 0$을 제시할 수 있다.
전개하면 $x^2 + 2x - 35 > 0$이다.
식을 바꾸어 $-x^2 - 2x + 35 < 0,\ 2x^2 + 4x - 70 > 0$ 등으로 쓸 수 있다.

발전풀이

01

p.139

이해 : 로프의 길이는 $2w + l$로 일정하고 직사각형 모양의 수영 가능영역의 넓이는 lw이다.

계획 : 로프의 길이를 p라 하면 $l + 2w = p$,
넓이 $= l \times w = (p - 2w)w = -2w^2 + wp$가 되어 이차함수의 최댓값 구하기로 문제를 해결한다.

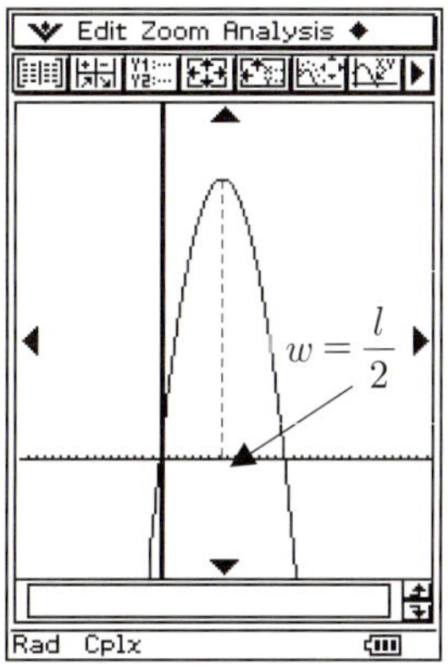

풀이

넓이$=-2w^2+wp$가 최대일 때는 $w=-\dfrac{p}{2\cdot(-2)}=\dfrac{p}{4}$일 때가 되고 그 때 $l=\dfrac{p}{2}$이다.

$p=4w$, $p=2l$이므로 $\mathbf{2w=l}$일때, 수영가능구간의 넓이는 최대가 된다.

02

p.140

풀이

(1) x^2+6x+8. 주어진 직사각형은 넓이가 x^2인 정사각형 1개, 넓이가 x인 직사각형 6개, 넓이가 1인 정사각형 8개의 합으로 이루어져 있다.

(2) $x^2+6x+8=(x+2)(x+4)$로 인수분해되고 $(x+2)$와 $(x+4)$는 큰직사각형의 세로와 가로의 길이다.

(3)

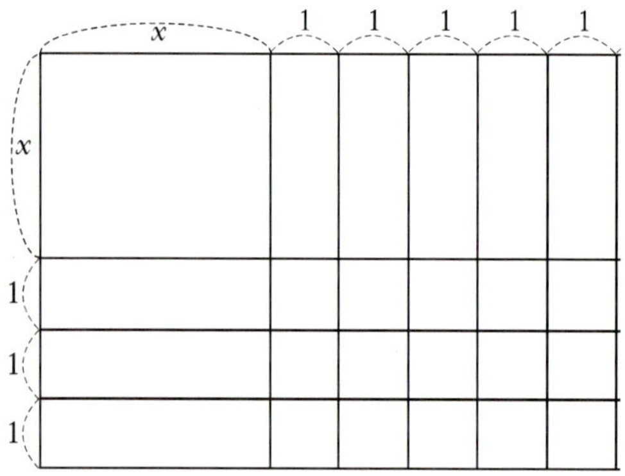

03

p.140

풀이

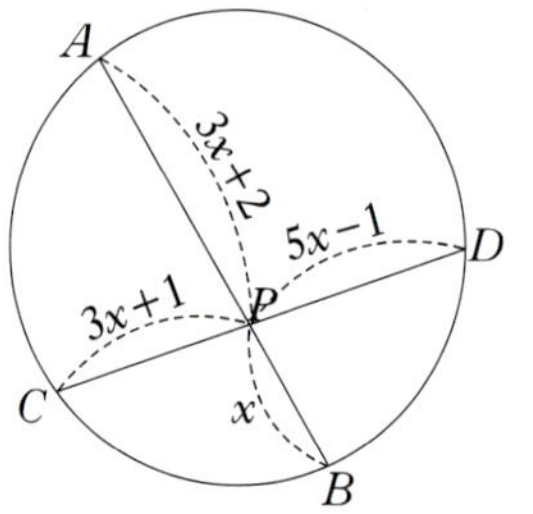

한 원의 두 현 AB, CD가 만나는 점을 P라 하면,

$\overline{PA}\cdot\overline{PB}=\overline{PC}\cdot\overline{PD}$가 성립하므로 주어진 문제에서

$x(3x+2)=(3x+1)(5x-1)$가 성립

$3x^2+2x=15x^2+2x-1$

$12x^2=1$

$x^2=\dfrac{1}{12}$, $\therefore\ x=\dfrac{1}{\sqrt{12}}=\dfrac{\sqrt{3}}{6}\ (\because\ x>0)$

04

p.140

풀이

이차방정식 $x^2+x-12=0$에서

(1) 인수분해 이용

$x^2+x-12=(x+4)(x-3)=0$에서

구하는 해는 $x=-4$, $x=3$

(2) 완전제곱식 이용

$$\begin{aligned} x^2+x-12 &= \left(x^2+x+\frac{1}{4}-\frac{1}{4}\right)-12 \\ &= \left(x^2+x+\frac{1}{4}\right)-\frac{49}{4} \\ &= \left(x+\frac{1}{2}\right)^2-\frac{49}{4}=0 \end{aligned}$$ 에서

$\left(x+\frac{1}{2}\right)^2=\frac{49}{4}$, $x+\frac{1}{2}=\pm\frac{7}{2}$

$x=\frac{-1\pm 7}{2}$ 에서

$\therefore x=-4$ 또는 $x=3$

두 풀이방법에 의한 근이 서로 같음을 확인할 수 있다.

05

p.141

풀이

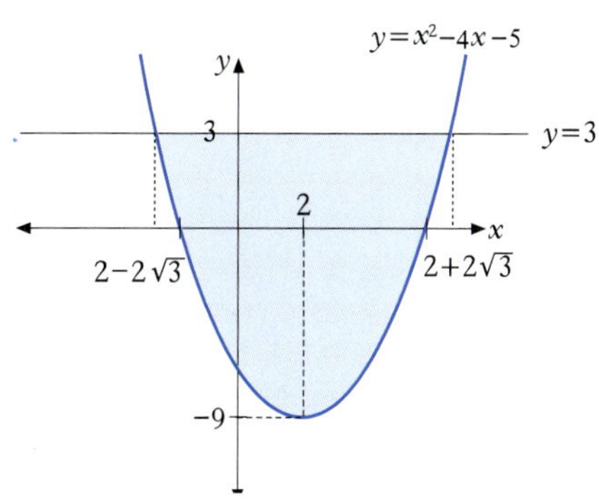

주어진 포물선과 수평선의 교점을 찾는다.

$x^2-4x-5=3$, $x^2-4x-8=0$,

$x=2\pm\sqrt{4+8}$

$\therefore$ 교점 : $x=2-2\sqrt{3}$, $2+2\sqrt{3}$

포물선의 꼭짓점의 좌표를 구한다.

$y=x^2-4x-5$에서

$y=x^2-4x+4-9=(x-2)^2-9$

$\therefore$ 꼭짓점 $(2,-9)$

a와 h를 구하면,

$a=(2+2\sqrt{3})-(2-2\sqrt{3})=4\sqrt{3}$, $h=3-(-9)=12$

$\therefore\ S=\dfrac{2}{3}\cdot 4\sqrt{3}\cdot 12=32\sqrt{3}$

06

p.141

풀이

주어진 영역에 x개의 현을 그어 나누어지는 최대 영역의 수 y는 다음과 같다.

x	0	1	2	3	4	5	6
y	1	2	4	7	11	16	22

이차함수 $y=ax^2+bx+c$에서

$x=0$, $y=1$을 대입하면 $1=c$

$x=1$, $y=2$을 대입하면 $2=a+b+1$

$x=2$, $y=4$ 을 대입하면 $4=4a+2b+1$

위의 식을 연립하여 풀면 $a=\dfrac{1}{2}$, $b=\dfrac{1}{2}$, $c=1$

따라서 $y=\dfrac{1}{2}x^2+\dfrac{1}{2}x+1$

07

p.141

풀이

이차함수의 일반형 $y=ax^2+bx+c$ 에 세 점 $(1, 10)$, $(-1, 4)$, $(0, 5)$를 대입하면

$$\begin{cases} 10=a+b+c & \cdots ① \\ 4=a-b+c & \cdots ② \\ 5=c & \cdots ③ \end{cases}$$

③을 ①, ②식에 대입하면

$$\begin{cases} a+b=5 & \cdots ④ \\ a-b=-1 & \cdots ⑤ \end{cases}$$

④, ⑤를 더하면

$2a=4$, $a=2$이고, 이 값을 ④에 대입하면 $b=3$이다.

따라서 주어진 세 점을 지나는 이차함수는

$y=2x^2+3x+5$이다.

추론풀이

01

p.142

풀이

(1) $y = ax^2 + bx + c$

$$= a\left(x^2 + \frac{b}{a}x\right) + c$$

$$= a\left\{x^2 + \frac{b}{a}x + \left(\frac{b}{2a}\right)^2 - \left(\frac{b}{2a}\right)^2\right\} + c$$

$$= a\left(x + \frac{b}{2a}\right)^2 - \frac{b^2 - 4ac}{4a}$$

- 꼭짓점의 좌표 : $\left(-\frac{b}{2a},\ -\frac{b^2-4ac}{4a}\right)$
- 대칭축의 방정식 : $x = -\frac{b}{2a}$

02

p.142

풀이

x에 관한 이차식 $x^2+c^2(c \neq 0,\ c$는 실수$)$이 인수분해가 가능하다면 0이 아닌 두 실수 m, n에 대하여 $x^2+c^2=(x+m)(x+n)=x^2+(m+n)x+mn$으로 나타낼 수 있다. 여기서 좌변과 우변의 식이 같기 위해서는 $m+n=0$, $mn=c^2$이 되어야 하는데, 주어진 조건에서 $m+n=0$, $mn>0$ ($\because\ c^2>0$)인 실수 m, n은 존재할 수 없으므로 x에 관한 이차식 x^2+c^2(c는 실수)은 인수분해 되지 않는다.

※ 계수를 복소수범위로 허용하면 인수분해가 될 수 있다.

예) $x^2+2^2=(x+2i)(x-2i)$

03

p.142

풀이

모아놓은 자료에서 x좌표를 제곱하여 y좌표를 나눌 때, 일정한 상수가 나온다면 이차방정식 $y=ax^2$의 모델이다. 즉 $\frac{y}{x^2}=a$ (a는 상수)인 경우인지 확인하면 된다.

증명풀이

01

p.142

풀이

(1) (a) $y=a(x-h)^2+k=a(x^2-2hx+h^2)+k$

$=ax^2-2ahx+ah^2+k$

x좌표는 $-\dfrac{-2ah}{2a}=h$

(b) $y=a(x-p)(x-q)$

$=a\{x^2-(p+q)x+pq\}$

$=ax^2-a(p+q)x+apq$

x좌표는 $-\dfrac{-a(p+q)}{2a}=\dfrac{p+q}{2}$

02

p.142

풀이

$$ax^2+bx+c=0 \Rightarrow a\left\{x^2+\frac{b}{a}x+\left(\frac{b}{2a}\right)^2-\left(\frac{b}{2a}\right)^2\right\}+c=0$$

$$\Rightarrow a\left\{x^2+\frac{b}{a}x+\left(\frac{b}{2a}\right)^2\right\}-\frac{b^2}{4a}+c=0$$

$$\Rightarrow a\left(x+\frac{b}{2a}\right)^2-\frac{b^2-4ac}{4a}=0$$

$$\Rightarrow \left(x+\frac{b}{2a}\right)^2-\frac{b^2-4ac}{4a^2}=0$$

$$\Rightarrow \left(x+\frac{b}{2a}\right)^2=\frac{b^2-4ac}{4a^2}$$

$$\Rightarrow x+\frac{b}{2a}=\pm\frac{\sqrt{b^2-4ac}}{2a}$$

$$\Rightarrow x=\frac{-b\pm\sqrt{b^2-4ac}}{2a}$$

따라서, 근은 $x=\dfrac{-b+\sqrt{b^2-4ac}}{2a}$, $x=\dfrac{-b-\sqrt{b^2-4ac}}{2a}$가 된다.

4장 다항식과 다항함수

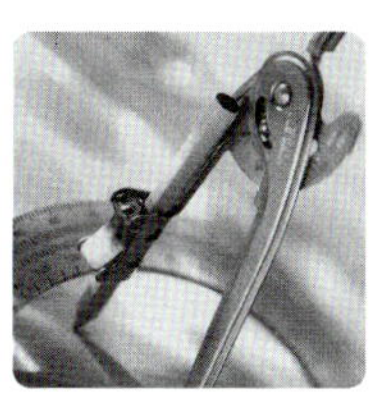

4.1 지수의 성질

핵심개념

• 핵심용어
지수
과학적
기수법

▸ a, b, m, n 이 실수 (단, $a > 0$, $b > 0$)

- $a^m \times a^n = a^{m+n}$
- $a^m \div a^n = a^{m-n}$
- $(ab)^m = a^m b^m$
- $\left(\dfrac{a}{b}\right)^m = \dfrac{a^m}{b^m}$, $b \neq 0$
- $(a^m)^n = a^{mn}$
- $a^0 = 1$
- $a^{-n} = \dfrac{1}{a^n}$

▸ $1 \leq c < 10$이고 n이 정수일 때,
어떤 수를 $c \times 10^n$의 형태로 표현하는 것을 과학적 기수법(scientific notation)이라 한다.

개념이해 박테리아균의 개체 수

실험실에서 샤알레 안에 박테리아균을 배양하고 있다. 실험실의 한 샤알레 안에는 20만개의 박테리아가 있다. 이런 샤알레가 120개가 있다고 할 때 박테리아의 총 개체 수를 과학적 기수법으로 표현하시오.

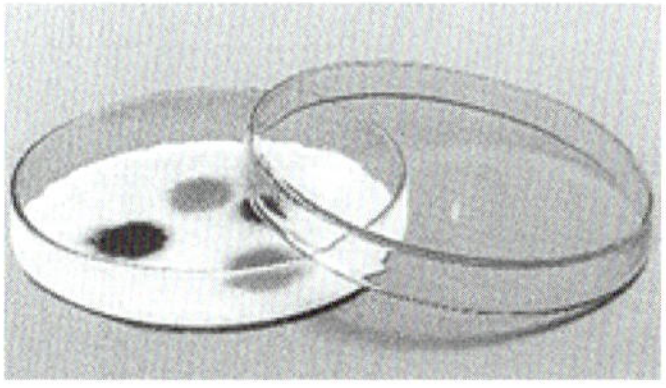

이해	박테리아의 총 개수 = (하나의 샤알레에 있는 박테리아 수) × (샤알레 개수)
계획	y를 박테리아의 총 개체 수라 하면 $y=(200000)\times(120)$로 나타낼 수 있다.
풀이	$y=(200000)\times(120)$ $=(2\times10^5)\times(1.2\times10^2)$ 과학적 기수법으로 표현 $=(2\times1.2)\times(10^5\times10^2)$ $=2.4\times10^7$ 과학적 기수법으로 표현

1 지수의 성질

$\dfrac{(x^2y^{-5})^4}{x^3y^4}$ 을 간단히 하시오.

문제해결

1 동전 채우기

500원짜리 동전은 지름의 길이가 2.5cm이고, 두께가 0.2cm이다. 서진이의 방은 가로의 길이가 4m이고, 세로의 길이가 3m이며, 높이가 2.3m이다. 서진이가 이 방을 500원짜리 동전으로 가득 채우고자 할 때, 필요한 동전의 개수는 몇 개인지 과학적 기수법으로 표현하고 그 수가 실제로 타당한지 설명하시오.

2 지구의 핵

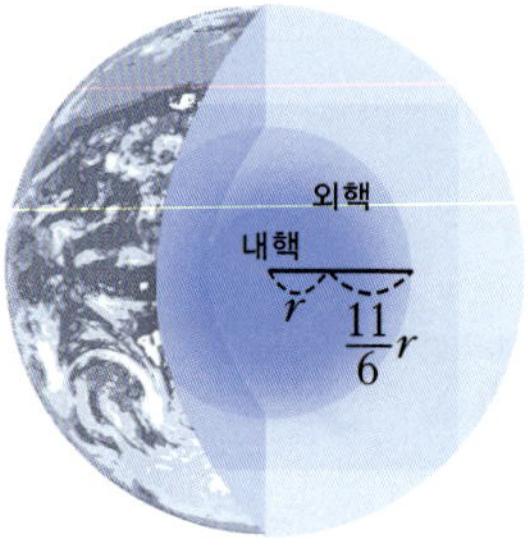

지구 중심부에는 구 모양의 내핵이 있고, 내핵을 둘러싸는 외핵이 있다. 오른쪽 그림과 같이 내핵의 반지름을 r이라 하면 외핵의 두께는 $\frac{11}{6}r$이라고 한다. 지구 반지름이 내핵의 반지름의 5배라 할 때 다음 물음에 답하시오.

(1) 지구의 부피는 내핵의 부피의 몇 배인가?

(2) 외핵의 부피는 내핵의 부피의 몇 배인가?

4.2 다항함수의 그래프

핵심개념

- 핵심용어
  다항함수
  무한대

▸ n차 다항함수

$$f(x) = a_n x^n + a_{n-1} x^{n-1} + \cdots + a_1 x + a_0$$

$a_n \neq 0$, 모든 계수는 실수, n은 음이 아닌 정수

▸ 다항함수의 그래프

〈최고차항의 차수가 홀수〉

• 최고차항의 계수 : 양수	• 최고차항의 계수 : 음수
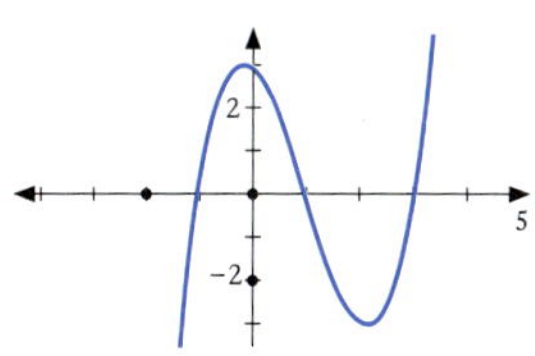	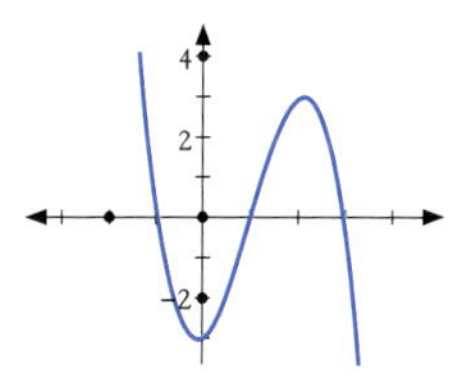
$x \to -\infty$일 때 $f(x) \to -\infty$ $x \to \infty$ 일 때 $f(x) \to \infty$	$x \to -\infty$일 때 $f(x) \to \infty$ $x \to \infty$일 때 $f(x) \to -\infty$

〈최고차항의 차수가 짝수〉

• 최고차항의 계수 : 양수	•최고차항의 계수 : 음수
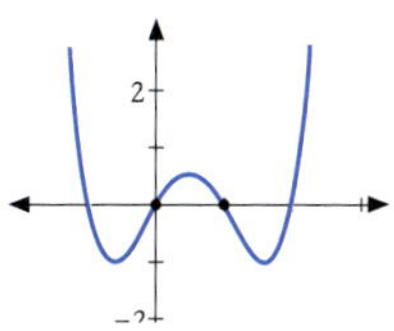	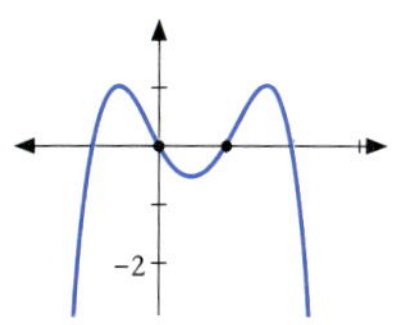
$x \to -\infty$일 때 $f(x) \to \infty$ $x \to \infty$일 때 $f(x) \to \infty$	$x \to -\infty$일 때 $f(x) \to -\infty$ $x \to \infty$일 때 $f(x) \to -\infty$

※ ∞ : ∞(무한대)는 하나의 수를 나타내는 기호가 아니고, 수가 무한히 커지는 상태를 나타내는 기호이다.

개념이해 대출 금리

1997년부터 2007년까지의 한국은행 대출 금리(%)는 다음 다항함수 따른다고 한다.

$f(x) = -0.0068x^4 + 0.1771x^3 - 1.4147x^2 + 2.7851x + 11.2284$

(단, x는 1997년 이후 경과한 년 수를 나타낸다.)

(1) 2000년도 대출 금리를 구하시오.

(2) 위 기간 중 가장 낮은 대출 금리를 기록한 년도를 그래프를 그려서 설명하시오.

이해 x : 1997년 이후 경과한 년 수

$f(x)$: 대출 금리

계획 $f(x) = -0.0068x^4 + 0.1771x^3 - 1.4147x^2 + 2.7851x + 11.2284$

$f(3)$를 구해 본다.

풀이 2000년도 대출 금리

$f(3) = 11.0823$

그래프 그리기와 최솟값 찾기

x	$f(x)$
0	11.228
1	12.769
2	12.447
3	11.082
4	9.3272
5	7.6739
6	6.4506
7	5.8223
8	5.7908
9	6.1947
10	6.7094

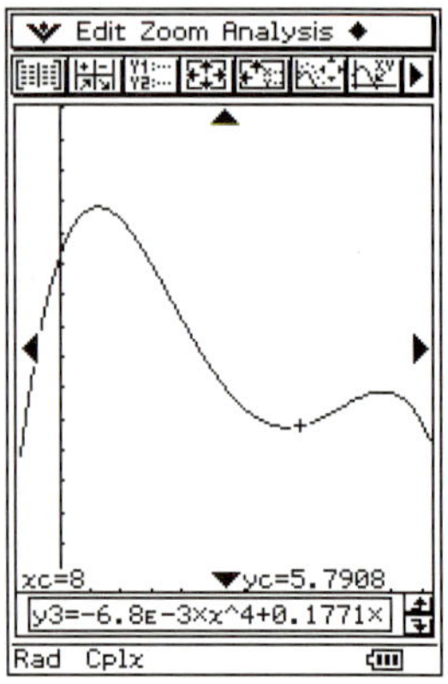

검토 2000년 대출 이자는 약 11% 이고, 2005년 대출 이자는 약 5.79%로 가장 낮은 대출 이자를 보이고 있다.

1 다항함수 그래프

함수 $y=f(x)$의 그래프가 오른쪽과 같을 때, $f(x)$로 가장 적당한 다항함수를 고르면?

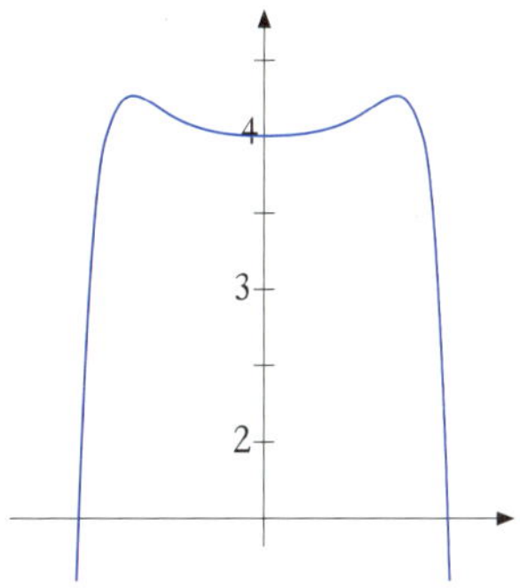

① $f(x)=3x^3+x^2+4$

② $f(x)=-3x^5+x^3+x^2+5$

③ $f(x)=4x^6+3x^3-3$

④ $f(x)=-x^8+x^4+4$

2 조립제법의 응용

$f(x)=3x^4-4x^3-3x+10$에서 $f(2)$값을 조립제법을 이용하여 구하시오.

문제해결

1 두루미의 부화

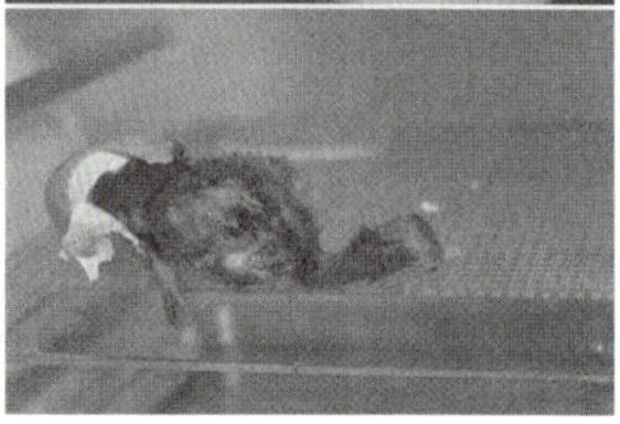

흑두루미와 사루스두루미의 무게를 각각 h, s(단위 : g)라 하자. 10일 간의 부화 과정에서 흑두루미와 사루스두루미 새끼의 몸무게 변화는 다음과 같이 주어진다.

(t는 부화 후 경과된 일수에 해당한다)

$$h(t) = -0.115t^3 + 3.71t^2 - 20.6t + 124$$

$$s(t) = -0.1222t^3 + 3.49t^2 - 14.6t + 136$$

(1) 부화 후 5일이 되었을 때, 흑두루미와 사루스두루미 몸무게의 차를 구하시오.

(2) 10일간의 몸무게 변화를 그래프로 그리시오.

(3) 두루미 새끼가 부화 후 3일이 되었을 때 몸무게가 130그램이었다는 것을 알았다. 이 두루미 새끼는 어떤 종의 두루미와 같다고 할 수 있는가?

2 무지개송어

송어의 무게 y(kg)는 송어의 길이 x(cm)와 다음과 같은 관계가 있다.

$$y = 0.0000008404x^3$$

(1) 1킬로그램이 약 2.2파운드이고 1센티미터가 약 0.394인치 일 때 송어의 무게 y(파운드)와 송어의 길이 x(인치)의 관계를 식으로 표현하시오.

(2) 단위가 다른 두 개의 식을 같은 좌표 평면에 그려보시오.

4.3 다항식의 곱셈

핵심개념

• 핵심용어
곱셈 공식

▸ 다항식의 곱셈공식

- $m(a-b+c)=ma-mb+mc$
- $(a+b)^2=a^2+2ab+b^2,\ (a-b)^2=a^2-2ab+b^2$
- $(a+b)(a-b)=a^2-b^2$
- $(x+a)(x+b)=x^2+(a+b)x+ab$
- $(ax+b)(cx+d)=acx^2+(ad+bc)x+bd$
- $(a+b)(a^2-ab+b^2)=a^3+b^3$

  $(a-b)(a^2+ab+b^2)=a^3-b^3$
- $(a+b)^3=a^3+3a^2b+3ab^2+b^3$

  $(a-b)^3=a^3-3a^2b+3ab^2-b^3$
- $(a+b+c)^2=a^2+b^2+c^2+2ab+2bc+2ca$
- $(a^2+ab+b^2)(a^2-ab+b^2)=a^4+a^2b^2+b^4$
- $(a+b+c)(a^2+b^2+c^2-ab-bc-ca)=a^3+b^3+c^3-3abc$
- $(x+a)(x+b)(x+c)=x^3+(a+b+c)x^2+(ab+bc+ca)x+abc$

▸ 곱셈공식의 변형

- $a^2+b^2=(a+b)^2-2ab=(a-b)^2+2ab$
- $(a+b)^2=(a-b)^2+4ab,\ (a-b)^2=(a+b)^2-4ab$
- $a^3+b^3=(a+b)^3-3ab(a+b),\ a^3-b^3=(a-b)^3+3ab(a-b)$
- $a^2+b^2+c^2=(a+b+c)^2-2(ab+bc+ca)$
- $a^2+b^2+c^2-ab-bc-ca=\frac{1}{2}\{(a-b)^2+(b-c)^2+(c-a)^2\}$
- $a^3+b^3+c^3=(a+b+c)(a^2+b^2+c^2-ab-bc-ca)+3abc$

개념이해 주식 매도

1980년에 상장된 어느 회사 주식의 향후 30년의 가격을 예측해 본 결과 상장 후 x년의 1주당 가격이 $(10x^2-20x+4000)$원으로 예측되었다.

한편 1980년부터 x년까지의 $(2x+30)$ 만큼 주식의 수를 갖고 있는 홍씨가 2010년에 보유하고 있는 주식을 모두 매도할 때, 총 매도금액을 구하시오.

이해 x년 후의 1주당 가격이 $(10x^2-20x+4000)$원

x년까지의 보유하고 있는 주식수가 $2x+30$

계획 x년 현재까지 보유하고 있는 전체 주식 수에 대한 현재 가격은 $(10x^2-20x+4000)(2x+30)$원이 된다.

풀이 x년 현재 보유하고 있는 주식의 가격을 x에 대한 함수식으로 하자.

$f(x)=(10x^2-20x+4000)(2x+30)$에서 $x=30$일 때의 값을 찾으면 된다.

$f(30)=1116000$

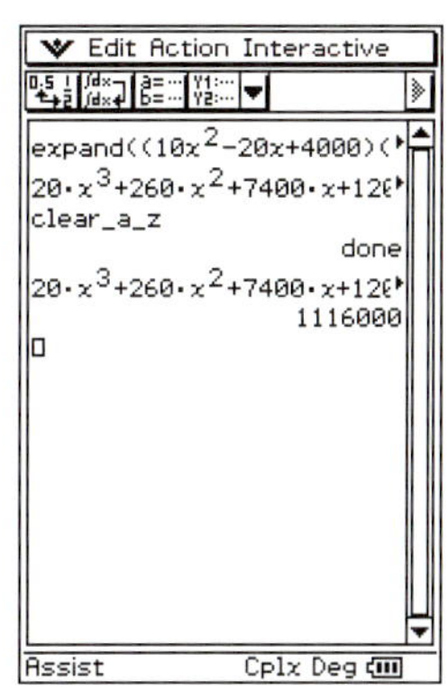

검토 30년 후에 홍씨의 주식 매도 금액은 1116000원이다.

1 용기의 부피

오른쪽 그림과 같은 형태의 용기를 제작하고 있다. 바닥을 포함한 용기의 두께는 5cm이며 용기 외부의 가로, 세로, 높이를 각각 $2x$, x, x로 할 때, 10000cm^3의 물을 담을 수 있게 하려면 용기 내부의 가로, 세로, 높이를 각각 얼마로 해야 하는지 구하시오.

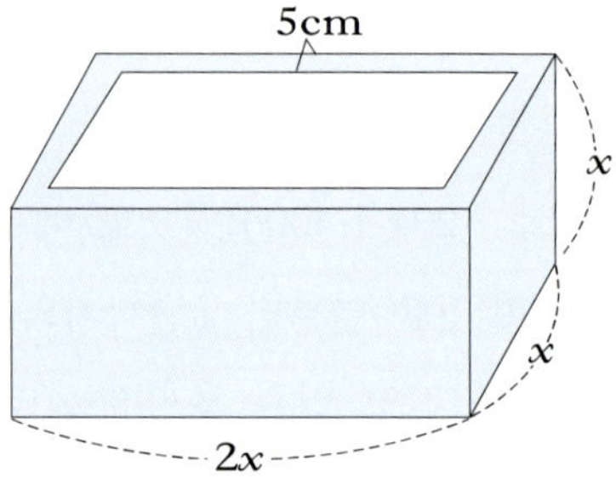

문제해결

1 연단 만들기

아래 그림과 같은 연단을 만들려고 한다. 전체의 부피를 2160000cm^3로 한다면 각 단의 높이를 얼마로 해야 하는지 x에 관한 식을 세워 문제를 해결하시오.(단, 단위는 cm)

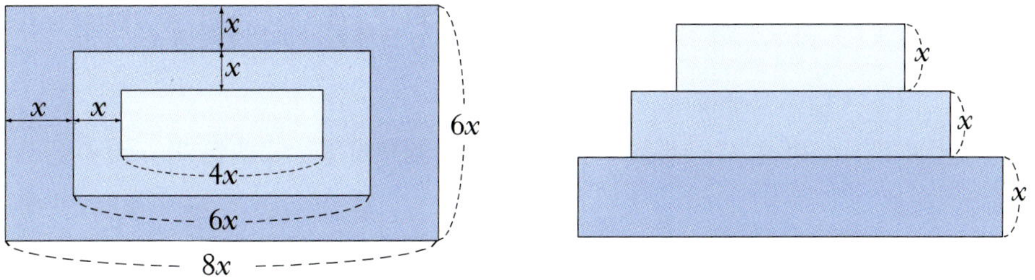

2 주간지의 판매부수

1990년부터 경과한 년 수를 t라 할 때 2007년까지 한 주간지의 판매부수 c에 대한 함수식이 다음과 같다.

$c(t) = -t^3 + 8t^2 + 5t + 4000$ (단, 단위는 천부)

1995년부터 경과한 년 수를 s라 할 때 c를 s로 표현하시오.

(s에 관한 내림차순으로 정리하시오.)

4.4 나머지 정리와 인수 정리

핵심개념

• 핵심용어
몫
나머지
다항식의 나눗셈
조립제법
상수항
최고차항
계수

▸ 다항식의 나눗셈

다항식 $f(x)$를 $d(x)$로 나눌 때 다항식 $q(x)$는 몫, 다항식 $r(x)$는 나머지라 한다.

$$f(x) = d(x) \cdot q(x) + r(x) \text{ (단, } r(x)\text{의 차수} < d(x)\text{의 차수)}$$

▸ 나머지 정리

다항식 $f(x)$를 $x-k$로 나눌 때 나머지를 r이라 하면, $r = f(k)$이다.

▸ 인수 정리

$f(x)$가 $x-k$로 나누어 떨어질 필요충분조건은 $f(k)=0$이다.

▸ 유리근 정리

함수 $f(x) = a_n x^n + \cdots + a_1 x + a_0$ 의 계수들이 정수일 때, 방정식 $f(x)=0$의 유리근은 모두 다음의 형태를 따른다.

$$\frac{p}{q} = \frac{\text{상수항의 약수}}{\text{최고차항 계수의 약수}}$$

개념이해 다항식의 나눗셈

x^3+5x^2-7x+2를 $x-2$로 나누었을 때 몫과 나머지를 구하시오.

풀이

$$
\begin{array}{rrrrl}
 & x^2 + & 7x + & 7 & \leftarrow \text{몫} \\
x-2\,\big)\,x^3 + & 5x^2 - & 7x + & 2 & \\
x^3 - & 2x^2 & & & \\
\hline
 & 7x^2 - & 7x & & \\
 & 7x^2 - & 14x & & \\
\hline
 & & 7x + & 2 & \\
 & & 7x - & 14 & \\
\hline
 & & & 16 & \leftarrow \text{나머지}
\end{array}
$$

$$\Rightarrow \quad \frac{x^3+5x^2-7x+2}{x-2}=x^2+7x+7+\frac{16}{x-2}$$

$\therefore$ 몫 : x^2+7x+7, 나머지 : 16

1 조립제법

조립제법을 이용하여 x^3+5x^2-7x+2를 $x-2$로 나누었을 때 몫과 나머지를 구하시오.

2 유리근 정리

유리근 정리를 이용하여 방정식 $f(x)=0$을 만족하는 유리근을 추측할 수 있다. 계산기를 이용하여 방정식의 유리근을 찾아보시오.

(1) $f(x)=x^3+9x^2+23x+15$

(2) $f(x)=9x^3+12x^2+x-2$

문제해결

1 mp3 생산

어떤 mp3 수출업체의 이익 P에 대한 식이 $P=-6x^3+72x$이라 한다.(P의 단위: 백만달러) 여기서 x는 mp3 수이며 단위는 백만이다. 이 수출업체가 9600만 달러의 이익을 낼 때의 mp3 생산량이 200만개임을 보여라.

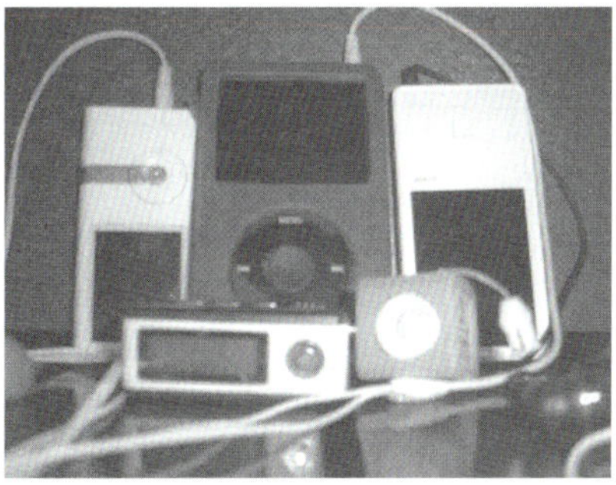

2 비탈길의 크기

아래의 그림과 같이 수레로 물건을 운반하기 위한 비탈길을 만들려고 한다. a는 b의 2배이며, 두 비탈길을 만드는 데 콘크리트가 150m^3 사용된다고 한다. 그림에 주어진 대로 비탈길을 만들 때, a, b, x값을 구하시오.

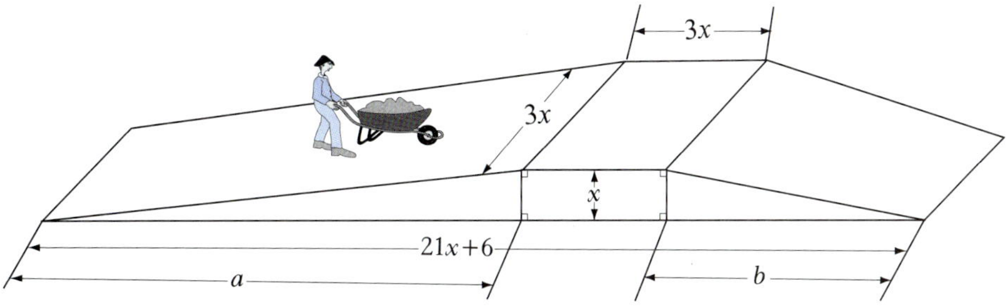

4.5 다항방정식

핵심개념

• 핵심용어
결레무리수
결레복소수

▸ 대수학의 기본정리

'모든 n차 다항방정식($n > 0$)은 적어도 하나의 복소수근을 갖는다.'

• 따름정리 : 모든 n차 다항방정식은 중근까지 세어 n개의 근을 갖는다.

▸ 켤레복소근 정리

계수가 실수인 다항방정식 $f(x)=0$에 대하여 $a+bi$가 근이면 켤레 복소수 $a-bi$도 근이다.(a, b는 실수)

▸ 켤레무리근 정리

계수가 유리수인 다항방정식 $f(x)=0$에 대하여 $a+b\sqrt{m}$이 근이면 켤레 무리수 $a-b\sqrt{m}$도 근이다. (a, b는 유리수, $\sqrt{m}$은 무리수)

▸ 데카르트의 부호법칙

실수를 계수(係數)로 하는 n차방정식

$$f(x)=a_nx^n+a_{n-1}x^{n-1}+\cdots+a_2x^2+a_1x^1+a_0=0$$

에 대하여

• 양의 실근의 개수는 계수 a_n, a_{n-1}, $\cdots$, a_2, a_1, a_0의 부호변화의 횟수 N과 같거나 N보다 짝수 개만큼 작다.

• 음의 실근의 개수는 방정식 $f(-x)=0$의 양의 실근의 개수와 같다.

▸ 다항방정식

$$f(x) = a_n x^n + a_{n-1} x^{n-1} + \cdots + a_2 x^2 + a_1 x^1 + a_0 = 0$$

에 대하여 다음 세 명제는 같은 의미이다.

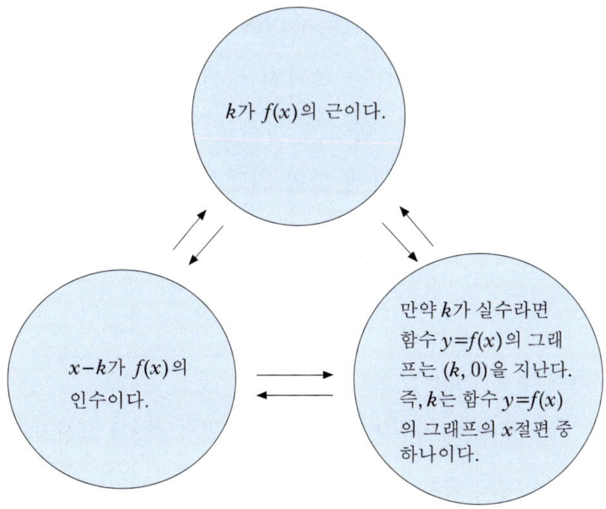

▸ 다항함수의 그래프에 대하여 다음의 극대점과 극소점을 극점이라고 한다.

- 근방에 있는 점보다 가장 높이 있는 점을 극대점이라 하고 극대점의 y좌표를 극댓값이라고 한다.(함수가 증가에서 감소상태로 바뀌는 점)
- 근방에 있는 점보다 가장 낮게 있는 점을 극소점이라 하고 극소점의 y좌표를 극솟값이라고 한다.(함수가 감소에서 증가상태로 바뀌는 점)

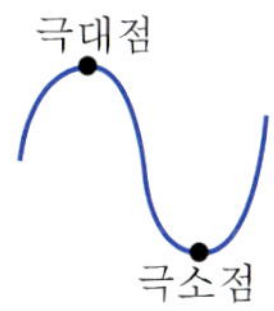

▸ 정의역이 자연수인 함수 $y=f(x)$에서 인접한 두 함숫값의 차 $f(2)-f(1)$, $f(3)-f(2)$, $f(4)-f(3)$, $\cdots$를 함숫값의 제1계차라 한다. 제n차의 인접한 두 함숫값의 차를 순서대로 나열한 것을 제$(n+1)$계차라 한다.

▸ 계차의 성질

- n차 다항함수의 제n계차는 0이 아닌 상수이다.
- 역으로, 어떤 다항함수의 제n계차가 0이 아닌 상수라면 그 다항함수의 차수는 n이다.

개념이해 상자의 부피

가로의 길이가 50cm이고 세로의 길이가 30cm인 직사각형 모양의 두꺼운 종이에서 오른쪽 그림과 같이 네 개의 같은 크기의 정사각형을 잘라내고 남은 부분을 접어서 상자를 만들려고 한다. 이때, 이 상자의 부피의 최댓값과 그 때 잘라내야 하는 길이 x를 구하시오.

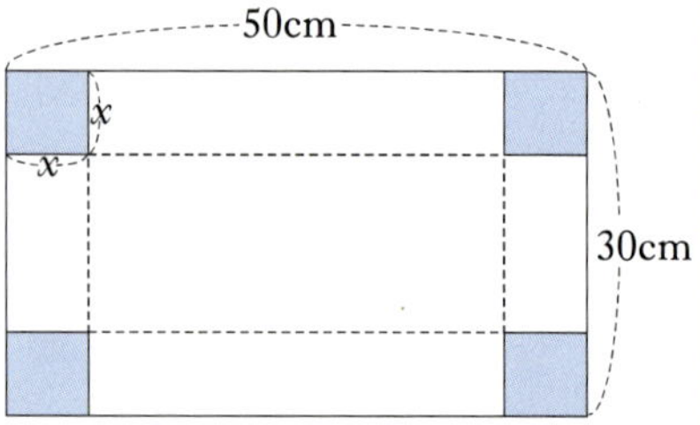

이해 상자의 부피(V)는

부피(V)=(밑면의 가로)×(밑면의 세로)×(상자의 높이)이다.

계획 그림에서 잘라내야 하는 정사각형의 한 변의 길이를 x라 하면 상자의 부피(V)는

풀이 $V=(50-2x)(30-2x)x$

$=4x^3-160x^2+1500x$

이고 계산기를 이용하여 극댓값을 구해보면

$x=6.0685045$일 때, 4104.4103임을 알 수 있다.

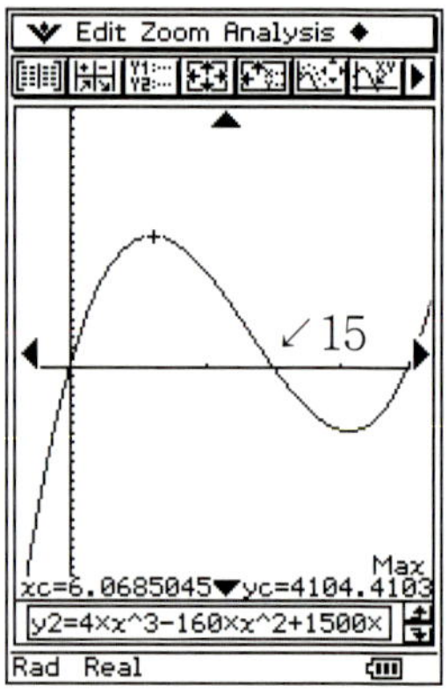

검토 밑면의 세로의 길이는 $30-2x>0$이어야 하므로 $0<x<15$이고 그래프에 의하면 주어진 범위에서 부피의 극댓값이 최댓값임을 알 수 있다.

따라서 $x \fallingdotseq 6.07$일 때 부피의 최댓값은 4104.41이다.

1 근의 개수

다음 방정식의 근의 개수를 구하시오.

(1) $x^3-2x+4=0$

(2) $x^4+2x^3-4x^2-2x+3=0$

2 켤레 복소근

3과 $2-i$를 근으로 하며 최고차항의 계수가 1이고 계수가 실수인 가장 작은 차수의 방정식을 구하시오.

3 데카르트의 부호 법칙

데카르트의 부호 법칙에 의하여 방정식

$$2x^6-3x^5+x^4-10x^3-2x^2-3x-5=0$$

이 가질 수 있는 양의 실근, 음의 실근, 허근의 개수에 대해서 설명하시오.

4 방정식의 실근

위의 3번에 주어진 방정식

$$2x^6-3x^5+x^4-10x^3-2x^2-3x-5=0$$

에 대하여 계산기를 이용하여 그래프를 그리고 실근을 소수 셋째자리에서 반올림하여 소수 둘째자리의 근삿값으로 나타내어라. 또한, 데카르트의 부호법칙이 성립됨을 확인하시오.

5 계차 구하기

이차함수 $f(x)=2x^2+x-1$에 대하여 계차가 0이 아닌 상수가 되는 것은 제2 계차임을 보이시오.

6 다항함수 찾기

n개의 직선으로 분할되는 평면의 최대 개수는 다음 표와 같다

직선 개수(n)	1	2	3	4	5	6	7	8	⋯
평면의 최대 분할 면 수(p)	2	4	7	11	16	22	29	37	⋯

위의 표에서 n(직선의 개수)에서 p(평면의 최대 분할 면 수)로의 다항함수를 구하시오.

7 국제 결혼

대부분의 경우 현실세계의 통계자료들은 그것에 정확히 일치하는 함수를 갖기는 어렵다.

이 경우, 자료의 분포에 가장 적합한 함수와 그래프를 그래픽 계산기를 이용하여 구할 수 있다.

이 함수와 그래프를 각각 최적화 함수, 최적화 그래프라 한다.

아래의 표는 국내의 2000년부터 2007년까지 우리나라 사람과 외국 사람의 결혼(남녀 모두포함) 건수를 표로 정리한 것이다. (자료제공 : 통계청)

연 도	2000	2001	2002	2003	2004	2005	2006	2007
결혼 건수(백 명)	123.2	152.3	159.1	256.6	354.5	406.9	396.9	384.9

계산기를 이용하여 위의 자료에 대한 최적화 5차 다항함수를 구하고, 2008년의 결혼 건수를 예측하시오.

문제해결

1 아르바이트

민웅이는 해외 여행을 위해 아르바이트를 하여 4년 동안 매 년 말에 100만 원씩 은행에 적립할 예정이다. 이 은행이 연이율 r의 복리를 적용한다고 할 때, 아래의 표는 민웅이의 4년 동안의 적립금의 내역을 표로 정리한 것이다.

(단위 : 만 원)	1년 후	2년 후	3년 후	4년 후
첫 번째 적립	100	$100p$	$100p^2$	
두 번째 적립		100		$100p^2$
세 번째 적립				
네 번째 적립				100

(1) 위 표의 빈 칸을 완성하시오.

(2) 4년 후 총 적립금의 합을 구하시오.

(3) 민웅이와 같은 방식으로 철수는 다른 은행에 저축을 하였다고 한다. 철수가 4년후 430만원을 찾았다면 이 은행의 연이율 r값과 p를 구하시오.

2 측우기

동현이는 중앙기상대를 방문하여 청동으로 제작된 보물 제561호 '금영 측우기'를 견학하고 집에 돌아와 아래와 같이 종이로 측우기 모형을 만들어 보았다. 직육면체 받침돌과 원통형 측우기 모형 전체의 부피가 76800cm^3였다고 했을 때, 아래 그림의 x(cm)값을 구하시오.

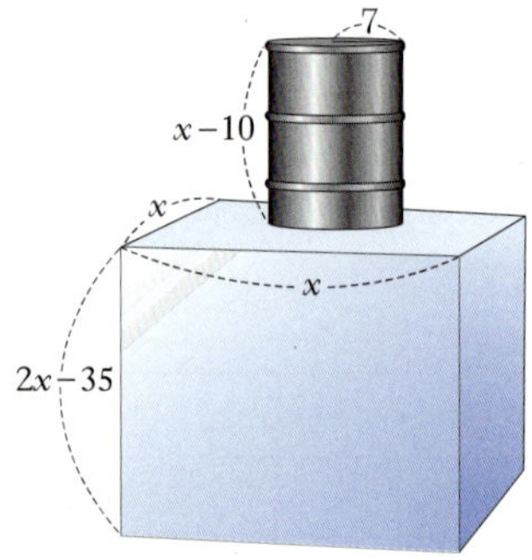

3 신생아 수

1990년부터 2006년까지 우리나라의 신생아 수 N (단위 : 만 명)은 다음 함수를 따른다고 한다.

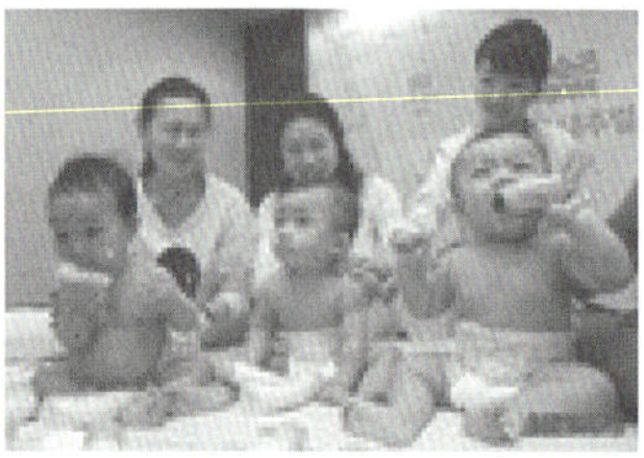

$$N=-0.043t^3+1.417t^2-14.735t+94.44$$

(단, t는 1990년 이후의 경과 년 수)

아래의 물음에 답하시오.

(1) 주어진 함수의 그래프를 그리시오.

(2) $2 \leqq t \leqq 17$ (1992년~2007년)일 때, N의 치역을 구하시오.

4 원뿔의 최댓값

반지름의 길이가 10인 구에 내접하는 직원뿔의 부피의 최댓값을 구하시오.

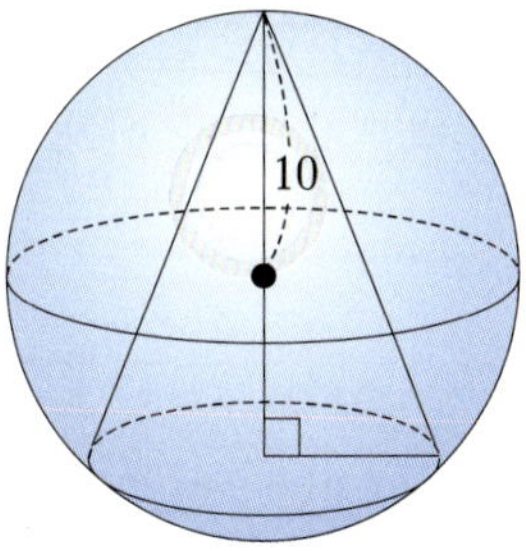

5 입체도형

입체도형을 평면으로 분할했을 때 생기는 조각의 최대개수는 다음과 같다고 한다.

분할하는 평면의 개수(n)	1	2	3	4	5	6	7	…
분할되는 조각의 최대 개수(p)	2	4	8	15	26	42	64	…

이때, 분할하는 평면이 10개 일 때의 분할되는 조각의 최대개수를 구하시오.

6 블로그 방문자 수

자전거에 관한 다양한 자료와 사진이 탑재되어 있는 도현이의 블로그는 올해 들어 매월 방문자 수가 아래의 표와 같이 증가하고 있다.

월	1	2	3	4	5	6	7	8	…
블로그 방문자 수 (단위 : 백 명)	126	130	133	137	140	145	147	155	…

계산기를 이용하여 위의 자료에 대한 최적화 3차 다항함수를 구하고, 올해 12월의 방문자 수를 예측하시오.

7 저 축

호영이와 재홍이는 은행통장을 동시에 만들어 아르바이트를 해서 번 돈을 꾸준히 저축하였다. 지난 6개월간 매월 말의 통장 잔고가 다음 표와 같았다. (단위 : 만 원)

	1월 말	2월 말	3월 말	4월 말	5월 말	6월 말
호영의 통장잔고	5	23	43	72	123	193
재홍의 통장잔고	5	8	24	66	116	193

호영이와 재홍이의 월별 통장잔고에 대한 최적화 3차 다항함수를 구하고 장기적으로 볼 때 누구의 통장잔고가 클지 설명하시오.

수학사 고차방정식의 해

기원전 2000년경에 바빌로니아인들은 3차 이상의 고차방정식, 예를 들어 y^3+y^2 형태의 방정식은 아래와 같은 조작을 통해 해를 구하였다.

$ax^3+bx^2=c$ ---------------→ 주어진 방정식

$\frac{a^3x^3}{b^3}+\frac{a^2x^2}{b^2}=\frac{a^2c}{b^3}$ ------------→ 양변에 $\frac{a^2}{b^3}$을 곱한다.

$(\frac{ax}{b})^3+(\frac{ax}{b})^2=\frac{a^2c}{b^3}$ -----------→ 세제곱과 제곱의 합으로 식을 변형

주어진 식을 $y=\frac{ax}{b}$ $(x=\frac{by}{a})$로 치환하면 y에 관한 3차식으로, $y^3+y^2=C$ 꼴로 변형되며 이 식에서 $y=1,\ 2,\ 3\cdots$을 대입하여 만족하는 $x,\ y$ 값을 찾는다.

〈예제〉 $x^3+2x^2=96$의 근을 구하시오.

ICT 활용 그래핑 소프트웨어를 활용하여 삼차방정식 풀기

☞ Web에서 무상으로 제공하는 소프트웨어 Graphing Calculator를 활용하면 그래프를 문제해결의 도구로 사용할 수 있다.(http://javaboutique.internet.com/graphcalc/)

3 가로 세로가 각각 3m와 4m인 함석판의 네 귀퉁이에서 크기가 같은 정사각형을 잘라내고 남은 부분으로 뚜껑이 없는 직육면체 모양의 물통을 만들려고 한다. 물통의 들이를 2m^3가 되게 하려면 귀퉁이에서 한 변의 길이가 얼마인 정사각형을 잘라내야 하는가?

풀이 : $y=(3-2x)(4-2x)x$에서 $y=2$이면 된다.
그러므로 두 그래프를 그려서 교점의 x값을 구하면 된다.

그래프로 풀기

(1) 두 식을 입력한다. (그림 1의 직사각형 부분)

(2) 그래프 그리기 (Graph 클릭)

Zoom을 설정으로 그래프 크기를 조절한다.

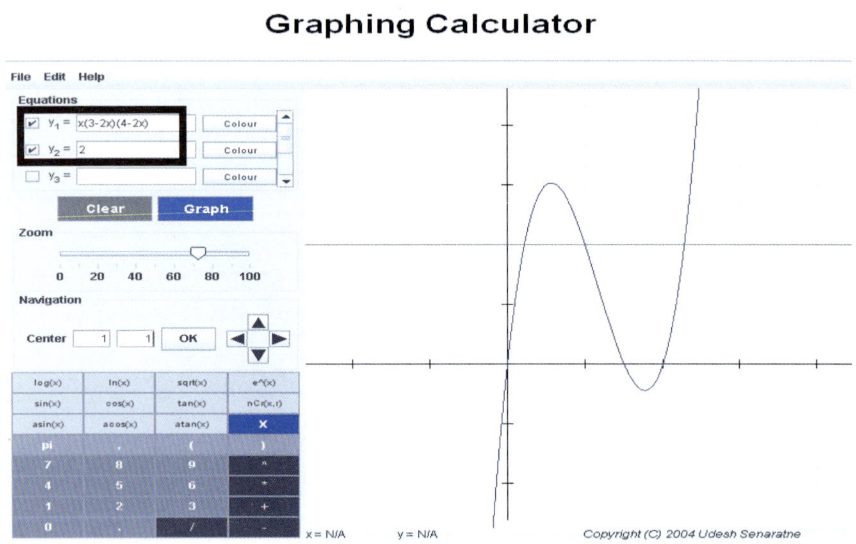

그림 1

(3) 마우스를 y가 최대인 점(그림 2 원 내부)으로 이동하여, 화면에서 좌표(타원 내부)를 읽어 답을 구한다. 그림 2에서는 $x = 0.215$이므로 잘라내는 정사각형의 한 변의 길이가 0.215m (21.5cm)일 때, 물통의 들이가 $2m^3$이다. 두 번째 교점을 읽으며 $x = 1$도 답이 된다.

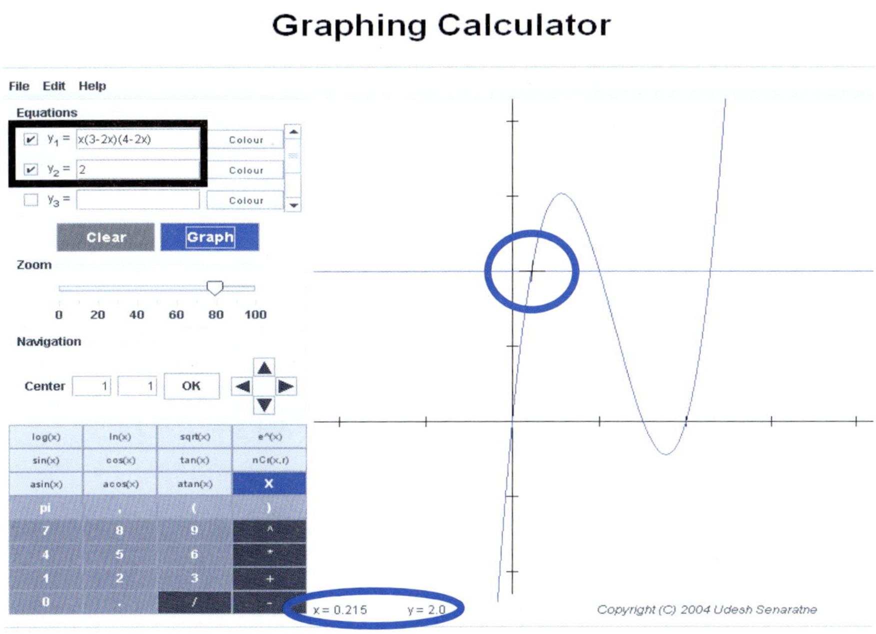

그림 2

생각하기

Q 1. 각 교점의 x값이 모두 답이 될 수 있는가?
왜 그렇게 생각하는가?

실력다지기

열린문제

01 $x \to -\infty$일 때 $f(x) \to \infty$

$x \to \infty$ 일 때 $f(x) \to -\infty$

인 최고차항이 5차인 다항 함수 예를 들어 보시오.

02 1, 2, i를 근으로 가지는 오차방정식을 제시하시오. (단, $i=\sqrt{-1}$)

03 그래프의 x절편이 -1, 2, 4뿐인 삼차함수, 사차함수, 오차함수를 제시하고, 각각의 그래프를 그리시오.

04 그래프가 세 점 $(1,0)$, $(3,0)$, $(6,6)$을 지나는 서로 다른 두 개의 삼차함수를 제시하시오.

발전문제

01 $f(x)=x^3$이고 $g(x)=x^3-5x^2-5x$일 때 다음 물음에 답하시오.

(1) 오른쪽 표를 작성하시오.

(2) $x\to\infty$일 때 $\dfrac{f(x)}{g(x)}$값은 어떻게 될 지를 표를 통해 유추하시오.

(3) $x\to\infty$일 때 $f(x)$와 $g(x)$값을 유추하고, 위의 (2)의 결과를 이용하여 설명하시오.

x	$f(x)$	$g(x)$	$\dfrac{f(x)}{g(x)}$
10			
20			
30			
40			
50			

02 다음 다항식을 인수분해 하여라.

$a^3-b^2+a^5b^2-a^2b^4+2a^4b-2ab^3$

03 다음 식을 보고 물음에 답하시오.

$$x^2-1=(x-1)(x+1)$$
$$x^3-1=(x-1)(x^2+x+1)$$
$$x^4-1=(x-1)(x^3+x^2+x+1)$$

(1) 위와 같은 형태로 x^5-1와 x^6-1을 분해하시오.

(2) 일반적으로 x^n-1은 어떻게 분해되는가?

04 다음 물음에 답하시오.

(1) $f(x)=(x+a)(x+b)(x+c)(x+d)$ 이와 같이 인수분해 되는 함수 $f(x)$를 전개할 때 x^3의 계수는 $a+b+c+d$, 상수항은 $abcd$로 나타낼 수 있음을 보이시오.

(2) $(x-1)(x-2)(x-3)(x-4)(x-5)$의 전개식에서 x^3의 계수를 구하시오.

05 n차 다항함수 f의 최고차항의 계수가 a_n이고 상수항이 a_0라 하자. a_n의 약수는 r개이고, a_0의 약수는 s개라면, 유리근 정리에 의해서 함수 $f(x)=0$을 만족하는 유리근은 최대한 몇 개인가? 이유를 설명하시오.

추론문제

01 다음의 풀이과정에서 잘못된 부문을 찾아 수정 하시오.

$$\begin{aligned} 8x^3+27&=0 \\ (2x-3)(4x^2+6x+9)&=0 \\ x&=\frac{3}{2} \end{aligned}$$

$$\begin{aligned} 2x^3-32x&=0 \\ 2x(x^2-16)&=0 \\ x^2-16&=0 \\ x=-4 \text{ or } x&=4 \end{aligned}$$

02 삼차방정식의 실근이 3개 보다 많을 수 있는가? 삼차방정식의 실근이 없을 수 있는가? 설명하시오.

03 일반적으로 홀수차수와 짝수차수 다항함수의 정의역과 치역은 어떻다고 말할 수 있는가?

04 삼차방정식 $x^3+3x^2-2x+4+6i=0$에 대하여 $1-i$는 근이지만 $1-i$의 켤레복소수는 근이 되지 않음을 켤레복소근 정리와 관련지어 설명하시오.

05 다음 두 함수의 그래프에 대하여 오류를 설명하시오.

(1) $f(x)=(x-1)(x+2)^2$

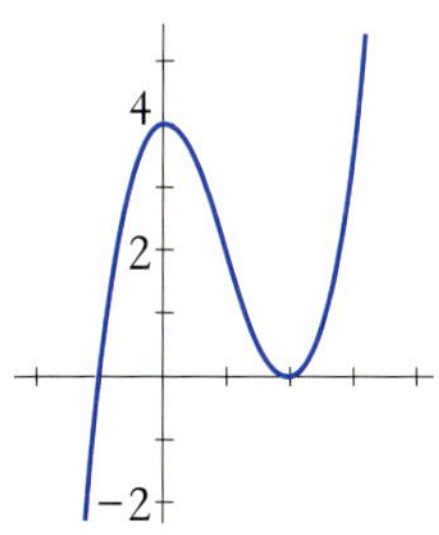

(2) $f(x)=x(x-2)^3$

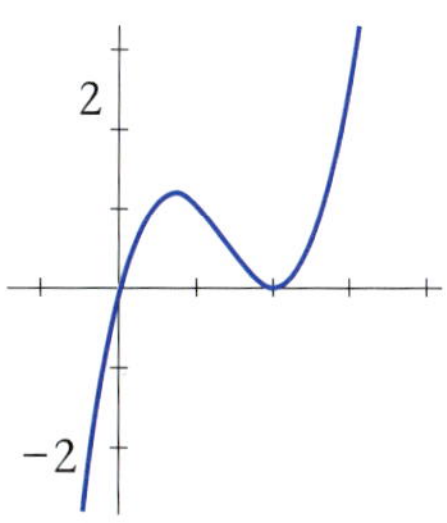

06 (1) 앞에서 소개한 바빌로니아인의 방법으로 다음 방정식의 해를 구하시오.

① $x^3+2x^2=2016$

② $2x^3+3x^2=540$

(2) 바빌로니아인들의 해법을 적용하면 $ax^4+bx^3=c$의 형태의 방정식의 해는 어떻게 구할 수 있는가? 예를 들어 설명하시오.

증명문제

01 거듭 제곱의 성질과 지수 성질로부터 $a^{-n}=\dfrac{1}{a^n}\ (a\neq 0)$ 임을 보이시오.

02 거듭 제곱의 성질과 지수 성질로부터 $a^m \div a^n = a^{m-n}$ 임을 보이시오.

03 방정식 $ax^3+bx^2+cx+d=0$ ($a\neq 0$, a, b, c, d는 실수)은 실근 α, β를 가진다. 이 방정식의 나머지 한 근도 반드시 실수임을 설명하시오.

04 켤레복소수 정리에 대하여 설명하고 이차방정식

$$ax^2+bx+c=0\ (a\neq 0,\ a,\ b,\ c\text{는 실수})$$

에 대하여 켤레복소수 정리가 성립함을 증명하시오.

풀이와 답

4.1 지수의 성질

개념이해

1. 지수의 성질 p.173

생각 : 지수의 성질

풀이

$$\frac{(x^2\ y^{-5})^4}{x^3\ y^4} = \frac{(x^2)^4(y^{-5})^4}{x^3y^4}$$
$$= \frac{x^8y^{-20}}{x^3y^4}$$
$$= x^{8-3}y^{-20-4}$$
$$= x^5y^{-24}$$
$$= \frac{x^5}{y^{24}}$$

문제해결

1. 동전 채우기 p.174

이해 : • 주어진 것 : 동전의 크기, 서진이 방의 크기
• 구해야 할 것 : 동전의 부피, 서진이 방의 부피
• 원의 넓이 : πr^2 (r은 반지름)

계획 : • 단위를 통일 한다.
• 서진이의 방의 부피를 동전의 부피로 나눈다.

풀이

(1) 동전의 부피 : 지름이 2.5 cm 이므로 반지름의 길이는 1.25 cm

따라서, 반지름은 1.25×10^{-2} m

동전의 높이는 2×10^{-3} m

동전의 부피는 $\pi(1.25 \times 10^{-2})^2 \times (2 \times 10^{-3}) = 3.125\pi 10^{-7}$ m^3

(2) 방의 부피 : $3 \times 4 \times 2.3$ $\mathrm{m}^3 = 2.76 \times 10$ m^3

(3) (방의 부피)/(동전의 부피) $= \dfrac{2.76 \times 10}{3.125\pi 10^{-7}} \fallingdotseq 2.81131 \times 10^7$

(4) 대략 이천팔백십일만삼천백 개 정도가 방을 가득 채운다.

검토 : 동전들 사이사이에 생기는 공간은 고려하지 않았으므로 이천팔백십일만삼천백 개 보다는 다소 적게 들어갈 것이다.

2. 지구의 핵

p.174

이해 : • 주어진 것: 지구, 지구 내핵의 반지름과 외핵의 두께

• 구해야 할 것: 내핵, 외핵, 지구의 반지름과 부피

• 구의 부피 : $\dfrac{4}{3}\pi r^3$ (r은 반지름)

계획 : • 지구의 부피를 구한다.

• 내핵의 부피를 구한다.

• 외핵과 내핵의 부피의 합에서 내핵의 부피를 빼서 외핵의 부피를 구한다.

• 각각의 비를 구한다.

풀이

(1) 지구의 반지름은 $5r$이므로

지구의 부피는 $\dfrac{4}{3}\pi(5r)^3 = \dfrac{500}{3}\pi r^3$이고

내핵의 부피는 $\dfrac{4}{3}\pi r^3$이다.

따라서 $\dfrac{\text{지구의 부피}}{\text{내핵의 부피}} = \dfrac{\frac{500}{3}\pi r^3}{\frac{4}{3}\pi r^3} = \dfrac{500}{4} = 125$

(2) (내핵 + 외핵)의 부피는

$$\frac{4}{3}\pi\left(r+\frac{11}{6}r\right)^3=\frac{4}{3}\pi\left(\frac{17}{6}r\right)^3=\left(\frac{17}{6}\right)^3\left(\frac{4}{3}\pi r^3\right)\text{이고}$$

위에서 내핵의 부피는 $\frac{4}{3}\pi r^3$ 이므로 외핵의 부피는

$$\left(\frac{17}{6}\right)^3\left(\frac{4}{3}\pi r^3\right)-\left(\frac{4}{3}\pi r^3\right)=\left(\frac{4913}{216}-1\right)\frac{4}{3}\pi r^3 \fallingdotseq 21.75\times\frac{4}{3}\pi r^3$$

이다. 따라서 $\frac{\text{외핵의 부피}}{\text{내핵의 부피}} \fallingdotseq 21.75$

검토 : (1) 지구의 부피는 내핵의 부피의 약 125배이다.
(2) 외핵의 부피는 내핵의 부피의 약 21.75배이다.

4.2 다항함수의 그래프

개념 이해

1. 다항함수 그래프 p.177

풀이

$x\to-\infty$일 때 $f(x)\to-\infty$

$x\to\infty$일 때 $f(x)\to-\infty$

의 성질을 지니고 있다.

따라서 최고차항의 차수는 짝수

최고차항의 계수의 부호는 음수이다. 한편, 그래프가 (0, 4)를 지나므로 $f(x)$의 상수항은 4이다. (답 ④)

2. 조립제법의 응용 p.177

풀이

2	3	-4	0	-3	10
		6			
	3				

2	3	−4	0	−3	10
		6	4		
	3	2	4		

2	3	−4	0	−3	10
		6	4	8	10
	3	2	4	5	20

$f(x)=(x-2)(3x^3+2x^2+4x+5)+20$

$\therefore\ f(2)=20$

문제 해결

1. 두루미의 부화

p.178

풀이

(1) 오른쪽 그림처럼 계산기를 이용해 $h(5)$, $s(5)$를 구해보면 $s(5)=134.975$, $h(5)=99.375$이고 $s(5)-h(5)=35.6$임을 알 수 있다. 따라서 부화 후 5일 후에는 사루스두루미가 흑두루미보다 35.6그램 더 무거운 것을 알 수 있다.

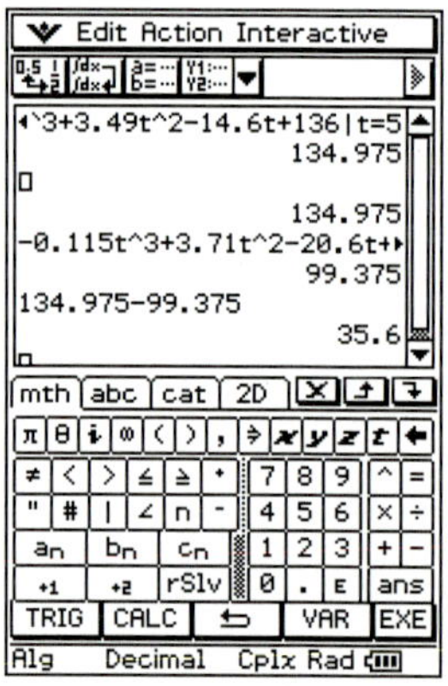

(2) 실선을 사루스두루미,
점선을 흑두루미라 하고 계산기를 이용하여 그래프를 그리면 오른쪽과 같다.

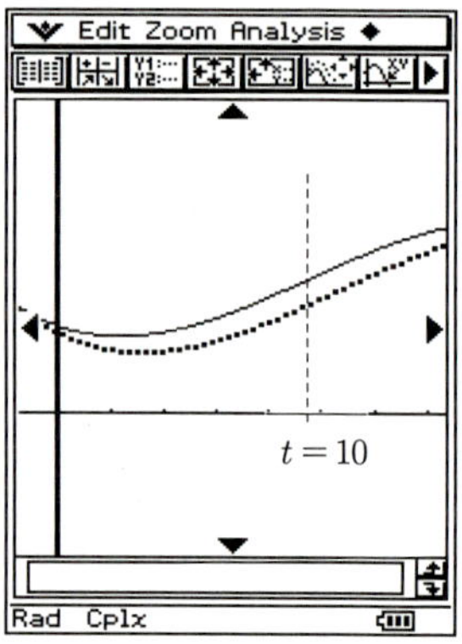

(3) 계산기로 계산하여 보면
사루스두루미 : $s(3)\fallingdotseq 120$이므로 3일 경과 후 약 120그램
흑두루미 : $h(3)\fallingdotseq 92$이므로 3일 경과후 : 약 92그램
따라서 130그램인 이 두루미는 사루스 종에 가깝다고 할 수 있다.

2. 무지개송어

p.179

이해 : • x^3과 y의 비가 항상 일정함을 이해한다.

계획 : • x^3과 y의 비가 0.0000008404인 것을 이용해 인치와 파운드로 변형된 식의 x 값의 3제곱과 y값의 비를 계산한다

풀이

(1)

〈첫 번째 방법〉

x의 3제곱과 y값을 비교한다.

x	x^3	킬로그램(y)	비
10	10^3	$0.0000008404(10)^3$	일정
20	20^3	$0.0000008404(20)^3$	일정
30	30^3	$0.0000008404(30)^3$	일정

x	인치	파운드	비
10	$(0.394)^3(10)^3$	$(2.2)(0.0000008404)(10)^3$	일정
20	$(0.394)^3(20)^3$	$(2.2)(0.0000008404)(20)^3$	일정
30	$(0.394)^3(30)^3$	$(2.2)(0.0000008404)(30)^3$	일정

$\dfrac{(2.2)(0.0000008404)(10)^3}{(0.394)^3(10)^3}$는 약 0.0000302

$y=0.0000302x^3$을 얻을 수 있다.

〈두 번째 방법〉

x, x', y, y'의 단위를 각각 센티미터, 인치, 킬로그램, 파운드라고 하면

$x'=0.394x$, $y'=2.2y$ 인 관계가 있고 $y=0.0000008404x^3$에서

$x=\dfrac{1}{0.394}x'$, $y=\dfrac{1}{2.2}y'$를 대입하면 $\dfrac{y'}{2.2}=0.0000008404\left(\dfrac{x'}{0.394}\right)^3$이고

" ′ "을 제거하고 정리하면 $y=\dfrac{(2.2)(0.0000008404)}{(0.394)^3}x^3$, 즉

$y=0.0000302x^3$이다.

(2) 점선 : 센티미터(x)와 킬로그램(y)의 관계
실선 : 인치(x)와 파운드(y)의 관계

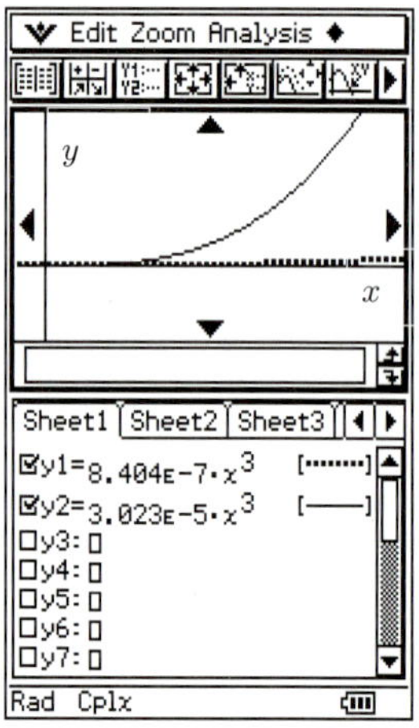

검토 : 그래프에서 보듯 센티미터에 대한 킬로그램의 변화율보다는 인치에 대한 파운드의 변화율이 더 크다는 것을 알 수 있다.

4.3 다항식의 곱셈

개념 이해

1. 용기의 부피 p.182

이해 : 문제에 주어진 용기의 가로와 세로, 높이를 $2x$, x, x로 놓자

계획 :
- 용기 안쪽의 가로 길이 : $2x-10$
- 용기 안쪽의 세로 길이 : $x-10$
- 용기 안쪽의 높이 : $x-5$

라 하면 안쪽에 용기를 담을 수 있는 물의 양은 10000cm^3가 된다.

풀이 : $10000=(2x-10)(x-10)(x-5)$
계산기로 위 방정식의 해를 구하면
만족하는 해는 $x \fallingdotseq 24$이다
따라서 내부의 가로, 세로, 높이는 각각 약 38cm, 14cm, 19cm이다.

검토 : 위 방정식의 해는 $x \fallingdotseq 23.94$, $-1.97+14.68i$, $-1.97-14.68i$이다.

문제 해결

1. 연단 만들기

p.183

이해 : 각 단의 부피를 각각 구하여 전체의 부피의 합이 2160000이 되도록 한다.

계획 : 맨 아래에 있는 연단의 부피 : $48x^3$

중간에 있는 연단의 부피 : $24x^3$

맨 위에 있는 연단의 부피 : $8x^3$

풀이

$48x^3+24x^3+8x^3=2160000$에서

$80x^3=2160000$

$x^3=27000=30^3$

$\therefore\ x=30$ (x는 양의 실수)

검토 : 문제의 조건을 만족하는 각 단의 높이는 30cm로 하면 된다.

2. 주간지의 판매부수

p.183

풀이

주어진 판매부수 c에 대한 함수식

$c(t)=-t^3+8t^2+5t+4000$에서 1995년부터 경과한 년 수를 s라 하면 t대신 $s+5$를 대입하면 된다.

$$c(s)=-(s+5)^3+8(s+5)^2+5(s+5)+4000$$

$$\therefore\ c(s)=-s^3-7s^2+10s+4100$$

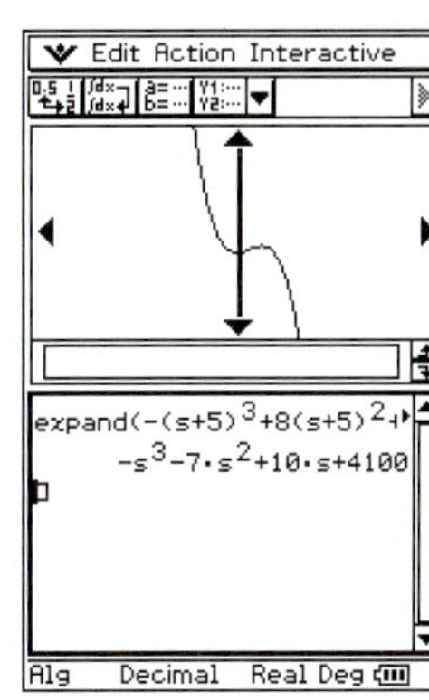

검토 : $c(s)$의 그래프는 $c(t)$이 그래프를 왼쪽으로 -5만큼 평행이동한 그래프이다.

4.4 나머지 정리와 인수 정리

개념 이해

1. 조립제법

p.185

풀이

$$\begin{array}{c|cccc} 2 & 1 & 5 & -7 & 2 \\ & & 2 & 14 & 14 \\ \hline & 1 & 7 & 7 & 16 \end{array}$$

몫의 계수 → 1 7 7, 16 ← 나머지

⇒ 몫: x^2+7x+7, 나머지: 16

2. 유리근 정리

p.186

풀이

가능성 있는 유리근

$\pm\frac{1}{1}$, $\pm\frac{3}{1}$, $\pm\frac{5}{1}$, $\pm\frac{15}{1}$

이고, 이중에서

유리근은 $-1, -3, -5$ 이다.

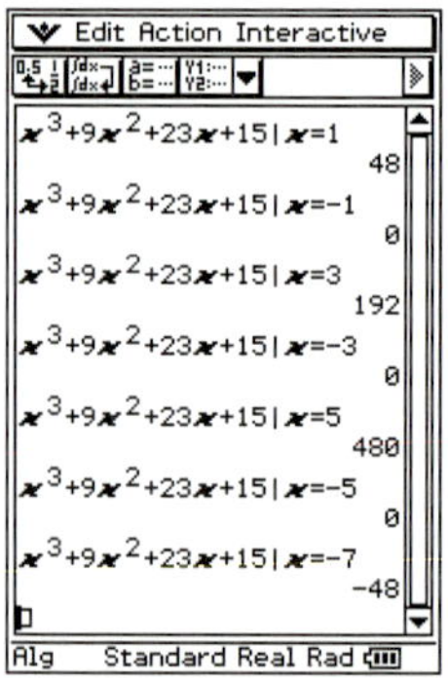

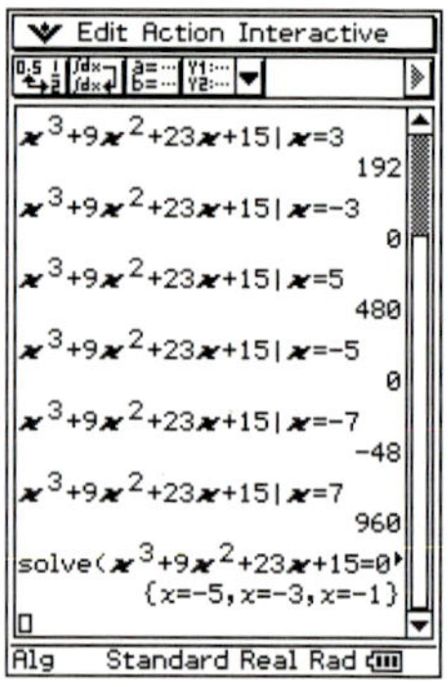

가능성 있는 유리근

$\pm\frac{2}{9}$, $\pm\frac{2}{3}$, ± 2, $\pm\frac{1}{9}$

$\pm\frac{1}{3}$, ± 1이고, 이중에서

유리근은 $-\frac{2}{3}$, $\frac{1}{3}$, -1이다.

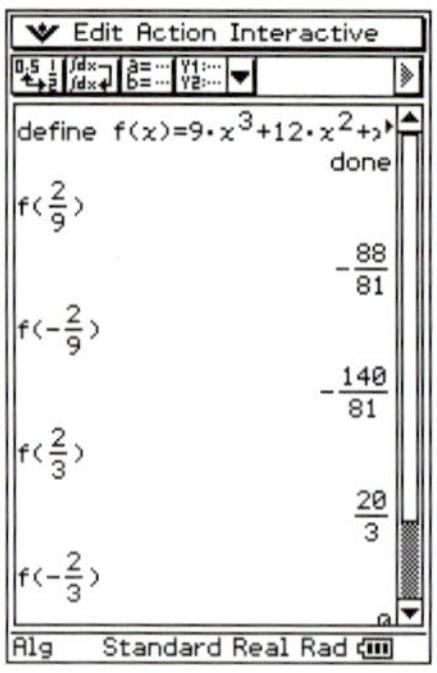

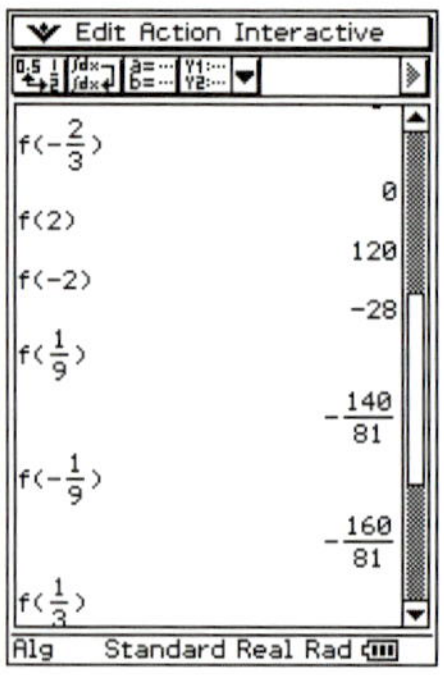

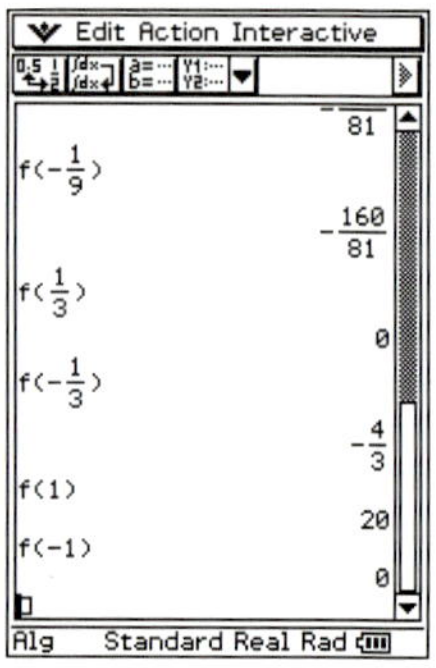

문제 해결

1. mp3 생산

p.187

이해 : • 주어진 것 : 업체의 이익 P에 대한 식
• 보여야 할 것 : 업체의 이익이 9600만 달러일 때 mp3 생산량이 200만대

계획 : • 업체의 이익이 9600만 달러일 때 mp3 생산량이 200만대이므로, $P=96$일 때 방정식의 해가 2가 되어야 한다.
• 방정식의 해가 2가 되기 위해서 다항식 $6x^3-72x+96$은 $x-2$으로 나누어 떨어져야 한다.

풀이

다항식 나눗셈 또는 조립제법을 이용할 수 있다.

① 다항식의 나눗셈

$$\begin{array}{r@{}l} & 6x^2+12x-48 \\ x-2 \big) & 6x^3-72x+96 \\ & \underline{6x^3-12x^2} \\ & \quad 12x^2-72x \\ & \quad \underline{12x^2-24x} \\ & \qquad -48x+96 \\ & \qquad \underline{-48x+96} \\ & \qquad\qquad 0 \end{array}$$

② 조립제법

2	6	0	−72	96	
		12	24	−96	
몫의 계수 →	6	12	−48	0	← 나머지

$\Rightarrow \; 6x^3-72x+96=(x-2)(6x^2+12x-48)$

$\therefore \; 6x^3-72x+96$ 은 $x-2$로 나누어 떨어진다.

검토 : $96=-6x^3+72x$에서 x에 2를 대입하면 식이 성립한다.

2. 비탈길의 크기

p.187

이해 : • 직육면체의 부피는 (가로)×(세로)×(높이)이고 위 문제의 비탈길 부피는 직육면체 부피의 $\frac{1}{2}$이다.

• 삼차방정식은 유리근의 정리와 조립제법을 이용하여 풀 수 있다.

계획 : • 두 비탈길의 부피의 합이 150m^3가 되도록 방정식을 세우고 조립제법을 이용하여 양의 실근 x를 구한다.

풀이

총길이 $21x+6$에서 비탈길에 소요되지 않는 $3x$의 길이를 빼면

$(21x+6)-(3x)=18x+6$이고 비탈길에 소요되는 콘크리트의 부피는 세 변이 각각 $18x+6$, $3x$, x인 직육면체 부피의 $\frac{1}{2}$이므로

$\frac{1}{2}\times\{(18x+6)\}\cdot x\cdot(3x)=27x^3+9x^2=150$이 된다.

따라서 $27x^3+9x^2-150=0$, $9x^3+3x^2-50=0$이고 유리근의 정리에 의한 9와 50의 양의 약수의 조합과 조립제법을 이용하여 해를 구해보면

$$
\begin{array}{c|cccc}
\frac{5}{3} & 9 & 3 & 0 & -50 \\
 & & 15 & 30 & 50 \\
\hline
 & 9 & 18 & 30 & 0
\end{array}
$$

이 되고 $9x^3+3x^2-50=(3x-5)(3x^2+6x+10)=0$에서

$x=\frac{5}{3}$ 또는 $x=\frac{-3\pm\sqrt{21}\,i}{3}$이다. 길이는 실수이므로 $x=\frac{5}{3}$가 된다.

따라서 $x=\frac{5}{3}\text{m}$, 왼쪽 비탈길의 길이 a는 $\left(18\times\frac{5}{3}+6\right)\times\frac{2}{3}=36\times\frac{2}{3}=24\text{m}$,

오른쪽 비탈길의 길이 b는 $36\times\frac{1}{3}=12\text{m}$이다.

4.5 다항방정식

개념 이해

1. 근의 개수

p.191

풀이

(1) $x^3-2x+4=0$은 삼차방정식이므로 3개의 근을 갖는다.

$x^3-2x+4=(x+2)\{x-(1-i)\}\{x-(1+i)\}=0$이므로 $-2,\ 1-i,\ 1+i$의 3개의 근을 갖는다.

(2) $x^4+2x^3-4x^2-2x+3=0$은 4차방정식이므로 4개의 근을 갖는다.

$x^4+2x^3-4x^2-2x+3=(x+3)(x+1)(x-1)^2=0$이므로 $-3,\ -1,\ 1,\ 1$(1은 중근)

검토 : (2)에서 $f(x)=x^4+2x^3-4x^2-2x+3$의 그래프를 그려보면 오른쪽과 같다. 그래프에서 보듯 방정식의 실근은 그래프와 x축과의 교점인 것을 알 수 있다. 한편,

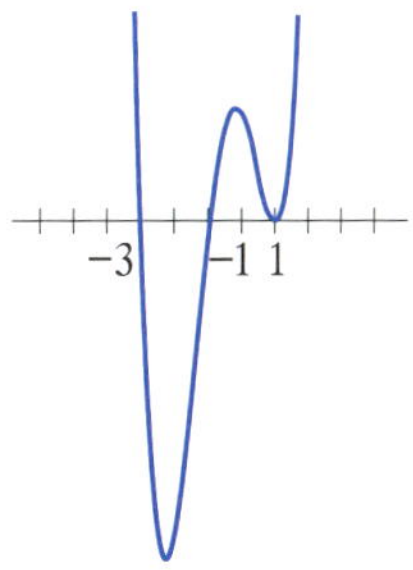

$f(x)=x^4+2x^3-4x^2-2x+3=(x+3)(x+1)(x-1)^2$

에서 인수 $(x+3)$과 $(x+1)$의 지수는 1(홀수)이기 때문에 $x=-1,\ 3$에서 그래프가 x축을 뚫고 지나감을 알 수 있고 $(x-1)$의 지수는 2(짝수)이기 때문에 $x=1$에서 x축에 접하고 있음을 알 수 있다.

일반적으로 함수 $y=f(x)$의 인수 $(x-k)$에 대하여 지수가 홀수이면 함수의 그래프는 $x=k$에서 x축을 뚫고, 지수가 짝수이면 $x=k$에서 접한다.

2. 켤레 복소근

p.191

풀이

구하는 방정식은 계수가 실수이므로 켤레복소근의 정리에 의하여 $2+i$도 반드시 근으로 가져야 하므로 최소차수의 방정식은 $(x-3)\{x-(2-i)\}\{x-(2+i)\}=0$의 삼차방정식이 된다. 따라서 구하는 방정식은 $x^3-7x^2+17x-15=0$이다.

3. 데카르트의 부호 법칙

p.192

풀이

구하는 방정식의 좌변을 $f(x)$라 하면 $f(x)=2x^6-3x^5+x^4-10x^3-2x^2-3x-5$이다.

한편 $f(x)$의 계수의 부호는 3번 바뀌므로 가능한 양의 실근의 개수는 3개 또는 1개이다.
$f(-x)=2x^6+3x^5+x^4+10x^3-2x^2+3x-5$이고, 계수의 부호가 역시 3번 바뀌므로

가능한 음의 실근의 개수는 3개 또는 1개 이다. 따라서 가능한 근의 개수를 표로 요약해 보면 다음과 같다.

양의 실근	음의 실근	허근
3	3	0
3	1	2
1	3	2
1	1	4

4. 방정식의 실근

p.192

풀이

오른쪽의 그래프를 보면
$y=2x^6-3x^5+x^4-10x^3-2x^2-3x-5$
의 그래프는 x축과 서로 다른 두 점에서 만남을 알 수 있고 교점의 x좌표가 각각
-0.6746816664002, 2.351933318087이다.
따라서 실근은 $x≒-0.67$, $x≒2.35$이다.
한편 양의 실근이 1개, 음의 실근이 1개, 허근이 4개 이므로 데카르트의 부호법칙이 성립한다.

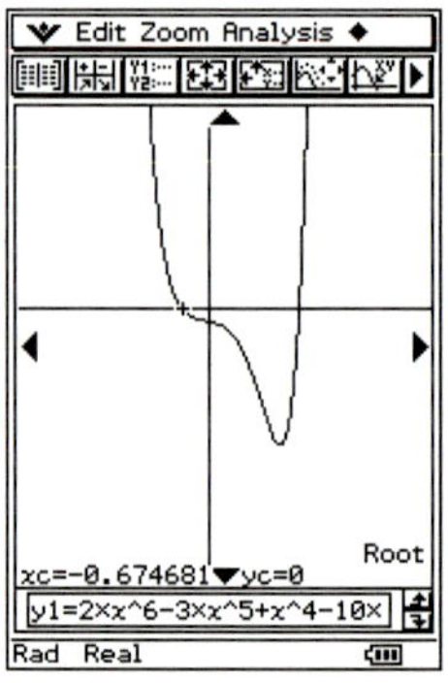

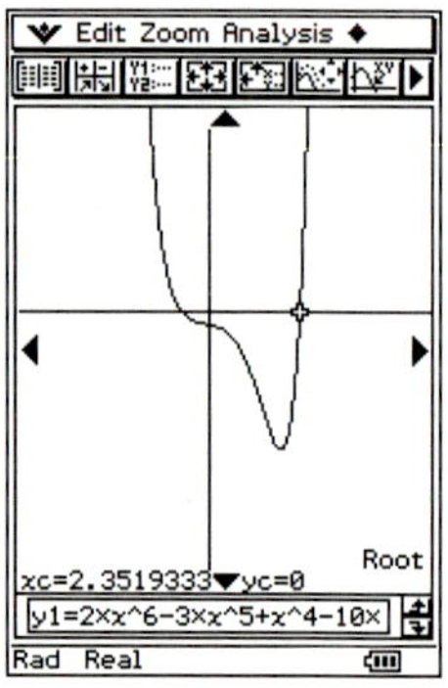

5. 계차 구하기

p.193

풀이

함수 $f(x)=2x^2+x-1$에 대하여

$f(1)$	$f(2)$	$f(3)$	$f(4)$	$f(5)$	$f(6)$	$f(7)$	……	
2	9	20	35	54	77	104		: 함수값
7	11	15	19	23	27			: 제1계차
4	4	4	4	4				: 제2계차

제2계차가 0이 아닌 상수 4이다.

검토 : 제2계차가 0이 아닌 상수이므로 다항함수의 차수는 2차이다.

6. 다항함수 찾기

p.193

풀이

2	4	7	11	16	22	29	37	
2	3	4	5	6	7	8		: 제1계차
1	1	1	1	1	1			: 제2계차 ⇒ 상수

제2 계차에서 상수 1이 나왔으므로 $p=f(n)$은 이차함수임을 알 수 있다.

따라서 $p=an^2+bn+c$라 하고 $(n,\ p):(1,2),(2,4),(3,7)$을 각각 대입하여 연립방정식을 만들면

$$\begin{cases} a(1)^2+b(1)+c=2 \\ a(2)^2+b(2)+c=4 \\ a(3)^2+b(3)+c=7 \end{cases} = \begin{cases} a+b+c=2 \\ 4a+2b+c=4 \\ 9a+3b+c=7 \end{cases}$$

이 된다.

(1) 그래픽 계산기를 이용하여 위의 연립방정식을 풀면

$$a=\frac{1}{2},\ b=\frac{1}{2},\ c=1$$

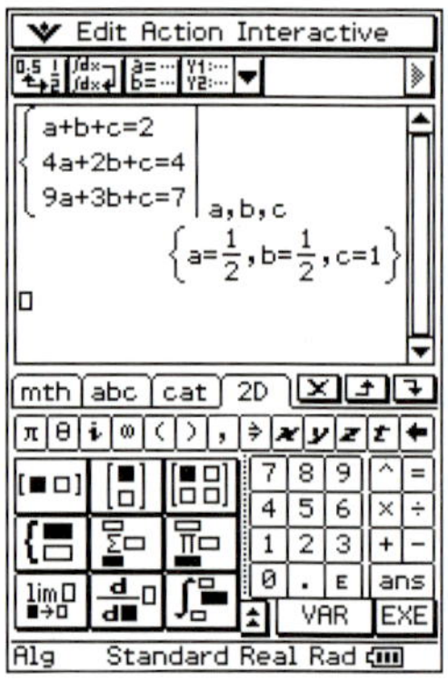

따라서 $p=\frac{1}{2}n^2+\frac{1}{2}n+1$ 이다.

(2) 소거법으로 연립방정식을 풀면

$$\begin{cases} a+b+c=2 & \cdots\cdots\cdots ① \\ 4a+2b+c=4 & \cdots\cdots\cdots ② \\ 9a+3b+c=7 & \cdots\cdots\cdots ③ \end{cases}$$ 에서

①×4−② : $2b+3c=4$ ⋯⋯⋯ ④

①×9−③ : $6b+8c=11$ ⋯⋯⋯ ⑤

이고 다시

④×3−⑤ : $c=1$이고 ④에서 $b=\frac{1}{2}$, ①에서 $a=\frac{1}{2}$이다.

따라서 $p=f(n)=\frac{1}{2}n^2+\frac{1}{2}n+1$ 이다.

(3) 첨가행렬을 이용해서 연립방정식을 푼다.

$$\begin{pmatrix} 1 & 1 & 1 : 2 \\ 4 & 2 & 1 : 4 \\ 9 & 3 & 1 : 7 \end{pmatrix}$$

↓ (1행×4)−2행

$$\begin{pmatrix} 1 & 1 & 1 : 2 \\ 0 & 2 & 3 : 4 \\ 9 & 3 & 1 : 7 \end{pmatrix}$$

↓ 2행÷2
(1행×9)−3행

$$\begin{pmatrix} 1 & 1 & 1 & : & 2 \\ 0 & 1 & \frac{3}{2} & : & 2 \\ 0 & 6 & 8 & : & 11 \end{pmatrix}$$

↓ (2행×6)−3행

$$\begin{pmatrix} 1 & 1 & 1 & : & 2 \\ 0 & 1 & \frac{3}{2} & : & 2 \\ 0 & 0 & 1 & : & 1 \end{pmatrix}$$

따라서 3행에서 $c=1$, 2행에서 $b=\frac{1}{2}$, 1행에서 $a=\frac{1}{2}$

$\therefore\ p=f(n)=\frac{1}{2}n^2+\frac{1}{2}n+1$

7. 국제 결혼

p.194

풀이

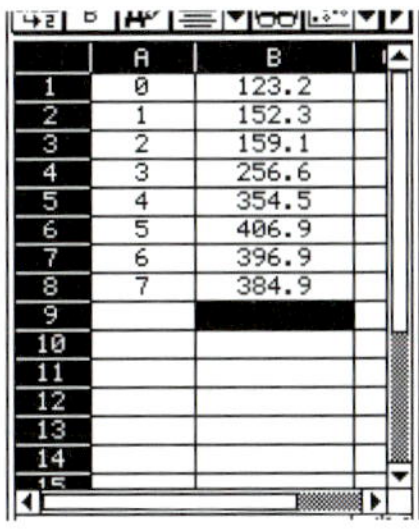

	A	B
1	0	123.2
2	1	152.3
3	2	159.1
4	3	256.6
5	4	354.5
6	5	406.9
7	6	396.9
8	7	384.9
9		
10		
11		
12		
13		
14		

① 2000년을 0으로, 2001년은 1로, 이런 식으로 주어진 자료를 계산기에 입력한다.

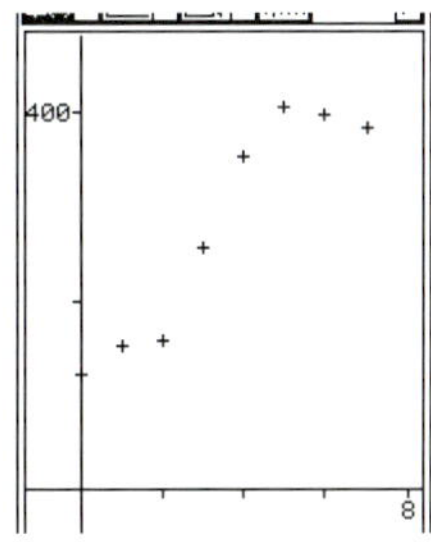

② 입력한 자료를 좌표평면상의 점으로 나타낸다.

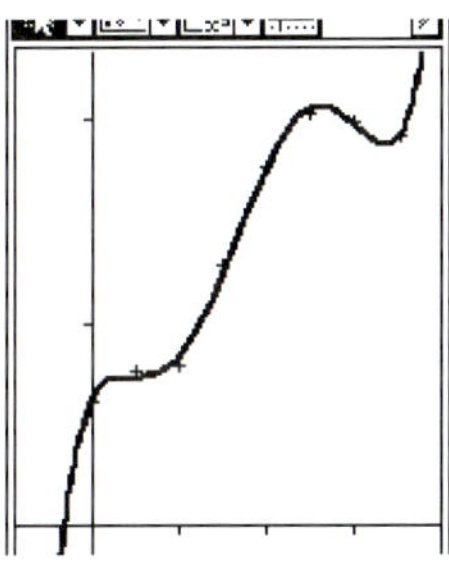

③ 5차의 최적화 함수를 구해 그래프를 그린다.

$$y = 0.6049x^5 - 10.38x^4 + 58.03x^3 - 112.4x^2 + 87.95x + 124$$

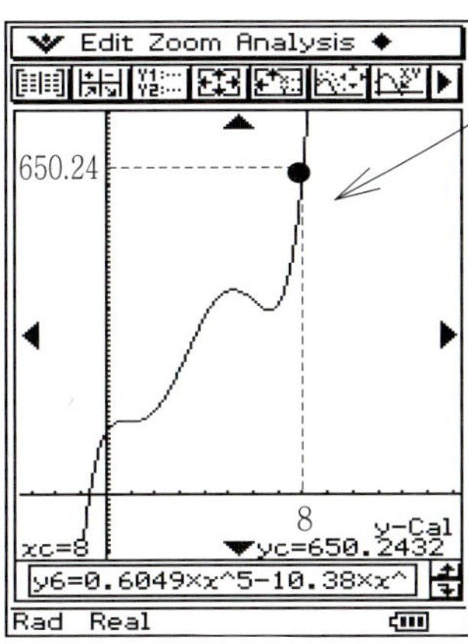

④ 그래프에서 $x = 8$ 일 때, y값이 650.24이므로 2008년에는 약 65024건의 국제결혼이 있음을 예측할 수 있다.

검토 : 계산기에서 최적화 함수를 다르게 설정함에 따라 다른 결과를 얻을 수 있다.

문제 해결

1. 아르바이트

p.195

풀이

(1)

(단위 : 만 원)	1년 후	2년 후	3년 후	4년 후
첫 번째 적립	100	$100p$	$100p^2$	**$100p^3$**
두 번째 적립		100	**$100p$**	$100p^2$
세 번째 적립			**100**	**$100p$**
네 번째 적립				100

(2) 4년 후의 총 적립금의 합은 위의 표에서 보는 바와 같이

$100+100p+100p^2+100p^3$이다.

(3) $100+100p+100p^2+100p^3=430$에서

$10+10p+10p^2+10p^3=43$

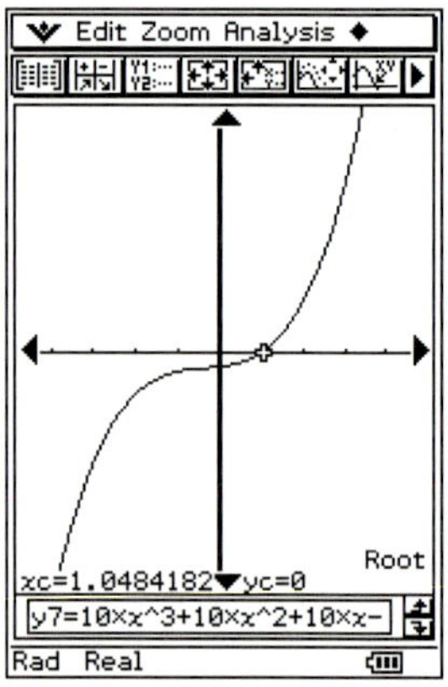

$10p^3+10p^2+10p-33=0$이고 오른쪽과 같이 이 방정식의 근 p를 구해보면 **$p \fallingdotseq 1.05$**임을 알 수 있다. 한편, $p=1+r$이므로 $r=p-1$이다.

따라서 **$r \fallingdotseq 0.05$**이다.

(※ r이 0.05임은 5%를 말한다.)

2. 측우기

p.196

이해 : 모형 측우기의 부피(V)는

부피(V)=(받침돌의 가로)×(받침돌의 세로)×(받침돌의 높이) + π(원통의 반지름)^2×(원통의 높이)

계획 : 주어진 값들을 부피의 식에 대입해 보면

$V(x)=(2x-35)\cdot x^2+7^2\pi(x-10)$이다.

풀이

$$V=(2x-35)\cdot x^2+7^2\pi(x-10)$$
$$=2x^3-35x^2+49\pi x-490\pi$$
$$=76800$$

이고 계산기를 이용하여

$V(x)=2x^3-35x^2+49\pi x-490\pi$와

$f(x)=76800$의 그래프를 그려서 교점의 x좌표를 구하면 약 40.03(cm)이 됨을 알 수 있다.

$V(x)=2x^3-35x^2+49\pi x-490\pi$

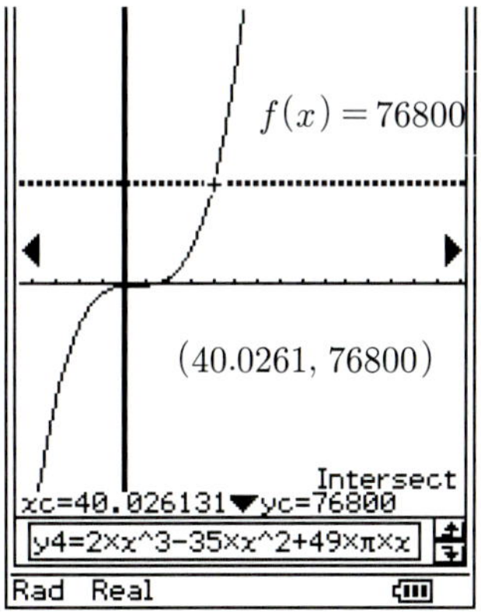

검토 : 동현이가 만든 측우기 모형 x의 값은 약 40cm이다.

3. 신생아 수

p.196

풀이

(1) 함수의 그래프는 오른쪽과 같다.

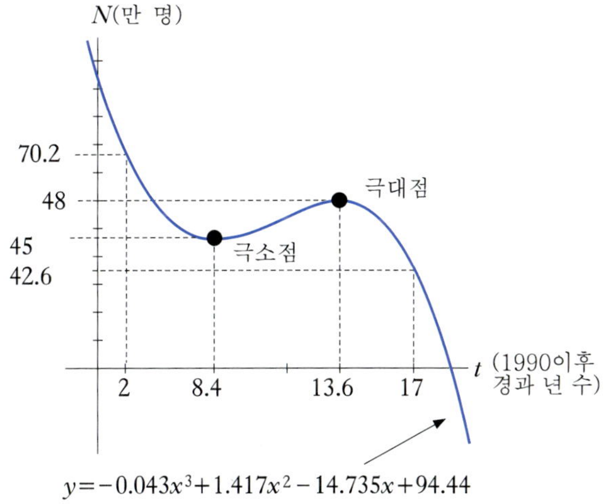

(2) 그래프에 의하면 $2 \le t \le 16$일 때, $42.6 \le N \le 70.2$임을 알 수 있다. 1992년과 2006년 사이에 신생아는 42만 6천명에서 70만2천명의 범위에서 해마다 태어났음을 알 수 있다.

검토 : 통계청에 의한 우리나라의 연도별 신생아 수는 다음과 같고 주어진 삼차함수는 이 자료를 바탕으로 최적화한 함수이다.

연 도	1991	1992	1993	1994	1995	1996	1997	1998	1999
신생아수(만 명)	72	72	75	57	55	50	40	30	26
비 고	베이비붐			저출산 2세대					

2000	2001	2002	2003	2004	2005	2006
64	56	50	49	48	44	45
밀레니엄 베이비붐		월드컵 베이비붐		저출산 3세대		

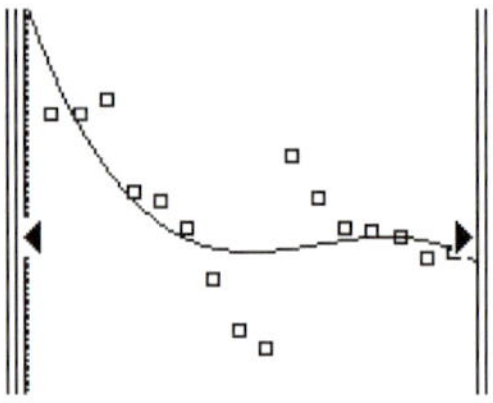

4. 원뿔의 최댓값

p.197

이해 : 내접하는 직원뿔의 밑면으로부터 구의 중심까지의 거리를 x라 하면 오른쪽 그림처럼 원뿔의 밑면의 반지름의 길이는 피타고라스 정리에 의하여 $\sqrt{100-x^2}$ 이 된다. (단, $0<x<10$)

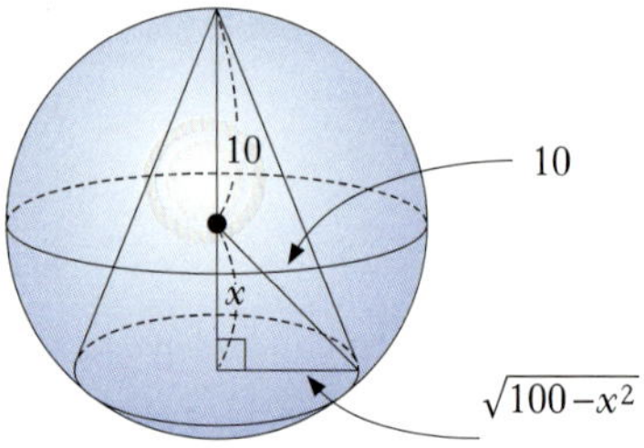

계획 : 직원뿔의 부피(V)는 $\frac{1}{3}\times\pi\times$(밑면의 반지름)$^2\times$(원뿔의 높이)이므로

$$V=\frac{\pi}{3}\times(100-x^2)(10+x)=-\frac{\pi}{3}x^3-\frac{10\pi}{3}x^2+\frac{100\pi}{3}x+\frac{1000\pi}{3} \text{ 이다.}$$

풀이

$V(x)=-\frac{\pi}{3}x^3-\frac{10\pi}{3}x^2+\frac{100\pi}{3}x+\frac{1000\pi}{3}$ 이고

계산기를 이용하여 그래프를 그려보면 $x\fallingdotseq 3.33$일 때, 극댓값 1241.12를 갖는 것을 알 수 있다.

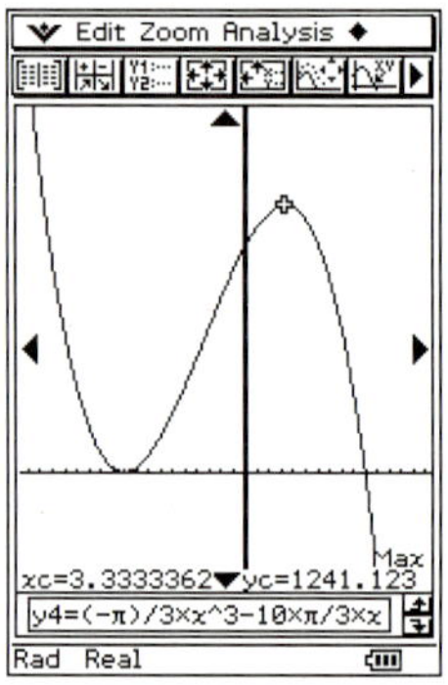

검토 : 그래프에서 함숫값이 0이 되는 x좌표는 10이고 x의 범위는 $0 < x < 10$이므로 주어진 범위에서 극댓값 1241.12가 최댓값이 됨을 알 수 있다.

∴ 직원뿔의 부피의 최댓값은 1241.12이다.

5. 입체도형

p.197

풀이

분할되는 조각의 최대 개수(p)를 나열하여 계차를 구해보면 아래와 같다.

2　4　8　15　26　42　64

2　4　7　11　16　22　: 제1계차

2　3　4　5　6　: 제2계차

1　1　1　1　: 제3계차 ⇒ 상수

제3 계차에서 상수 1이 나왔으므로 $p = f(n)$은 삼차함수임을 알 수 있다.

따라서 $p = an^3 + bn^2 + cn + d$ 라 하고 (n, p) : $(1,2)$, $(2,4)$, $(3,8)$, $(4,15)$를 각각 대입하여 연립방정식을 만들면

$$\begin{cases} a(1)^3 + b(1)^2 + c(1) + d = 2 \\ a(2)^3 + b(2)^2 + c(2) + d = 4 \\ a(3)^3 + b(3)^2 + c(3) + d = 8 \\ a(4)^3 + b(4)^2 + c(4) + d = 15 \end{cases} = \begin{cases} a + b + c + d = 2 \\ 8a + 4b + 2c + d = 4 \\ 27a + 9b + 3c + d = 8 \\ 64a + 16b + 4c + d = 15 \end{cases}$$

이 된다.

(1) 그래픽 계산기를 이용하여 위의 연립방정식을 풀면

오른쪽과 같이 $a = \dfrac{1}{6}$, $b = 0$, $c = \dfrac{5}{6}$, $d = 1$

따라서 $p = f(n) = \dfrac{1}{6}n^3 + \dfrac{5}{6}n + 1$, $f(10) = 176$이다.

∴ 분할하는 평면이 10개일 때는 최대 176개의 조각으로 나뉜다.

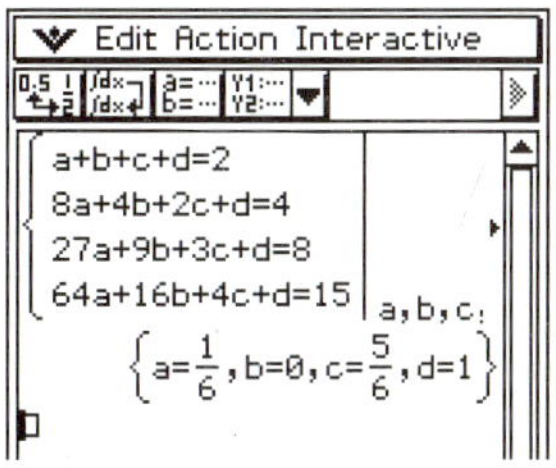

(2) 소거법으로 연립방정식을 풀면

$$\begin{cases} a+b+c+d=2 & \cdots\cdots\cdots ① \\ 8a+4b+2c+d=4 & \cdots\cdots\cdots ② \\ 27a+9b+3c+d=8 & \cdots\cdots\cdots ③ \\ 64a+16b+4c+d=15 & \cdots\cdots\cdots ④ \end{cases}$$ 에서

② − ① : $7a+3b+c=2$ ……… ⑤

③ − ② : $19a+5b+c=4$ ……… ⑥

④ − ③ : $37a+7b+c=7$ ……… ⑦

이고 다시

⑥ − ⑤ : $12a+2b=2$ ……… ⑧

⑦ − ⑥ : $18a+2b=3$ ……… ⑨

이고 ⑨ − ⑧ : $6a=1$에서 $a=\frac{1}{6}$이다.

한편, ⑧에서 $b=0$, ⑤에서 $c=\frac{5}{6}$ ①에서 $d=1$이다.

따라서 $p=f(n)=\frac{1}{6}n^3+\frac{5}{6}n+1$, $f(10)=176$이다.

∴ 분할하는 평면이 10개일 때는 최대 176개의 조각으로 나뉜다.

6. 블로그 방문자 수

p.198

풀이

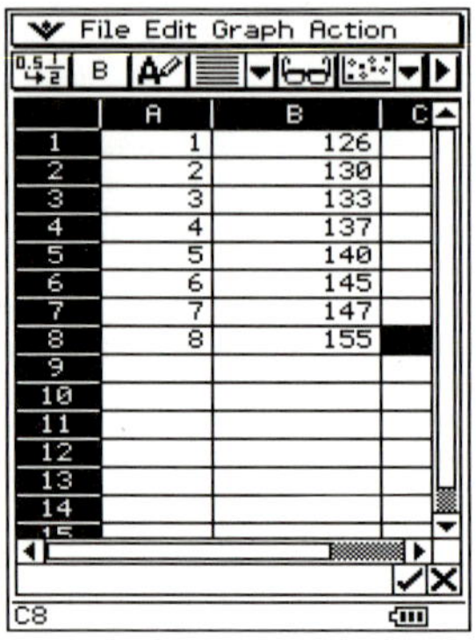

① A열에는 '월'을, B열에는 방문자 수를. 문제에서 주어진 자료를 계산기에 입력한다.

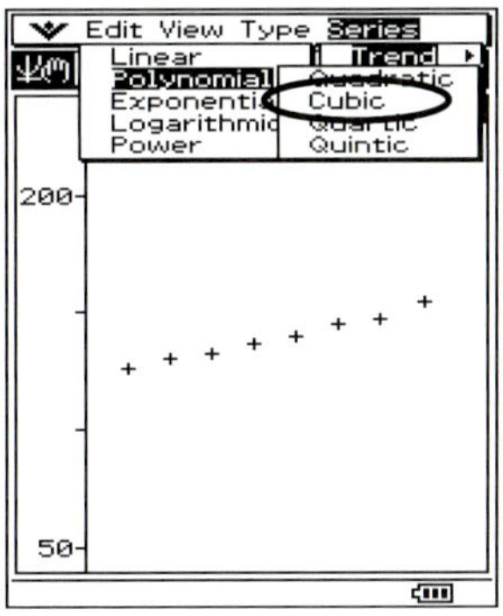

② 입력한 자료를 좌표평면상의 점으로 나타내고 3차다항함수로 최적화 하기 위해 계산기의 메뉴를 선택한다.

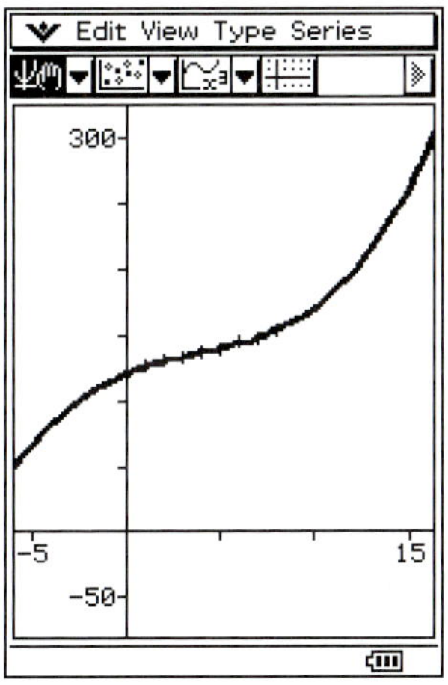

③ 3차의 최적화 함수를 구해 그래프를 그린다.

$$y = 0.06313x^3 - 0.7035x^2 + 5.805x + 120.7$$

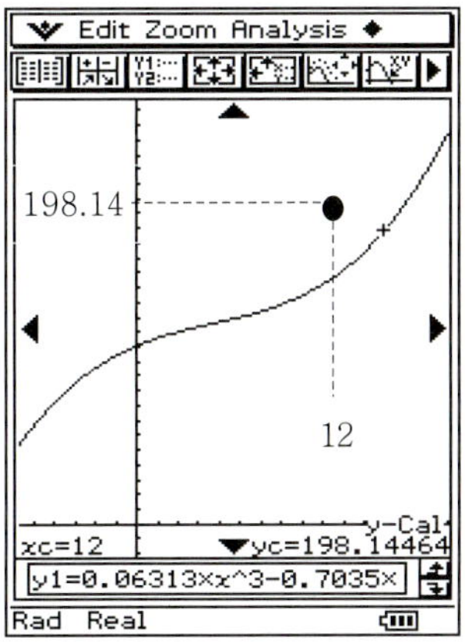

④ 그래프에서 $x = 12$일 때, y값이 198.14이므로 12월에는 약 198명의 방문객을 예측할 수 있다.

7. 저 축

p.198

풀이

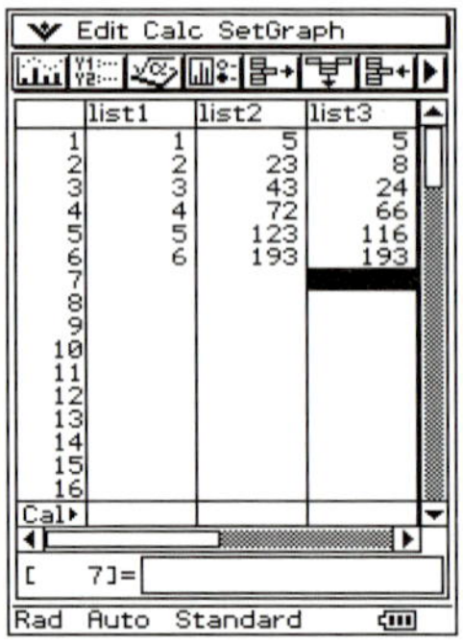

① 1열에 월, 2열에 호영이의 잔고, 3열에 재홍이의 잔고를 입력한다.

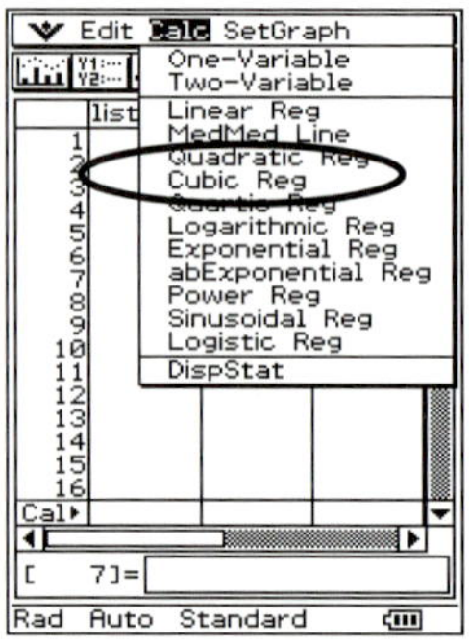

② 3차 다항함수로 최적화 한다.

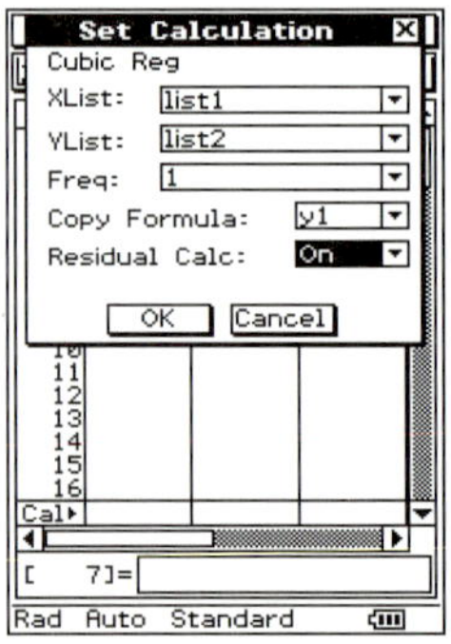

③ 호영이의 최적화함수를 y_1으로 놓는다.

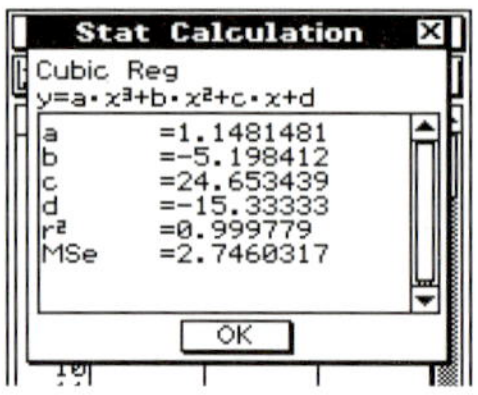

y_1:호영이의 함수

④ 호영이의 최적화함수의 계수이다.

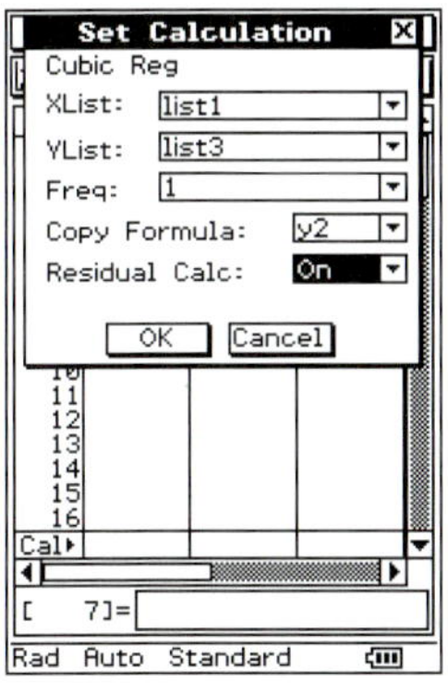

⑤ 재홍이의 최적화함수를 y_2으로 놓는다.

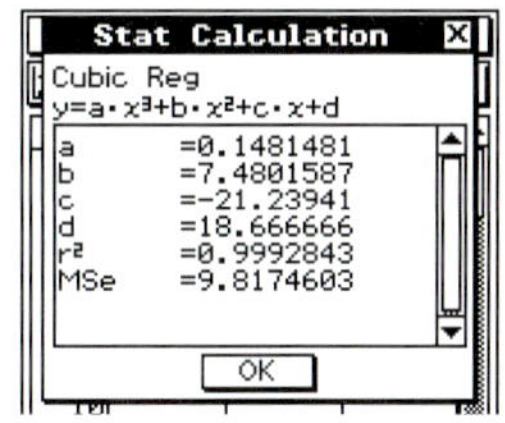

y_2:재홍이의 함수

⑥ 재홍이의 최적화함수의 계수이다.

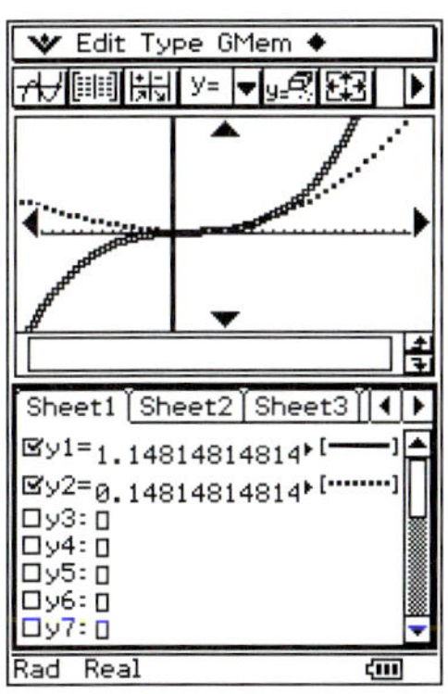

⑦ 호영이의 함수를 실선, 재홍이의 함수를 점선으로 나타내어 각각의 그래프를 같은 좌표평면 위에 표현한다.

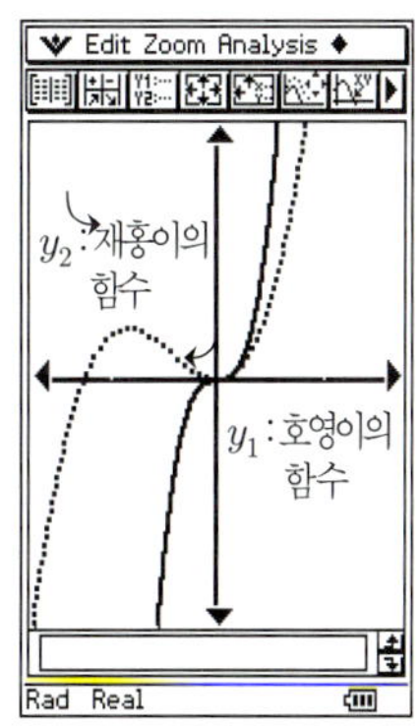

⑧ x값(월)이 증가할 수록 y_1(호영이의 잔고)이 더 커짐을 알 수 있다.

위의 계산에서 보듯 x값(월)이 증가할수록 y_1(호영이의 잔고)이 y_2(재홍이의 잔고)보다 더 커짐을 알 수 있다. 이는 장기적으로 볼 때 호영이의 통장 잔고가 더 커짐을 의미한다.

수학사 고차방정식의 해

풀이

p.199

$x^3+2x^2=96$ ----------→ 주어진 방정식

$\frac{1}{2^3}x^3+\frac{2}{2^3}x^2=\frac{96}{2^3}$ ----------→ 양변에 $\frac{1^2}{2^3}$을 곱한다

$\left(\frac{x}{2}\right)^3+\left(\frac{x}{2}\right)^2=12$ ----------→ 세제곱과 제곱의 합으로 식을 변형

$y^3+y^2=12$ ----------→ $\frac{x}{2}=y$로 치환

$\frac{x}{2}=y$로 치환하면, 주어진 식은 $y^3+y^2=12$의 꼴로 변형되며 주어진 식에 $y=1,\ 2,\ 3\cdots$일 때의 값을 각각 확인해보면 $y=2$일 때 식을 만족함을 알 수 있다. 즉 주어진 방정식의 근은 $\frac{x}{2}=y$에서 $y=2$일 때 x값이므로 $x=4$가 된다.

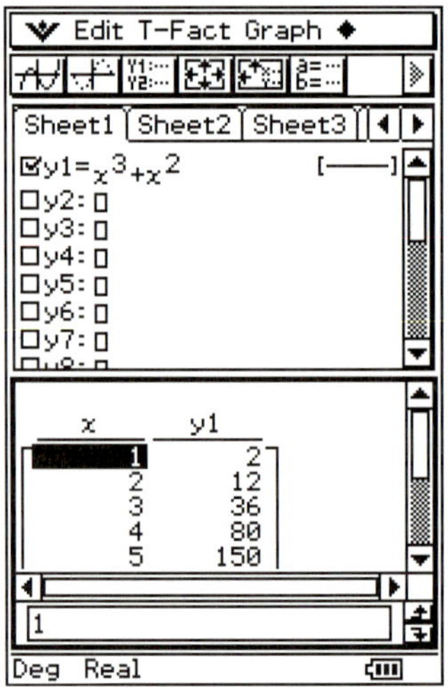

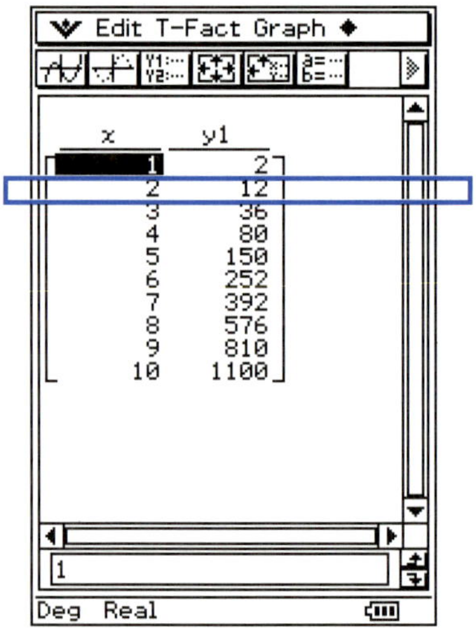

실력 다지기

열린풀이

01

p.202

풀이

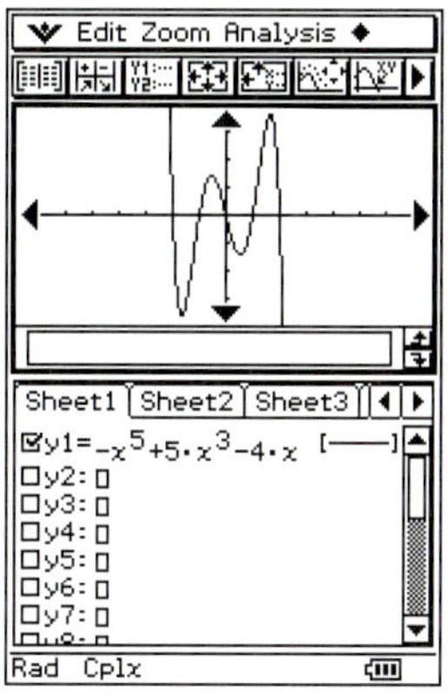

5차 다항함수로써 $x \to -\infty$일 때 $f(x) \to \infty$

$x \to \infty$일 때 $f(x) \to -\infty$

이기 위해서는 5차항의 부호가 "-"이면 된다.

한가지 예로 다음의 함수를 들 수 있을 것이다.

$f(x) = -x(x-2)(x-1)(x+1)(x+2)$

$= -x^5 + 5x^3 - 4x$

02

p.202

풀이

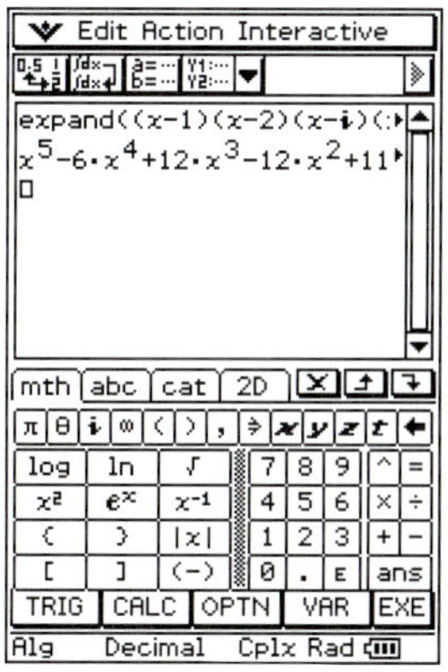

$(x-1)(x-2)(x-i)(x+i)(x-3) = 0$ 즉,

$x^5 - 6x^4 + 12x^3 - 12x^2 + 11x - 6 = 0$

(※ 1. 계수가 실수인 경우 $-i$도 반드시 근이 되어야 함.

2. 계수가 실수가 아닌 경우에는 $-i$가 근이 되지 않을 수도 있음.)

03

p.202

풀이

삼차함수 : $y=(x+1)(x-2)(x-4)$

$$=x^3-5x^2+2x+8$$

사차함수 : $y=(x+1)^2(x-2)(x-4)$

$$=x^4-4x^3-3x^2+10x+8$$

오차함수 : $y=(x+1)^2(x-2)^2(x-4)$

$$=x^5-6x^4+5x^3+16x^2-12x-16$$

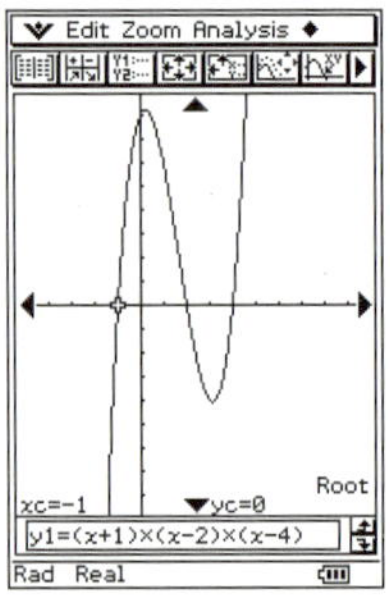

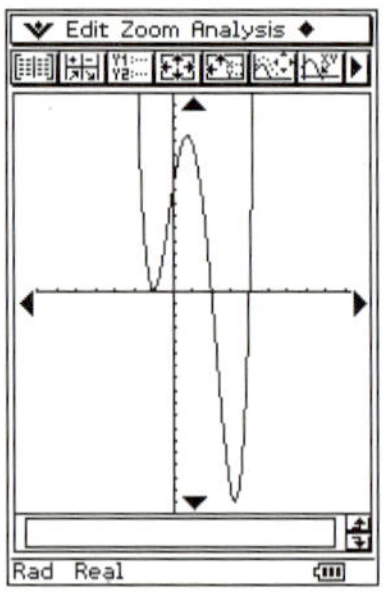

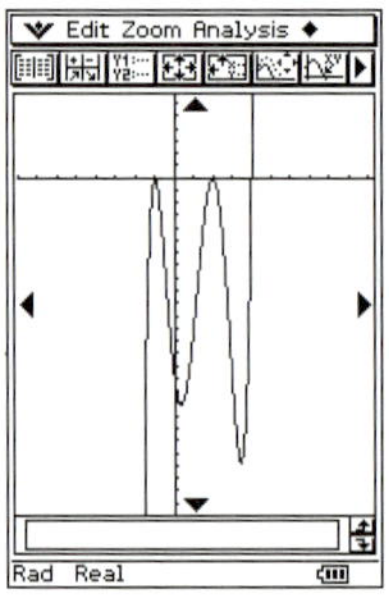

04

p.202

풀이

(1) $y=(x-1)(x-3)\left(x-\dfrac{28}{5}\right)$

$$=x^3-9.6x^2+25.4x-16.8$$

(2) $y=2(x-1)(x-3)\left(x-\dfrac{29}{5}\right)$

$$=2x^3-19.6x^2+52.4x-34.8$$

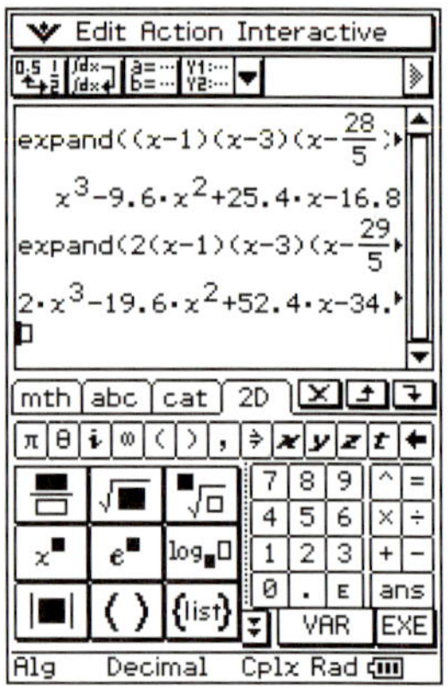

발전풀이

p.203

01

풀이

(1) 위의 표를 채우면 다음과 같다.

x	$f(x)$	$g(x)$	$\frac{f(x)}{g(x)}$
10	1000	450	2.22
20	8000	5900	1.36
30	27000	22350	1.21
40	64000	55800	1.15
50	125000	112250	1.11

(2) 1로 수렴한다.

(3) $x \to \infty$ 일 때 $\frac{f(x)}{g(x)}$는 1에 한없이 가까워지므로

$x \to \infty$ 일 때 $f(x)$와 $g(x)$는 서로 한없이 가까워짐을 알 수 있다.

따라서 $f(x)=x^3$은 $x \to \infty$ 일 때, ∞로 발산하므로 $g(x)=x^3-5x^2-5x$도 ∞로 발산함을 의미한다. 이 경우 x^2과 x의 계수가 음수일지라도 최고차인 x^3의 계수가 양수이므로 ∞로 발산하게 되는 것이다.

※ x값을 증가시켜 $\frac{f(x)}{g(x)}$와 $y=f(x)$, $y=g(x)$의 그래프를 그려보면 아래와 같다.

x	$f(x)$	$g(x)$	$\frac{f(x)}{g(x)}$
10	1000	450	2.22
20	8000	5900	1.36
30	27000	22350	1.21
40	64000	55800	1.15
50	125000	112250	1.11
…	…	…	…
200	8000000	7799000	1.03
500	125000000	123747500	1.01
1000	1000000000	994995000	1.01

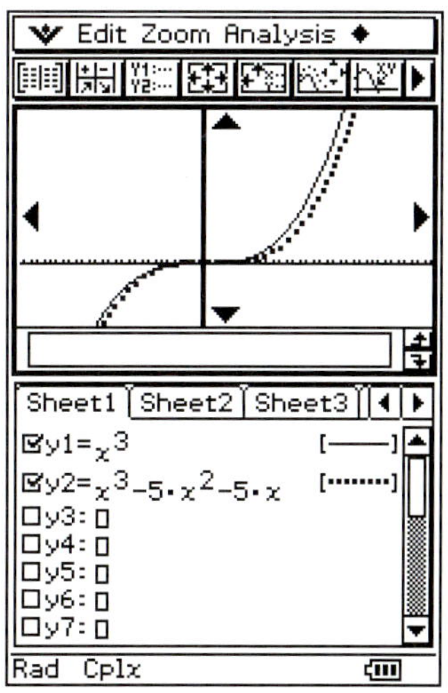

02

p.203

풀이

$a^3 - b^2 + a^5b^2 - a^2b^4 + 2a^4b - 2ab^3$ 에서

$(a^3 - b^2) + a^2b^2(a^3 - b^2) + 2ab(a^3 - b^2)$

$= (a^3 - b^2)(1 + a^2b^2 + 2ab)$

03

p.203

풀이

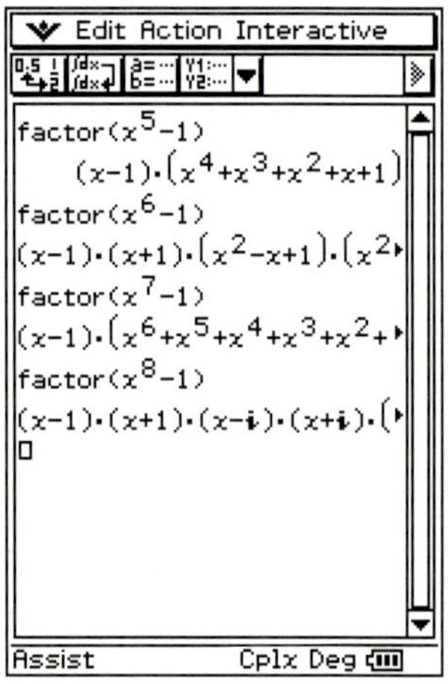

(1) $x^5 - 1 = (x-1)(x^4 + x^3 + x^2 + x + 1)$

$x^6 - 1 = (x-1)(x^5 + x^4 + x^3 + x^2 + x + 1)$

(2) $x^n - 1 = (x-1)(x^{n-1} + x^{n-2} + \cdots\ x + 1)$

※ $x^4 - 1$은 위의 예시답안에서 보듯 $(x-1)(x^3 + x^2 + x + 1)$로 분해되지만 이는 완전한 인수분해는 아니다.

$x^4 - 1 = (x-1)(x+1)(x^2+1)$

로 인수분해 된다.

04

p.204

풀이

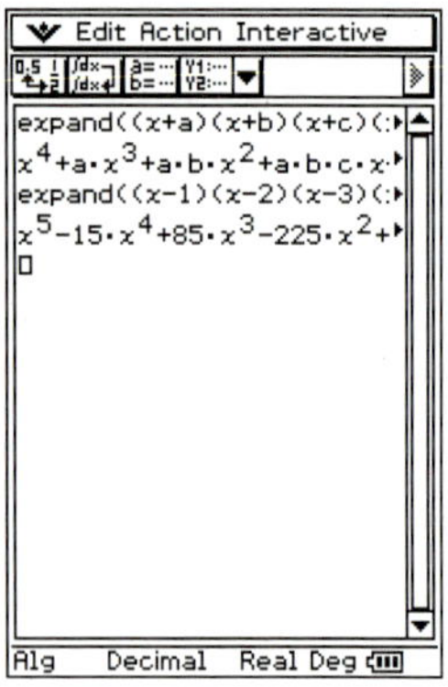

(1) $(x+a)(x+b)(x+c)(x+d) =$

$x^4 + (a+b+c+d)x^3 + (ab+ac+ad+bc+bd+cd)x^2$

$+ (abc+abd+acd+bcd)x + abcd$

(2) $(x-1)(x-2)(x-3)(x-4)(x-5)$을 전개했을 때 x^3의 계수를 구하면.

$(1\cdot2 + 1\cdot3 + 1\cdot4 + 1\cdot5 + 2\cdot3 + 2\cdot4 + 2\cdot5 + 3\cdot4 + 3\cdot5 + 4\cdot5)x^3$

$= 85x^3$이 된다. 이 경우 85는 1, 2, 3, 4, 5중 서로 다른 두 수의 곱의 합과 같다.

05

p.204

풀이

유리근 정리에 의하여 n차 다항함수 f의 유리근은 모두 다음과 같은 형태를 따른다.

$$\frac{p}{q} = \frac{\text{상수항의 약수}}{\text{최고차항 계수의 약수}}$$

따라서 a_n의 약수 r개에 대하여 a_0의 약수 s개가 가능하므로 유리근은 최대한 rs개 만들 수 있다.(단, 후에 학습 할 '대수학의 기본정리'에 의하여 $rs \le n$)

추론풀이

01

p.204

풀이

$$\begin{aligned} 8x^3+27&=0 \\ (2x+3)(4x^2-6x+9)&=0 \\ x=-\frac{3}{2},\ x&=\frac{3\pm 3\sqrt{3}i}{4} \end{aligned}$$

$$\begin{aligned} 2x^3-32x&=0 \\ 2x(x^2-16)&=0 \\ x=0,\ x^2-16&=0 \\ x=0,\ x=-4,\ x&=4 \end{aligned}$$

02

p.205

풀이

삼차방정식의 실근은 3개보다 많을 수 없다.

다항방정식 $f(x)=0$의 실근이 4개 이상이라고 하면 $f(x)$는 일차식 4개 이상의 인수로 인수분해 되므로 $f(x)$의 차수는 4이상이 된다.

한편, 삼차방정식의 실근은 적어도 하나 존재한다. 후에 학습 할 '대수학의 기본정리'와 '켤레복소근 정리'에 의해 삼차방정식의 복소근은 3개이고 허근은 켤레로 2개씩 짝을 지어 존재하므로 삼차방정식의 실근이 없을 수는 없다.

검토 : 앞에서 살펴본 바와 같이 삼차함수의 그래프는 일반적으로 "증가 ⇒ 감소 ⇒ 증가" 또는 "감소 ⇒ 증가 ⇒ 감소"의 곡선을 그리며 치역은 모든 실수이므로 x축과의 교점이 하나에서 세 점까지 생기며 교점의 개수는 실근의 개수와 같다.

03

p.205

풀이

1. 홀수차수 다항함수

최고차항의 계수가 양수, 음수 모두의 경우에 대하여 정의역과 치역이 실수전체이다.

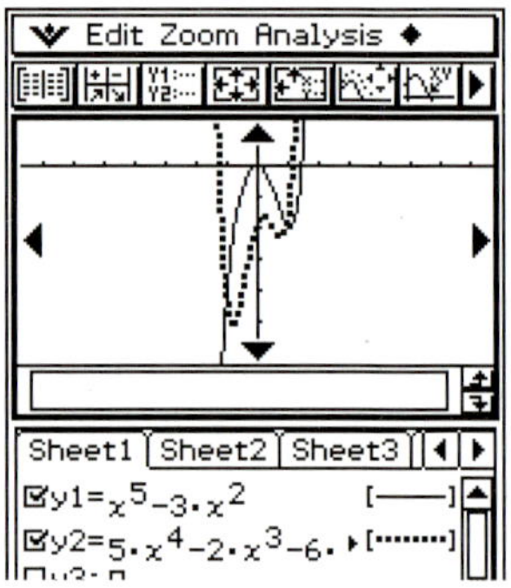

2. 짝수차수 다항함수

(1) 최고차항의 계수가 양수일 때 :

정의역은 실수전체, 치역은 $\{y \mid y \geq C_1\}$

(2) 최고차항의 계수가 음수일 때 :

정의역은 실수전체, 치역은 $\{y \mid y \leq C_2\}$

(단, C_1, C_2는 상수)

04

p.205

풀이

주어진 방정식의 x에 $1-i$를 대입하면 0이 되어 $1-i$는 근이 되지만 $1-i$의 켤레복소수 $1+i$는 대입해 보면 근이 되지 않는다. 이 경우 켤레복소근 정리를 따르지 않는 것은 주어진 삼차방정식의 상수항이 허수인 $4+6i$이기 때문이다. 켤레복소근정리는 계수가 실수인 다항방정식에 대해서 성립한다.

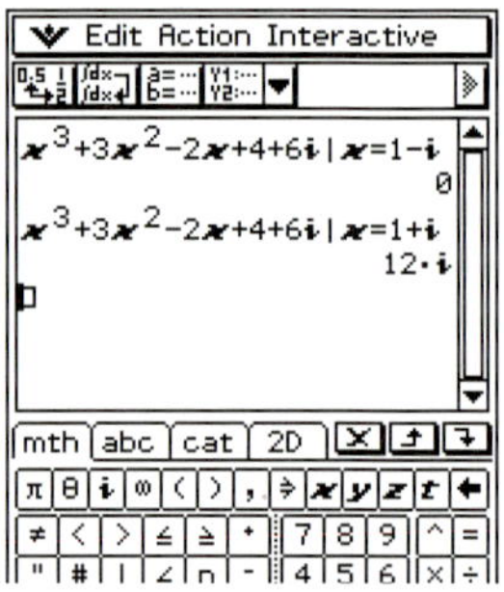

05

p.205

풀이

(1) 근의 부호에 대한 오류를 범함.

바른 그래프

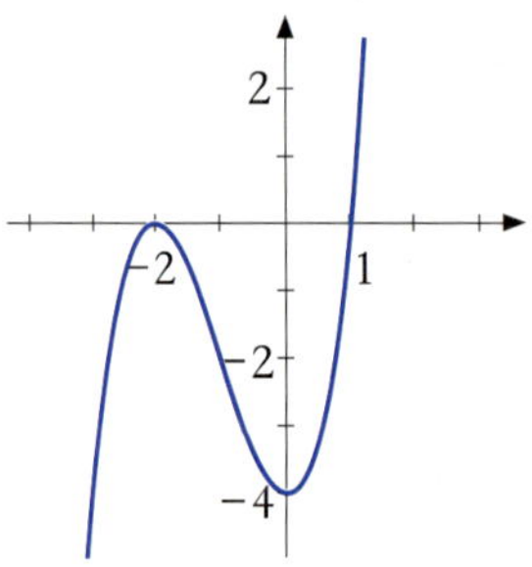

(2) 주어진 함수는 사차함수이다.

바른 그래프

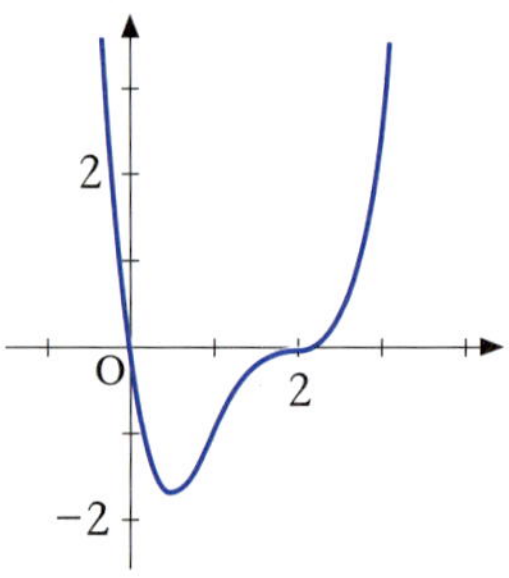

06

p.206

풀이

1. (1) $x^3+2x^2=2016$ ----------→ 주어진 방정식

$\frac{1}{2^3}x^3+\frac{2}{2^3}x^2=\frac{2016}{2^3}$ ----------→ 양변에 $\frac{1^2}{2^3}$을 곱한다

$\left(\frac{x}{2}\right)^3+\left(\frac{x}{2}\right)^2=252$ ----------→ 세제곱과 제곱의 합으로 식을 변형

$y^3+y^2=252$ ----------→ $\frac{x}{2}=y$로 치환

주어진 식은 $y^3+y^2=252$의 꼴로 변형되며 주어진 식에 $y=1,\ 2,\ 3\cdots$ 일 때의 값을 각각 확인해보면 $y=6$일 때 식을 만족함을 알 수 있다. 즉 주어진 방정식의 근은 $\frac{x}{2}=y$에서 $y=6$일 때 x값이므로 $x=12$가 된다.

(2) $2x^3+3x^2=540$ ----------→ 주어진 방정식

$\frac{2^3}{3^3}x^3+\frac{2^2}{3^2}x^2=540\times\frac{2^2}{3^3}$ ----------→ 양변에 $\frac{2^2}{3^3}$을 곱한다

$\left(\frac{2x}{3}\right)^3+\left(\frac{2x}{3}\right)^2=80$ ----------→ 세제곱과 제곱의 합으로 식을 변형

$y^3+y^2=80$ ----------→ $\frac{2x}{3}=y$로 치환

주어진 식은 $y^3+y^2=80$의 꼴로 변형되며 주어진 식에 $y=1,\ 2,\ 3\cdots$ 일 때의 값을 각각 확인해보면 $y=4$일 때 식을 만족함을 알 수 있다. 즉 주어진 방정식의 근은 $\frac{2x}{3}=y$에서 $y=4$일 때 $x=4\times\frac{3}{2}=6$이 된다.

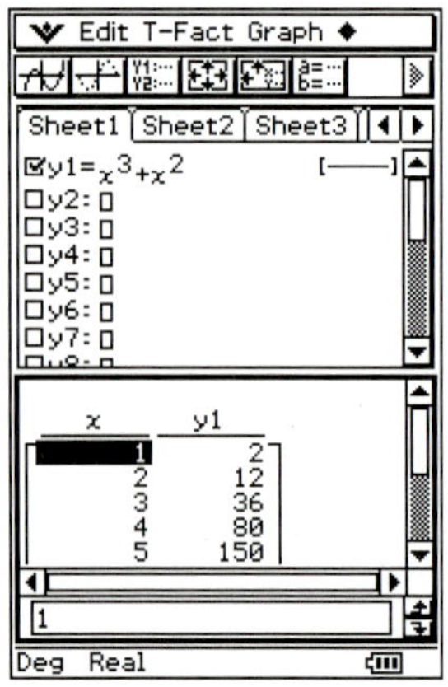

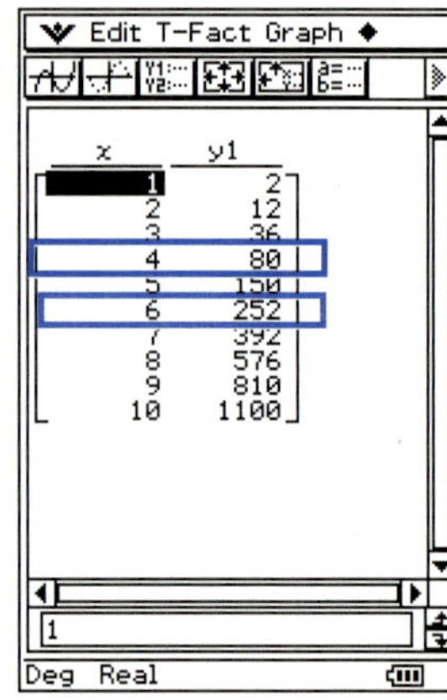

2. $2x^4 + 3x^3 = 15309$ ----------→ 주어진 방정식

$\dfrac{2^4}{3^4}x^4 + \dfrac{2^3}{3^3}x^3 = \dfrac{122472}{3^4}$ ----------→ 양변에 $\dfrac{2^3}{3^4}$을 곱한다

$\left(\dfrac{2x}{3}\right)^4 + \left(\dfrac{2x}{3}\right)^3 = 1512$ ----------→ 네제곱과 세제곱의 합으로 식을 변형

$y^4 + y^3 = 1512$ ----------→ $\dfrac{2x}{3} = y$로 치환

주어진 식은 $y^4 + y^3 = 1512$의 꼴로 변형되며 주어진 식에 $y = 1,\ 2,\ 3\cdots$ 일 때의 값을 각각 확인해보면 $y = 6$일 때 식을 만족함을 알 수 있다. 즉 주어진 방정식의 근은 $\dfrac{2x}{3} = y$에서 $y = 6$일 때 x값이므로 $x = 9$가 된다.

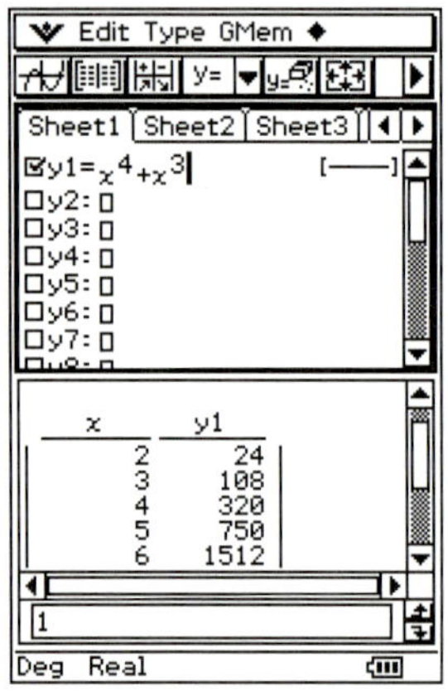

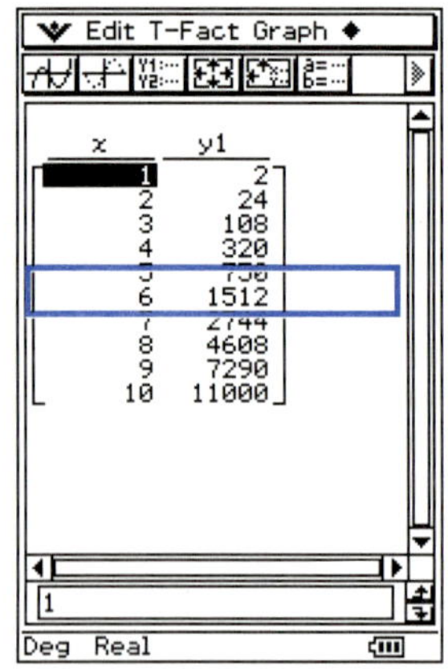

증명풀이

01

p.206

이해 : • 주어진 것 : ① $a^m \div a^n = a^{m-n}$

② $a^0 = 1$

• 증명해야 할 것 : $a^{-n} = \dfrac{1}{a^n}\ (a \neq 0)$

풀이

$\dfrac{a^0}{a^n} = a^{0-n}$ (거듭제곱의 성질)

$\dfrac{1}{a^m} = a^{-n}$ (지수 성질)

02

p.206

이해 : • 주어진 것 : ① $a^m \times a^n = a^{m+n}$

② $a^{-n} = \dfrac{1}{a^n}$, $a \neq 0$

• 증명해야 할 것 : $a^m \div a^n = a^{m-n}$

풀이

$\dfrac{a^m}{a^n} = a^m \cdot \dfrac{1}{a^n} = a^m \cdot a^{-n}$ 지수의 성질

$= a^{m+(-n)} = a^{m-n}$ 거듭제곱의 성질

03

p.206

풀이

대수학의 기본 정리에 의하여 삼차방정식의 근은 모두 3개 이며, 켤레 복소수 정리에 의하여 만약 나머지 근이 허수라면 그 근의 켤레복소수도 근이 되어야 하므로 삼차방정식의 근이 4개가 되어 대수학의 기본정리에 모순이 된다. 따라서 나머지 한 근은 반드시 실수여야 한다.

04

p.206

이해 : 계수가 실수인 다항방정식 $f(x)=0$에 대하여 $a+bi$가 근이면 켤레복소수 $a-bi$도 근이다. (a, b는 실수)

풀이

주어진 방정식의 근이 $\alpha+\beta i$라면 $a(\alpha+\beta i)^2+b(\alpha+\beta i)+c=0$ 이 성립하고 전개 후 정리하면 $(a\alpha^2-a\beta^2+b\alpha+c)+(2a\alpha\beta+b\beta)i=0$이므로

$$a\alpha^2-a\beta^2+b\alpha+c=0,\ 2a\alpha\beta+b\beta=0\text{이다.}$$

따라서 $(a\alpha^2-a\beta^2+b\alpha+c)-(2a\alpha\beta+b\beta)i=0$이고 $a(\alpha-\beta i)^2+b(\alpha-\beta i)+c=0$이므로 $\alpha-\beta i$도 근이 된다.

(다른풀이) $z=\alpha+\beta i$가 근이면 $az^2+bz+c=0$이고 $\overline{az^2+bz+c}=\overline{0}$이다. 한편, $\overline{az^2+bz+c}=\overline{a}\,\overline{z^2}+\overline{b}\,\overline{z}+\overline{c}=a\overline{z}^2+b\overline{z}+c=0$이므로 $\overline{z}$도 근이다.

C·H·A·P·T·E·R 5

5장 제곱근과 역함수

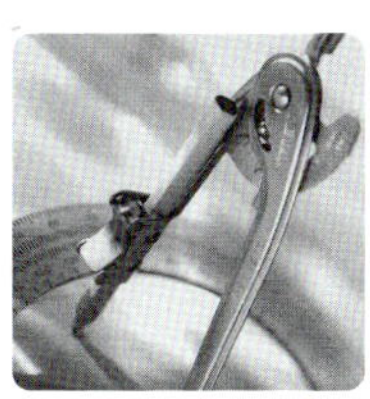

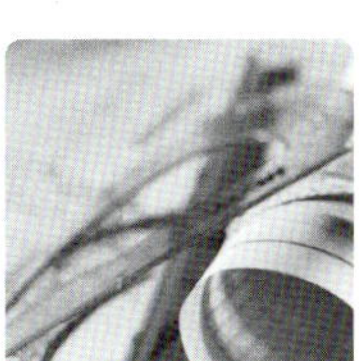

5.1 제곱근

핵심개념

- 핵심용어
  거듭제곱근
  유리지수

▸ n제곱근

정수 $n(n>1)$에 대하여 a가 실수일 때, $x^n=a$를 만족하는 수 x를 a의 n제곱근이라 한다.

▸ n제곱근 중 실수

〈n이 짝수일 때〉

- $a<0$ n제곱근 중에서 실수인 것은 없다.
- $a=0$ n제곱근 중에서 실수인 것은 한 개 : $\sqrt[n]{0}=0$
- $a>0$ n제곱근 중에서 실수인 것은 두 개 : $\pm\sqrt[n]{a}=\pm a^{1/n}$

〈n이 홀수일 때〉

- $a<0$ n제곱근 중에서 실수인 것은 한 개 : $\sqrt[n]{a}=a^{1/n}$
- $a=0$ n제곱근 중에서 실수인 것은 한 개 : $\sqrt[n]{0}=0$
- $a>0$ n제곱근 중에서 실수인 것은 한 개 : $\sqrt[n]{a}=a^{1/n}$

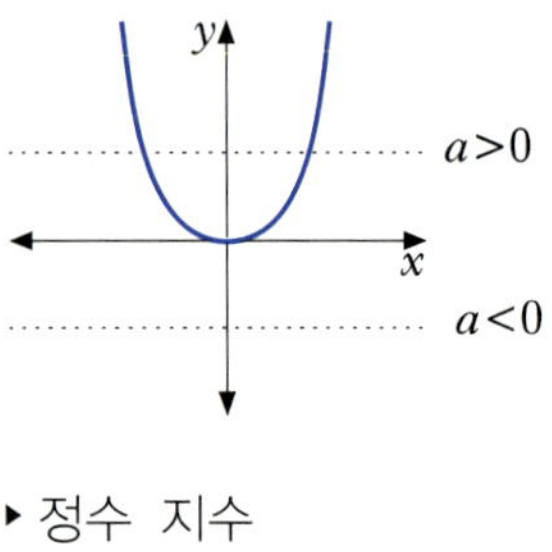

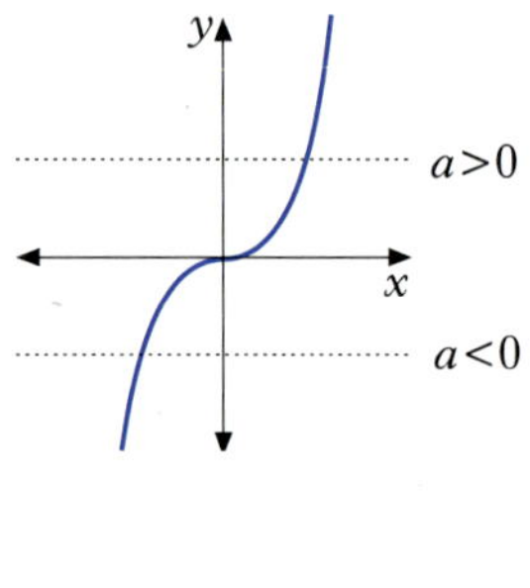

▸ 정수 지수

$a\neq 0$이고, m이 양의 정수일 때

$$a^0=1,\ a^{-m}=\frac{1}{a^m}$$

▸ a의 n제곱근을 $a^{1/n}$라 하고, m은 양의 정수일 때

$$a^{m/n} = \left(a^{1/n}\right)^m = \left(\sqrt[n]{a}\right)^m$$

$$a^{-m/n} = \frac{1}{a^{m/n}} = \frac{1}{\left(a^{1/n}\right)^m} = \frac{1}{\left(\sqrt[n]{a}\right)^m}, \quad a \neq 0$$

▸ 유리지수의 성질 ($a > 0$, $b > 0$일 때, m, n이 유리수)

- $a^m \cdot a^n = a^{m+n}$
- $\left(a^m\right)^n = a^{mn}$
- $\dfrac{a^m}{a^n} = a^{m-n}$
- $\left(\dfrac{a}{b}\right)^m = \dfrac{a^m}{b^m}$

▸ 제곱근의 성질 ($a > 0$, $b > 0$일 때, n은 유리수)

- $\sqrt[n]{a \cdot b} = \sqrt[n]{a} \cdot \sqrt[n]{b}$
- $\sqrt[n]{\dfrac{a}{b}} = \dfrac{\sqrt[n]{a}}{\sqrt[n]{b}}$

▸ $\sqrt[n]{x^n}$ 의 값 (n은 유리수)

- n이 홀수 일 때 $\sqrt[n]{x^n} = x$ $\quad \left(\begin{array}{l} \sqrt[7]{5^7} = 5 \\ \sqrt[7]{(-5)^7} = -5 \end{array}\right)$

- n이 짝수 일 때 $\sqrt[n]{x^n} = |x|$ $\quad \left(\begin{array}{l} \sqrt[4]{3^4} = 3 \\ \sqrt[4]{(-3)^4} = |-3| = 3 \end{array}\right)$

개념이해 고등어 무게와 길이

태평양, 대서양, 인도양의 온대 및 아열대 해역에 널리 분포하고 있는 고등어의 무게 w(g)와 길이 l(cm)에 대한 관계는 다음과 같다고 한다.

$$w = 0.0159l^3$$

고등어의 무게가 200g일 때, 길이는 얼마정도 되겠는가?

풀이 고등어의 무게가 200g이므로 w에 200을 대입하여 길이 l을 구한다.

$$w = 0.0159l^3$$

$$200 = 0.0159l^3$$

$$12579 \fallingdotseq l^3$$

$$\sqrt[3]{12579} \fallingdotseq l$$

$$23.26 \fallingdotseq l$$

따라서 고등어의 무게가 200g일 때, 길이는 약 23.26cm 정도 될 것이다.

문제해결

1 정다면체 주사위

모서리 길이가 16mm인 정육면체와 부피가 같도록 정다면체 주사위를 만들려고 한다. 아래 표는 한 모서리의 길이가 x인 정다면체 부피를 보여준다.

	정사면체	정팔면체	정십이면체	정이십면체
	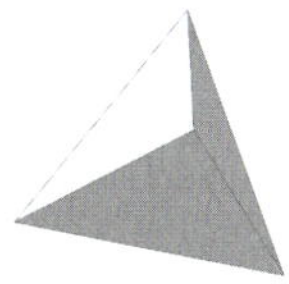	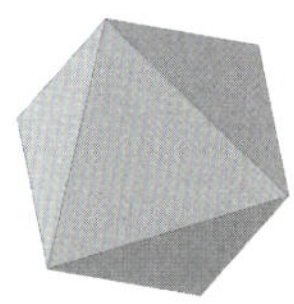	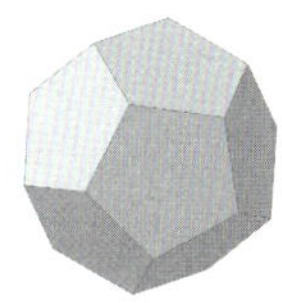	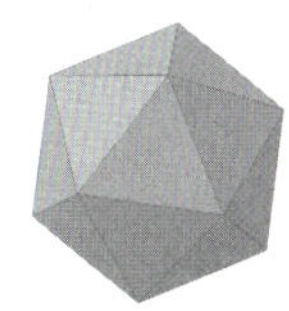
부피	$V=0.118x^3$	$V=0.471x^3$	$V=7.663x^3$	$V=2.182x^3$

(1) 모서리 길이가 16mm인 정육면체 주사위의 부피는 얼마인가?

(2) 정다면체 주사위의 한 모서리 x를 각각 구하시오.

(3) 면의 수가 많을수록 모서리 길이는 짧아진다고 할 수 있는가? 설명하시오.

2 강의 속도

강을 따라 흘러갈 수 있는 입자의 질량은 강물 속도의 여섯 제곱에 비례한다. 어떤 강물이 초속 1미터로 흐른다고 할 때 다음 물음에 답하시오.

(1) 2배 질량의 입자가 강을 따라 흘러가려면 강물의 속도는 최소한 얼마가 되어야 하는가?

(2) 입자의 질량이 10배인 경우 최소 강물 속도는 얼마인가?

(3) 입자의 질량이 또 100배인 경우 최소 강물의 속도는 얼마인가?

3 별의 겉보기 등급

별의 겉보기 등급은 다른 별과 비교해서 얼마나 어둡게 보이는지 나타내는 수치이다. 등급 m_1인 별이 등급 m_2인 별보다 몇 배나 어두운지를 나타내는 식은 다음과 같다.

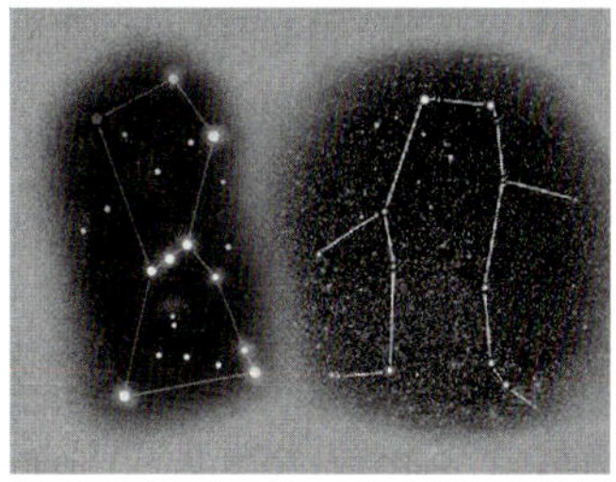

$$\frac{2.512^{m_1}}{2.512^{m_2}}$$

또한, 다음 표는 오리온 자리와 쌍둥이 자리 별의 겉보기 등급이다.

별	겉보기 등급	별자리
리겔(Rigel)	0.18	오리온 자리
폴룩스(Pollux))	1.16	쌍둥이 자리
카스토르(Castor)	1.58	쌍둥이 자리

(1) 폴룩스는 리겔보다 몇 배 어두운가?

(2) 카스토르는 폴룩스보다 몇 배 어두운가?

(3) 카스토르는 리겔보다 몇 배 어두운가?

4 풍선의 겉넓이

구 모양의 풍선 두 개에 물을 채우는데, 노랑 풍선보다 파랑 풍선에 두 배의 물을 채웠다. 채워진 물에 의해 부풀려진 두 풍선의 겉넓이를 비교하시오.

5.2 합성함수와 역함수

핵심개념

• 핵심용어
합성함수

▸ 두 함수 $f: X \rightarrow Y$, $g: Y \rightarrow Z$ 일 때, X의 임의의 원소 x에 대하여 Z의 임의의 원소 $g(f(x))$를 대응시키는 X에서 Z로의 함수를 f와 g의 합성함수라 하고, $g \circ f$ 로 나타낸다. 즉,

$$g \circ f : X \rightarrow Z, \quad (g \circ f)(x) = g(f(x))$$

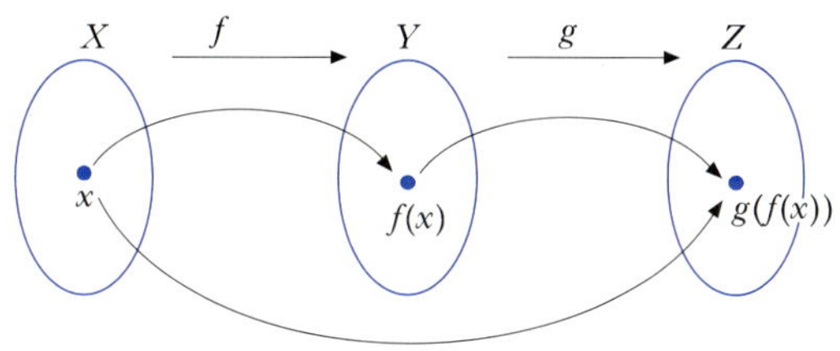

▸ 함수 $f: X \rightarrow Y$ 가 일대일 대응일 때, Y에서 X로의 함수를 f의 역함수라고 하고, f^{-1} 로 나타낸다. 즉,

$f: X \rightarrow Y$일 때, $f^{-1}: Y \rightarrow X$

※ f^{-1}를 "f inverse"라고 읽는다.

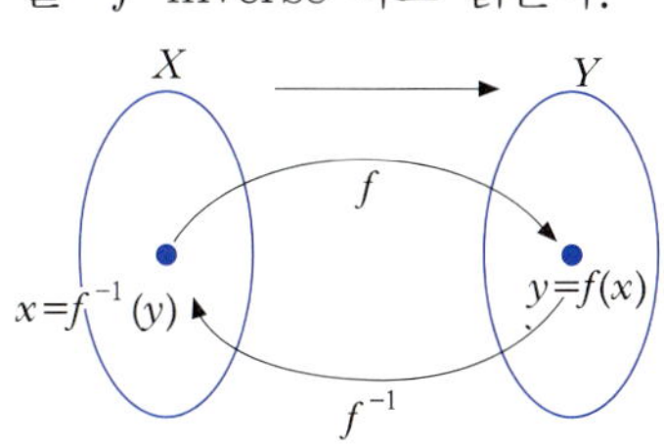

▸ 역함수 판정법

함수 $y = f(x)$ 그래프가 x축에 평행인 직선과 한 점에서만 만나면, $f^{-1}(x)$가 존재한다.

개념이해 운동화 가게

운동화를 파는 가게에서는 운동화를 2켤레 사면 가격의 10 %를 할인하여 준다. 창수는 이 가게에서 물건을 살 때 2켤레를 사면 9000원을 싸게 살 수 있는 쿠폰이 있다. 운동화 2켤레의 가격이 86000원일 때 쿠폰과 10% 할인 중 어떤 것을 먼저 적용하는 것이 유리한가?

이해
- 주어진 것 : 운동화 2켤레의 가격 86000원
- 구해야할 것 : 10% 할인 가격과 9000원 할인 가격

계획 10% 할인과 9000원 할인에 대한 함수식 $f(x)$, $g(x)$를 각각 세우고, $f(g(x))$와 $g(f(x))$을 구하여 비교한다.

풀이 9000원 쿠폰에 대한 함수: $f(x)=x-9000$

10% 할인에 대한 식: $g(x)=x-0.1x=0.9x$

(i) 9000원 쿠폰을 먼저 적용하는 경우

$$\begin{aligned} g(f(x)) &= g(x-9000) \\ &= 0.9(x-9000) \\ &= 0.9x-8100 \end{aligned}$$

(ii) 10% 할인을 먼저 적용하는 경우

$$\begin{aligned} f(g(x)) &= f(0.9x) \\ &= 0.9x-9000 \end{aligned}$$

운동화 2켤레 가격 x는 86000이므로

(i)의 경우 $0.9\times86000-8100=69300$

(ii)의 경우 $0.9\times86000-9000=68400$

따라서 (ii)의 경우 즉 10% 할인을 먼저 받는 것이 유리하다.

검토 10% 할인을 먼저 받는 것이 유리하다.

할인율을 r이라 하고 할인금액을 y라 하면

(i)의 경우는 $\frac{r}{100}(x-y)$

(ii)의 경우는 $\frac{r}{100}x-y$

값의 차이를 비교하면

$$\begin{aligned}(\text{i})-(\text{ii}) &= \frac{r}{100}(x-y)-\left\{\frac{r}{100}x-y\right\} \\ &= \frac{r}{100}x-\frac{r}{100}y-\frac{r}{100}x+y \\ &= y-\frac{r}{100}y \quad > 0 \quad \left(\because \frac{r}{100}<1\right)\end{aligned}$$

따라서 할인율과 할인금액에 관계없이 할인율을 먼저 적용받는 것이 더 유리하다.

1 역함수의 이해

다음 설명의 참, 거짓을 판정하시오

(1) $f(x)=x^n$(n은 양의 짝수) 일 때, f의 역은 함수이다.

(2) $f(x)=x^n$(n은 양의 홀수) 일 때, f의 역은 함수이다.

(3) $f(x)=c$(c는 상수) 일 때, f의 역함수는 $x=c$이다.

문제해결

1 해수욕장 구조요원

해수욕장에서 수영을 하던 사람이 D지점에서 위험에 처해있다. 해수욕장 구조요원이 A지점에서 발견을 하고 B지점까지는 초속 11m로 달려가고, D지점을 향하여 B지점에서 바다에 뛰어 들었다. 바다에서는 초속 4m로 수영을 하였다. 빨리 D지점에 도착하기 위한 $\overline{BC}$의 거리를 구하시오.(단, $\overline{AC}=60\text{m}$, $\overline{CD}=24\text{m}$, $\overline{AC}\perp\overline{CD}$)

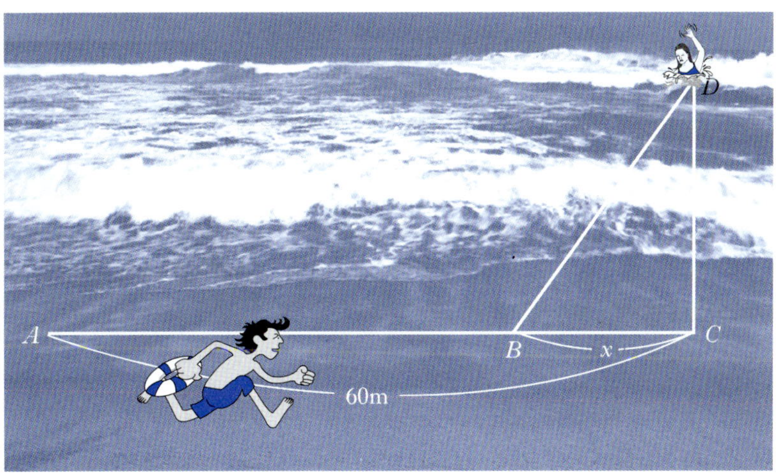

2 합성함수의 응용

바빌로니아인들은 $\sqrt{n}$을 구하기 위하여 다음과 같은 식을 사용 하였다.

$$f(x) = \frac{x + \frac{n}{x}}{2}$$

(1) $\sqrt{3}$을 구하기 위해 $x=1$을 초깃값으로 했을 때, $f(1)$, $f(f(1))$, $f(f(f(1)))$을 구하시오.

(2) $\sqrt{3}$의 소수 여섯째자리 수를 구하기 위해 함수를 몇 번 합성해야 하는가?

(3) $\sqrt{3}$의 근삿값을 반올림하여 소수 여덟째자리까지 구하시오.

(4) $\sqrt{17}$의 근삿값을 같은 방법으로 반올림하여 소수 여섯째자리까지 구하시오.

3 섭씨와 화씨

우리는 보통 온도를 나타낼 때 섭씨(°C)를 사용한다. 이 섭씨온도를 화씨(°F)로 바꾸는 식은 $°F = \frac{9}{5}°C + 32$이다.

(1) 함수 °F의 역함수를 구하시오.

(2) 함수 °F와 °F의 역함수 그래프를 그리시오.

(3) 두 그래프가 만나는 점의 온도를 찾으시오.

4 역함수의 예

다음을 순서대로 답하시오.

(1) $y=x$와 $y=-x$의 역함수를 각각 구하시오.

(2) 역함수가 원래 함수와 같은 이유를 설명하시오.

(3) 이와 같은 일차함수의 예를 찾으시오.

(4) 이와 같은 일차함수의 일반적인 식을 찾으시오.

(5) 일차함수 외에 이와 같은 함수가 있는지 찾으시오.

5.3 무리함수

핵심개념

- 핵심용어
  무리함수
  무리방정식
  무연근

▸ 무리함수 $y=a\sqrt{x}$ 와 $y=a\sqrt[3]{x}$

• $a>0$ 일 때

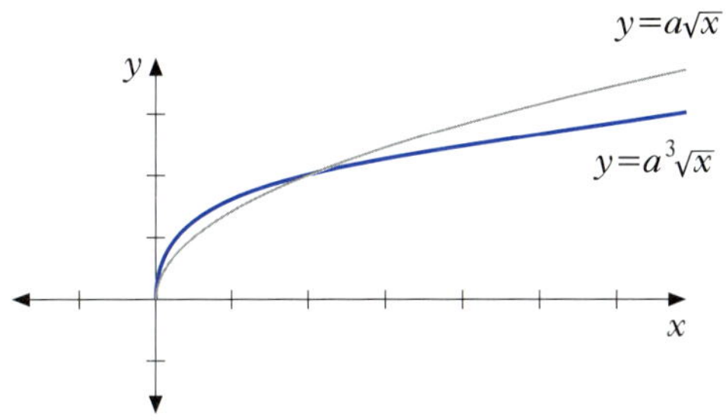

• $a<0$ 일 때

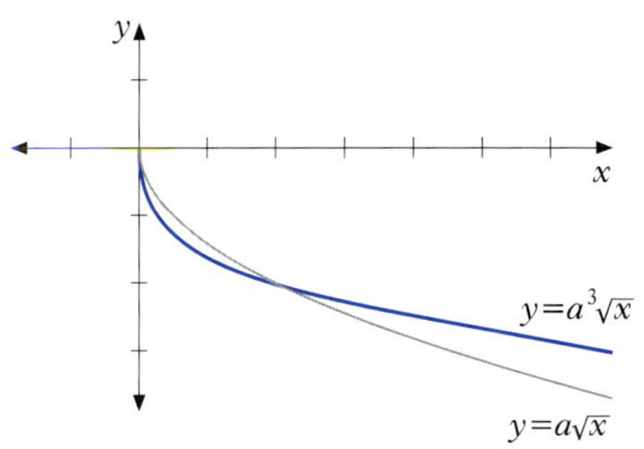

▸ 무리함수의 평행이동

$y=a\sqrt{x-h}+k$와 $y=a\sqrt[3]{x-h}+k$의 그래프 그리기

(1) $y=a\sqrt{x}$ 와 $y=a\sqrt[3]{x}$ 의 그래프를 그린다.

(2) (1)에서 그린 그래프를 각각 x축으로 h만큼, y축으로 k만큼 평행이동 한다.

▸ 무리방정식의 해법

(1) 무리식을 한쪽 변으로 이항시킨다.
(2) 양변을 거듭제곱하여 근호를 없앤다.
(3) (2)에서 구한 다항방정식을 푼다.
(4) 무연근을 찾아 제외시킨다.

※ 무연근 : 무리방정식을 다항식으로 된 방정식으로 고쳐서 구한 근 중에는 원래의 무리방정식의 근이 아닌 것이 포함될 수 있는데, 이와 같은 근을 무리방정식의 무연근이라 한다.

개념이해 무리방정식

(TYPE Ⅰ) 다음 무리방정식 $\sqrt[3]{2x+5}=3$을 푸시오.

(TYPE Ⅱ) 다음 방정식 $\sqrt{(16x)^3}=1728$을 푸시오.

(TYPE Ⅲ) 다음 방정식 $x+1=\sqrt{11x+11}$을 푸시오.

(TYPE Ⅳ) 다음 방정식 $\sqrt{x+2}+1=\sqrt{3-x}$을 푸시오.

풀이

(TYPE Ⅰ) $\sqrt[3]{2x+5}=3$: 주어진 방정식

$(\sqrt[3]{2x+5})^3 = 3^3$: 양변을 세제곱한다.

$2x+5=27$: 간단하게 식을 정리한다.

$2x=22$: 양변에 똑같이 5을 뺀다.

$x=11$: 양변을 2로 나눈다.

(TYPE Ⅱ) $64x^{\frac{3}{2}}=1728$: 주어진 방정식을 지수 꼴로 변형한다.

$x^{\frac{3}{2}}=27$: 양변을 4로 나눈다.

$(x^{\frac{3}{2}})^{\frac{2}{3}}=27^{\frac{2}{3}}$: 양변을 $\frac{2}{3}$ 제곱한다.

$x=9$: 구하고자 하는 값

(TYPE Ⅲ) $x+1=\sqrt{11x+11}$: 주어진 방정식

$(x+1)^2=(\sqrt{11x+11})^2$: 양변을 제곱한다.

$x^2+2x+1=11x+11$: 식을 전개한다.

$x^2-9x-10=0$: x에 대한 방정식으로 정리한다.

$(x+1)(x-10)=0$: 인수분해 한다.

$x+1=0$ 또는 $x-10=0$

$x=10$ 또는 $x=-1$

(TYPE Ⅳ) $\sqrt{x+2}+1=\sqrt{3-x}$: 주어진 방정식

$(\sqrt{x+2}+1)^2=(\sqrt{3-x})^2$: 양변을 제곱한다.

$x+2+2\sqrt{x+2}+1=3-x$: 제곱하여 주어진 식을 전개한다.

$2\sqrt{x+2}=-2x$: 무리식을 한쪽으로 이항한다.

$\sqrt{x+2}=-x$: 양변을 2로 나눈다.

$(\sqrt{x+2})^2=(-x)^2$: 양변을 제곱한다.

$0=x^2-x-2$: 주어진 식을 전개하여 x에 대한 방정식으로 만든다.

$0=(x-2)(x+1)$: 인수분해 한다.

$x-2=0$ 또는 $x+1=0$

$x=2$ 또는 $x=-1$

- 그런데 $x=2$이면 주어진 방정식을 만족하지 않으므로 $x=2$는 무연근이다.

따라서 $x=-1$

1 진자운동

진자의 주기는 진자에 달린 추가 한 번 왕복할 때를 말한다. 진자의 주기(T)와 길이(l)에 관한 식이 다음과 같다.

$$T = 2\pi\sqrt{\frac{l}{g}} \quad (g\text{:중력가속도 } 9.8\text{m/s}^2)$$

공학용 계산기를 이용하여 진자의 주기가 3초 일 때, 진자의 길이는 얼마인지 알아보시오.

2 함수의 그래프

다음 그래프에 알맞은 식을 〈보기〉에서 고르시오.

(1)

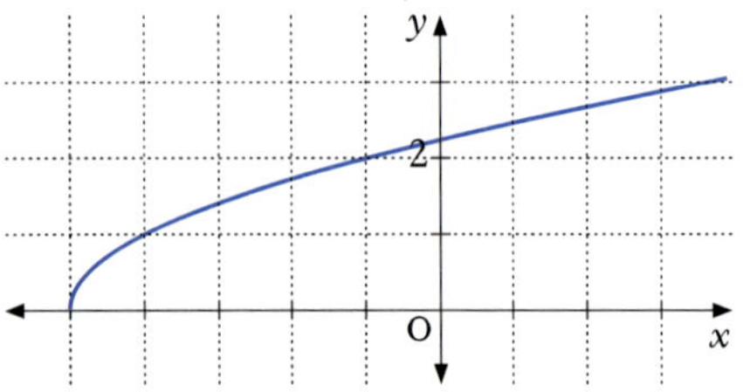

(2)

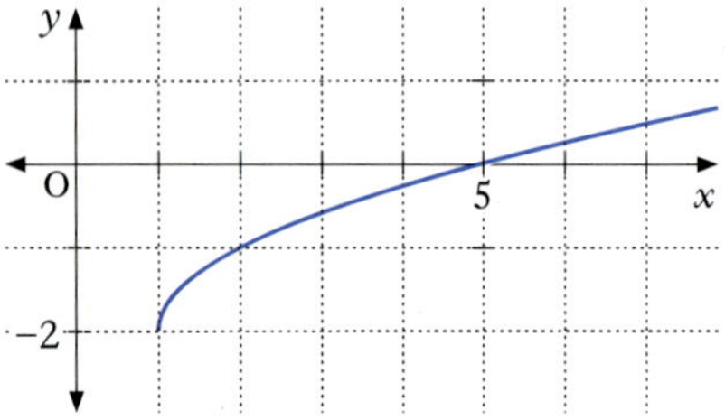

(3)

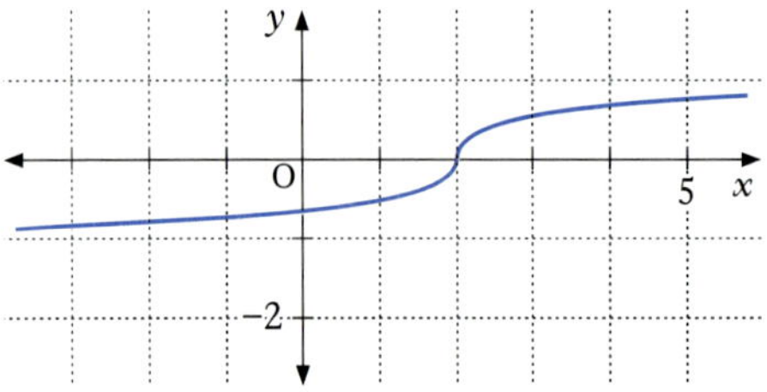

(4)

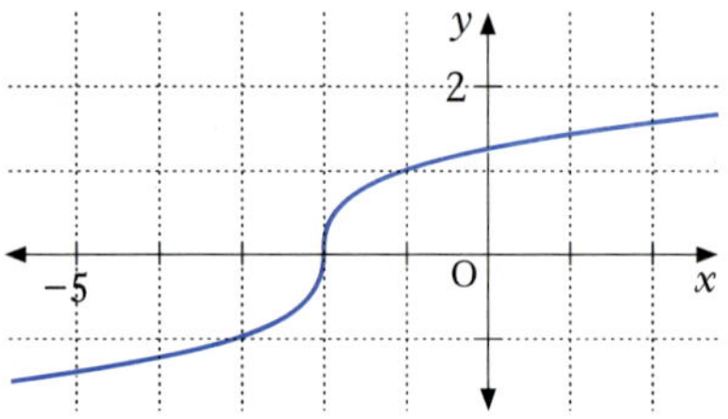

〈보기〉

(가) $y=\sqrt{x-1}-2$　(나) $y=\sqrt{x-5}$　(다) $y=\sqrt[3]{x}+2$

(라) $y=\sqrt{x+5}$　(마) $y=\frac{1}{2}\sqrt[3]{x-2}$　(바) $y=\frac{1}{2}\sqrt[3]{x+2}$

문제해결

1 그래프의 모양

$y=\sqrt[4]{x}$, $y=\sqrt[5]{x}$ $y=\sqrt[6]{x}$ $y=\sqrt[7]{x}$의 그래프를 공학용 계산기 또는 컴퓨터를 이용하여 그려보고, $y=\sqrt[n]{x}$에서 n이 짝수일 때와 홀수일 때의 그래프의 모양을 일반화하시오.

2 스카이다이버의 종단속도

자유낙하하는 물체에 작용하는 저항력과 중력이 비겨서 더 이상 가속도를 받지 않을 때의 속도를 종단 속도(terminal velocity)라고 한다.

한 스카이다이버 동우회에서 스카이다이빙을 할 때, 스카이다이버의 체중과 공기에 맞닿는 넓이에 대한 종단속도가 다음과 같다고 한다.

$$V=\sqrt{\frac{mg}{k}}$$ (m : 체중, g : 중력가속도, k : 비례상수)

다음 물음에 답하시오.

(1) 체중이 72kg인 스카이다이버의 종단속도를 구하시오.
(단, 중력가속도 $g=9.8\text{m/s}^2$, 비례상수 $k=0.25$)

(2) 체중이 60kg, 65kg, 70kg, 75kg, 80kg인 스카이다이버들의 종단속도를 구하여 표로 나타내시오.

(3) (2)에서 구한 값을 이용하여 그래프를 그리시오.

3 원뿔의 겉넓이

밑면의 반지름이 r이고, 모선의 길이가 1인 원뿔의 겉넓이 S는 다음과 같다.

$$S=\pi r+\pi r^2$$

(1) r을 S에 관한 식으로 정리하시오.

(2) 그래픽 계산기를 통해 (1)에서 구한 $r(S)$의 그래프를 그리시오.

(3) 원뿔의 겉넓이가 $\frac{7}{4}\pi$ 일 때, 반지름의 길이를 계산기를 사용하여 구하시오.

(4) 겉넓이 $S(r)=\pi r+\pi r^2$을 유도하시오.

4 체공시간

몸이 공중에 떠 있는 시간을 체공시간이라 한다. 점프 높이 h와 체공시간 t에 대한 관계식은 다음과 같다.

$$t=\frac{1}{2}\sqrt{h} \text{ (단위 } t\text{는 초, } h\text{는 ft(피트))}$$

일반적으로 농구선수의 체공시간은 0.81초, 캥거루의 체공시간은 1.12초일 때 다음의 물음에 답하시오

(1) 1ft=30.5cm라 할 때, 농구선수와 캥거루의 점프 높이를 각각 구하시오

(2) 농구선수와 캥거루의 체공시간을 2배로 한다면 점프 높이는 어떻게 되는지 설명하시오.

5 보퍼트 풍력계급

보퍼트 풍력계급(B)은 바람의 속도(s)에 따라 아래와 같이 0에서 12까지 총 13단계로 바람의 세기를 구분한다. 바람의 속도에 따른 각 단계의 등급을 구분하는 식이

$$B = 1.69\sqrt{\frac{s}{1.6} + 4.25} - 3.55$$

라 할 때, 다음 물음에 답하시오.(단, 바람의 속도(s) 단위는 km/h)

〈보퍼트 풍력계급〉

계 급 (단계)	명 칭	계 급 (단계)	명 칭
0	고요 (calm)	7	센바람 (near gale)
1	실바람 (light air)	8	큰바람 (gale)
2	남실바람 (light breeze)	9	큰센바람 (strong gale)
3	산들바람 (gentle breeze)	10	노대바람 (strom)
4	건들바람 (moderate breeze)	11	왕바람 (violent storm)
5	흔들바람 (fresh breeze)	12	싹쓸이바람 (hurricane)
6	된바람 (strong breeze)		

(1) $B=0$, $B=9$일 때 바람의 속도를 구하고, 그 때의 대기상태를 추측하시오.

(2) 흔들바람(fresh breeze)이 될 때 바람의 속도의 범위를 구하시오.

ICT 활용 그래핑 소프트웨어를 활용하여 함수의 최댓값 구하기

☞ Web에서 무상으로 제공하는 소프트웨어 Graphing Calculator를 활용하면 그래프를 문제해결의 도구로 사용할 수 있다.(http://javaboutique.internet.com/graphcalc/)

1 가로와 세로가 각각 3m와 4m인 함석판의 네 귀퉁이에서 크기가 같은 정사각형을 잘라내고 남은 부분으로 뚜껑이 없는 직육면체 모양의 물통을 만들려고 한다. 물통의 들이를 최대로 하려면 귀퉁이에서 한 변의 길이가 얼마인 정사각형을 잘라내야 하는가?

풀이 : 물통의 들이(y)를 귀퉁이 정사각형 한 변의 길이(x)에 관한 식으로 나타내면, $y=(3-2x)(4-2x)x$이다.
이 함수의 그래프를 그려서 y값이 최대가 되는 x값을 구하면 된다.

그래프로 풀기

(1) 식을 입력한다. (그림 1의 직사각형 부분)

(2) 그래프 그리고 (식 아래 부분 **Graph** 클릭), Zoom을 설정(스크로바 조작)으로 그래프 크기를 조절한다.

Graphing Calculator

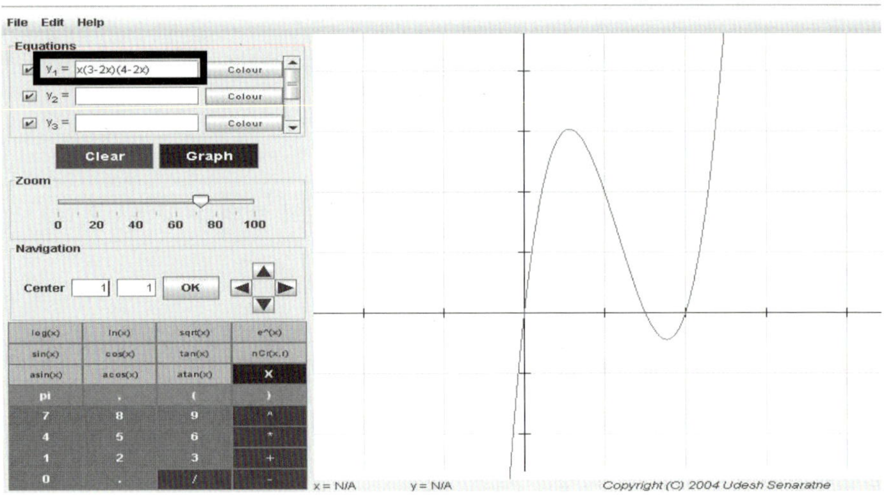

그림 1

(3) 마우스를 y가 최대인 점(그림 2 원 내부)으로 이동하여, 화면에서 좌표(타원 내부)를 읽어 답을 구한다. 여기에서는 $x=0.57$이므로 한 변의 길이가 0.57미터(57cm)일 때, 물통의 들이가 3.078m^{3}로 최대이다.

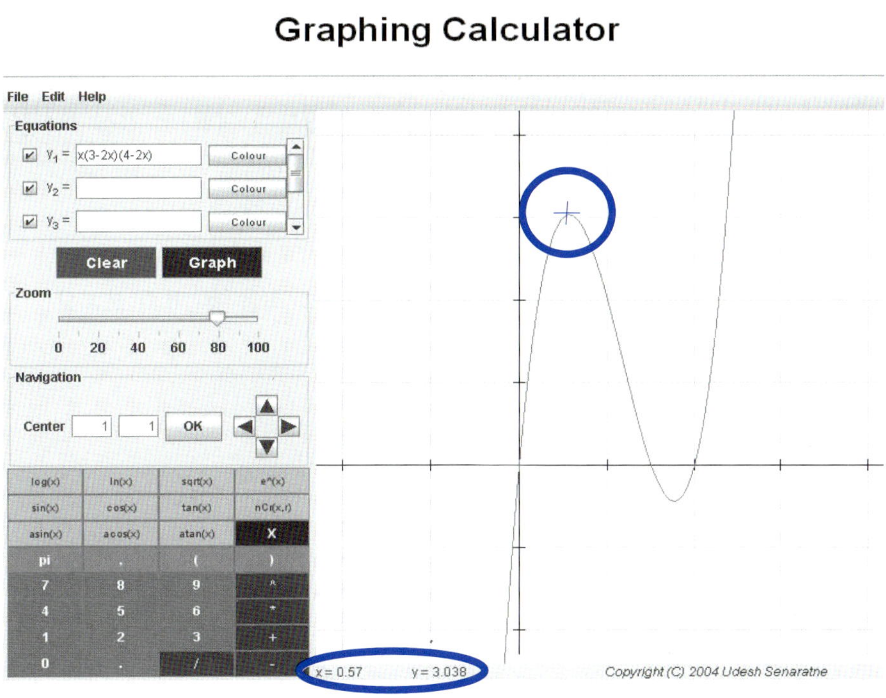

그림 2

생각하기

(1) 그래프에서 y가 4보다 큰 경우도 있는데 어떻게 3.038이 최댓값이 될 수 있는가?

(2) y가 음수가 될 수 있는가?

(3) x가 가질 수 있는 값의 범위는 얼마인가?

실력다지기

열린문제

01 a는 실수이고 n은 1보다 큰 정수일 때, $a^{\frac{1}{n}}=3$ 형태의 식을 두 가지 쓰시오.

02 a와 b가 정수가 아닌 실수 일 때, $\frac{x^b}{x^a}=x^{\frac{3}{4}}$ 형태의 식을 두 가지 쓰시오.

03 다음을 만족하는 서로 다른 함수 f와 g를 각각 찾으시오.

(1) $f(g(x))=g(f(x))$

(2) $f(g(x))\neq g(f(x))$

04 $f(x)\neq x$, $g(x)\neq x$이며 $f(g(x))=h(x)$를 만족하는 서로 다른 함수 f와 g를 찾으시오.

(1) $h(x)=\sqrt[5]{x+4}$

(2) $h(x)=\frac{7}{x^2-6}$

05 2개의 무연근을 갖는 무리함수를 두 가지 이상 찾으시오.

추론문제

01 잘못된 부분을 찾아 올바르게 고치고 설명하시오.(단, x는 실수)

(1) $x^3 = 27$

$x = \sqrt[3]{27}$

$x = 9$

(2) $x^4 = 81$

$x = \sqrt[4]{81}$

$x = 3$

02 잘못된 부분을 찾아 올바르게 고치고 설명하시오.

(1) $2\sqrt[2]{10} + 6\sqrt[3]{5} = (2+6)\sqrt[3]{15}$

$= 8\sqrt[3]{15}$

(2) $\sqrt[3]{\dfrac{x}{y^2}} = \sqrt[3]{\dfrac{x}{y^2 \cdot y}} = \sqrt[3]{\dfrac{x}{y^3}}$

$= \dfrac{\sqrt[3]{x}}{y}$

03 $\sqrt[n]{x^m}$에서 m과 n중 하나는 짝수이고 하나는 홀수인 자연수라고 하자. 다음 등식이 성립하기 위해 m과 n은 어떤 수 이어야 하는가?

$$\sqrt[n]{x^m} = |x|^{\frac{m}{n}}$$

04 다음의 풀이과정에서 잘못된 부문을 찾아 수정 하시오.

(1)
$$\sqrt[3]{x}+2=4$$
$$(\sqrt[3]{x}+2)^3=4^3$$
$$x+8=64$$
$$x=56$$

(2)
$$(x+7)^{\frac{1}{2}}=5$$
$$[(x+7)^{\frac{1}{2}}]^2=5$$
$$x+7=5$$
$$x=-2$$

05 일차함수 $f(x)=mx+b(m\neq 0)$의 역함수가 일차함수임을 보이시오. 또 역함수의 기울기와 y절편의 값을 구하시오.

발전문제

01 유리지수의 성질은 무리지수에서도 성립한다. x, y가 양수일 때 다음 식을 간단히 하시오.

(1) $\dfrac{x^{\sqrt[5]{3}}}{x^{\sqrt[2]{3}}}$ (2) $\left(x^{\sqrt{2}}\right)^{\sqrt{3}}$

(3) $\left(\dfrac{x^{\pi}}{x^{\pi/3}}\right)^2$ (4) $x^2y^{\sqrt{2}}+3x^2y^{\sqrt{2}}$

02 다음 무리방정식을 푸시오.

(1) $3\sqrt{x}+5\sqrt{y}=31$
$5\sqrt{x}-5\sqrt{y}=-15$

(2) $5\sqrt{x}-2\sqrt{y}=4\sqrt{2}$
$2\sqrt{x}+3\sqrt{y}=13\sqrt{2}$

풀이와 답

5.1 제곱근

문제해결

1. 정다면체 주사위

p.245

풀이

(1) 모서리의 길이가 a인 정육면체의 부피 $V = a^3$

$$\begin{aligned} V &= a^3 \\ &= 16^3 \\ &= 4096 \end{aligned}$$

(2) 각각의 정다면체 부피는 정육면체 부피 4096mm^3과 같아야 하므로 $V = 4096$으로 하여 x의 값을 구한다.

정사면체 : $4096 = 0.118x^3$

$$x^3 \approx 34711.86$$

$$x \approx 32.62$$

정팔면체 : $4096 = 0.471x^3$

$$x^3 \approx 8696.39$$

$$x \approx 20.56$$

정십이면체 : $4096 = 7.663x^3$

$$x^3 \approx 534.52$$

$$x \approx 8.12$$

정이십면체 : $4096 = 2.182x^3$

$$x^3 \approx 1877.18$$

$$x \approx 12.34$$

(3) 면의 수가 많을수록 모서리의 길이가 짧아지는 것은 아니다.

정십이면체 모서리의 길이가 가장 짧다.

2. 강의 속도

p.246

이해 : 입자의 질량은 강물 속도의 여섯 제곱에 비례하므로 입자의 질량을 m, 강물의 속도를 v이라 할 때 $m = kv^6$이다.

강물이 $v = 1\text{m/s}$의 속도로 흐른다고 할 때 $m = k$이다.

풀이

(1) 입자의 질량이 2배가 되면 $2m = kv_1^{\ 6}$이고, $m = k$이므로

$$\begin{aligned} kv_1^{\ 6} &= 2k \\ v_1^{\ 6} &= 2 \\ v_1 &= \sqrt[6]{2} \\ &\approx 1.12 \end{aligned}$$

(2) 입자의 질량이 10배가 되면 $10m = kv_2^{\ 6}$이고, $m = k$이므로

$$\begin{aligned} kv_2^{\ 6} &= 10k \\ v_2^{\ 6} &= 10 \\ v_2 &= \sqrt[6]{10} \\ &\approx 1.47 \end{aligned}$$

(3) 입자의 질량이 100배가 되면 $100m = kv_2^{\ 6}$이고, $m = k$이므로

$$\begin{aligned} kv_2^{\ 6} &= 100k \\ v_2^{\ 6} &= 100 \\ v_2 &= \sqrt[6]{100} \\ &\approx 2.15 \end{aligned}$$

3. 별의 겉보기 등급

p.247

풀이

(1) $m_1 = 1.16$, $m_2 = 0.18$을 대입하면

$$2.512^{1.16-0.18} = 2.512^{0.98} \fallingdotseq 2.466148603$$

즉, 플룩스는 리겔보다 약 2.5배 어둡다.

(2) $m_1 = 1.58$, $m_2 = 1.16$을 대입하면

$$2.512^{1.58-1.16} = 2.512^{0.42} \fallingdotseq 1.47234046$$

즉, 카스토르는 플룩스보다 약 1.5배 어둡다.

(3) $m_1 = 1.58$, $m_2 = 0.18$을 대입하면

$$2.512^{1.58-0.18} = 2.512^{1.40} \fallingdotseq 3.631010369$$

즉, 카스토르는 리겔보다 약 3.6배 어둡다.

검토 : 따라서 리겔과 폴룩스보다 카스토르가 더 어둡다. 또한 별의 겉보기 등급이 클수록 어둡다.

4. 풍선의 겉넓이

p.248

이해 : • 주어진 것 : (노랑 풍선의 부피)×2=파랑 풍선의 부피
• 구해야할 것 : 두 풍선의 겉넓이

계획 : 겉넓이를 부피에 관한 식으로 나타낸다.

풀이

구의 부피를 구하는 식 $V = \frac{4}{3}\pi r^3$에서 r을 구한다.

$$r = \sqrt[3]{\frac{3V}{4\pi}}$$

구의 겉넓이를 나타내는 식 $S = 4\pi r^2$에 r을 대입한다.

$$S = 4\pi\left(\sqrt[3]{\frac{3V}{4\pi}}\right)^2 = 4\pi\left(\frac{3V}{4\pi}\right)^{\frac{2}{3}} = (4\pi)^{\frac{1}{3}}(3V)^{\frac{2}{3}} \quad \cdots ①$$

①의 공식을 이용하여 두 풍선의 겉넓이를 비교한다.

①의 식에 V대신 $2V$를 대입하면 $2^{\frac{2}{3}}$가 더 발생하므로 풍선의 부피가 2배 늘어나면 겉넓이는 $2^{\frac{2}{3}}$배(약1.58배) 늘어난다.

검토 : 부피가 2배로 증가했다고 하여 겉넓이가 반드시 2배로 증가하는 것은 아니다. 부피가 3배 또는 4배로 증가하는 경우 겉넓이는 얼마나 증가할지 생각해 보자.

5.2 합성함수와 역함수

개념 이해

1. 역함수의 이해 p.252

이해 : f의 그래프가 x축에 평행인 직선과 한 점에서만 만나면, f의 역함수는 함수이다. 또 일대일 대응함수가 아닌 경우 역함수가 존재하지 않는다.

풀이

(1) 거짓

$y=x^n$에서 n이 양의 짝수인 경우

$y=x^2,\quad y=x^4,\quad y=x^6,\cdots\cdots$의 그래프는 x축에 평행인 직선과 두 점에서 만나기 때문에 역은 함수가 아니다.

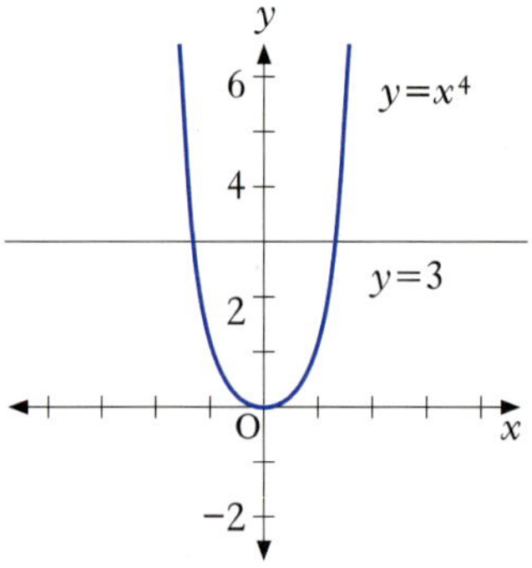

(2) 참

$y=x^n$에서 n이 양의 홀수인 경우

$y=x^1,\quad y=x^3,\quad y=x^5,\cdots\cdots$의 그래프는 x축에 평행인 직선과 한 점에서 만나기 때문에 역은 함수이다.

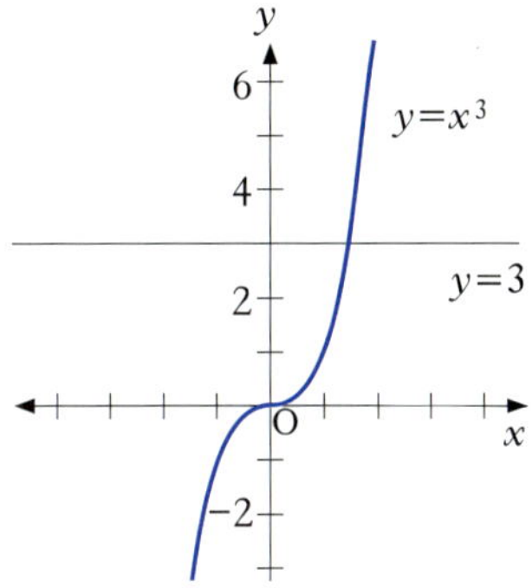

(3) 거짓

상수함수는 x축과 평행이므로 일대일 대응함수가 아니다. 따라서 역함수가 존재하지 않는다.

문제 해결

1. 해수욕장 구조요원

p.253

이해 : • 주어진 것 : 거리와 속력

직각삼각형 BCD

$\overline{AB}$에서의 속력 11m/s, $\overline{BD}$에서의 속력 4m/s

• 구해야 할 것 : D지점까지 걸린 시간이 최소일 때 $\overline{BC}$의 거리

풀이

시간 $= \dfrac{\text{거리}}{\text{속력}} =$ ($\overline{AB}$ 구간에서의 시간) + ($\overline{BD}$ 구간에서의 시간)

$$f(x) = \frac{60-x}{11} + \frac{\sqrt{x^2+24^2}}{4}$$

그래픽 계산기를 이용하여 $f(x)$가 최소가 되는 x값을 구하면,

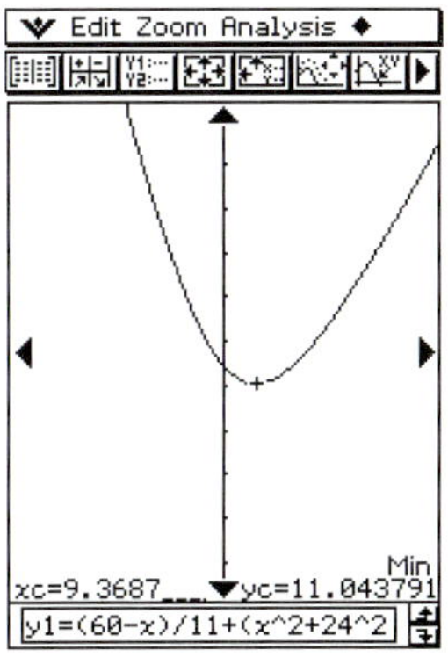

$x = 9.3687$

검토 : 구조요원은 A에서 약 50.632m를 뛰어 간 후, B지점에서 헤엄쳐가야 D지점에 가장 빨리 도착할 수 있다.

2. 합성함수의 응용

p.254

이해 : • 주어진 것 : $\sqrt{3}$을 구하는 식

• 값을 대입하여 $\sqrt{3}$을 구한다.

풀이

(1) $\sqrt{3}$이 1보다 크고 2보다 작은 값이므로 근삿값을 1부터 시작한다.

$$f(1)=\frac{1+\frac{3}{1}}{2}=2$$

$$f(f(1))=f(2)=\frac{2+\frac{3}{2}}{2}=\frac{7}{4}=1.75$$

$$f(f(f(1)))=f(1.75)=\frac{1.75+\frac{3}{1.75}}{2}=1.732142857$$

(2) 6번 반복하면 소수 여덟째 자리까지 수가 반복됨을 알 수 있다.

	x	수식$(x+3/x)/2$
1번	1	2
2번	2	1.75
3번	1.75	1.732142857
4번	1.732142857	1.73205081
5번	1.73205081	1.732050808
6번	1.732050808	1.732050808

(3) 1.73205081

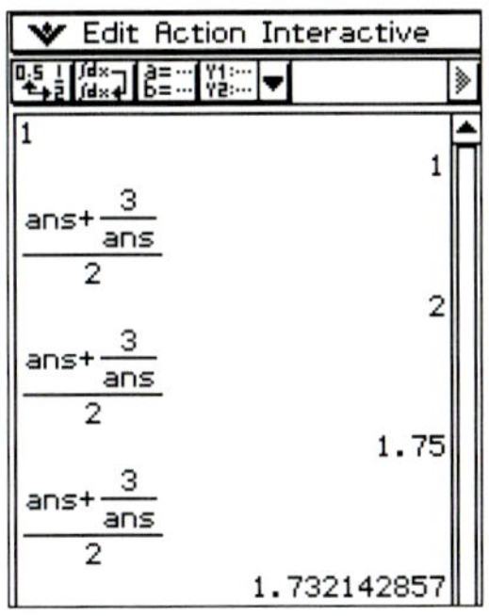

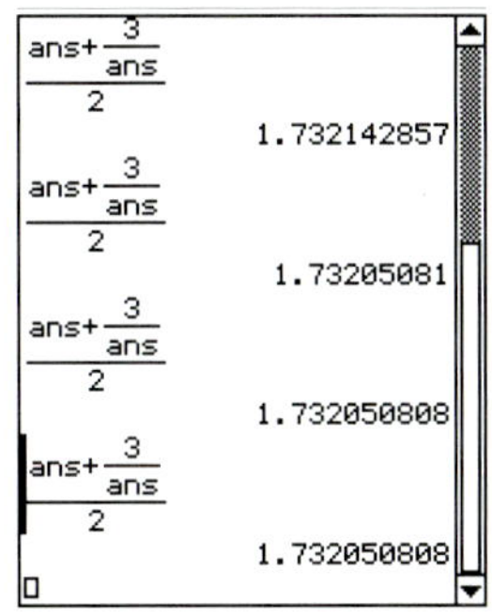

(4) $\sqrt{17} \fallingdotseq 4.123107$

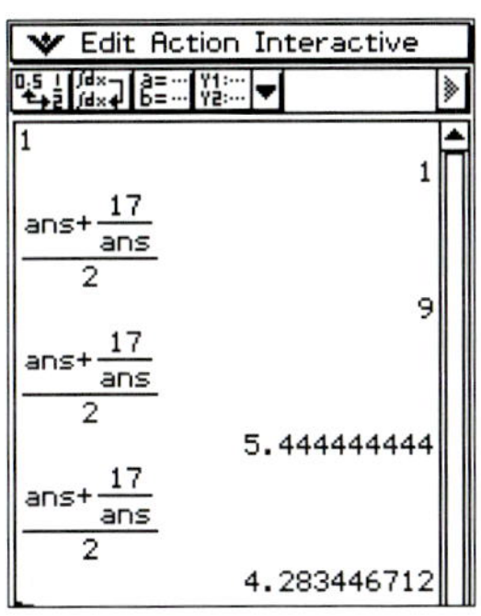

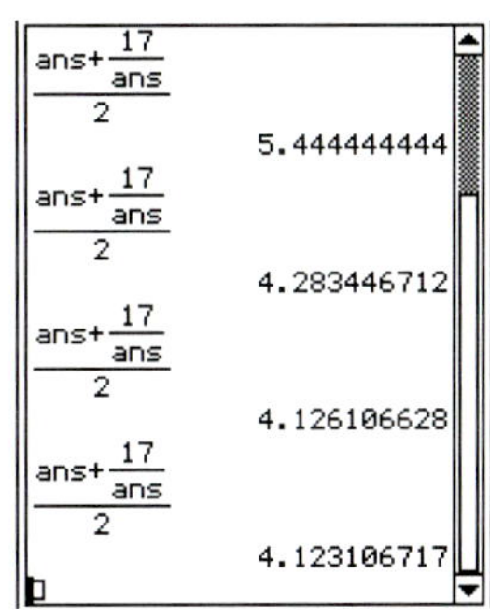

검토 : 이와 같은 방법으로 제곱근의 근사값을 구할 수 있는 이유는 $f(x) = f(f(x))$를 무한히 반복하면

$$x = \frac{x + \frac{n}{x}}{2}$$

$$2x = x + \frac{n}{x}$$

$$2x^2 = x^2 + n$$

$$x^2 = n$$

$$x = \pm\sqrt{n}$$

$x > 0$이므로 $x = \sqrt{n}$ 이 되기 때문이다.

3. 섭씨와 화씨

p.255

풀이

(1) °C 를 °F 에 관한 식으로 바꾸면

$$F = \frac{9}{5}C + 32$$

$$F - 32 = \frac{9}{5}C$$

$$C = \frac{5}{9}(F - 32)$$

따라서 역함수 $C = \frac{5}{9}(F - 32)$

(2)

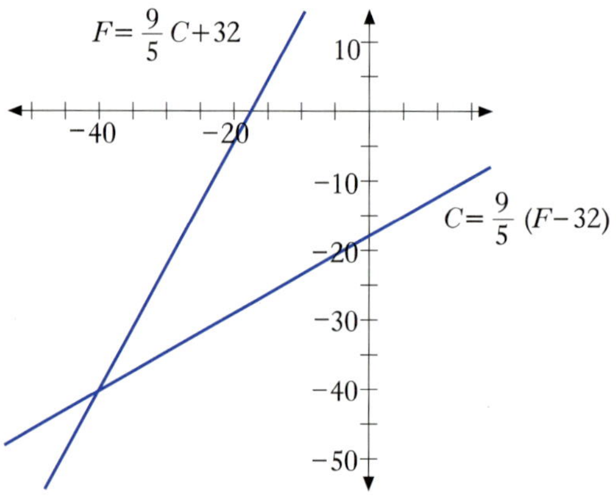

함수 F와 F의 역함수의 교점은 F가 증가함수 일 때 F와 $y = x$의 교점과 같다.

그러므로 역함수 $C = \frac{5}{9}(F - 32)$를 $y = \frac{5}{9}(x - 32)$라 바꾸고 $y = x$와의 교점을 찾으면,

$$x = \frac{5}{9}(x - 32)$$

$$\frac{4}{5}x = -32$$

$$x = -40$$

검토 : 섭씨와 화씨가 같아지는 경우는 영하 40도이다.

4. 역함수의 예

p.256

풀이

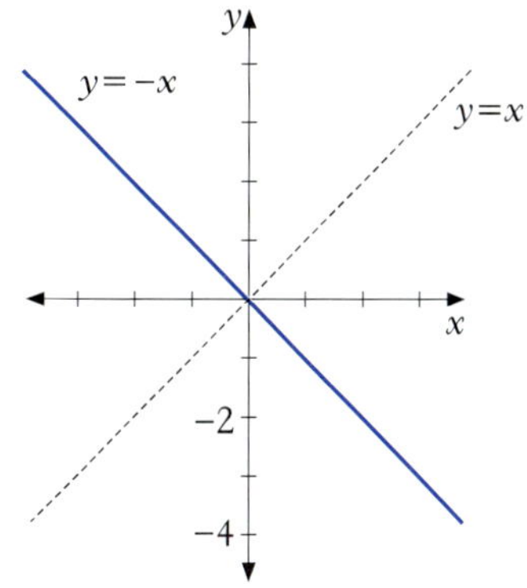

(1) $f(x)=x$의 역함수 $f^{-1}(x)=x$

$f(x)=-x$의 역함수 $f^{-1}(x)=-x$

(2) 원래 함수와 역함수는 $y=x$에 대하여 대칭이다. $f(x)$는 항등함수이고, $g(x)$는 $y=x$에 대칭인 함수이므로 역함수는 원래 함수와 같게 된다.

(3) 그래프를 그려 $y=x$에 대칭시켰을 때 자기 자신이 되는 그래프를 찾는다.

$$f(x) = -x+1$$
$$f(x) = -x+2$$
$$f(x) = -x-3$$

등이 있다.

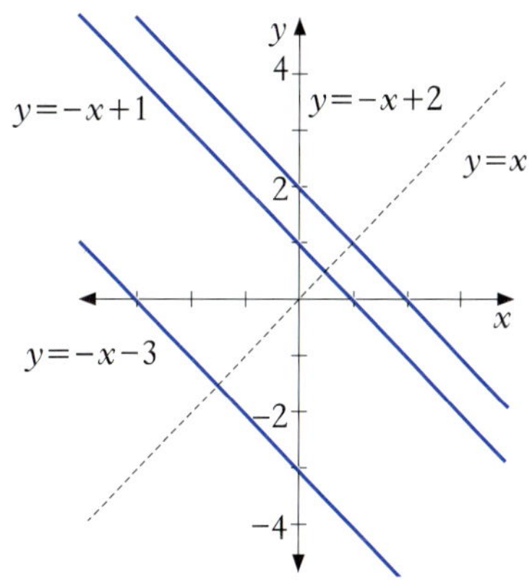

(4) $f(x) = -x+k$

※ 기울기가 −1인 직선은 원래 함수와 역함수가 같다.

(5) $y=\pm\dfrac{1}{x}(x\neq 0)$

5.3 무리함수

개념 이해

1. 진자운동

p.261

풀이

진자의 주기 T를 y로, 진자의 길이 l을 x로 하고 $g=9.8$로 놓으면, $y=2\pi\sqrt{\dfrac{x}{9.8}}$

(i) 공학용 계산기를 이용하여 그래프를 그리고 $y=3$일 때 x값을 찾으면 $x=2.234132$

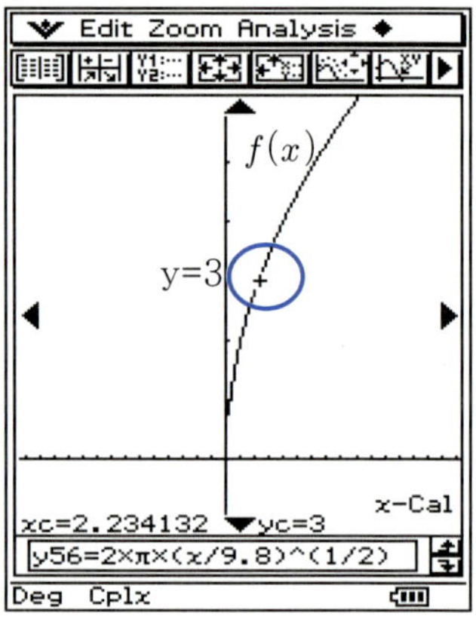

(ii) 직접 계산 하면,

$$3=2\pi\sqrt{\frac{x}{9.8}}$$

$$9=4\pi^2\frac{x}{9.8}$$

$$x=\frac{9(9.8)}{4\pi^2}\fallingdotseq 2.23$$

따라서, 진자의 주기가 3초 일 때 길이는 약 2.23이다.

2. 함수의 그래프

p.262

풀이

(1)과 (2)는 $y=\sqrt{x}$의 그래프와 형태가 같으므로 〈보기〉 중 (가), (나), (라)에서 생각한다.

(1) $x=-5$일 때 $y=0$이므로 (라)

(2) $x=5$일 때 $y=0$이고, $x=1$일 때 $y=-2$이므로 (가)

(3)과 (4)는 $y=\sqrt[3]{x}$의 그래프와 형태가 같으므로 〈보기〉 중 (다), (마), (바)에서 생각한다.

(3) $x=2$일 때 $y=0$이므로 (마)

(4) $x=-2$일 때 $y=0$이므로 (바)

문제 해결

1. 그래프의 모양

p.263

풀이

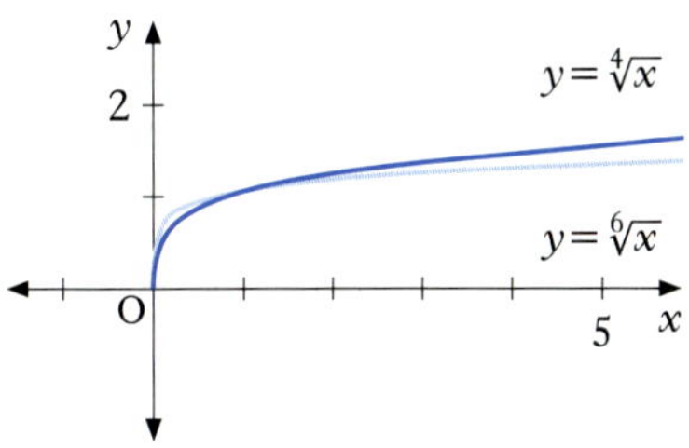

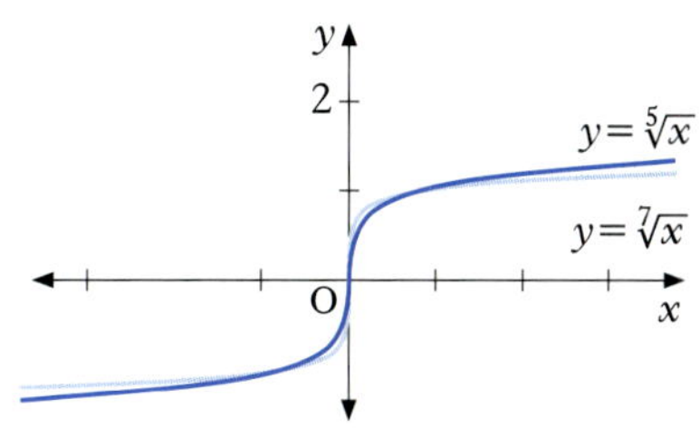

〈n이 짝수 일 때〉　　〈n이 홀수 일 때〉

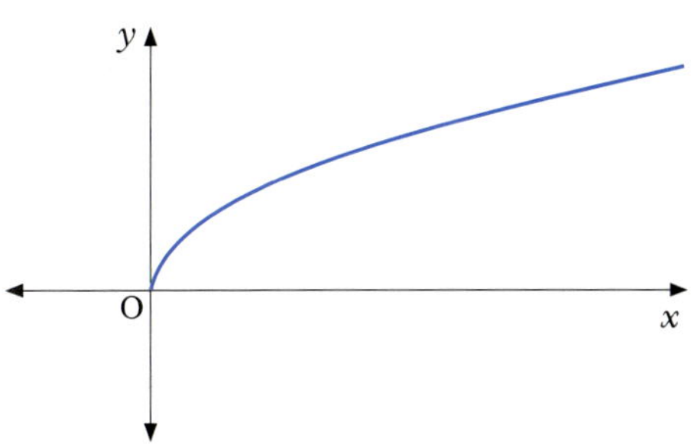

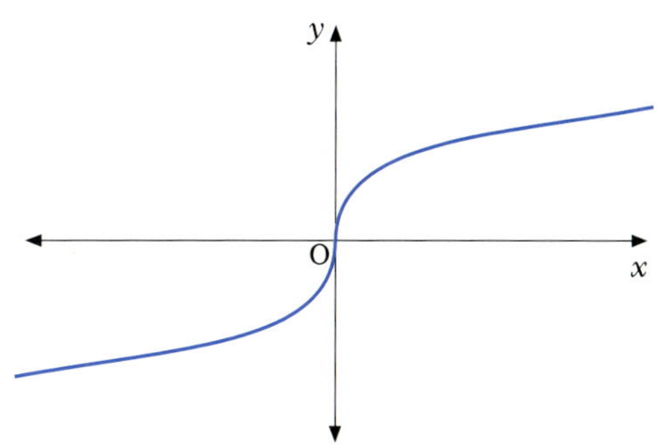

2. 스카이다이버의 종단속도

p.264

풀이

(1) 종단속도 $V=\sqrt{\dfrac{m\,g}{k}}$

$m=72$, $g=9.8$, $k=0.25$를 각각 대입하면,

$V=\sqrt{\dfrac{72\times 9.8}{0.25}} \fallingdotseq 53\ \mathrm{m/s}$

(2) 공학용계산기를 이용하여 $m=60, 65, 70, \cdots$일 때의 값을 구하면 다음과 같다.

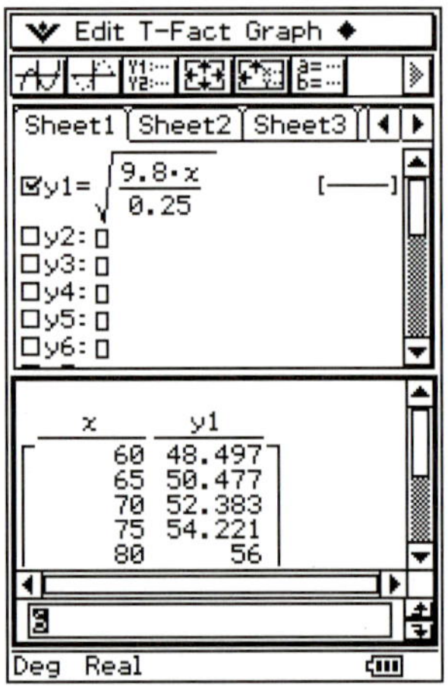

(3) (2)의 결과를 그래프로 나타내면 다음과 같다.

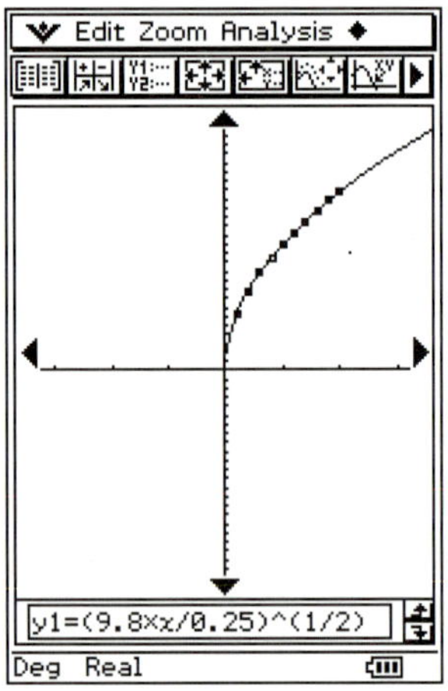

3. 원뿔의 겉넓이

☜ p.265

풀이

(1) $r=\dfrac{1}{\sqrt{\pi}}\sqrt{S+\dfrac{\pi}{4}}-\dfrac{1}{2}$

(2)

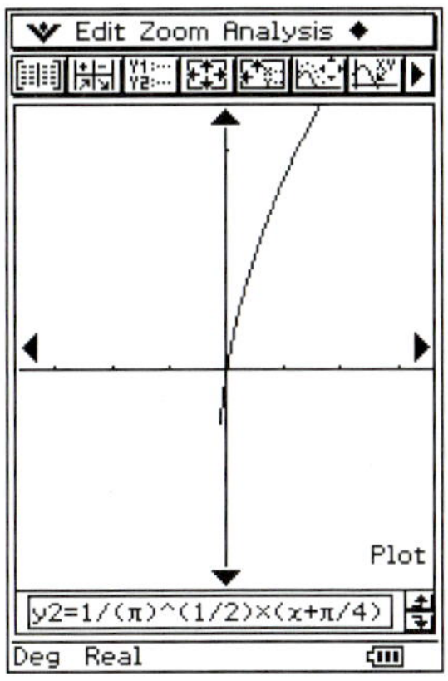

(3) 원뿔의 겉넓이가 $\frac{7}{4}\pi$ 일 때, 반지름은 약 0.9이다.

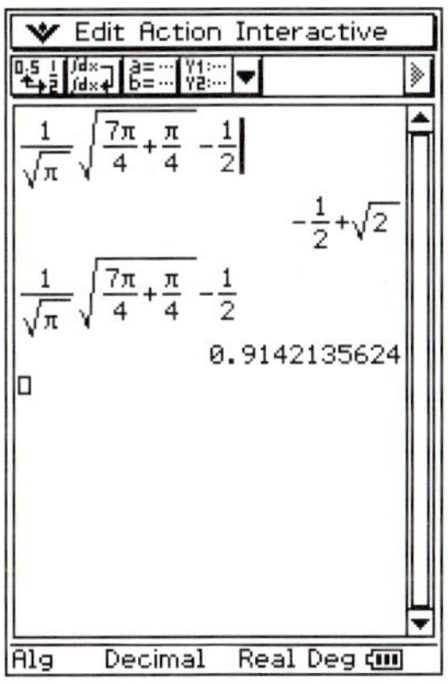

(4) 옆면은 부채꼴이고 이것의 호의 길이는 $2\pi r$이므로 윗부분의 겉넓이: πr

밑면의 넓이 : πr^2

$\therefore$ 겉넓이 : $S(r) = \pi r + \pi r^2$

4. 체공시간

p.266

풀이

(1) 농구선수 : 약 80cm,

캥거루 : 약 153cm

$$2t = \sqrt{\frac{h}{30.5}}$$

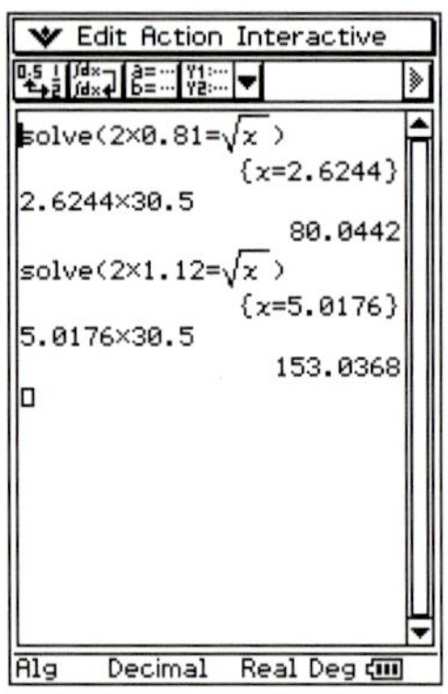

① 농구선수 $t = 0.81$

$$2 \times 0.81 = \sqrt{\frac{h}{30.5}}$$

$\therefore\ h = 80.0442$

② 캥거루 $t = 1.12$

$$2 \times 1.12 = \sqrt{\frac{h}{30.5}}$$

$\therefore\ h = 153.0368$

(2) 체공시간이 2배가 되면 점프 높이는 4배가 된다.

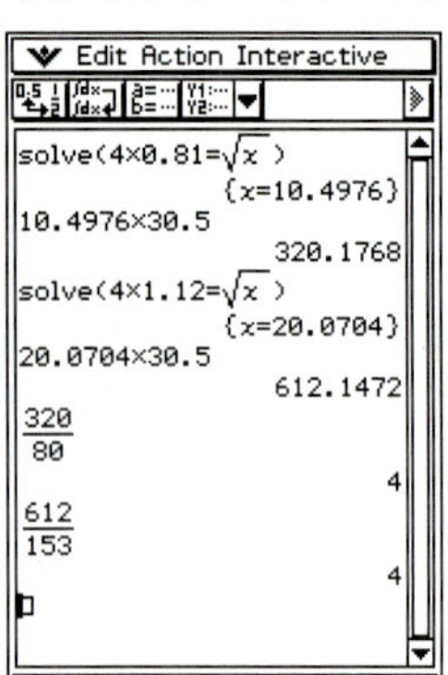

$$2t = \sqrt{\frac{h_1}{30.5}}$$

$$h_1 = 4t^2 \times 30.5$$

$$2(2t) = \sqrt{\frac{h_2}{30.5}}$$

$$h_2 = 16t^2 \times 30.5 = 4h_1$$

따라서 4배가 된다.

5. 보퍼트 풍력계급

p.267

풀이

(1) $B=0$일 때,

$$0 = 1.69\sqrt{\frac{s}{1.6}+4.25}-3.55$$

$$3.55 = 1.69\sqrt{\frac{s}{1.6}+4.25}$$

$$2.10 = \sqrt{\frac{s}{1.6}+4.25}$$

$$\frac{s}{1.6} = 0.16$$

$$s \fallingdotseq 0.256$$

$B=0$일 때, 바람의 속도(s)는 약 0.26km/h로서 고요한 바람이 부는 날씨이다.

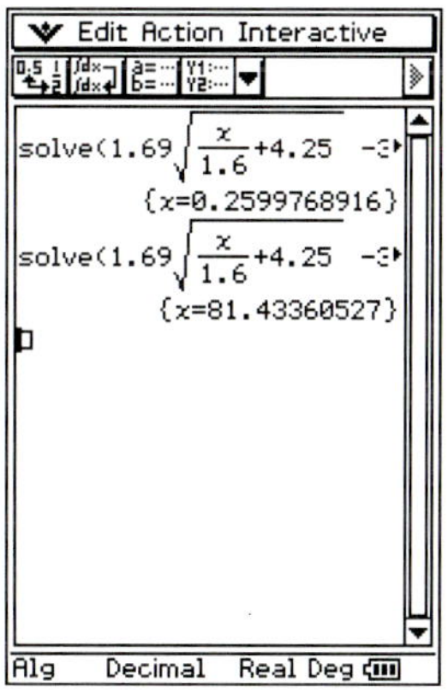

$B=9$일 때,

$$9 = 1.69\sqrt{\frac{s}{1.6}+4.25}-3.55$$

$$12.55 = 1.69\sqrt{\frac{s}{1.6}+4.25}$$

$$7.426 = \sqrt{\frac{s}{1.6}+4.25}$$

$$\frac{s}{1.6} = 50.895$$

$$s \fallingdotseq 81.43$$

$B=9$일 때, 바람의 속도(s)는 약 81km/h로서 가옥에 다소 손해가 있을 정도의 강한 바람이 불고 있으며 파도가 높아 어선의 운행이 불가능하며 물보라 때문에 사정이 나쁜 날씨이다.

(2) 반올림하여 보퍼트풍력계급(B)가 5가 되는 범위를 구하면

$$4.5 \leq 1.69\sqrt{\frac{s}{1.6}+4.25}-3.55<5.5$$

이때의 바람의 속도(s)의 범위는 약 29km/h ~ 39 km/h

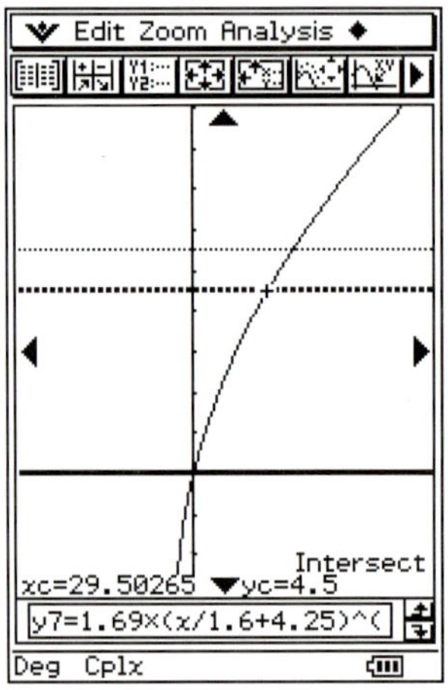

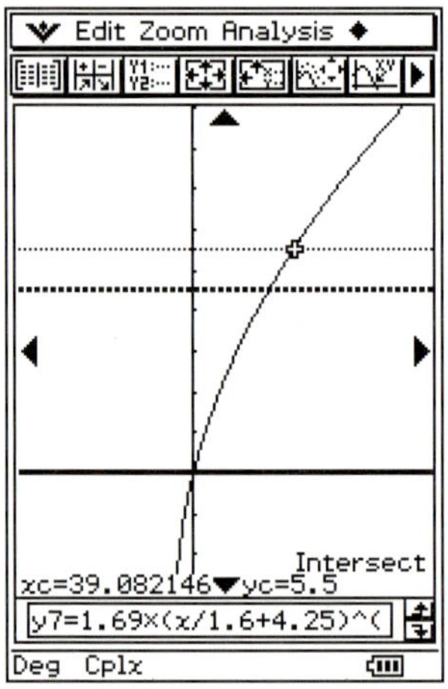

실력 다지기

열린풀이

01

p.270

풀이

$9^{\frac{1}{2}}=3,\quad 27^{\frac{1}{3}}=3,\quad 81^{\frac{1}{4}}=3$ 등이 있다.

02

p.270

풀이

$b-a=\dfrac{3}{4}$이 되는 정수가 아닌 실수 a, b를 찾는다.

$\dfrac{x^{\frac{5}{4}}}{x^{\frac{1}{2}}},\quad \dfrac{x^{\frac{13}{12}}}{x^{\frac{1}{3}}},\quad \dfrac{x^{\frac{19}{20}}}{x^{\frac{1}{5}}}$ 등이 있다.

03

☜ p.270

풀이

(1) $f(x) = 2x$, $g(x) = 3x$

(2) $f(x) = 2x+1$, $g(x) = 3x+4$

※ $f(g(x))$와 $g(f(x))$는 항상 같은 것은 아니다.
즉, 합성함수의 교환법칙은 항상 성립하는 것은 아니다.

04

☜ p.270

풀이

(1) $f(x) = x^{\frac{1}{3}}$, $g(x) = (x+4)^{\frac{3}{5}}$ 이면,

$$f(g(x)) = \left((x+4)^{\frac{3}{5}}\right)^{\frac{1}{3}} = (x+4)^{\frac{1}{5}} = \sqrt[5]{x+4}$$

(2) $f(x) = \dfrac{7}{x-6}$, $g(x) = x^2$ 이면,

$$f(g(x)) = \frac{7}{x^2-6}$$

05

☜ p.271

풀이

(1) $\sqrt{x^2-1} = x^2-3$

$\sqrt{x^2-1}$은 쌍곡선 그래프 일부이고 x^2-3은 포물선이다.
두 점에서 만나고, 점 $-\sqrt{5}$, $\sqrt{5}$를 근으로 갖는다.
양변을 제곱하면 무연근 $-\sqrt{2}$ $\sqrt{2}$이 생긴다.

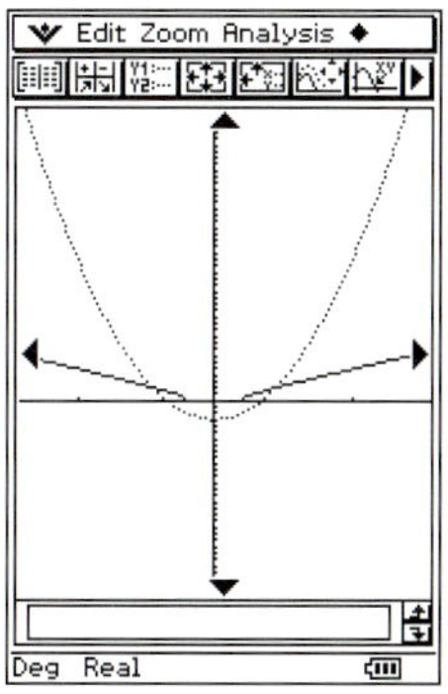

(2) $\sqrt{4-x^2}=x^2+x-2$

두 점에서 만나고, 점 -2, $\sqrt{2}$ 를 근으로 갖는다.

양변을 제곱하면 무연근 $-\sqrt{2}$, 0이 생긴다.

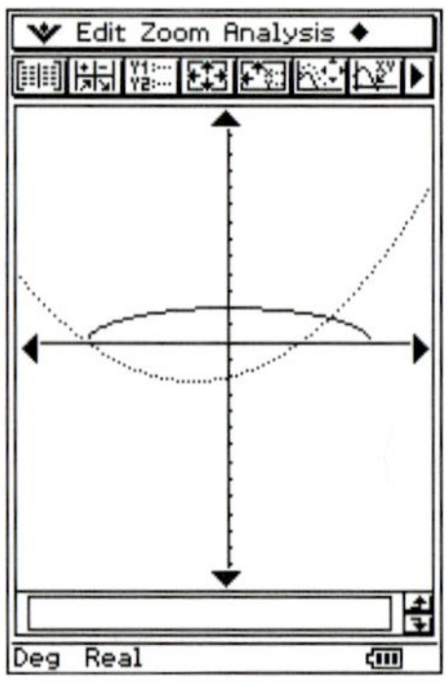

(3) $\sqrt{x}=-x-\frac{1}{5}$

양변을 제곱하면 무연근 $\frac{3}{10}-\frac{\sqrt{5}}{10}$, $\frac{3}{10}+\frac{\sqrt{5}}{10}$이 생긴다.

근은 존재하지 않는다. 무연근만 2개 존재한다.

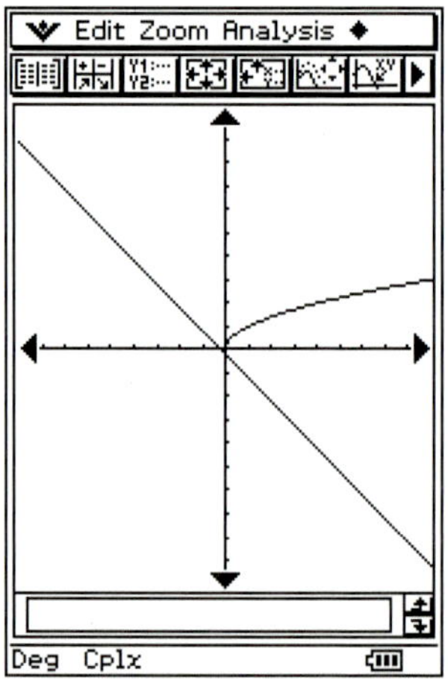

(4) $\sqrt{1-x^2}=-|x|$

양변을 제곱하면 무연근 $-\frac{\sqrt{2}}{2}$, $\frac{\sqrt{2}}{2}$이 생긴다.

근은 존재하지 않는다. 무연근만 2개 존재한다.

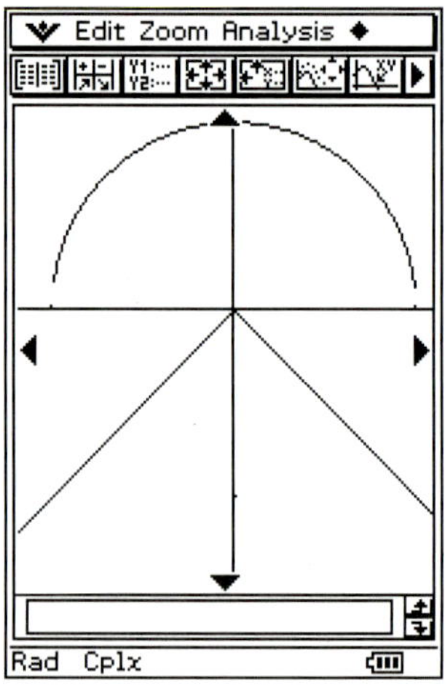

추론풀이

01

p.271

풀이

(1) $27 = 3^3$이므로 $\sqrt[3]{27}$은 9가 아니라 3이다.

(2) $x^4 = 81$에서 4는 짝수이고 81은 0보다 크므로 4 제곱근 중 실수인 것은 2개, $x = \pm\sqrt[4]{81}$이고 따라서 $x = \pm 3$이다.

02

p.271

풀이

(1) $\sqrt[2]{10}$은 제곱근이고 $\sqrt[3]{5}$는 3제곱근이므로 $(2+6)\sqrt[3]{15}$로 묶을 수 없다.

(2) $\sqrt[3]{\dfrac{x}{y^2}} = \sqrt[3]{\dfrac{xy}{y^2 \cdot y}} = \sqrt[3]{\dfrac{xy}{y^3}} = \dfrac{\sqrt[3]{xy}}{y}$

03

p.271

풀이

i) m이 짝수이고 n이 홀수일 때,

m이 짝수이므로 $m = 2k$라 하면,

$$\sqrt[n]{x^m} = x^{\frac{m}{n}} = x^{\frac{2k}{n}} = (x^2)^{\frac{k}{n}} = (|x|^2)^{\frac{k}{n}} = |x|^{\frac{2k}{n}}$$

ii) m이 홀수이고 n이 짝수일 때,

n이 짝수이므로 $n = 2k$라 하면,

$$\sqrt[n]{x^m} = x^{\frac{m}{n}} = x^{\frac{m}{2k}}$$

$x > 0$일 때 : $x^{\frac{m}{2k}} = |x|^{\frac{m}{2k}}$

$x < 0$일 때 : $x^{\frac{m}{2k}} \neq |x|^{\frac{m}{2k}}$

따라서 m이 짝수이고 n이 홀수일 때 $\sqrt[n]{x^m} = |x|^{\frac{m}{n}}$이 항상 성립한다.

04

☜ p.272

풀이

(1) $$\sqrt[3]{x}+2=4$$

무리식만 한쪽으로 이항한다.

$$\sqrt[3]{x}=2$$

$$x=2^3$$

$$x=8$$

(2) $$(x+7)^{\frac{1}{2}}=5$$

$$[(x+7)^{\frac{1}{2}}]^2=5^2$$

양변에 동일하게 제곱해 주어야 한다.

$$x+7=25$$

$$x=18$$

05

☜ p.272

풀이

(1) $y=mx+b$에서

x를 y에 관하여 풀면 $x=\dfrac{1}{m}(y-b)$

따라서 역함수 $y=\dfrac{1}{m}x-\dfrac{b}{m}$

(2) $(f\circ g)(x)=x$이면 $f^{-1}(x)=g(x)$임을 이용한다.

$f(x)=mx+b$이므로 $m\cdot g(x)+b=x$

따라서 역함수 $g(x)=\dfrac{1}{m}x-\dfrac{b}{m}$

검토 : 그러므로 일차함수 $f(x)=mx+b(m\neq 0)$의 역함수 $g(x)=\dfrac{1}{m}x-\dfrac{b}{m}$는 일차함수이고 기울기는 $\dfrac{1}{m}$, y절편은 $-\dfrac{b}{m}$이다.

발전풀이

01

p.272

풀이

(1) $\dfrac{x^{\sqrt[5]{3}}}{x^{\sqrt[2]{3}}}=x^{\sqrt[5]{3}-\sqrt[2]{3}}$

(2) $\left(x^{\sqrt{2}}\right)^{\sqrt{3}}=x^{\sqrt{6}}$

(3) $\left(\dfrac{x^{\pi}}{x^{\pi/3}}\right)^{2}=x^{\frac{4}{3}\pi}$

(4) $x^2y^{\sqrt{2}}+3x^2y^{\sqrt{2}}=4x^2y^{\sqrt{2}}$

02

p.272

풀이

(1) $3\sqrt{x}+5\sqrt{y}=31$ ······ ①

$5\sqrt{x}-5\sqrt{y}=-15$ ······ ②

①+②를 하면 $8\sqrt{x}=16$

$\sqrt{x}=2$, $\sqrt{y}=5$ 이므로

$x=4$, $y=25\,(x\geqq 0,\ y\geqq 0)$

(2) $5\sqrt{x}-2\sqrt{y}=4\sqrt{2}$ ······ ①

$2\sqrt{x}+3\sqrt{y}=13\sqrt{2}$ ······ ②

①×3+②×2를 하면 $19\sqrt{x}=38\sqrt{2}$

$\sqrt{x}=2\sqrt{2}$, $\sqrt{y}=3\sqrt{2}$ 이므로

$x=8$, $y=18\,(x\geqq 0,\ y\geqq 0)$

C·H·A·P·T·E·R 6

6장 지수함수와 로그함수

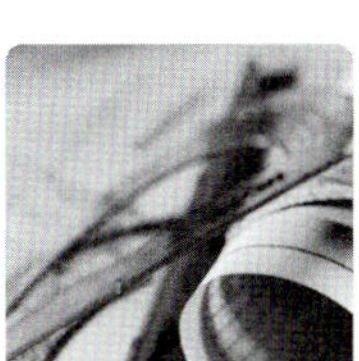

6.1 지수함수

핵심개념

• 핵심용어
지수함수
점근선
수열
등차수열
등비수열

▸ 지수함수

$f(x)=a^x \ (a>1)$: 증가함수

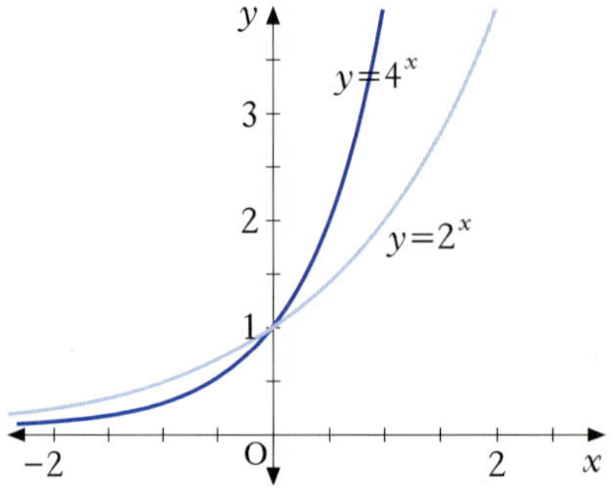

$f(x)=a^x \ (0<a<1)$: 감소함수

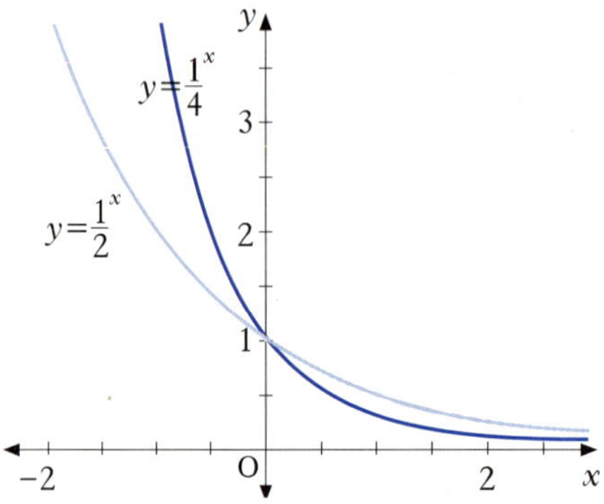

• 정의역 : 실수 전체의 집합 R, 치역 : $\{y \mid y>0\}$
• $(0,1)$을 지남
• 점근선 : $y=0$(x축)

- $a > 1$: x값이 증가하면, y값도 증가한다.(단조증가)

  $0 < a < 1$: x값이 증가하면, y값은 감소한다. (단조감소)
- 정의역이 등차수열이면 치역은 등비수열을 이룬다.

  ※ 일정한 규칙에 따라 차례로 나열된 수의 열을 수열이라 한다.
  - 등차수열 : 첫째항부터 차례로 일정한 수를 더하여 얻어지는 수열
  - 등비수열 : 첫째항부터 차례로 일정한 수를 곱하여 얻어지는 수열

▸ 복리법

일정 기간의 만기마다 그 원리합계를 다음 기간의 원금으로 하는 계산법

원금 A, 이율 r, 기간 n(년)

- $S = A(1+r)^n$: 증가하는 모델
- $S = A\left(1+\frac{r}{t}\right)^{nt}$: 1년에 t번 복리를 적용할 때
- $S = A(1-r)^n$: 감소하는 모델

개념이해 컴퓨터 해킹 수

대전에서는 2000년 한 해 동안 73건의 컴퓨터 해킹 사건이 일어났다. 그 후 매년 60%씩 증가 하였는데, 이와 같은 추세가 계속된다고 가정하자.

(1) 2007년 한 해 동안 컴퓨터 해킹 발생 건수를 구하시오.

(2) 해킹 발생 건수가 5017건인 해를 구하시오.

이해 컴퓨터 해킹 사건이 매년 60%씩 증가하므로 복리법을 적용해야 한다.

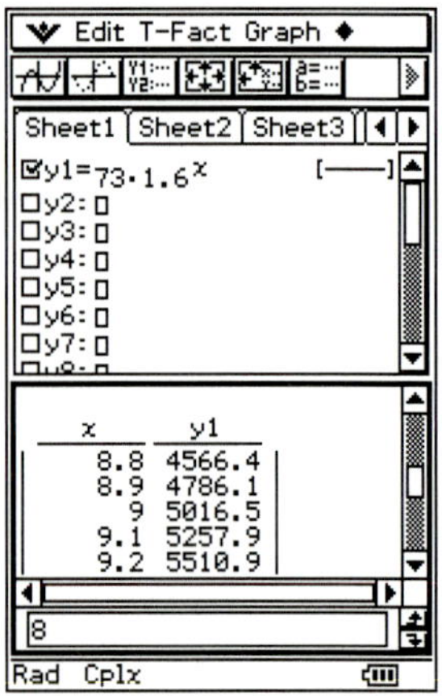

계획 컴퓨터 해킹 발생 건수를 나타내는 복리법의 원리합계식 $S=A(1+r)^n$에서

초기해킹건수 : $A=73$

매년 증가율 : $r=0.6$

경과된 년 수 : n

$$\therefore\ S=73(1+0.6)^n$$

풀이 (1) $73(1+0.6)^7 \fallingdotseq 1960$

(2) $73(1+0.6)^n=5017$ 에서 $n=9$

검토 (1) 약 1960건

(2) 9년 후인 2009년에 해당한다.

1 내비게이션 가격

2003년 12월에 100만원인 최고급 내비게이션 가격은 매년 10%씩 인하되고 있다.

(1) 모델이 출시된 지 3년이 지난 후의 내비게이션 가격을 구하시오.

(2) 가격이 50만 원 이하가 되는 해는 언제인지 구하시오.

문제해결

1 교통요금

서영이네 가족의 1년 동안 교통비는 지난 10년 동안 220만원에서 500만원으로 증가하였다. 매년 같은 비율로 증가한다고 할 때, 다음 물음에 답하시오.

(1) 매년 몇 % 의 증가가 있었는지 소수점 아래 둘째 자리에서 반올림하여 구하시오.

(2) 이와 같은 추세로 1년 동안 교통비가 증가한다고 할 때, 10년 후의 서영이네 가족의 1년 동안 교통비를 추측하시오.

2 중고차 시세

장씨는 5년 전 RV 차를 3000만원에 구입하였다. 구입한 차의 가격이 매년 $p\%$ 씩 감소하여 현재 중고 시세가 1200만원이라 한다.

(1) p를 구하시오.

(2) 앞으로 3년 후 이 차를 판다면 장씨는 얼마를 받을 수 있는지 구하시오.

(3) 장씨가 차를 구입한 후 다시 팔 때, 500만원 이상을 받으려면 구입 후 몇 년 안에 팔아야 하는가?

3 복리예금

연 이율 4%의 복리 금융상품에 4000만원을 예금하고자 한다. 다음 각 경우에 1년 후의 원리합계를 구하시오.

(1) 이율을 4분기로 나누어 계산하는 경우의 원리합계를 구하시오.

(2) 이율을 365일로 나누어 계산하는 경우의 원리합계를 구하시오.

(3) (2)방법으로 원리합계를 계산 할 때 2년 후 받을 수 있는 금액을 구하시오.

4 예금이율

회사원 김씨는 결혼 자금으로 가지고 있던 목돈 4000만원을 1년 동안 은행 예금에 저축하려고 한다.

(1) 연이율 7%에 모든 금액을 저축하는 방법이 있고, 연이율 6%에 2000만원, 연이율 8%에 2000만원씩 분산하여 저축하는 방법이 있다. 어느 쪽이 더 유리한지 설명하시오.

(2) 2년 동안 (1)과 같은 방법으로 저축한다면 어느 쪽이 더 유리하겠는가?

(3) 10년 동안 (1)과 같은 방법으로 저축한다면 어느 쪽이 더 유리하겠는가?

5 계란의 개수

닭이 1년 동안 낳는 계란 수를 나타내는 식은 다음과 같다.

$$E = 150.2(0.88)^{\frac{w}{52}}$$

(단, w는 닭의 나이(단위 주), $w > 25$)

(1) 지수함수 E의 그래프를 그리시오.

(2) 2년 6개월 된 닭이 1년 동안 생산하는 계란의 개수를 구하시오.(단, 1년을 52주로 계산하시오.)

(3) 주어진 지수 함수 E에서 닭의 나이의 단위를 1년으로 할 때의 함수식을 구하시오.

6.2 무리수 e

핵심개념

• 핵심용어
무리수e
연속복리
무한대
무한소

▸ n이 한없이 증가할 때 즉, n이 $+\infty$에 한없이 가까이 갈 때 $\left(1+\frac{1}{n}\right)^n$이 나타내는 값이 e이다. 계산기를 이용하여 e의 근삿값을 구해보면 다음 표와 같다.

n	10	100	1000	10000	100000	1000000
$\left(1+\frac{1}{n}\right)^n$	2.59374	2.70481	2.71692	2.71815	2.71827	2.71828

▸ 무리수 e

n이 $+\infty$에 한없이 가까이 갈 때 $\left(1+\frac{1}{n}\right)^n$의 값 e를 '오일러 수'라 한다.

즉, $e=\lim_{n\to\infty}\left(1+\frac{1}{n}\right)^n \fallingdotseq 2.718281828$

▸ 무리수 e를 밑으로 하는 지수함수 $y=ae^{rx}$에 대하여

(1) $a>0$, $r>0$이면 증가함수

(2) $a>0$, $r<0$이면 감소함수

• 기본형 $y=e^x$와 $y=e^{-x}$의 그래프는 다음과 같다.

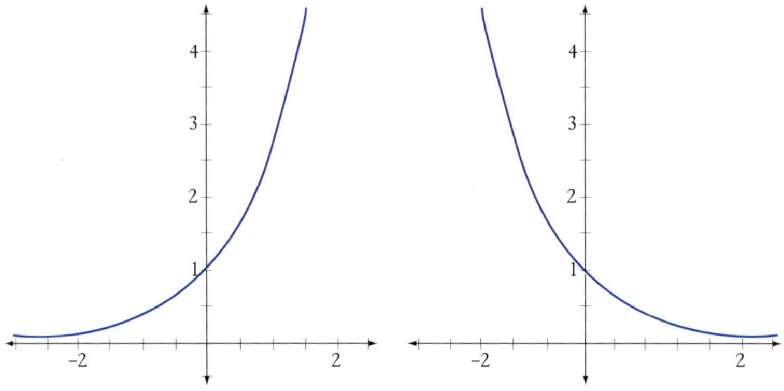

$y=e^x$: 증가함수 $y=e^{-x}$: 감소함수

▸ 연속복리

• 원금을 P, 연이율을 r라 하고, 1년에 t번 복리를 적용한다고 할 때, n년 후의 원리합계 A는 $A=P\left(1+\dfrac{r}{t}\right)^{nt}$이다. 이 식에서 t를 무한히 증가할 때의 복리를 연속복리라 한다.

▸ 원금을 P, 연이율을 r이라고 할 때 연속복리로 n년 후의 원리합계 A는 다음과 같다.

$$A=Pe^{rn}$$

개념이해 쇠정어리 고래의 길이

밍크 고래라고 불리는 쇠정어리 고래의 전체 개체 수는 알려져 있지 않으나, 북대서양과 중앙대서양에서는 약 184000마리 정도가 사는 것으로 추정하고 있다. 연구에 의하면 쇠정어리 고래의 길이(l)는 $l=813-562e^{-0.242t}$라 한다. (단, l의 단위는 cm, t는 쇠정어리 고래의 나이)

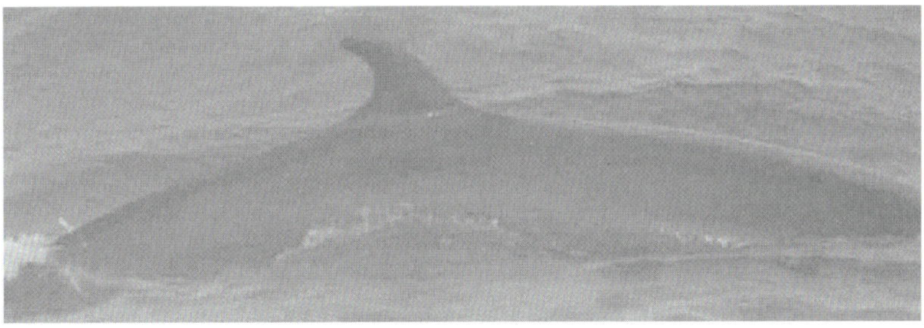

(1) 주어진 함수의 그래프를 그리시오.

(2) 쇠정어리 고래의 나이가 6살일 때 몸의 길이를 구하시오.

풀이 그래픽 계산기를 이용하여 그래프를 그려보면 오른쪽과 같다.
한편, 쇠정어리 고래의 나이가 6살일 때 몸의 길이는 그래프에서 약 681.43cm임을 알 수 있다.

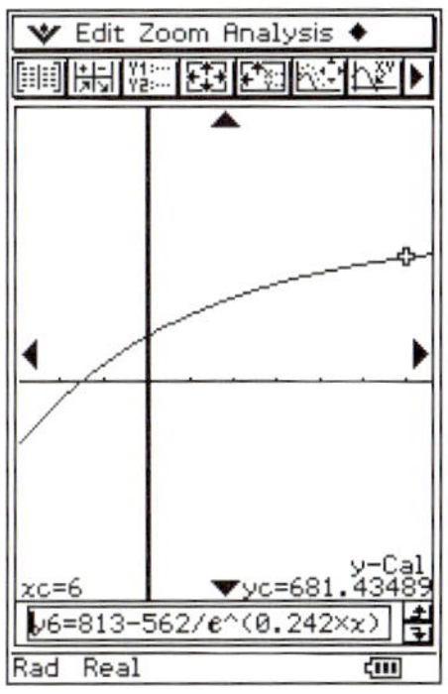

1 지수함수의 그래프

다음 함수의 그래프를 그리고, 정의역과 치역을 구하시오.

(1) $y=2 \cdot e^{0.5x}$

(2) $y=e^{-0.7(x-1)}+2$

2 연속복리

(1) 원금 2000만원을 연이율 5.5%의 연속복리로 3년간 예금했을 때 원리합계를 구하시오.

(2) 복리로 3년간 예금했을 때 연속 복리의 합계와 같아지는 연이율을 구하시오.

문제해결

1 박테리아의 개체 수

박킬루스 박테리아 개체 수는 다음과 같은 식으로 나타내어진다.

$$P(n) = P_0 e^{0.487n}$$

(P(n) : n시간 후의 개체 수, P_0: 처음의 개체 수)

(1) 오후 2시에 채취한 샘플에 모두 180개의 박킬루스 박테리아가 검출되었다. 오후 2시 이후 경과 시간에 따른 박테리아 수를 함수식으로 나타내시오.

(2) (1)에서 구한 함수를 그래프로 나타내시오.

(3) 오후 7시 박테리아 수를 구하시오.

(4) 오후 4시 15분 박테리아 수를 구하시오.

(5) 박킬루스 박테리아 수가 1,000마리 이상이 되면 실험실을 폐쇄해야 한다. 몇 시에 실험실을 폐쇄해야 하는가?

2 상처부위의 면적

의료용 반창고를 생산하는 제약회사에서는 신제품을 출시하기 위해 경과시간에 따른 상처부위의 넓이에 관한 연구를 실시했다. 연구 결과 찰과상을 입은 상처부위의 넓이 A와 경과일수 n의 관계는 다음과 같았다.

$$A = A_0 e^{-0.05n} \ (A_0\text{: 최초의 상처의 넓이}(\mathrm{cm}^2),\ \mathrm{n}\text{:경과 일수})$$

찰과상을 입은 초기의 상처부위의 넓이가 $5\mathrm{cm}^2$였을 때, 10일 후의 넓이는 얼마인지 구하시오.

3 연속복리

여유자금 일억 원을 가지고 있는 한 사업가는 A, B 두 은행으로부터 제안을 받았다. A은행은 일억 원에 대해서 연이율 5%의 연속복리로 5년간 거치하는 상품, B은행은 일억 원을 나누어 오천만 원은 연이율 4.5%, 나머지 오천만 원은 연이율 5.5%의 연속복리로 각각 5년간 거치하는 상품이었다. 5년 후의 예금액을 고려했을 때, 이 사업가는 어느 은행을 선택하는 것이 유리한지 설명하시오.

4 목걸이 전시

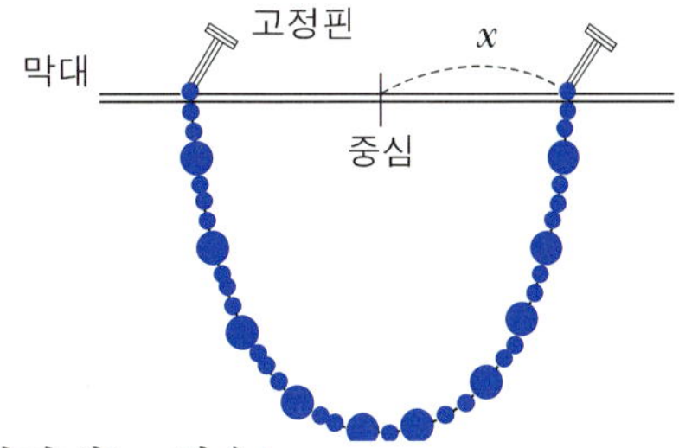

아현이는 유치원에서 구슬을 꿰어 목걸이를 만들었다.

아현이가 만든 목걸이는 우수 작품으로 선발되어 오른쪽 그림과 같이 막대에 목걸이의 끝부분을 핀으로 고정하여 전시되었다. 이 때, 막대를 x축으로 하고 두 고정핀의 중심을 원점으로 하면 목걸이가 나타내는 함수는

$$y=-24+3\frac{e^{\frac{x}{2.5}}+e^{-\frac{x}{2.5}}}{2}\text{(단위: cm)}$$

라고 한다.

(1) 주어진 함수의 그래프를 그리고 막대로부터 목걸이의 맨 아래 부분까지의 거리를 구하시오.

(2) 두 고정핀 사이의 거리를 구하시오.

6.3 로그함수

핵심개념

- 핵심용어
  로그
  상용로그
  자연로그
  점근선
  등차수열
  등비수열

▸ 로그의 정의

$a^x = b\,(a > 0,\ a \neq 1,\ b > 0)$을 만족하는 x를 $\log_a b$로 나타내고, 이를 a를 밑으로 하는 b의 로그라 한다. 즉,

$$a > 0,\ a \neq 1,\ b > 0 \text{ 일 때, } a^x = b \Leftrightarrow x = \log_a b$$

▸ 로그의 성질

a, b, c가 1이 아닌 양수이고, $x > 0$, $y > 0$일 때,

- $\log_a a = 1$, $\log_a 1 = 0$
- $\log_a xy = \log_a x + \log_a y$
- $\log_a \dfrac{x}{y} = \log_a x - \log_a y$
- $\log_a x^p = p \log_a x$
- $\log_a b = \dfrac{\log_c b}{\log_c a}$ ⇦ 밑변환 공식
- $\log_a b = \dfrac{1}{\log_b a}$
- $\log_{a^m} b^n = \dfrac{n}{m} \log_a b$
- $a^{\log_a b} = b$
- $a^{\log_c b} = b^{\log_c a}$

▸ 상용로그와 자연로그

- 밑을 10으로 하는 로그를 상용로그, 밑을 e로 하는 로그를 자연로그라 하고 다음과 같이 쓴다.

$\log_{10} x = \log x$ (상용로그)　　　　$\log_e x = \ln x$ (자연로그)

▸ 로그함수(성질)

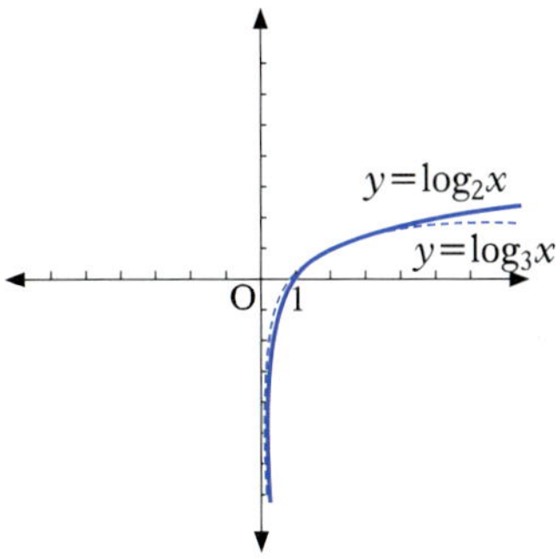

$f(x) = \log_a x \ (a > 1)$

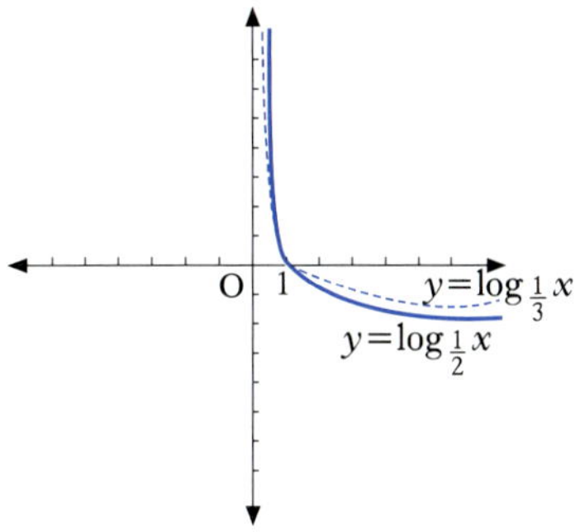

$f(x) = \log_a x \ (0 < a < 1)$

- 정의역: 양의 실수, 치역 : 실수 전체
- $a > 1$: x 가 증가할 때 y도 증가한다.
  $0 < a < 1$: x 가 증가할 때 y는 감소한다.
- 그래프는 점$(1, 0)$을 지나고 y축이 점근선이다.
- 정의역 x값들이 *등비수열을 이루면 대응하는 함숫값 $f(x)$은 *등차수열을 이룬다.

개념이해 소리의 강도(dB)

소리의 상대적 크기를 나타내는 단위 데시벨(dB)은 다음과 같이 표현된다.

$$B(I) = 10\log\frac{I}{I_0}$$

(단, I : 측정하려는 소리의 세기, $I_0 = 10^{-12}(W/m^2)$: 기준이 되는 소리의 세기)

(1) 한 가수가 소리의 세기를 처음의 4배로 크게 한다면 데시벨은 얼마만큼 증가하는가?

(2) 40데시벨은 소리의 세기로 몇(W/m^2)인지 구하시오.

풀이 (1) $B(4I)-B(I)=10\log\frac{4I}{I_0}-10\log\frac{I}{I_0}$

$$=10\left(\log\frac{4I}{I_0}-\log\frac{I}{I_0}\right)$$

$$=10\left(\log 4+\log\frac{I}{I_0}-\log\frac{I}{I_0}\right)$$

$$=10\log 4 \fallingdotseq 6.0206$$

즉, 6데시벨(dB) 만큼 증가한다.

(2) $40=10\log\frac{I}{10^{-12}}$ 에서

$$4=\log\frac{I}{10^{-12}}$$

$$\log 10^4=\log\frac{I}{10^{-12}}$$

$$10^4=\frac{I}{10^{-12}}$$

$$\therefore I=10^{-8}\,(W/\mathrm{m}^2)$$

참고

소리의 세기(단위, dB)	종 류
10	나뭇잎 스치는 소리
25	조용한 강당
60	사무실
80	복잡한 교통상황
130	제트 엔진

1 로그(함수)의 연산

1. 다음 로그 값을 계산하시오.

(1) $\log_2 8$ (2) $\log_4 1$

(3) $\log_{\frac{1}{2}} 4$ (4) $\log_{36} 6$

(5) $10^{\log 4}$

2. 다음 식을 간단히 하시오.

(1) $\log_5 25x$ (2) $e^{\ln 20}$

(3) $\log_2 64^x$ (4) $8^{\log_8 x}$

3. 다음 함수의 역함수를 구하시오.

(1) $y = 3^x$ (2) $y = \log_2 x$

(3) $y = \ln(x+1)$ (4) $y = e^{x-1}$

2 로그(함수)의 연산

$\log_6 4 = 0.7737$, $\log_6 5 = 0.8982$ 일 때, $\log_6 \dfrac{24}{5}$ 값을 구해보고 계산기를 통해 확인해보시오.

문제해결

1 로그의 성질

다음 로그의 성질을 증명하시오

($a \neq 1$, $a > 0$, $c \neq 1$, $c > 0$, $b > 0$, $x > 0$, $y > 0$)

(1) $\log_a xy = \log_a x + \log_a y$

(2) $\log_a \dfrac{x}{y} = \log_a x - \log_a y$

(3) $\log_a x^p = p\log_a x$

(4) $\log_a b = \dfrac{\log_c b}{\log_c a}$

2 반례찾기

양수 M, N에 대하여 다음과 같은 로그의 성질은 성립하지 않음을 예를 통해 보이시오.(단, $a > 0$, $a \neq 1$)

(1) $\log_a (M+N) = \log_a M + \log_a N$

(2) $\log_a (M-N) = \log_a M - \log_a N$

3 지진의 규모

지진의 규모(M)와 에너지의 크기(E)의 관계가 다음과 같을 때 물음에 답하시오.

$M = 0.29\,(\ln E) - 9.9$ (단, E의 단위는 ergs)

(1) 에너지의 크기가 5×10^{23} ergs인 지진이 발생하였을 때, 지진의 규모를 구하시오.

(2) 지난번 중국에서 발생한 쓰촨성 지진의 규모(M)가 7.8이었다. 에너지의 크기를 구하시오.

(3) 주어진 함수의 역함수를 구하시오.

• 에르그(erg)란?
1dyn(다인)의 힘이 그 힘의 방향으로 물체(질점)를 1cm 움직이는 일이 1erg이다. MKS단위계인 J(줄)의 1000만분의 1에 해당한다. 즉 1erg=1dyn · cm=10−7J이다. 명칭은 '일'을 뜻하는 그리스어 에르곤(ergon)에서 유래한다.

6.4 지수방정식과 로그방정식

핵심개념

• 핵심용어
지수방정식
로그방정식

▸ 지수방정식

• 밑을 같게 할 수 있을 때 :

$a^{f(x)} = a^{g(x)} \Rightarrow f(x) = g(x)$ (단, $a \neq 1$, $a > 0$)

• 밑을 같게 할 수 없을 때 :

$a^{f(x)} = b^{g(x)} \Rightarrow \log a^{f(x)} = \log b^{g(x)}$

(단, $a \neq 1$, $a > 0$, $b \neq 1$, $b > 0$)

▸ 로그방정식

• $\log_a f(x) = \log_a g(x)$ (단, $a \neq 1$, $a > 0$, $f(x) > 0$, $g(x) > 0$)

$\Rightarrow f(x) = g(x)$

• $\log_a f(x) = b$ (단, $a \neq 1$, $a > 0, f(x) > 0$)

$\Rightarrow f(x) = a^b$

▸ 지수함수 모델

(x, y)가 지수함수 $\Leftrightarrow$ $(x, \ln y)$는 일차함수

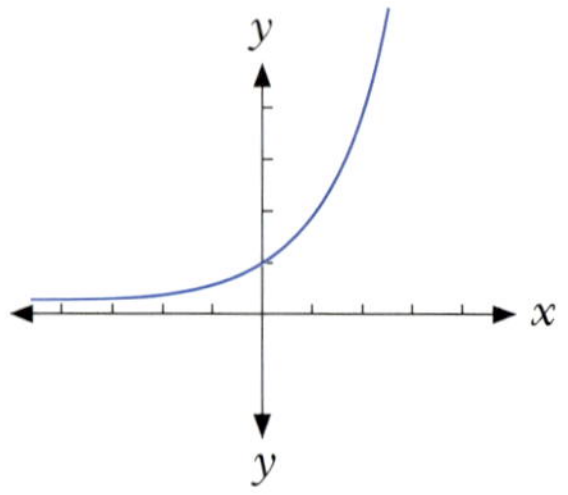

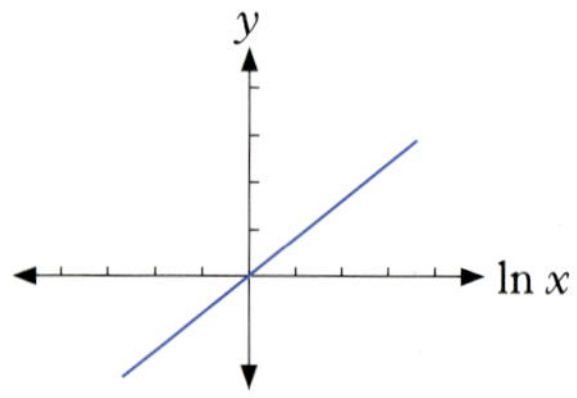

▸ 멱함수 모델

(x, y)가 멱함수 $\Leftrightarrow$ $(\ln x, \ln y)$는 일차함수

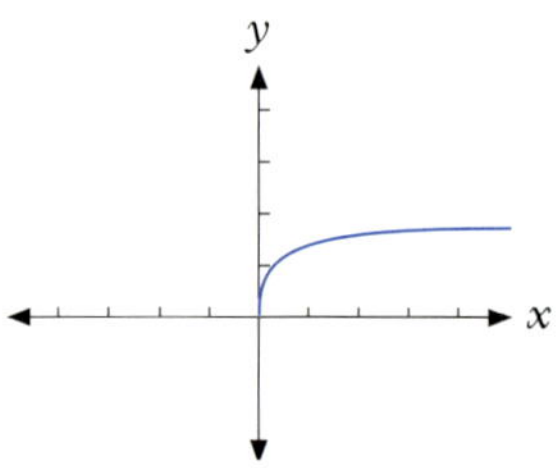

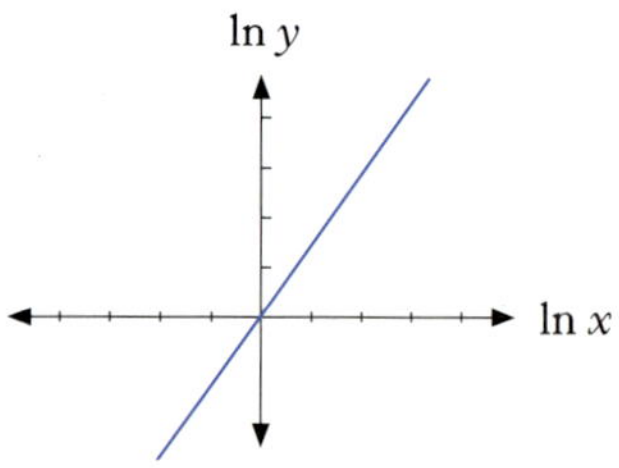

※ 멱함수(Power function) : $y = a\,x^b$의 형태에서 a, b가 실수인 경우 (특히 b가 자연수일 경우는 다항함수라고 한다.)

개념이해 천체 망원경

별의 겉보기 등급(M)은 지구에서 관찰한 별의 밝기로 측정한다. 이 때, 망원경을 통해 가장 흐릿한 별이 관찰되었다면 이 별의 겉보기 등급은 다음 함수로 주어진다.

$$M = 5\log D + 2$$

(단, D : 천체 망원경의 대물렌즈 지름(mm))

(1) 겉보기 등급 12인 별을 관찰 할 수 있는 천체 망원경이 있을 때, 대물렌즈 지름의 크기를 구하시오.

(2) 겉보기 등급이 3인 별을 관측할 수 있는 망원경의 대물렌즈의 지름과 겉보기 등급이 6인 별을 관측할 수 있는 망원경의 대물렌즈의 지름을 비교하시오.

이해 천체 망원경 대물렌즈의 지름에 대한 겉보기 등급에 관한 문제

계획 $M = 5\log D + 2$

먼저 식을 이용 대물렌즈의 지름을 구한다.

그리고 겉보기 등급이 12일 때, 대물렌즈의 지름을 구한다.

풀이

(1) 대물렌즈 지름 구하기

$$M = 5\log D + 2$$
$$12 = 5\log D + 2$$
$$2 = \log D$$
$$D = 100$$

풀이 (2) D_1: 겉보기 등급이 3인 별을 관측할 수 있는 대물렌즈의 지름

D_2: 겉보기 등급이 6인 별을 관측할 수 있는 대물렌즈의 지름

$$3 = 5\log D_1 + 2 \quad \log D_1 = \frac{1}{5},\ D_1 = 10^{\frac{1}{5}}$$

$$6 = 5\log D_2 + 2 \quad \log D_2 = \frac{4}{5},\ D_2 = 10^{\frac{4}{5}}$$

$$D_2 = 10^{\frac{4}{5}} = (10^{\frac{1}{5}})^4 = D_1^4$$

검토 $D_2 = D_1^{\ 4}$으로 D_2는 $D_1^{\ 4}$과 같다.

즉 겉보기 등급이 6인 별을 관측할 수 있는 대물렌즈의 지름은 겉보기 등급이 3인 별을 관측할 수 있는 대물렌즈의 지름의 4제곱과 같다.

1 CSI 과학수사대

뉴턴의 냉각법칙은 다음과 같이 지수함수 형태로 주어진다.

$$T = S + (T_0 - S)e^{-kt}$$

(단, T : 물체의 온도, T_0 : 물체 초기온도, S : 외부 매질의 온도, k : 비례상수)

이를 이용하면 피살자의 피살 시간을 추정할 수 있다고 한다. 자정($t_0 = 0$)에 모텔에서 시체를 발견하였고, 발견 당시 시체의 온도는 26°C이었다고 한다. 방 안은 18°C 로 일정하였고, 2시간 뒤 시체의 온도는 24°C에 이르렀다고 한다. 이를 근거로 피살 시간을 추정하시오.(단, 죽기 전에 사람의 온도는 36.5°C이다.)

문제해결

1 핸드폰 보유 학생 수

어느 초등학교 6학년 전체 학생들(200명)의 핸드폰 보유 현황은 다음과 같다.

년도	2001	2002	2003	2004	2005	2006	2007
보유 학생 수	12	16	26	36	50	70	112

(1) 2000년 이후 경과한 년 수를 x로 하고 그때, 핸드폰 보유 학생수를 y라 했을 때, $(x, \ln y)$를 좌표 평면에 나타내시오.

(2) (x, y)에 대한 지수 함수 모델을 직선의 방정식을 이용하여 구하시오.

(3) (x, y)에 대한 지수 함수 모델 $y=ab^x$를 구하시오.

2 원자 질량

다음표는 알카리 금속의 원자번호 (x)와 녹는점 y°C의 관계를 나타낸 것이다.

알카리금속	리듐(Li)	나트륨(Na)	칼륨(K)	루비듐(Rb)	세슘(Cs)
원자번호(x)	3	11	19	37	55
녹는점(y)	180.5	97.8	63.7	38.9	28.5

(1) 원자번호를 x로 하고 그때 금속의 녹는점을 y라 했을 때, $(\ln x, \ln y)$를 좌표 평면에 나타내시오.

(2) (x, y)에 대한 멱함수 모델을 직선의 방정식을 이용해 구하시오.

(3) (x, y)에 대한 멱함수 모델 $y=ax^b$를 구하시오.

3 박테리아 수

박테리아 증가는 다음과 같은 함수 모델을 따른다.

$$N(t) = N_0 e^{0.4055t}$$

(단, t는 경과한 시간, N_0는 초기 박테리아 수)

박테리아가 이와 같은 모델로 계속 증가 한다면, 처음 박테리아 수가 3배로 되는 데 필요한 시간을 구하시오.

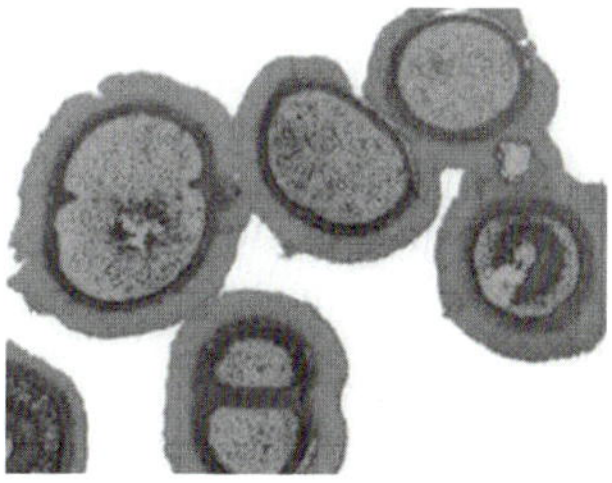

4 수조의 농도

큰 수조에 500L의 순수한 물이 채워져 있다. 1L당 2g의 소금을 포함하는 소금물이 분당 5L 비율로 수조에 유입되고 동시에 잘 혼합된 소금물 용액이 같은 비율로 유출 될 때 임의의 시간에서 수조에 있는 소금의 질량은 다음과 같이 주어진다.

$$A(t) = 1000 - 1000e^{\frac{-t}{100}} \text{ (단, t는 분)}$$

(1) 100분이 지났을 때의 수조에 있는 소금 질량을 구하시오.

(2) 500g의 소금이 수조에 있을 때의 시간을 구하시오.

(3) 시간이 무한이 흘렀다고 했을 때, 수조에 있는 소금의 양을 추측하시오.

5 해변의 기울기

모래입자의 지름(d)와 해변의 기울기(s)는 $s = 0.159 + 0.118 \log d$의 관계가 성립한다. (단, d의 단위는 mm) 주어진 s에 관한 함수의 역함수를 이용하여 해변의 기울기가 2일 때의 모래입자의 지름(d)을 구하시오.

6 고도와 바람의 속도

특정한 상황에서 고도(h)에 대한 바람의 속도(v)가 아래와 같다고 할 때, 물음에 답하시오

$$v(h) = 2\ln(100h)$$

(1) 주어진 함수을 밑이 10인 상용로그로 바꿔 표현해보시오

(2) 고도를 2배로 하면 바람의 속도는 어떻게 되는지 설명하시오

(3) 바람의 속도를 2배로 하면 고도는 어떻게 되는지 설명하시오.

실험 동전 놀이

Step 1

표에 100원짜리 동전의 개수를 기록, 컵 안에 동전 모두를 넣고 잘 흔든다.

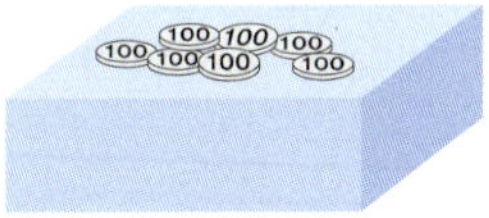

책상에 동전을 모두 붓는다.

앞면에 나온 동전을 모두 제거하고, 남아있는 동전의 개수를 센다. 표에 이 수를 기록한다. 동전이 모두 제거 될 때까지 실험을 계속한다.

Step 2

동전을 던진 결과를 아래 표에 기록한다.

시행 횟 수 : x	0	1	2	3	4	5	6	7
남아있는 동전의 수 : y								

Step 3

(1) n회 시행했을 때 남아있는 동전 수는 y_n, $n+1$회 시행했을 때 남아있는 동전 수는 y_{n+1}라 하고, $\dfrac{y_n}{y_{n+1}}$을 구하시오.

(2) 점 (x, y)를 좌표평면에 나타내고, 회귀곡선을 그리시오.

ICT 활용 Excel을 활용하여 자료에 맞는 그래프 찾기 Fitting Data Graphs

☞ 대부분의 그래픽계산기(CFX9850, Fx2.0, TI−83, TI−89, Classpad300 등)나 컴퓨터 소프트웨어(Mathematica, Maple 등)는 주어진 자료쌍 (x, y)의 관계를 가장 잘 설명하는 그래프와 함수식을 간단히 구하도록 함(일명 '회귀분석'이라 함)으로써 자료에 나타나지 않은 값에 대한 결과를 예측할 수 있게 한다.
위 어느 것도 없는 경우에 Excel을 이용하여 자료에 가장 적합한 그래프와 식을 찾는 방식을 소개한다.

1 신발크기(x)와 몸무게(y)의 관계를 다음 7명의 자료에 근거하여 예측하라.
(9, 69) (95, 70.5) (10, 70) (10.5, 71.5) (11, 72) (11.5, 74) (12, 74)

풀이 : Excel로 (x, y) 그래프를 그려서 가장 적합한 곡선과 그 식을 찾는다.

Excel 다루기

(1) 자료를 입력하고, 그래프를 그린다.

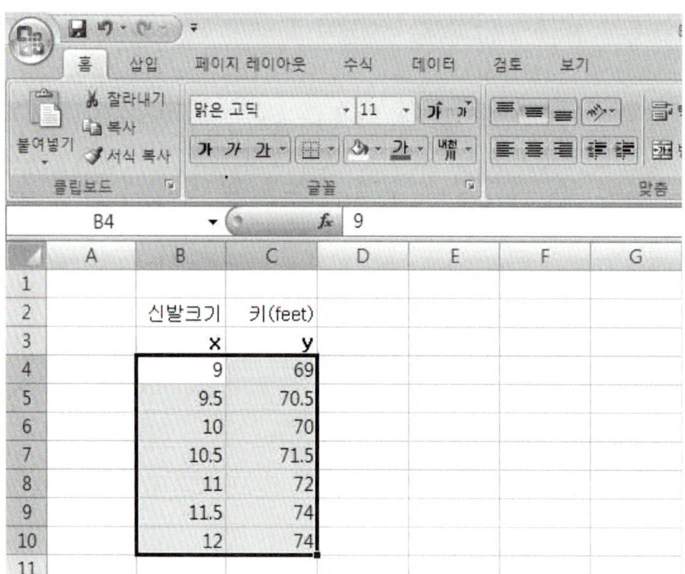

그림 1

자료 부분이 선택된 상태(그림 1)에서 메뉴<[삽입]-[분산형]>를 선택하면 그래프(그림 2)가 그려진다.

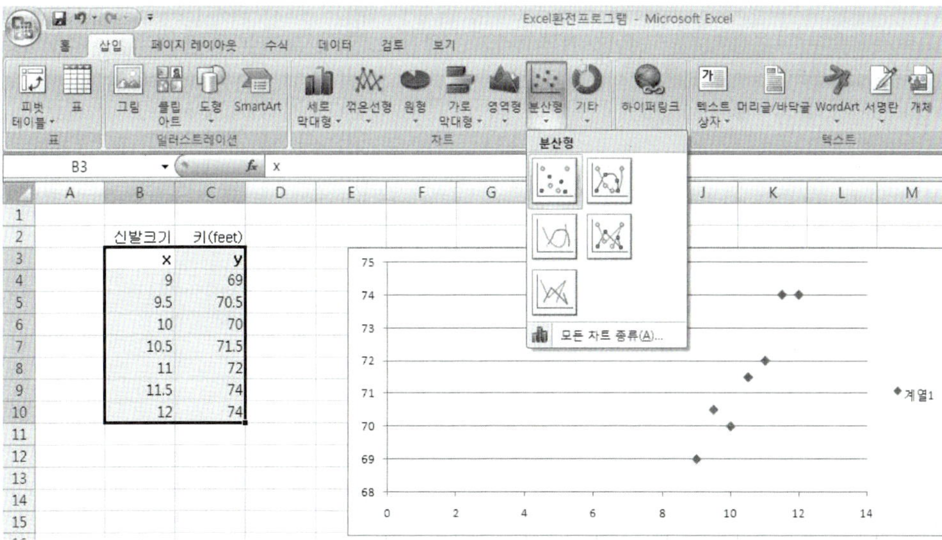

그림 2

(2) 그래프에 맞는 곡선과 그 식을 찾는다.

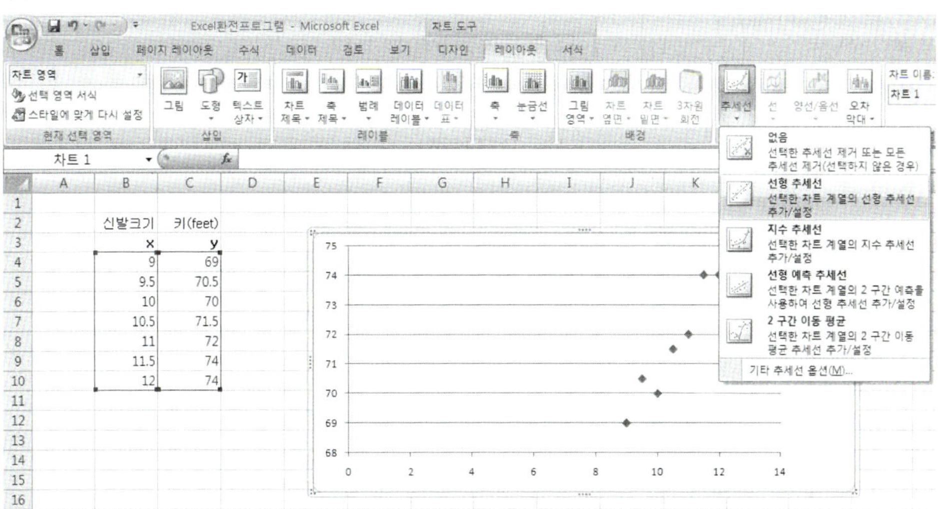

그림 3

- 그래프를 선택한 상태에서, 메뉴 〈[레이아웃]-[추세선]〉을 열어 추세선 종류를 선택한다. 추세선 종류는 그래프를 보고 사용자가 결정하면 그래프가 그려진다.
- 여기서는 직선을 선택하여 여러 점 사이로 직선이 그려졌다(그림 4). 〈기타추세선 옵션〉을 누르면 다른 유형의 식을 선택할 수 있다.
- 〈기타추세선 옵션〉을 선택하여 그려진 추세선의 식이 나타나게 한다(그림 5). 직선 부근에 표시된 식 $y = 1.7143x + 53.571$이 추세선의 식이다.

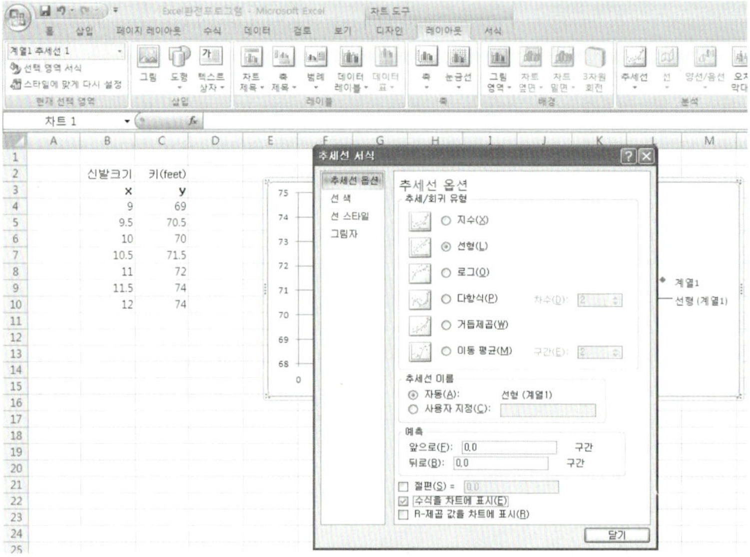

그림 4

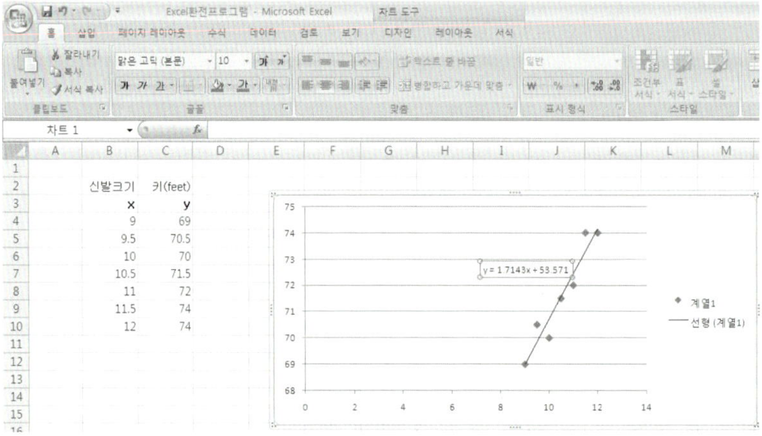

그림 5

2 새의 두 날개를 편 날개 폭(x)과 몸무게(y)의 관계를 나타낸 자료에서 관계를 다음 자료에서 예측하라.

날개 폭 (x)	1.9	2.92	3.41	5.41	8.35
몸무게 (y)	0.23	1.04	1.69	6.78	16.01

풀이 : 자료를 입력하여 그래프를 그린 후, 그래프를 보고 추세선을 거듭제곱이 관련된 식으로 결정하였으며, 그 결과 그림 6과 같이 $y = 0.0438x^{0.28764}$을 답으로 얻었다.

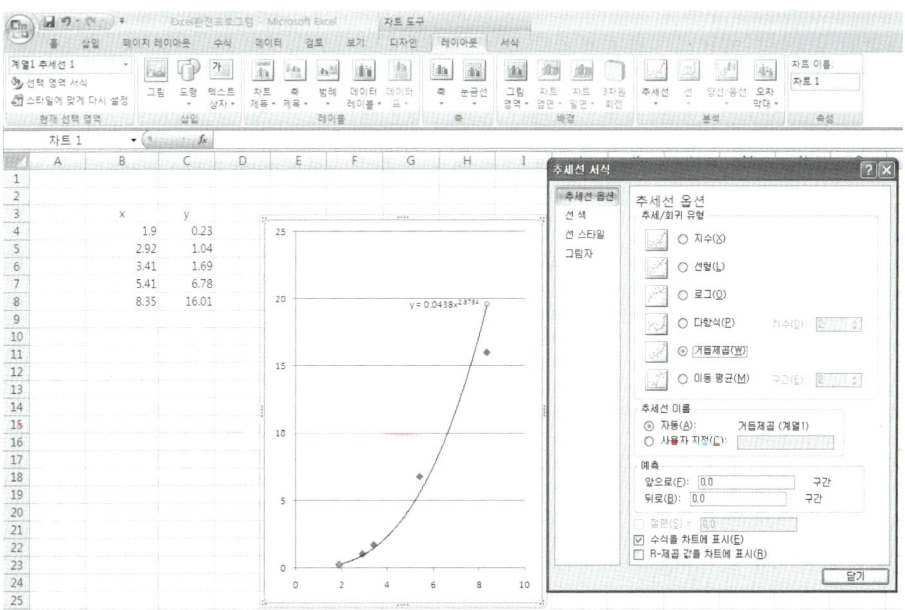

그림 6

ICT 활용 재테크 상식 - 72법칙

1 복리계산방법

예금이나 적금을 할 때, 복리가 이익이라는 이야기는 들었지만 정작 복리계산방법이 어려워 계산하려면 인터넷을 뒤적여야 한다.

얼마전 회사에서 재테크에 대한 강의에서 나눠준 내용에서 알게된 유익한 정보다. 복잡하게 생각할 필요없는 아이슈타인이 발견한 복리계산방법 72법칙을 소개한다.

72를 이자율로 나눈 숫자가 바로 투자한 돈이 2배로 되는데 걸리는 시간이다. 원금이 얼마든지 상관없다.

예를 들면 1년에 연 6%로 예금에 가입하면 72/6을 하면 원금의 두배가 되는데 12년이 걸리고 1년에 연 5%로 예금에 가입하면 원금의 두배가 72/5를 하면 14.4년이 걸리는 식이다.

연 1%의 차이가 72법칙 복리의 마술로 5년까지의 차이도 보일 수 있는 것이다.

이 72법칙은 수학적으로는 증명할 수 없는 추정값으로 약간의 오차도 있지만 실제 매우 유용하다.

투자에 대한 안목과 성장속도 등에 감을 높여 미래를 읽는 직관을 키워준다.

-daum blog에서-

블로그에 소개된 72-법칙이 성립하는지 여부를 복리계산 사이트를 이용하여 확인하시오.

http://www.emh.co.kr/compound.pl

원금 (만원)	연이율 (%)	예금기간 (년)	원리합계 (만원)	금액차이 (-원금의 2배)
100	8	$9(=\frac{72}{8})$	195	−5
100	8	10		
200				
200				
500				
500				

2 복리계산 Excel 프로그램

복리계산을 위한 Excel 프로그램을 만들었다. 프로그램을 이용하여 72-법칙을 평가하시오.

[프로그램열기: http://kchang.konkuk.ac.kr]

	A	B	D	E	F	G	H	I	J	K	L	M	N	O
3			연이율 r%											
4	예금		**1.00**	**2.00**	**3.00**	**4.00**	**5.00**	**6.00**	**7.00**	**8.00**	**9.00**	**10.00**	**20.00**	**30.00**
5	기간(년)	**1**	1.01	1.02	1.03	1.04	1.05	1.06	1.07	1.08	1.09	1.10	1.20	1.30
6		**2**	1.02	1.04	1.06	1.08	1.10	1.12	1.14	1.17	1.19	1.21	1.44	1.69
7		**3**	1.03	1.06	1.09	1.12	1.16	1.19	1.23	1.26	1.30	1.33	1.73	**2.20**
8		**4**	1.04	1.08	1.13	1.17	1.22	1.26	1.31	1.36	1.41	1.46	**2.07**	2.86
9		**5**	1.05	1.10	1.16	1.22	1.28	1.34	1.40	1.47	1.54	1.61	2.49	3.71
10		**6**	1.06	1.13	1.19	1.27	1.34	1.42	1.50	1.59	1.68	1.77	2.99	4.83
11		**7**	1.07	1.15	1.23	1.32	1.41	1.50	1.61	1.71	1.83	**1.95**	3.58	6.27
12		**8**	1.08	1.17	1.27	1.37	1.48	1.59	1.72	1.85	**1.99**	2.14	4.30	8.16
13		**9**	1.09	1.20	1.30	1.42	1.55	1.69	1.84	**2.00**	2.17	2.36	5.16	10.60
14		**10**	1.10	1.22	1.34	1.48	1.63	1.79	**1.97**	2.16	2.37	2.59	6.19	13.79
15		**11**	1.12	1.24	1.38	1.54	1.71	1.90	2.10	2.33	2.58	2.85	7.43	17.92
16		**12**	1.13	1.27	1.43	1.60	1.80	**2.01**	2.25	2.52	2.81	3.14	8.92	23.30
17		**13**	1.14	1.29	1.47	1.67	1.89	2.13	2.41	2.72	3.07	3.45	10.70	30.29
18		**14**	1.15	1.32	1.51	1.73	**1.98**	2.26	2.58	2.94	3.34	3.80	12.84	39.37
19		**15**	1.16	1.35	1.56	1.80	2.08	2.40	2.76	3.17	3.64	4.18	15.41	51.19
20		**16**	1.17	1.37	1.60	1.87	2.18	2.54	2.95	3.43	3.97	4.59	18.49	66.54
21		**17**	1.18	1.40	1.65	1.95	2.29	2.69	3.16	3.70	4.33	5.05	22.19	86.50
22		**18**	1.20	1.43	1.70	**2.03**	2.41	2.85	3.38	4.00	4.72	5.56	26.62	112.46
23		**19**	1.21	1.46	1.75	2.11	2.53	3.03	3.62	4.32	5.14	6.12	31.95	146.19
24		**20**	1.22	1.49	1.81	2.19	2.65	3.21	3.87	4.66	5.60	6.73	38.34	190.05
25		**21**	1.23	1.52	1.86	2.28	2.79	3.40	4.14	5.03	6.11	7.40	46.01	247.06
26		**22**	1.24	1.55	1.92	2.37	2.93	3.60	4.43	5.44	6.66	8.14	55.21	321.18
27		**23**	1.26	1.58	1.97	2.46	3.07	3.82	4.74	5.87	7.26	8.95	66.25	417.54
28		**24**	1.27	1.61	**2.03**	2.56	3.23	4.05	5.07	6.34	7.91	9.85	79.50	542.80
29		**25**	1.28	1.64	2.09	2.67	3.39	4.29	5.43	6.85	8.62	10.83	95.40	705.64
30		**26**	1.30	1.67	2.16	2.77	3.56	4.55	5.81	7.40	9.40	11.92	114.48	917.33
31														
32		72-법칙	72.00	36.00	24.00	18.00	14.40	12.00	10.29	9.00	8.00	7.20	3.60	2.40

참고: 프로그램작성 (Tip)

1. D5=(1+D$4/100)^$B5
2. D32=72/D4

3 72-법칙의 수학적 평가

72-법칙이 대체로 성립하는 이유를 수학적으로 설명하시오.

참고 : 로그함수는 다음과 같은 다항함수(Maclaurin급수)로 그 근삿값을 구할 수 있다.

$$\ln(1+x) = r - \frac{r^2}{2} + \frac{r^3}{3} - \frac{r^5}{5} + \frac{x^7}{7} \cdots$$

4 생각해 보기

$n = \dfrac{69.3}{r' - \dfrac{r'^2}{200} + \cdots}$ 의 근삿값을 구하는 과정에서, 분자 0.693…보다 약간 큰 값으로 70이나 71이 아니라 72를 선택한 이유에 대해 생각해 보시오.

실력다지기

열린문제

01 $f(x)=ae^{rx}$, $g(x)=be^{qx}$에 대하여 $f(x)$와 $g(x)$는 모두 감소함수이고, $\dfrac{f(x)}{g(x)}$는 증가함수가 되는 상수 a, b, r, q의 값을 제시하시오.

02 그래프의 점근선이 $y=2$이고, y절편이 5인 $y=ab^{x-h}+k$ 형태의 지수함수를 2개 제시하시오.

03 $y=\left(\dfrac{1}{2}\right)^x$와 $y=\left(\dfrac{1}{4}\right)^x+5$ 그래프 사이를 지나는 지수함수 2개를 제시하시오.

추론문제

01 다음 두 지수의 연산에 대한 오류를 찾아 바르게 고치시오.

(1) $\left(4e^{3x}\right)^3 = 4e^{(3x)(3)}$

$= 4e^{9x}$

(2) $\dfrac{e^{8x}}{e^{-5x}} = e^{8x-5x}$

$= e^{3x}$

02 복리에 대한 원리합계 $A = P\left(1+\dfrac{r}{t}\right)^{nt}$는 t가 한없이 증가함에 따라서 연속복리에 대한 원리합계 $A = Pe^{rn}$로 전환된다. 이 과정을 식으로 설명하시오.

03 주어진 연산에 대한 오류를 찾아 수정하시오.

(1) $3^{x+1} = 6^x$

$\log_3 3^{x+1} = \log_3 6^x$

$x+1 = x\log_3 6$

$x+1 = 2x$

(2) $\log_3 10x = 5$

$e^{\log_3 10x} = e^5$

$10x = e^5$

$x = \dfrac{e^5}{10}$

04 주어진 연산에 대한 오류를 찾아 수정하시오.

(1) $\ln y = 2x+1$

$y = e^{2x+1}$

$y = e^{2x} + e^{1}$

$y = (e^{2})^{x} + e$

(2) $\ln y = 3\ln x - 2$

$\ln y = \ln 3x - 2$

$y = e^{\ln 3x} - 2$

$y = e^{\ln 3x} \times e^{-2}$

발전문제

01 렌즈로 부터 빛이 들어오는 양을 조절하는 조리개는 조리개의 수치가 클수록 열리는 원의 크기가 작아져서 빛이 조금 들어오고, 조리개의 수치가 작을수록 열리는 원의 크기가 커져서 빛이 많이 들어오게 된다. 렌즈의 조리개의 수치 F는 1.4 ~ 16의 값을 갖는데, 조리개의 수치 F와 빛이 들어오는 양 S의 관계가 다음과 같을 때 물음에 답하시오.

F16 F11 F8 F5.6 F4 F2.8 F2 F1.4

$$S = \log_{2} F^{2}$$

(1) 35mm 렌즈의 조리개는 다음 표와 같은 8개의 등급으로 구분되어 있다.
빈칸을 채우고 S와 F의 관계에 대해서 알아보시오.

F	1.414	2.0	2.828	4.0	5.657	8.0	11.314	16.00
S								

(2) 대부분의 35mm 렌즈의 조리개는 9단계로 구분되어 있는데 9번째의 F의 수치는 얼마이며 그 이유는 무엇인지 설명하시오.

02 다음 함수에 대하여 각각 물음에 답하시오.

(1) 지수함수 $y = ab^x$

$(x, \ln y)$에 관한 그래프를 그렸을 때, 절편과 기울기를 구하시오.

(2) 멱함수 $y = ax^b$

$(\ln x, \ln y)$에 관한 그래프를 그렸을 때, 절편과 기울기를 구하시오.

03 지수함수 $f(x)=ab^x$에 대하여 다음 물음에 답하시오.

(1) $\dfrac{f(x+1)}{f(x)}$의 값을 구하시오.

(2) 다음 대응표에 제시된 점을 모두 지나는 지수함수가 존재하지 않음을 (a)를 이용하여 설명하시오.

x	0	1	2	3	4
y	4	4	8	24	72

증명문제

01 지수함수 $f(x)=5\cdot 8^{-x}$와 $f(x)=5(0.125)^x$는 같은 함수임을 보이시오.

풀이와 답

6.1 지수함수

개념이해

1. 내비게이션 가격 ☜ p.299

이해 : $A = 100$만원

이율(r): $r = \dfrac{10}{100} = 0.1$

계획 : 복리법의 원리합계 식 $S = A(1-r)^n$에서

n : 경과된 년도

S : 내비게이션 가격

풀이

(1) $\mathrm{S} = 100(1-0.1)^n$

$100(1-0.1)^3 =$ 약 72.9만원 (계산기 이용)

(2) 지수함수 S의 값을 표로 나타내면

아래와 같다.

n	S
6	53.144
6.1	52.587
6.2	52.035
6.3	51.49
6.4	50.95
6.5	50.416
6.6	49.888
6.7	49.365
6.8	48.848
6.9	48.336
7	47.829

검토 : 따라서 50만 원 이하로 가격이 내려가기 위해서는 6년과 7년 사이이다. 즉 2010년이 되면 50만원 이하로 내려간다.

7년 후에 내비게이션 가격이 반으로 줄어들었다.

문제해결

1. 교통요금 p.300

이해 : $A = 220$만원

$S = 220(1+r)^{10} = 500$

계획 : n : 경과된 연도

S : 1년 동안 교통요금

$S = A(1+r)^n$: 증가하는 모델

풀이

(1) $S = 220(1+r)^{10} = 500$

$r =$ 약 8.6 % (계산기 이용)

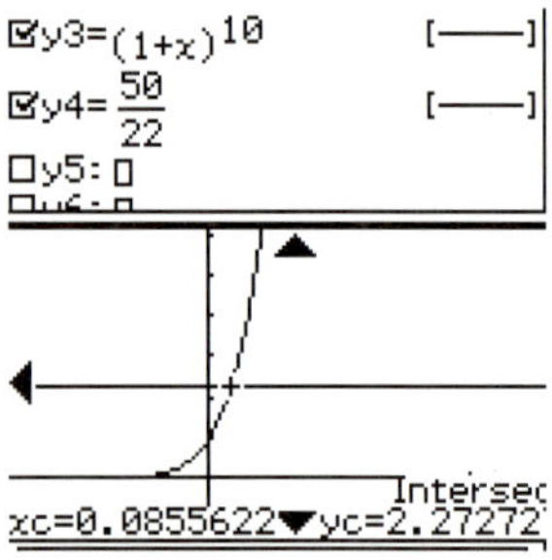

(2) $S = 220(1+r)^{20}$ ≒ 1146만원

2. 중고차 시세 p.300

이해 : • 5년전 3,000만원에 구입

• p% 씩 감소 : 이율$(r) = \dfrac{p}{100}$

계획 : 경과 연도에 따른 중고가 식을 세운다.(감소하는 모델)

n : 경과된 년도

S : 차량 중고 가격

$S = A(1-r)^n$

풀이

(1) $3000\left(1-\dfrac{p}{100}\right)^{10}=1200$

즉 $p=16.7\%$ (계산기 이용)

(2) $1200(1-0.167)^3 \fallingdotseq 695$ 약 695만원

(3) $3000(1-0.167)^n=500$

n	중고가
8.5	634.75
8.6	623.25
8.7	611.97
8.8	600.89
8.9	590.01
9	579.33
9.1	568.84
9.2	558.54
9.3	548.42
9.4	538.49
9.5	528.74
9.6	519.17
9.7	509.77
9.8	500.54
9.9	491.48
10	482.58

따라서 9.8년까지 가능하다.

검토 : 차를 구입한 후 9년 6개월 안에 팔아야 500만원 이상 받을 수 있다.

3. 복리예금

p.301

이해 : • 원금 A : 4000만원

• 이율 : $r=\dfrac{4}{100}=0.04$

• 기간이 n, $t=4$

계획 : $S=A\left(1+\dfrac{r}{t}\right)^{nt}$

풀이

(1) 4분기로 나눈 복리 계산

$4000\left(1+\dfrac{0.04}{4}\right)^4$ 는 약 4162.4 만원

(2) 365일로 나눈 복리 계산

$4000\left(1+\dfrac{0.04}{365}\right)^{365}$ 는 약 4163.2 만원

(3) $4000\left(1+\frac{0.04}{365}\right)^{730}$ 는 약 4333.1 만원

검토 : (1)번의 경우 보다는 (2)번의 경우로 일 년 동안 저축하는 것이 이득이 된다.

4. 예금이율

p.301

이해 : 이율 7%에 집중 투자할 것인지 6%와 8% 에 분산투자 할 것인지에 관한 문제상황이다.

계획 : • 1년 동안 집중투자 : $4000(1+0.07)$
• 1년 동안 분산투자 : $2000(1+0.08)+2000(1+0.06)$

풀이

(1) 집중투자 : $4000(1+0.07)=4280$
분산투자 : $2000(1+0.08)+2000(1+0.06)=4280$
같은 이자를 받는다

(2) 집중투자 : $4000(1+0.07)^2=4000(1.1449)=4579.6$
분산투자 : $2000(1+0.08)^2+2000(1+0.06)^2=2332.8+2247.2=4580$
분산투자가 유리하다.

(3) 집중투자 : $4000(1+0.07)^{10}=7868.6$
분산투자 : $2000(1+0.08)^{10}+2000(1+0.06)^{10}=7899.545$
분산투자가 유리하다.

검토 : 높은 금리인 8% 의 이율을 적용하는 것이 유리하다.

별해 : $$\begin{aligned}4000(1+0.07) &= 4000\left(1+\frac{(0.06+0.08)}{2}\right)\\ &= 4000+2000(0.06+0.08)\\ &= 2000(1+0.08)+2000(1+0.06)\end{aligned}$$

5. 계란의 개수

p.302

이해 : 지수함수 $E=150.2(0.88)^{\frac{w}{52}}$ 에 대한 이해를 물어보는 문제이다.
밑 0.88이 1보다 작아서 감소함수이다.

계획 : 문제의 조건에서 $w > 25$이므로 E는 26주 이상 된 닭이 1년 동안 낳을 수 있는 계란의 개수를 의미한다.

풀이

(1) $0.88 = 1 - 0.12$이므로 12%씩 감소하는 지수함수가 된다.

(2) 2년 6개월은 $52 \times 2 + 26 = 130$이므로 130주이다.

$$150.2(0.88)^{\frac{130}{52}} = \text{약 } 109\text{개}$$

(3) $E = 150.2(0.88)^{\frac{w}{52}}$

$E = 150.2(0.88)^{t}$

$\frac{w}{52} = t$(단 t는 연 단위로 된 닭의 나이)

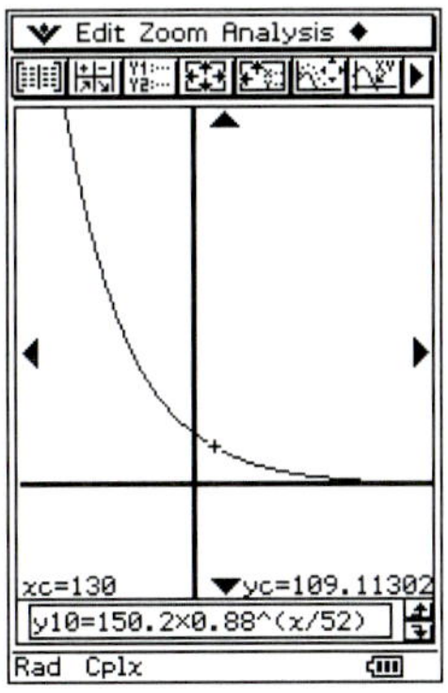

검토 : 오른쪽 그래프처럼 닭의 나이가 많아지면서 1년 동안 낳을 수 있는 계란의 개수는 감소하게 된다.

6.2 무리수 e

개념 이해

1. 지수함수의 그래프 p.306

풀이

(1) $2 > 0$, $0.5 > 0$이므로

정의역 : 모든 실수

치 역 : $\{y \mid y > 0\}$

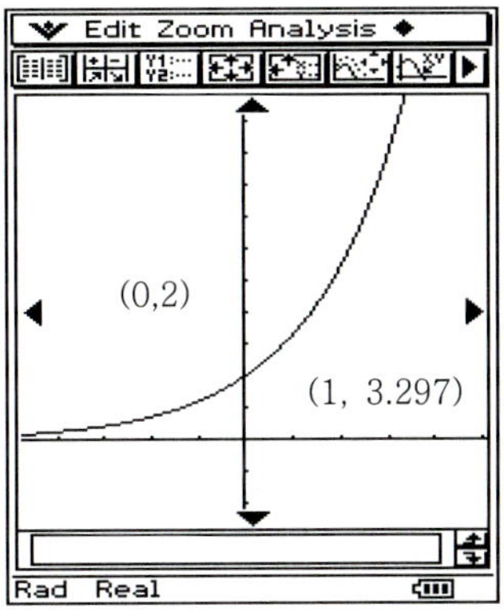

(2) $1>0$, $-0.7<0$이고, $y=e^{-0.7x}$의 그래프를 x축으로 1만큼, y축으로 2만큼 평행이동했으므로

정의역 : 모든실수

치역 : $\{y \mid y>2\}$

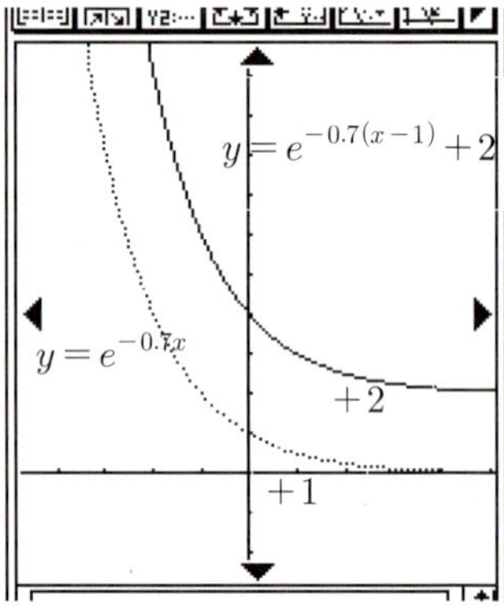

2. 연속복리

p.306

풀이

1. 연속복리의 식 나타내기

$A=Pe^{rn}$

2. 각각의 값 대입하기

(1) $A=2000e^{0.055\times 3}$ $\quad \begin{cases} P = 2000 \\ r = \dfrac{5.5}{100} = 0.055 \\ n = 3 \end{cases}$

(2) $2358.79=2000(1+r)^3$

3. 계산하기(계산기 사용)

(1) $A \fallingdotseq 2358.79$

(2) $r \fallingdotseq 0.0564$ 약 5.64%

문제 해결

1. 박테리아의 개체 수

p.307

풀이

(1) 오후 2시에 180개의 박테리아가 있고($P_0=180$) 오후 2시 이후의 시각에 대한 함수이므로

$P(x)=180e^{0.487(x-2)}$이다.(단, x는 측정한 시간)

(2) (1)의 그래프를 그리며 오른쪽과 같다.

$y=180e^{0.487(x-2)}$

(3) 그래프에서

$P(7)\approx 2054.85$임을 알 수 있다.

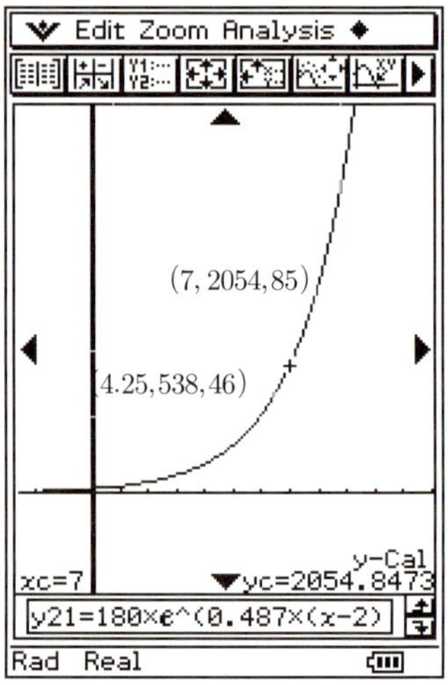

(4) 15분은 $\frac{1}{4}(=0.25)$시간 이므로 x에 4.25를 대입하면 $\boldsymbol{P(4.15) \approx 538.46}$임을 알 수 있다.

(5) $1000 = 180e^{0.487(x)}$

$x \fallingdotseq 3.5211$

3시간 후인 5시와 6시 사이에 실험실을 폐쇄해야 한다.

2. 상처부위의 넓이

p.308

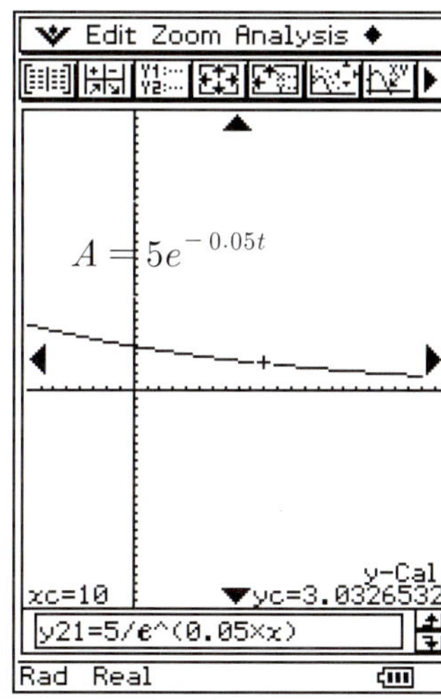

풀이

$A = 5e^{-0.05n}$의 그래프를 그리면 오른쪽 그래프와 같고 $A = A_0e^{-0.05t}$에서 $A_0 = 5$, $n = 10$을 대입하면 대응되는 함수값 $A = 5e^{-0.05 \times 10} \fallingdotseq 3.03$임을 알 수 있다.

$\therefore$ 10일 후의 상처의 넓이는 $3.03\,\text{cm}^2$

3. 연속복리

p.308

풀이

1. 연속복리의 공식 나타내기

$A = Pe^{rn}$

2. 각각의 값 대입하기

(1) A 은행	(2) B 은행		
$\begin{cases} P \Leftarrow 10000 \\ r \Leftarrow 0.05 \\ n \Leftarrow 5 \end{cases}$ $A = 10000e^{0.05 \times 5}$	$\begin{cases} P \Leftarrow 5000 \\ r \Leftarrow 0.045 \\ n \Leftarrow 5 \end{cases}$ $A = 5000e^{0.045 \times 5}$	+	$\begin{cases} P \Leftarrow 5000 \\ r \Leftarrow 0.055 \\ n \Leftarrow 5 \end{cases}$ $A = 5000e^{0.055 \times 5}$

3. 계산하기

$A \fallingdotseq 12840.25$	$A \fallingdotseq 6261.61+6582.65 = 12844.26$

위에서 5년 후에 A은행보다 B은행의 원리합계가 더 큰 것을 알 수 있으므로 이 사업가는 B은행의 제안을 따르는 것이 유리하다.

4. 목걸이 전시 p.309

풀이

(1) $y = -24 + 3\dfrac{e^{\frac{x}{2.5}} + e^{-\frac{x}{2.5}}}{2}$

의 그래프는 오른쪽 그래프와 같이, y축에 대칭이고 y절편이 -21인 그래프이다. 따라서 막대로부터 목걸이의 맨 아래 부분까지의 거리는 21cm이다.

(2) x절편이 약 ± 6.92이므로 두 고정핀사이의 거리는 $6.92 \times 2 = 13.84$이다.

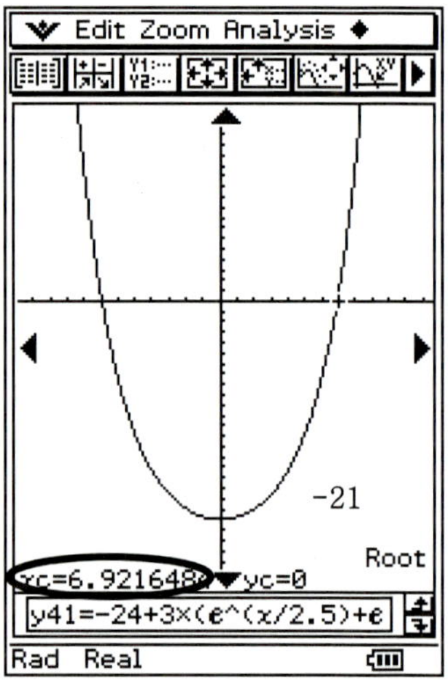

6.3 로그함수

개념 이해

1. 로그(함수)의 연산 p.314

풀이

1. (1) $\log_2 8 = 3$ (2) $\log_4 1 = 0$

(3) $\log_{\frac{1}{2}} 4 = -2$ (4) $\log_{36} 6 = \dfrac{1}{2}$

(5) $10^{\log 4} = 4$

2. (1) $\log_5 25x = 2 + \log_5 x$ (2) $e^{\ln 20} = 20$

(3) $\log_2 64^x = 6x$ (4) $8^{\log_8 x} = x$

3. (1) $y = \log_3 x$ (2) $y = 2^x$

(3) $y = e^x - 1$ (4) $y = \ln x + 1$

2. 로그(함수)의 연산 p.314

풀이

$$\log_6 \frac{24}{5} = \log_6 24 - \log_6 5$$
$$= \log_6 (6 \times 4) - \log_6 5$$
$$= \log_6 6 + \log_6 4 - \log_6 5$$
$$= 1 + 0.7737 - 0.8982$$
$$= 0.8755$$

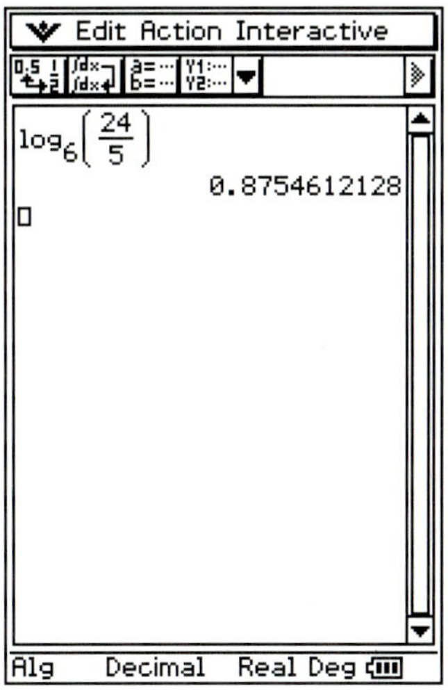

문제 해결

1. 로그의 성질 p.315

풀이

(1) $\log_a xy = \log_a x + \log_a y$

$\log_a x = m$, $\log_a y = n$으로 놓으면, $a^m = x$, $a^n = y$

$\therefore xy = a^m \times a^n = a^{m+n}$

곧, $m+n = \log_a xy$이므로 $\log_a xy = \log_a x + \log_a y$

(2) $\log_a \frac{x}{y} = \log_a x - \log_a y$

$\log_a x = m$, $\log_a y = n$으로 놓으면, $a^m = x$, $a^n = y$

$\therefore \frac{x}{y} = \frac{a^m}{a^n} = a^{m-n}$ 곧, $a^{m-n} = \frac{x}{y}$

로그의 정의에 의하여 $\log_a \frac{x}{y} = m - n$, 곧 $\log_a \frac{x}{y} = \log_a x - \log_a y$

(3) $\log_a x^p = p \log_a x$

$\log_a x = p$로 놓으면, $a^p = x$ $\therefore a^{np} = x^n$

로그의 정의에 의하여 $\log_a x^n = n \log_a x$

(4) $\log_a b = \frac{\log_c b}{\log_c a}$

$\log_a b = x$로 놓으면 $a^x = b$

양변에 $c\,(c \neq 1,\ c > 0)$를 밑으로 하는 로그를 취하면 $\log_c a^x = \log_c b$

$\therefore\ x\log_c a = \log_c b\,,\ x = \dfrac{\log_c b}{\log_c a}$ 곧 $\log_a b = \dfrac{\log_c b}{\log_c a}$

2. 반례찾기

p.315

풀이

(1) $\log_a(M+N) \neq \log_a M + \log_a N$

반례) $\log(4+6) = \log 10 = 1$

그러나, $\log 4 + \log 6 = 2\log 2 + \log 2 + \log 3 = 3\log 2 + \log 3 \neq 1$

(2) $\log_a(M-N) \neq \log_a M - \log_a N$

반례) $\log(12-2) = \log 10 = 1$

그러나, $\log 12 - \log 2 = 2\log 2 + \log 3 - \log 2 = \log 2 + \log 3 = \log 6 \neq 1$

3. 지진의 규모

p.316

풀이

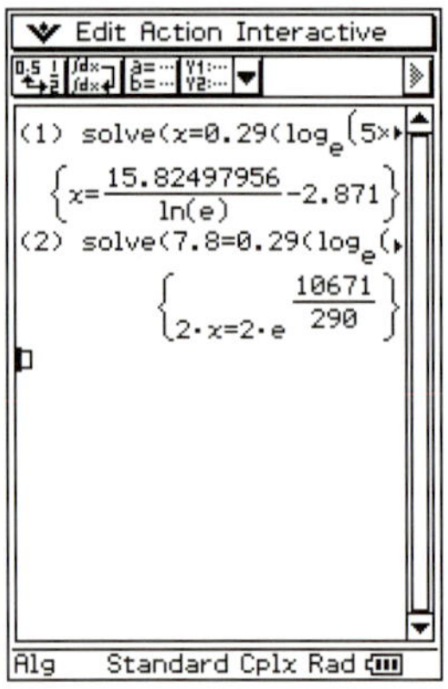

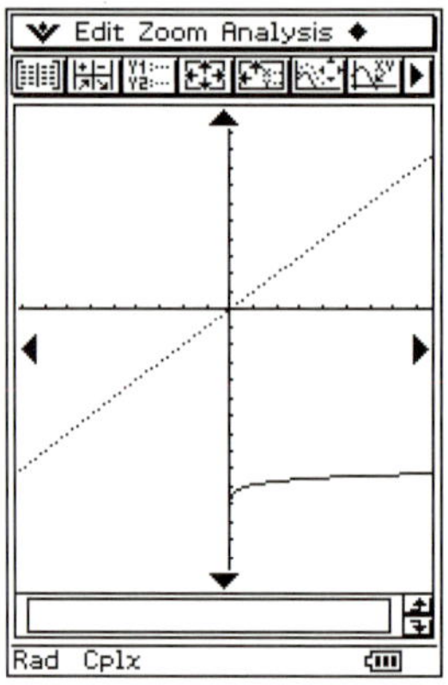

(1) $M = 0.29\ln(5\times 10^{23}) - 9.9\ = \dfrac{15.82497956}{\ln x} - 2.871\ \fallingdotseq 5.925$

(2) $7.8 = 0.29\ln E - 9.9,\ 17.7 = 0.29\ln x\ \ \therefore\ \ln x = \dfrac{1770}{29}$

$\therefore\ x = e^{\frac{1770}{29}} \fallingdotseq 3.2\times 10^{26}$

(3) 주어진 식 $M=0.29(\ln E)-9.9$를 $f(x)=0.29(\ln x)-9.9$로 바꿔서 생각해보자.

$y+9.9=0.29(\ln x)$, $\ln x=\dfrac{y+9.9}{0.29}$, $e^{\frac{y+9.9}{0.29}}=x$

x, y의 위치를 바꾸면

$f^{-1}(x)=e^{\frac{x+9.9}{0.29}}$

$\therefore\ E=e^{\frac{M+9.9}{0.29}}$

※ 주어진 함수의 역함수를 이용하면 지진의 규모를 알 때, 에너지의 크기를 알 수 있다.

6.4 지수방정식과 로그방정식

개념 이해

1. CIS 과학수사대 p.320

이해 : $T=S+(T_0-S)e^{-kt}$

살인사건의 피살 시간을 냉각법칙을 이용하여 구하는 문제이다.

계획 : $T=S+(T_0-S)e^{-kt}$

먼저 비례상수 k를 구한다.

T_0: 26도 S : 18도 T : 24도

비례상수 k를 바탕으로

T_0: 36.5도 S : 18도 T : 26도

풀이

(1) 먼저 k를 구해보자.

$24=18+(26-18)e^{-2k}$, $\dfrac{3}{4}=e^{-2k}$

$0.75=e^{-2k}$ $\ln 0.75=\ln e^{-2k}$ $\ln 0.75=-2k$

k는 약 0.1438(계산기 이용)

(2) 피살시간 후 경과한 시간 t를 구해보자.

$26 = 18 + (36.5 - 18)e^{-0.1438t}$

$8 = 18.5e^{-0.1438t}$, $\frac{16}{37} = e^{-0.1438t}$

$\ln\frac{16}{37} = \ln e^{-0.1438t}$, $\ln\frac{16}{37} = -0.1438t$

t는 약 -5.8(계산기 이용)

-5.8시간은 약 5시간 48분 전이다.

검토 : 따라서 시체는 자정에서 5시간 48분 전인 6시 12분경에 죽은 걸로 추정할 수 있다. 오래 지난 사체의 피살 시간은 추정하기 어렵지만 몇 시간 전에 죽은 사람의 피살 시간은 충분히 추정할 수 있고 한다.

문제 해결

1. 핸드폰 보유 학생 수

p.321

이해 : 지수함수 모델에 대한 이해를 물어보는 문제

계획 : $(x, \ln y)$의 그래프를 그린다.

풀이

(1) $(x, \ln y)$를 그래프로 나타내보자.

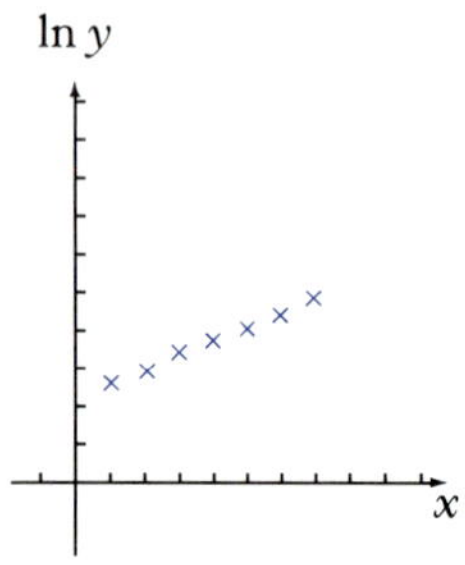

(그래프에서 화살표 표시 없음)

(2) 직선의 방정식을 이용하여 지수모델 찾기

$\ln y = 0.368x + 2.096$

$y = e^{0.368x + 2.096}$

$y = e^{2.096}(e^{0.368})^x$

$= 8.13(1.44)^x$

(3) 회귀 곡선 $y = ab^x$를 이용하여 구해 보자.

$$= 8.13(1.44)^x$$

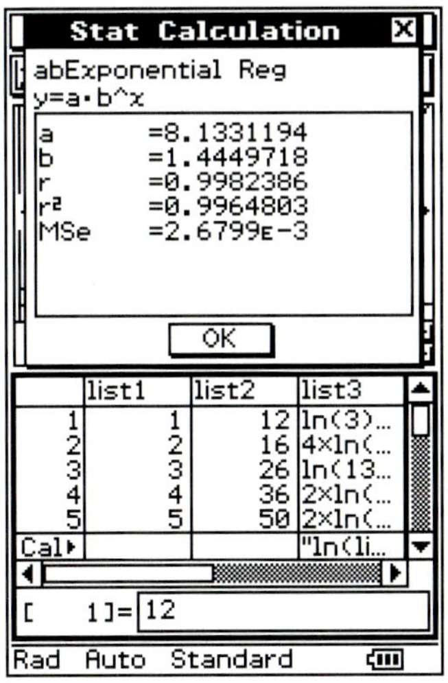

검토 : x와 $\ln x$가 선형관계인지를 파악하는 것이 중요.

2. 원자 질량

p.322

이해 : 멱함수 모델에 대한 이해를 물어보는 문제

계획 : $(\ln x, \ln y)$의 그래프를 그린다.

풀이

(1) $(\ln x, \ln y)$를 그래프로 나타내보자.

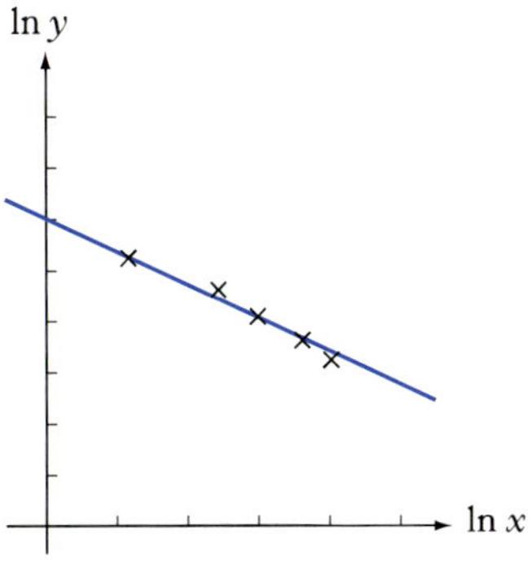

(2) 직선의 방정식을 이용하여 지수모델 찾기.

x	3	11	19	37	55
y	180.5	97.8	63.7	38.9	28.5
$\ln x$	1.099	2.398	2.944	3.611	4.007
$\ln y$	5.196	4.583	4.154	3.661	3.350

$\ln y = -0.639\ln x + 5.985$

$y = e^{5.985}e^{\ln x^{-0.639}}$

$y = e^{5.985}x^{-0.639}$

$= 397x^{-0.6639}$

(3) 회귀 곡선 $y = ax^b$를 이용하여 구해 보자.

$= 397x^{-0.639}$

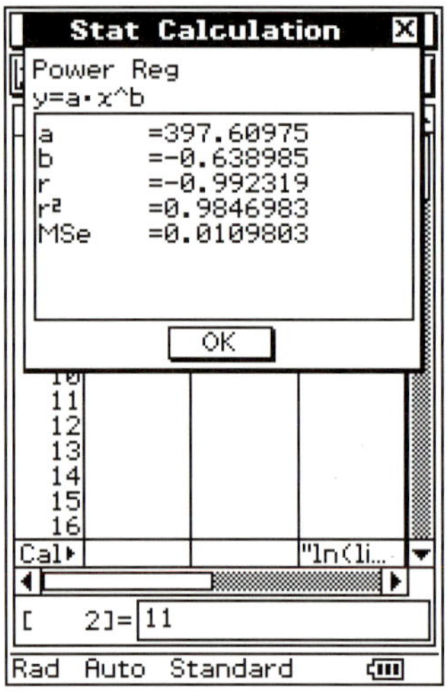

검토 : $\ln x$와 $\ln y$가 선형관계인지를 파악하는 것이 중요

3. 박테리아 수 p.323

이해 : 3배로 되는 시간을 구하면 된다.

$N(t)$는 t에 대한 함수를 나타낸다.

계획 : $3N_0$가 되는 t를 구하면 된다.

풀이

$$3N_0 = N_0 e^{0.4055t}$$

$$3 = e^{0.4055t}$$

$$\ln 3 = 0.4055t$$

$$\therefore \frac{\ln 3}{0.4055} \approx 2.71 \text{ 시간}$$

검토 : 약 2시간 43분이면 처음 박테리아의 3배가 된다.

4. 수조의 농도

p.323

이해 : 같은 비율로 소금물이 유입되고, 유출된다는 점을 유의한다.

계획 : $A(t) = 1000 - 1000e^{\frac{-t}{100}}$

지수함수식을 이용하여 계산한다.

풀이

(1) $t = 100$(분)

$A(100) = 1000 - 1000e^{-1}$

$\fallingdotseq 1000 - 368 = 632$(g)

(2) $500 = 1000 - 1000e^{\frac{-t}{100}}$

$1000e^{\frac{-t}{100}} = 500$

$e^{\frac{-t}{100}} = 0.5$

$\ln e^{\frac{-t}{100}} = \ln 0.5$

$\frac{-t}{100} \fallingdotseq -0.693$

$t = 69.3$(분)

(3) $t \to \infty$, $A(t) \to 1000$

검토 : 시간이 무한이 흘렀다고 했을 때, 수조에 있는 소금물 농도는 항상 일정하게 된다.
따라서 1L당 2g의 소금을 가지므로 1000g의 소금이 포함되게 된다.

5. 해변의 기울기

p.324

풀이

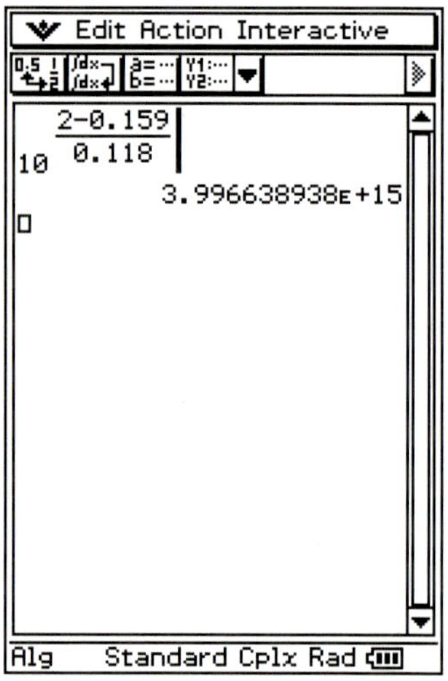

주어진 함수에서 $s-0.159=0.118\log d$

$$\frac{s-0.159}{0.118}=\log d$$

$$10^{\frac{s-0.159}{0.118}}=d$$

$$\therefore\ f^{-1}(d)=10^{\frac{d-0.159}{0.118}}$$

문제에서 $f(d)=2$가 되는 값을 구하는 것이므로 역함수를 이용하면 $f^{-1}(2)=d$를 만족하는 값을 구하면 된다.

즉 $f^{-1}(2)=10^{\frac{2-0.159}{0.118}}=10^{\frac{1.841}{0.118}}$

6. 고도와 바람의 속도

p.324

풀이

(1) $v(h)=2\ln(100h)=2\dfrac{\log(100h)}{\log e}=2\dfrac{\log 100+\log h}{\log e}=2(\dfrac{2+\log h}{\log e})$

(2) $v(h)=2\ln(100h)$ 에서 h에 $2h$를 대입하면,

$v(h)=2\ln(100\cdot 2h)=2(\ln 100h+\ln 2)=2\ln(100h)+2\ln 2$

즉, $2\ln 2$ 만큼 증가한다.

(3) 처음 주어진 식에서의 h값을 구하면, $\dfrac{v}{2}=\ln 100h$.

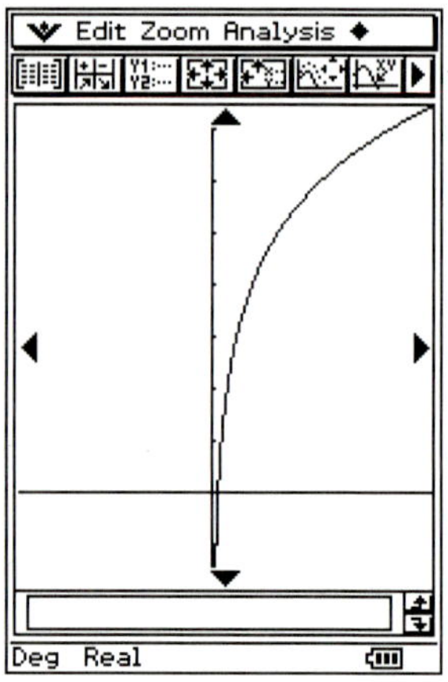

즉 $e^{\frac{v}{2}}=100\cdot h$이므로 $h=\dfrac{e^{\frac{v}{2}}}{100}$

v에 $2v$를 대입하면,

$2v=2\ln(100h)$에서 $v=\ln(100h)$이므로

$e^{v}=100\cdot h$

$$\therefore\ h=\frac{e^{v}}{100}$$

즉 고도h는 처음고도 $h=\dfrac{e^{\frac{v}{2}}}{100}$에서 $h=\dfrac{e^{v}}{100}$로 바뀐다.

ICT 활용

1. 복리계산방법

☜ p.330

풀이

연이율을 자유롭게 설정하고, 사이트 방문하여 표를 만들어 확인한다.

〈Sample 화면〉

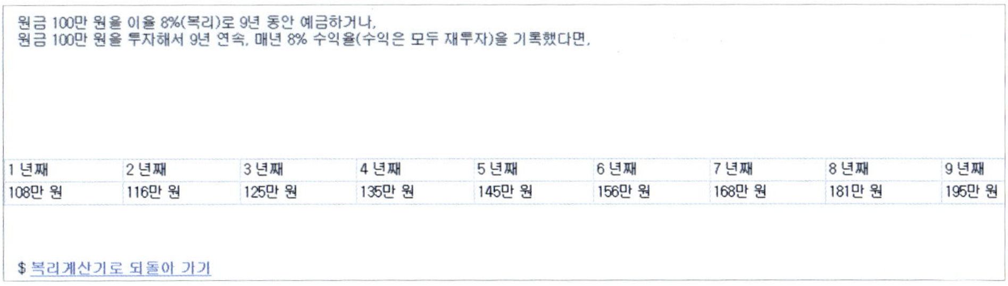

원금 100만 원을 이율 8%(복리)로 9년 동안 예금하거나,
원금 100만 원을 투자해서 9년 연속, 매년 8% 수익율(수익은 모두 재투자)을 기록했다면,

1 년째	2 년째	3 년째	4 년째	5 년째	6 년째	7 년째	8 년째	9 년째
108만 원	116만 원	125만 원	135만 원	145만 원	156만 원	168만 원	181만 원	195만 원

$ 복리계산기로 되돌아 가기

예시 답안

100	8	$9(=\frac{72}{8})$	195(−5)	약 2배
100	8	10	210(+10)	약 2배

100만원을 연이율 8%로 복리계산할 때 원리합계가 2배가 되는 해는 약 9년째라 할 수 있다.
$72 \div 8 = 9$이므로 72−법칙이 대략적으로 성립한다고 할 수 있다.

2. 복리계산 Excel 프로그램

☜ p.332

풀이

연이율이 3%인 경우, 72−법칙을 적용하면 2배가 되는 기간은 72/3=24년이다.
엑셀프로그램에서, 복리 연이율 3% 24년후의 원리합계는 2.03배이다.
복리로 연이율 6%인 경우 72/6=12년후 원리합계는 2.01배이다.

…

72−법칙이 대략적으로 성립한다고 할 수 있다.

3. 72-법칙의 수학적 평가

p.333

풀이

원금 A, 연이율 r ($r'\%$, $r'=100r$)의 복리 계산에서, 원리합계가 2배가 되는 기간을 n년이라 하면, $A(1+r)^n=2A$이다.

양변을 $A(A\neq 0)$로 나누고 로그를 취하면,

$$n\ln(1+r)=\ln 2$$

$$n=\frac{\ln 2}{\ln(1+r)}$$

$\ln(1+r)=r-\dfrac{r^2}{2}+\dfrac{r^3}{3}-\dfrac{r^5}{5}+\dfrac{x^7}{7}\cdots$ (Maclaurin급수를 이용)이므로,

$$n=\frac{\ln 2}{r-\dfrac{r^2}{2}+\dfrac{r^3}{3}-\cdots}$$

$$=\frac{0.693\cdots}{r-\dfrac{r^2}{2}+\cdots}=\frac{69.3}{100r-\dfrac{(100r)^2}{200}+\cdots}=\frac{69.3}{r'-\dfrac{r'^2}{200}+\cdots}\quad (r'=100r)$$

그런데 $0.693\ldots<72\ (69.2\fallingdotseq 72)$ $r'-\dfrac{r'^2}{200}+\dfrac{r'^3}{30000}-\cdots\ (\fallingdotseq r')<r'$ 이므로

$$n=\frac{69.3}{r'-\dfrac{r'^2}{200}+\cdots}\fallingdotseq\frac{72}{r'}$$

4. 생각해 보기

p.333

풀이

근삿값을 구하도록 하려면 사용상 편의성도 고려해야 한다. 분모(r')로 나누어야 하기 때문에, 약수를 많이 가지는 수가 편리하므로 72를 근삿값으로 사용했을 가능성이 있다.

실력 다지기

열린풀이

01

p.334

풀이

(1) $a=1,\ r=-2,\ b=2,\ q=-3$ 으로 하면 $f(x)=e^{-2x},\ g(x)=2e^{-3x}$가 되어 모두 감소함수가 되고, $\dfrac{f(x)}{g(x)}=\dfrac{e^{-2x}}{2e^{-3x}}=\dfrac{1}{2}e^{-2x-(-3x)}=\dfrac{1}{2}e^{x}$가 되어 증가함수가 된다.

(2) $a=1,\ r=-5,\ b=-2,\ q=3$ 으로 하면 $f(x)=e^{-5x},\ g(x)=-2e^{3x}$가 되어 모두 감소함수가 되고, $\dfrac{f(x)}{g(x)}=\dfrac{e^{-5x}}{-2e^{3x}}=-\dfrac{1}{2}e^{-5x-(3x)}=-\dfrac{1}{2}e^{-8x}$가 되어 증가함수가 된다.

02

p.334

풀이

점근선이 $y=2$이므로 $k=2$

$$y=ab^{x-h}+2$$

y 절편이 5 이므로 지수함수는 $(0,5)$를 지난다.

$$5=ab^{-h}+2$$

$$\frac{a}{b^h}=3$$

따라서 $h=1$ 일 때, $b=2,\ a=6$

$b=3,\ a=9$

$$y=6\cdot 2^{x-1}+2=3\cdot 2^{x}+2$$

$$y=9\cdot 3^{x-1}+2=3^{x+1}+2$$

03

p.334

풀이

실선 : $y=(\frac{1}{4})^x+5$

진한 점선 : $y=(\frac{1}{2})^x+3$

점선 : $y=(\frac{1}{2})^x$

진한 실선 : $y=(\frac{1}{3})^x+3$

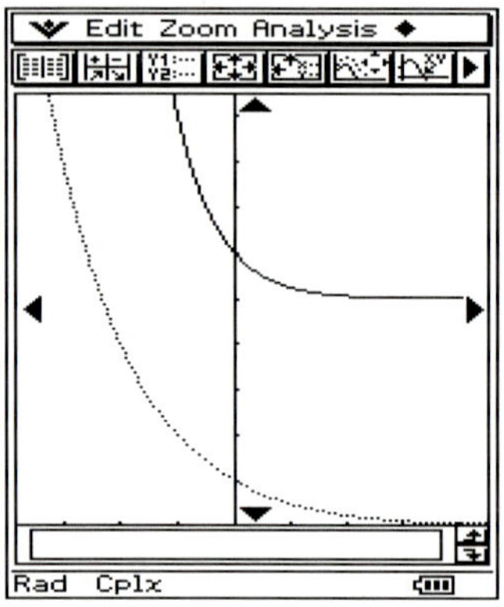

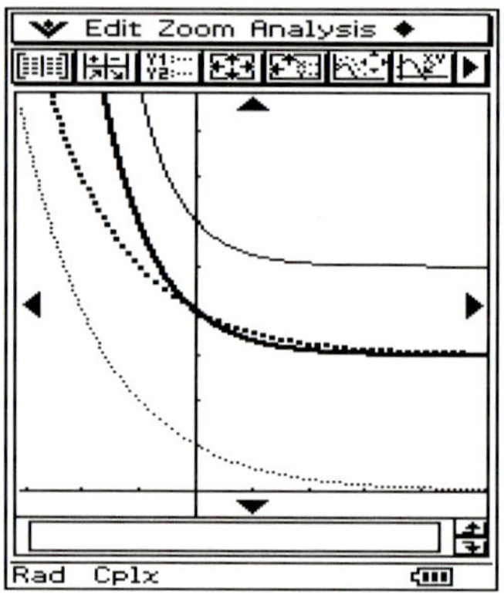

(1) x가 0일 때는 $y=(\frac{1}{2})^x+3$와 $y=(\frac{1}{3})^x+3$의 그래프는 y절편이 둘 다 4이므로 $y=(\frac{1}{2})^x$의 y절편 1보다 위에 있고, $y=(\frac{1}{4})^x+5$의 y절편 6보다 아래에 있다.

(2) x가 무한히 커질 때, $y=(\frac{1}{2})^x+3$와 $y=(\frac{1}{3})^x+3$의 값은 둘 다 3에 수렴한다. $y=(\frac{1}{2})^x$의 값은 점점 0에 수렴하고, $y=(\frac{1}{4})^x+5$의 값은 5에 수렴한다.

(3) x가 음의 방향으로 한없이 커질 때,

$$\lim_{x\to-\infty}(\frac{1}{2})^x < \lim_{x\to-\infty}\left\{(\frac{1}{2})^x+3\right\} < \lim_{x\to-\infty}\left\{(\frac{1}{3})^x+3\right\} < \lim_{x\to-\infty}\left\{(\frac{1}{4})^x+5\right\}$$

추론풀이

01

p.335

풀이

(1) $(4e^{3x})^3 = (4)^3 e^{(3x)(x)} \Rightarrow (4)^3 e^{(3x)(3)}$

$= 64e^{9x}$

(2) $\dfrac{e^{8x}}{e^{-5x}} = e^{8x-5x} \Rightarrow e^{8x-(-5x)}$

$= e^{13x}$

02

p.335

풀이

$P\left(1+\dfrac{r}{t}\right)^{nt} = P\left(1+\dfrac{r}{t}\right)^{\frac{t}{r}\cdot rn} = P\left\{\left(1+\dfrac{r}{t}\right)^{\frac{t}{r}}\right\}^{rn}$ 이다.

한편 $\dfrac{r}{t} = \dfrac{1}{\frac{t}{r}}$ 이고 $\dfrac{t}{r} = m$ 이라면 $t = r \cdot m$ 이고 주어진 식은

$P\left\{\left(1+\dfrac{r}{t}\right)^{\frac{t}{r}}\right\}^{rn} = P\left\{\left(1+\dfrac{1}{m}\right)^{m}\right\}^{rn}$ 가 된다.

t 이 한없이 증가함에 따라서 m 역시 한없이 증가하게 되어 $P\left\{\left(1+\dfrac{1}{m}\right)^{m}\right\}^{rn} = Pe^{rn}$ 가 된다.

$\therefore$ 복리에 대한 원리합계 $A = P\left(1+\dfrac{r}{t}\right)^{nt}$ 는 t 가 한없이 증가함에 따라서 연속복리에 대한 원리합계 $A = Pe^{rn}$ 로 전환된다.

03

p.335

풀이

(1) $3^{x+1} = 6^x$

$\log_3 3^{x+1} = \log_3 6^x$

$x+1 = x\log_3 6$

$x+1 = 2x$ $\Rightarrow$ $x(\log_3 6 - 1) = 1$

$x(\log_3 \frac{6}{3}) = 1$

$x(\log_3 2) = 1$

$x = \frac{1}{\log_3 2}$

$x = \log_2 3$

(2) $\log_3 10x = 5$

$e^{\log_3 10x} = e^5$

$10x = e^5$ $\Rightarrow$ $3^{\log_3 10x} = 3^5$

$10x = 3^5$

$x = 24.3$

04

p.335

풀이

(1) $\ln y = 2x+1$

$y = e^{2x+1}$

$y = e^{2x} + e^1$ $\Rightarrow$ $y = e \times (e^2)^x$

(2) $\ln y = 3\ln x - 2$

$\ln y = \ln 3x - 2$ $\Rightarrow$ $\ln y = \ln x^3 - 2$

$\ln y = \ln \frac{x^3}{e^2}$

$y = \frac{1}{e^2}x^3$

발전풀이

01

p.336

풀이

(1) 위의 표에서 주어진 F에 대한 S의 값은 아래의 결과와 같다.

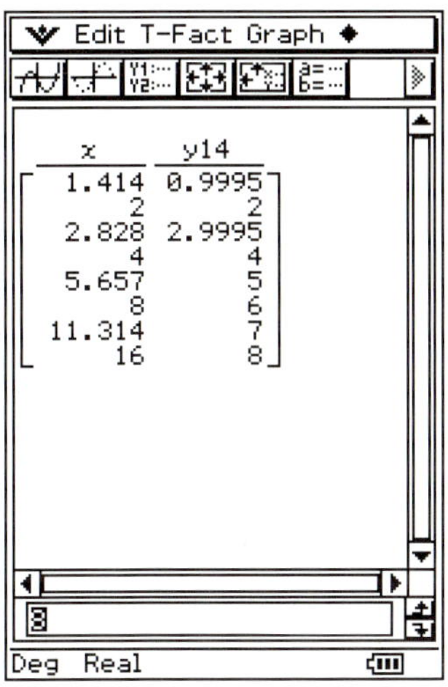

(2) S의 값이 정수이거나 정수에 가까운 값이므로 9번째의 S값은 9가 될 것이며, 이때의 F의 수치는 약 22.6이 될 것이다.

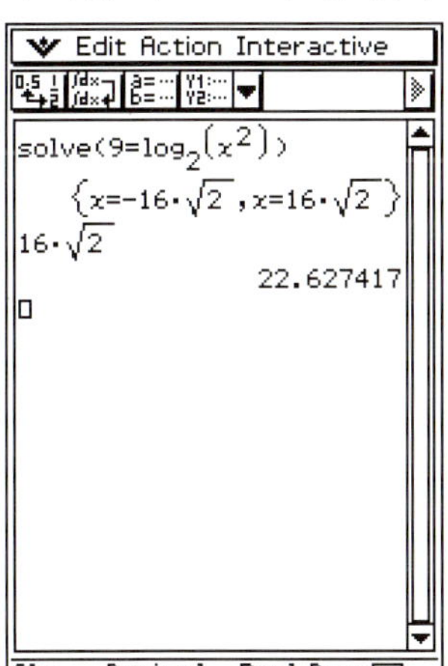

02

p.336

풀이

(1) $y=ab^x$ $\quad \ln y=\ln a+x\ln b$ 기울기: $\ln b$ 절편 : $\ln a$

(2) $y=ax^b$ $\quad \ln y=\ln a+b\ln x$ 기울기: b 절편 : $\ln a$

03

p.337

풀이

(1) $\dfrac{f(x+1)}{f(x)}=\dfrac{ab^{x+1}}{ab^x}=\dfrac{\cancel{a}\cancel{b^x}b}{\cancel{a}\cancel{b^x}}=b$

[참고] $y=2\cdot 3^x$ 일 때,

x(등차)	1	2	3	4
y	$2\cdot 3$	$2\cdot 3^2$	$2\cdot 3^3$	$2\cdot 3^4$
$\dfrac{f(x+1)}{f(x)}$	$\dfrac{f(2)}{f(1)}=3$	$\dfrac{f(3)}{f(2)}=3$	$\dfrac{f(4)}{f(3)}=3$	$\dfrac{f(5)}{f(4)}=3$

(2)

x	0	1	2	3	4
y	4	4	8	24	72
$f(x)$	$f(0)$	$f(1)$	$f(2)$	$f(3)$	$f(4)$

$\dfrac{f(1)}{f(0)}=\dfrac{4}{4}=1$, $\dfrac{f(2)}{f(1)}=\dfrac{8}{4}=2$, $\dfrac{f(3)}{f(2)}=\dfrac{24}{8}=3$, $\dfrac{f(4)}{f(3)}=\dfrac{72}{24}=3$으로

$\dfrac{f(x+1)}{f(x)}$의 값이 일정하지 않다.

$f(x)=a\cdot b^x=(ab)b^{x-1}$이므로 지수함수 $f(x)=a\cdot b^x$은 초항이 ab이고 공비가 b인 등비수열이 된다.

그런데 문제 (2)에서의 공비가 일정하지 않으므로 (2)에서 제시한 점을 지나는 지수함수는 존재하지 않는다.(지수함수에서 정의역이 등치수열이면 대응하는 치역은 등비수열이 된다. 핵심개념 p.301 참고)

※ 등비수열의 일반항 $a_n=ar^{n-1}$ (a: 초항, r: 공비, n: 항수)이고,

문제에서 $\dfrac{f(x+1)}{f(x)}=b$ 는 공비가 된다.

증명풀이

01

p.337

풀이

$f(x)=5(8)^{-x}$

$=5(\frac{1}{8})^{x}$ -------------- (지수법칙)

$=5(\frac{1}{2\times2\times2})^{x}$ ---------- (8을 소인수분해)

$=5(\frac{1\times5\times5\times5}{2\times2\times2\times5\times5\times5})^{x}$ -- (분자분모에 5^3곱하기)

$=5(\frac{125}{1000})^{x}$ ------------- (소수점으로 변형하기)

$f(x)=5(0.125)^{x}$

C·H·A·P·T·E·R 7

7장 유리함수

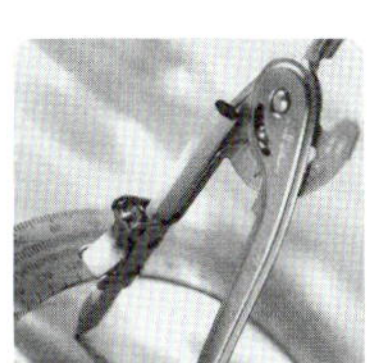

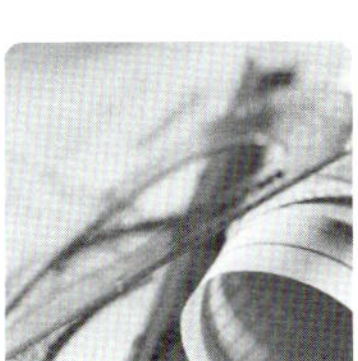

7.1 정비례와 반비례

핵심개념

- 핵심용어
  정비례(비례)
  반비례
  비례상수

▸ 정비례

• 함께 변화하는 두 양을 x, y라 할 때 $y=ax\,(a\neq 0)$인 관계가 성립하면 정비례(비례)라 한다. (a는 비례상수.)

▸ 반비례

• 함께 변화하는 두 양을 x, y라 할 때 $y=\dfrac{a}{x}\,(a\neq 0)$인 관계가 성립하면 반비례라 한다. ($a$는 비례상수라 한다.)

※ 한 변수가 두 개 이상의 변수의 곱에 정비례하는 경우가 있다.
$z=axy \quad (a\neq 0)$ z는 x, y에 모두 비례한다.
$p=aqrs \quad (a\neq 0)$ p는 q, r, s에 모두 비례한다.

개념이해 MP3 플레이어

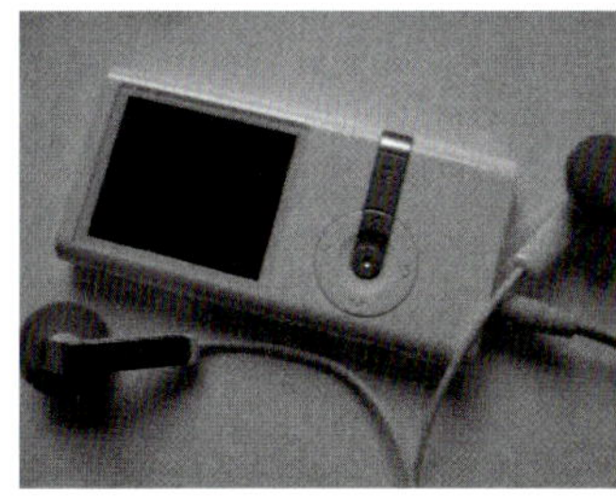

MP3 플레이어에 저장되는 노래의 수는 노래의 평균 용량에 반비례 한다. 어떤 MP3 플레이어는 노래의 평균 용량이 4MB일 때 2560곡을 저장할 수 있다.

(1) 노래의 평균 용량 s에 대한 함수로 MP3 플레이어에 저장 가능한 노래 수 n을 구하는 알맞은 식을 세우시오.

(2) 노래의 평균 용량이 2MB일 때 MP3 플레이어에 저장할 수 있는 노래 수는 얼마인가? 또 평균 용량이 2.5MB, 3MB, 5MB일 때 저장할 수 있는 노래 수를 각각 구하여 표를 만드시오.

이해 MP3에 저장되는 노래의 수는 노래의 평균 용량에 반비례하므로 반비례식을 이용하여 문제를 해결한다.

계획 MP3에 저장되는 노래의 수를 n이라 하고, 노래의 평균 용량을 s라 하면, n과 s에 관한 반비례 함수식은 $n = \frac{a}{s}\ (a \neq 0)$이다.

풀이 (1) 4MB 용량의 노래를 2560곡 저장할 수 있으므로 s에 4, n에 2560을 대입하여 a를 구할 수 있다.

$$2560 = \frac{a}{4}$$

$$10240 = a \quad \text{따라서} \quad n = \frac{10240}{s}$$

(2) (1)에서 구한 함수식을 이용하여 n, s에 관한 표를 구하면 아래와 같다.

노래 용량 (s)	2	2.5	3	5
노래 수 (n)	5120	4096	3413	2048

검토 위의 표에서처럼 노래 용량이 증가함에 따라 MP3 플레이어에 저장 가능한 노래 수는 감소함을 알 수 있다.

문제해결

1 키의 측정

순영이가 벽에 기대어 서있고, 줄자를 이용하여 벽에서 3m부터 8m까지 1m 간격으로 표시한 위치에서 각각 cm자를 이용하여 눈에 보이는 순영이의 키를 측정하였더니 다음 표와 같다.

거리(m), x	3	4	5	6	7	8
키 (cm), y	35	26.25	21	17.5	15	13.125

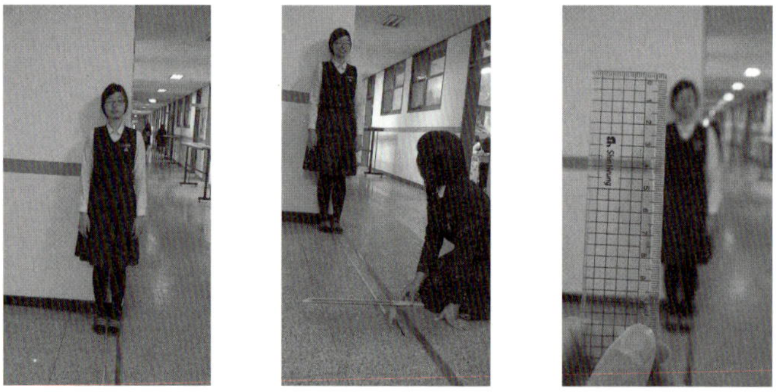

(1) cm자를 이용하여 측정한 순영이의 키는 거리에 대해 정비례인가?

(2) 표에서 각각의 쌍에 대하여 xy의 값을 구하시오. 무엇을 말할 수 있는가?

(3) (2)의 결과로부터 거리와 키의 관계식을 만드시오.

(4) 관계식을 이용하여 7.5m 거리에서 보이는 순영이의 키를 예측해 보시오.

2 만유인력의 법칙

만유인력의 법칙에 의하면 두 물체의 인력 F (단위: N)는 두 물체의 질량 m_1, m_2 (단위 : kg)의 곱에 비례하고, 두 물체 사이의 거리 d(단위: m)의 제곱에 반비례한다고 알려져 있다. 비례상수는 G이고 이것을 중력상수 또는 만유인력 상수라 한다.

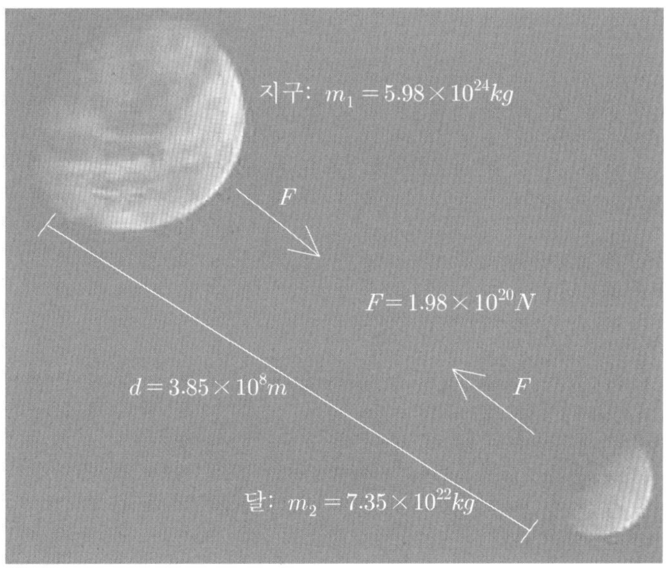

(1) m_1, m_2, d, G 에 대하여 F를 구하는 식을 쓰시오.

(2) 위 그림에 주어진 정보를 이용하여 중력상수 G의 값을 구하면 대략 얼마인가?

(3) 두 물체의 질량이 증가하고 두 물체 사이의 거리는 일정하게 유지될 때 인력은 어떻게 변화하는지 설명하시오.

(4) 두 물체의 질량이 일정하고 두 물체 사이의 거리가 멀어질 때 인력은 어떻게 변화하는지 설명하시오.

3 수평 들보

수평 들보로 안전하게 지탱할 수 있는 하중 P(단위: kg)는 들보의 너비 W와 깊이 D의 곱에 비례하고, 지탱하고 있지 않은 부분의 길이 L에 반비례한다.

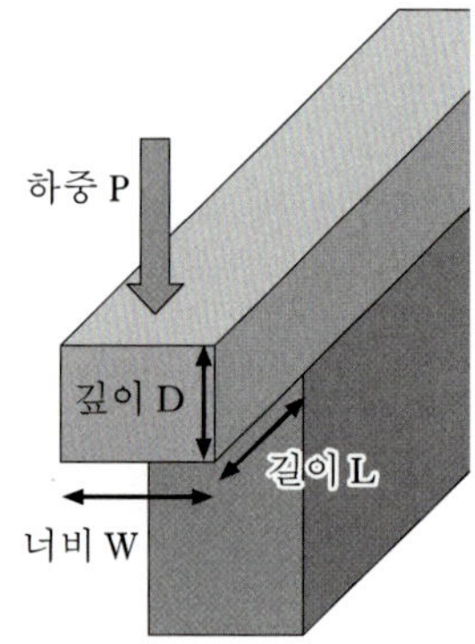

(1) 들보의 너비와 길이가 두 배가 되면 P는 어떻게 되겠는가?

(2) 들보의 너비와 깊이가 두 배가 되면 P는 어떻게 되겠는가?

(3) 들보의 너비, 깊이, 길이가 모두 두 배가 되면 P는 어떻게 되겠는가?

(4) 하중을 4배로 하기위해 들보의 크기(너비, 길이, 깊이)를 어떻게 변형할 수 있는지 방법을 쓰시오.

7.2 유리함수

핵심개념

- 핵심용어
  유리함수

▸ 유리함수

- 아래와 같은 형태의 함수를 유리함수라 한다.

$$f(x)=\frac{p(x)}{q(x)} \quad (p(x)\text{와 } q(x)\text{는 다항식, } q(x)\neq 0)$$

- 반비례 함수 $f(x)=\frac{a}{x}$는 유리함수이다.

1) $a=1$일 때 함수의 그래프

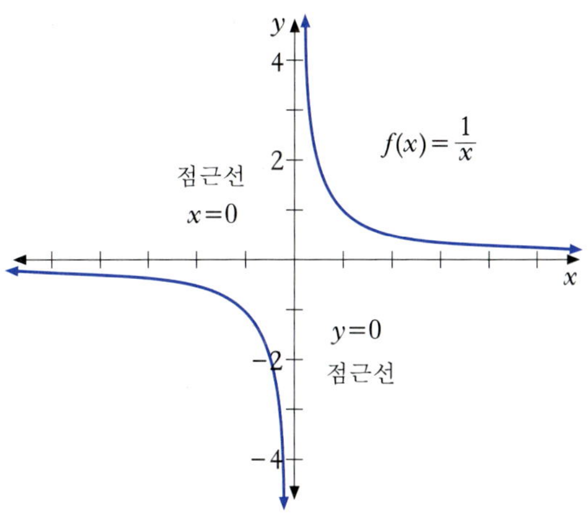

2) 함수 $f(x)=\frac{1}{x}$의 그래프는 원점에 대칭인 쌍곡선이다. 정의역과 치역은 모두 0이 아닌 실수이다.

- $g(x)=\frac{a}{x}\,(a\neq 0)$ 형태의 모든 함수는 $f(x)=\frac{1}{x}$과 같은 점근선, 정의역, 치역을 갖는다.

• $y = \dfrac{a}{x-h} + k$ 형태의 유리함수 그래프를 그리기 위해서는 다음 순서를 따른다.

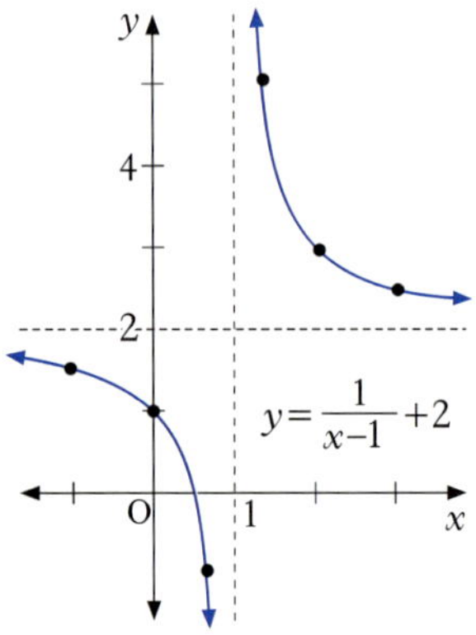

1) 점근선 $x = h$와 $y = k$를 그린다.
2) y축에 평행한 점근선을 기준으로 왼쪽과 오른쪽에 점을 찍는다.
3) 점을 지나면서 점근선에 근접하게 쌍곡선를 그린다.

※ 점근선(漸近線) : 무한으로 증가 또는 감소하는 그래프가 있을 때, 점차 가까워지지만 만나지 않는 정직선을 말한다.

개념이해 3D 프린터

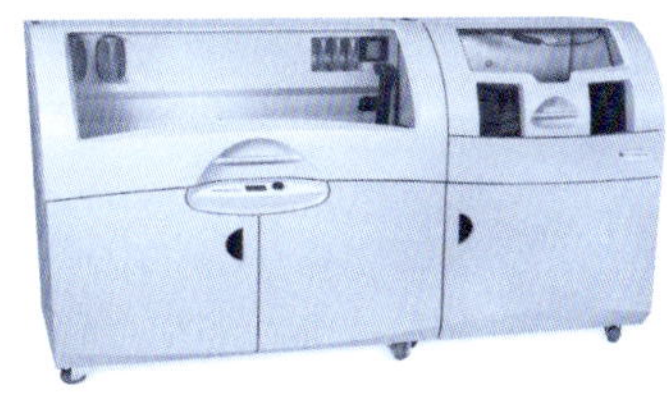

일본의 한 회사에서 3D 프린터를 선보였다. 인쇄 방법은 석고가루를 5색의 칼라잉크로 착색한 풀로 고정하고, 3D 데이터를 기초로 지층과 같이 가루를 쌓는 방식이다. 3D 프린터의 가격은 898만 엔이고 모형 하나를 프린트 하는데 재료비가 약 3만 엔 든다고 한다.

(1) 3D 프린터를 구입하여 m개의 모형을 프린트하였다. 프린터의 구입가를 포함하여 프린트된 모형 1개당 소요비용을 m에 관한 식으로 나타내시오.

(2) 함수의 그래프를 이용하여 모형 1개당 소요비용을 6만 엔으로 줄이기 위해 모형을 얼마나 많이 프린트해야 하는지 추정하시오.

(3) 모형을 더 많이 프린트한다면 모형 1개당 소요비용은 어떻게 되겠는가?

이해 소요되는 총 비용은 프린터의 구입비용, 모형 1개당 소요되는 재료비가 있다.

계획 m개의 제품을 프린트하는데 프린터의 구입가격과 모형 1개당 소요되는 재료비를 포함한 총 비용을 프린트 모형개수(m)으로 나누면 된다.

풀이 (1) 프린트된 모형 1개당 소요비용을 c라고 하면

$$c = \frac{\text{재료비} \times \text{모형의 수} + \text{프린터의 가격}}{\text{모형의 수}} = \frac{3m + 898}{m} \quad (\text{단위 : 만 엔})$$

풀이

(2) 오른쪽 그래프 $c=\dfrac{3m+898}{m}$에서, 모형 1개당 소요비용을 6만 엔으로 줄이기 위해서는 모형을 약 300개 정도 프린트해야 한다.

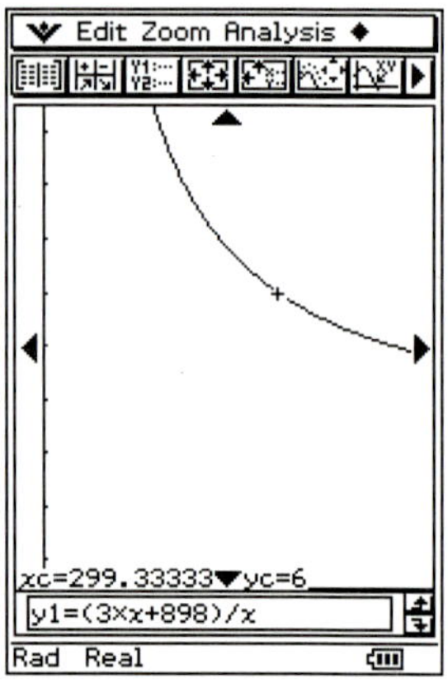

(3) 그래프에서 보듯 m이 증가할수록 c는 감소하므로 모형을 더 많이 프린트하면 개당 소요비용은 점점 더 줄어든다.

문제해결

1 소리의 이동

소리가 1km 이동하는데 걸리는 시간 t(초)는 기온에 따라 달라진다. 기온이 T(℃)일 때

$$t=\frac{1000}{0.6T+331}$$ 이다.

(1) 20℃의 기온에서 소리가 6km 이동하는데 걸리는 시간은 얼마인가?

(2) 1km 떨어진 곳에서 벼락을 쳤는데 3.2초 만에 천둥소리가 들렸을 때의 기온을 추정하시오.

2 공해물질 제거

어떤 회사가 대지의 공해물질을 제거하는 데 드는 비용을 검토하였다. 대지의 공해물질 x%를 제거하는 데 필요한 비용 y(백만원)는 함수식 $y=\dfrac{15x}{110-x}$로 나타났다.

(1) 함수의 그래프를 그리고, 정의역과 치역을 구하시오.

(2) 공해물질을 20% 제거하기위해 얼마의 비용이 들겠는가?
또 공해물질을 40%, 80% 제거하기 위해 각각 얼마의 비용이 들겠는가?

(3) 비용을 두 배로 늘리면 공해물질을 두 배 제거할 수 있는지 설명하시오.

3 요트의 속력

3시간동안 시속 10km의 속력으로 요트가 이동하다가, 모터 동력을 이용하여 시속 15 km의 속력으로 t시간 동안 이동했다. 요트의 평균 속력 s를 구하는 식을 구하고 그래프를 그리시오.

4 도플러 효과

도플러 효과는 음파를 발생시키는 음원과 그 음파를 관측하는 관측자 중 하나 이상이 운동하고 있을 때 발생하는 효과이다. 관측자가 느끼는 진동수 f_l(Hz)은 음원의 진동수 f_s(Hz)와 다르게 나타나는데, 진동수는 음원과 관측자 사이의 거리가 가까워지거나 멀어짐에 따라 달라진다. 다음 두 식에서 r은 음원의 속도(마일/h)이다.

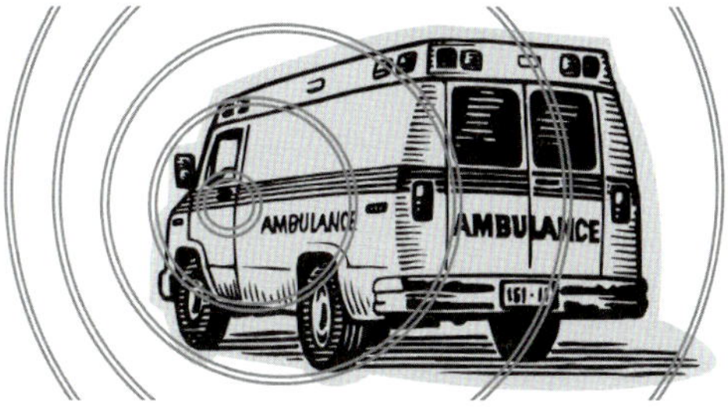

가까워질 때 $f_l = \dfrac{740 f_s}{740 - r}$ 멀어질 때 $f_l = \dfrac{740 f_s}{740 + r}$

(1) 구급차 사이렌의 진동수는 2000Hz이다. 구급차가 가까워질 때와 멀어질 때, 느껴지는 진동수에 대한 방정식을 각각 쓰시오.

(2) (1)에서 구한 방정식의 그래프를 그리시오.

(3) 음원의 속도가 시속 r마일 이라 하자. 관측자가 구급차와 가까워질 때 관측자가 느끼는 진동수와 구급차와 멀어질 때 관측자가 느끼는 진동수를 비교하여 설명하시오.

7.3 유리함수의 특징

핵심개념

• 핵심용어
유리함수의 특징

▸ 유리함수의 특징

• $p(x)$와 $q(x)$가 공약수가 ± 1밖에 없는 다항식일 때, 다음 유리함수의 그래프는 아래와 같은 특징을 갖는다.

$$f(x) = \frac{p(x)}{q(x)} = \frac{a_m x^m + a_{m-1} x^{m-1} + \cdots + a_1 x + a_0}{b_n x^n + b_{n-1} x^{n-1} + \cdots + b_1 x + b_0}$$

1) f의 그래프에서 x절편은 $p(x)$의 실근이다.

2) f의 그래프는 $q(x)$의 각각의 실근에서 y축에 평행한 점근선을 갖는다.

3) f의 그래프는 많아야 하나의 x축에 평행한 점근선을 갖는데, 이것은 $p(x)$와 $q(x)$의 차수 m과 n에 따라 결정된다.

$m < n$	x축에 평행한 점근선은 $y = 0$이다.
$m = n$	x축에 평행한 점근선은 $y = \frac{a_m}{b_n}$이다.
$m > n$	x축에 평행한 점근선을 갖지 않는다. $\lvert x \rvert$가 한없이 커질 때 $y = \frac{a_m}{b_n} x^{m-n}$의 그래프와 가까워진다.

개념이해 그래프 그리기

다음 함수의 그래프를 그리시오.

(1) $y=\dfrac{2x^2}{x^2-9}$

(2) $y=\dfrac{x^2+3x-4}{x-2}$

풀이 (1) $y=\dfrac{2x^2}{x^2-9}=\dfrac{2(x^2-9)+18}{x^2-9}=2+\dfrac{18}{x^2-9}$

이고, 분모의 최고차항의 차수가 크므로 점근선은 $y=2$가 된다.

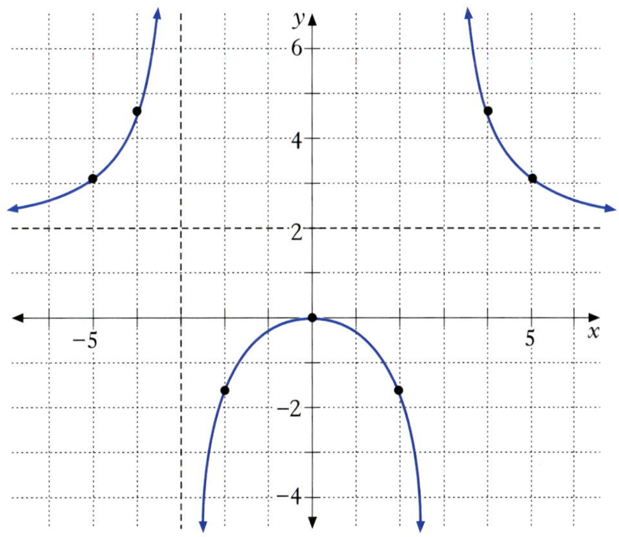

풀이 (2) 분자의 최고차항의 차수가 크므로 x축에 평행한 점근선은 없고, $x=2$의 점근선을 갖는다. 또한 $|x|$의 값이 한없이 커질 때 주어진 함수는 $y=x$그래프에 가까워진다.

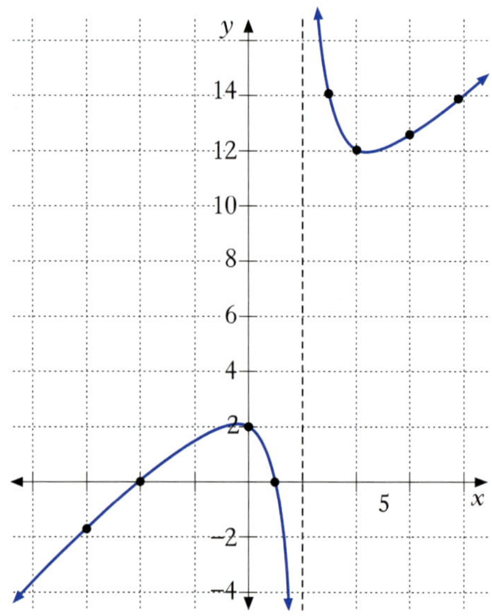

1 그래프 그리기

$y=\dfrac{6}{x^2+1}$의 그래프를 그리고 정의역과 치역을 구하시오.

2 통조림 캔

어떤 식품 제조업자가 용량이 342cm^3인 원기둥 모양의 과일 통조림 캔을 만드는데 비용이 가장 적게 드는 포장 방법을 찾으려 한다. 캔을 만드는 재료를 최소한으로 사용하여 원하는 용량을 맞추려면 캔의 지름과 높이를 어떻게 정해야 하는지 구하시오.

문제해결

1 수조의 크기

어떤 제조업자가 부피가 540m^3인 뚜껑이 없는 정육각기둥 모양의 유리 수조를 설계하였다. $s(\text{m})$는 밑면의 정육각형의 한 변의 길이이고 $h(\text{m})$는 높이라 할 때 다음 물음에 답하시오.

(1) h를 s에 관한 식으로 나타내시오.

(※ 한변의 길이가 s인 정육각형의 넓이 S는 $S=\dfrac{3\sqrt{3}}{2}s^2$)

(2) 수조 제작에 드는 유리 비용을 최소로 하려면 s와 h를 어떻게 해야 하는가?

2 중력가속도

중력가속도는 해수면으로부터의 높이에 따라 다르다. 높이를 h(m)라 할 때 중력가속도 g(m/s^2)는 다음과 같은 식으로 나타낼 수 있다.

$$g = \frac{3.99 \times 10^{14}}{h^2 + (1.28 \times 10^7)h + (4.07 \times 10^{13})}$$

(1) 위 함수의 그래프를 그리시오.

(2) 해발 800m 높이의 산에서 중력가속도 g는 얼마인가?

(3) 우주선이 해수면 위 112km 높이까지 도달했을 때 이 높이에서 중력가속도 g는 얼마인가?

(4) 높이가 증가함에 따라 중력가속도 g는 어떠한지 설명하시오.

3 물탱크의 용량

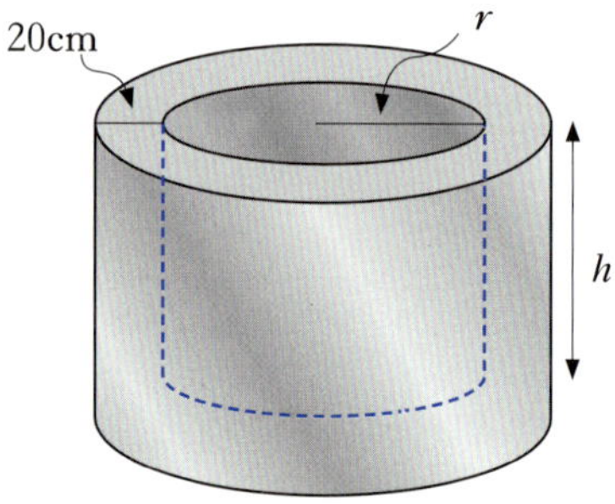

원통 모양의 물탱크를 만드는데 콘크리트가 3000000cm^3 필요하다. 물탱크의 밑면과 옆면의 두께는 20cm이어야 한다.

(1) 물탱크 내부의 높이를 h, 내부 밑면의 반지름을 r이라 할 때, h를 r에 대한 식으로 나타내시오.

(2) 물탱크에 채울 수 있는 물의 최대 용량 V를 r에 대한 식으로 나타내시오.

(3) (2)에서 얻은 방정식의 그래프를 그리시오. 물탱크의 용량을 최대로 하는 r과 h의 값을 구하시오.

7.4 유리식의 성질

핵심개념

• 핵심용어
유리식의 성질

▸ 유리식의 성질

다항식 A, B, C, D에 대하여

$\frac{A}{B}$가 유리식이고 C가 0이 아닌 다항식일 때

- $\frac{A}{B}=\frac{A\times C}{B\times C}$
- $\frac{A}{B}=\frac{A\div C}{B\div C}$
- $\frac{A}{C}+\frac{B}{C}=\frac{A+B}{C}$
- $\frac{A}{C}-\frac{B}{C}=\frac{A-B}{C}$
- $\frac{A}{B}\times\frac{C}{D}=\frac{AC}{BD}$
- $\frac{A}{B}\div\frac{C}{D}=\frac{A}{B}\times\frac{D}{C}=\frac{AD}{BC}$

개념이해 포장가격 줄이기

어느 두유 회사에서는 가로 x, 세로 $\frac{x}{2}$, 높이 h인 팩을 사용하고 있다.
이때 밑면이 같고 높이가 $2h$인 신제품을 출시하려고 한다. 두 제품의 단위 부피당 겉넓이의 비를 구하고, 경제성에 대하여 설명하시오.

(A) (B)

이해 (A), (B)의 부피와 겉넓이를 계산하여 효율을 구해본다.

계획 높이가 h인 우유팩의 효율: $\mathrm{E_A} = \frac{\mathrm{S_A}}{\mathrm{V_A}}$ ($\mathrm{S_A}$: 겉넓이, $\mathrm{V_A}$: 부피)

높이가 $2h$인 우유팩의 효율: $\mathrm{E_B} = \frac{\mathrm{S_B}}{\mathrm{V_B}}$ ($\mathrm{S_B}$: 겉넓이, $\mathrm{V_B}$: 부피)

풀이 부피: $\mathrm{V_A} = x \cdot \frac{x}{2} \cdot h = \frac{1}{2}x^2h$

겉넓이: $\mathrm{S_A} = x \cdot \frac{x}{2} \cdot 2 + x \cdot h \cdot 2 + \frac{x}{2} \cdot h \cdot 2 = x^2 + 3xh$

부피: $\mathrm{V_B} = x \cdot \frac{x}{2} \cdot 2h = x^2h$

겉넓이: $\mathrm{S_B} = x \cdot \frac{x}{2} \cdot 2 + x \cdot 2h \cdot 2 + \frac{x}{2} \cdot 2h \cdot 2 = x^2 + 6xh$

$$\frac{\mathrm{S_A}}{\mathrm{V_A}} = \frac{x(x+3h)}{\frac{x^2}{2}h} = \frac{2x+6h}{hx}$$

$$\frac{\mathrm{S_B}}{\mathrm{V_B}} = \frac{x(x+6h)}{x^2h} = \frac{x+6h}{hx}$$

$\frac{2x+6h}{hx} > \frac{x+6h}{hx}$ 이다.

$\therefore\ \mathrm{E_A} > \mathrm{E_B}$

검토 단위 부피당 겉넓이가 작을 때, 즉 높이가 $2h$인 우유팩이 더 경제적이다.

1 울타리

농장의 울타리를 설치하려고 한다. 어떤 모양으로 설치하는 것이 더 효율적인지 생각해보시오.

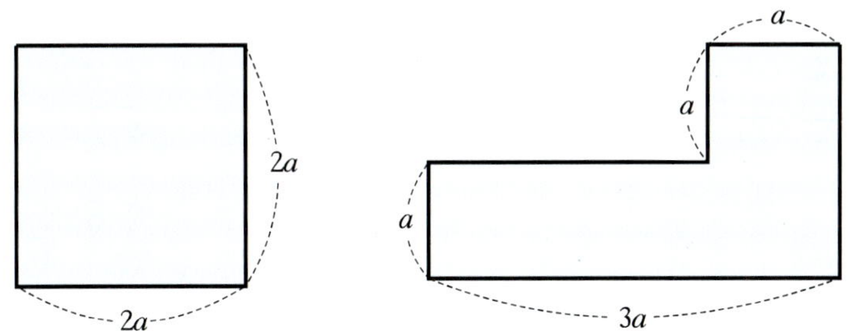

(A) (B)

(a) (A)와 (B)에서 $\dfrac{\text{둘레의 길이(P)}}{\text{농장의 넓이(S)}}$의 비를 각각 구하시오.

(b) 비가 작은 것은 어느 것인가?

(c) 비가 작다는 것은 무엇을 의미하는지 설명하시오.

2 분수방정식

다음 분수 방정식의 해를 구하시오.

$$\frac{6}{x-3}+\frac{4x}{x+3}=\frac{8x^2}{x^2-9}$$

문제해결

1 물탱크

아래 그림과 같이 부피가 동일한 원기둥 모양의 물탱크(A)와 구 모양 물탱크(B)가 있다. 이때, 원기둥 모양 물탱크(A)의 밑면의 반지름과 구 모양 물탱크(B)의 반지름은 같다. 설계자가 두 물탱크 중 재료비가 적게 드는 물탱크를 선택하려고 할때 다음 물음에 답하시오.

(1) 원기둥 물탱크의 높이를 반지름 r로 나타내시오.

(2) 두 물탱크의 겉넓이를 반지름 r로 나타내시오.

(3) 단위 부피에 대한 겉넓이 비를 계산하여 어느 물탱크의 재료비가 적게 드는지 설명하시오.

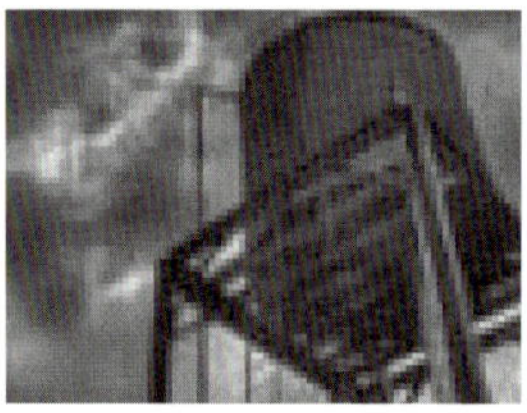

(A)

(B)

2 오목렌즈

그림과 같이 오목거울 면 중심 M에서 초점까지 거리를 f, 물체까지의 거리를 $a(a>f)$, 상까지의 거리를 b라 하자. 물체와 상의 크기의 비는 $a:b$이고, $a(a>f)$, b, f는 다음과 같은 관계가 있다.

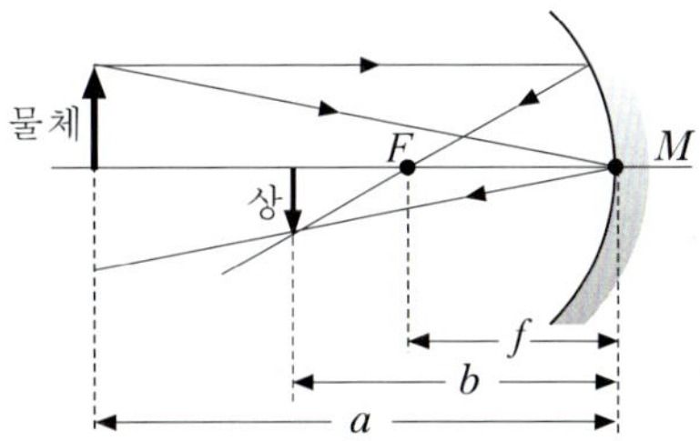

$$f=\frac{1}{\dfrac{1}{a}+\dfrac{1}{b}}$$

a와 f를 사용하여 b를 나타내고, 다음의 경우에서 각각 a와 f 사이의 관계식을 구하시오.

(1) 상의 크기가 물체보다 큰 경우

(2) 상의 크기가 물체와 같은 경우

(3) 상의 크기가 물체보다 작은 경우

3 신차구입

김씨는 P원짜리 신차를 t년간 할부로 구입하였다. 월이율이 r일 때, 매달 철수가 지불해야 하는 금액(M_1, M_2)은 다음과 같다.

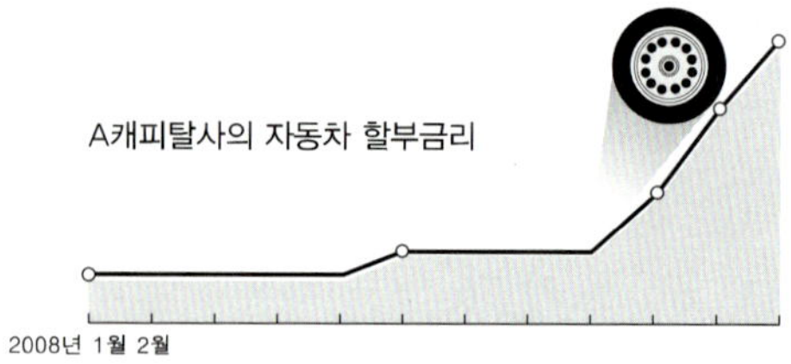

$$M_1 = \frac{\mathrm{P}r}{1-(\frac{1}{1+r})^{12t}}$$

$$M_2 = \frac{\mathrm{P}r(1+r)^{12t}}{(1+r)^{12t}-1}$$

(1) M_1, M_2가 같음을 증명하시오.

(2) 김씨가 구입한 신차 가격은 오천만원이고, 5년간 월이율 0.5%로 할부 구입했다면 김씨가 매달 지불해야 하는 금액은 얼마인가?

실력다지기

열린문제

01 $f(x)$는 정비례 함수이고, $g(x)$는 반비례 함수이며, $h(x)$는 $f(x)$와 $g(x)$의 합이다. $h(2)=5$가 되도록 하는 함수 $f(x)$와 $g(x)$의 예를 쓰시오.

02 정의역이 -8을 제외한 모든 실수이고, 치역이 3을 제외한 모든 실수인 유리함수의 예를 쓰시오.

발전문제

01 다음 주어진 관계에 따라 식을 쓰시오.

(1) x는 y에 정비례 하고 z에 반비례 한다.

(2) y는 x와 z^2의 곱에 정비례 한다.

(3) w는 z에 반비례하고 x와 y의 곱에 정비례 한다.

02 $f(x)=\dfrac{6x-1}{3x-1}$의 정의역과 치역을 구하고, 그래프를 그리시오.

03 각각의 함수에 알맞은 그래프를 고르시오.

(1) $y=\dfrac{-10}{x^2-9}$

(2) $y=\dfrac{x^2-10}{x^2+3}$

(3) $y=\dfrac{x^3}{x^2-4}$

(가)

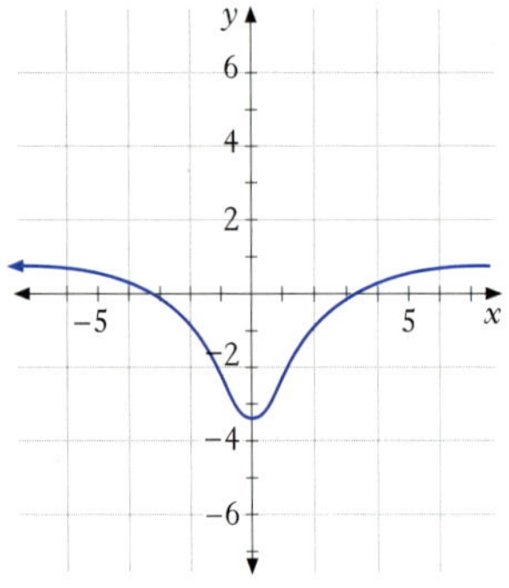

(나)

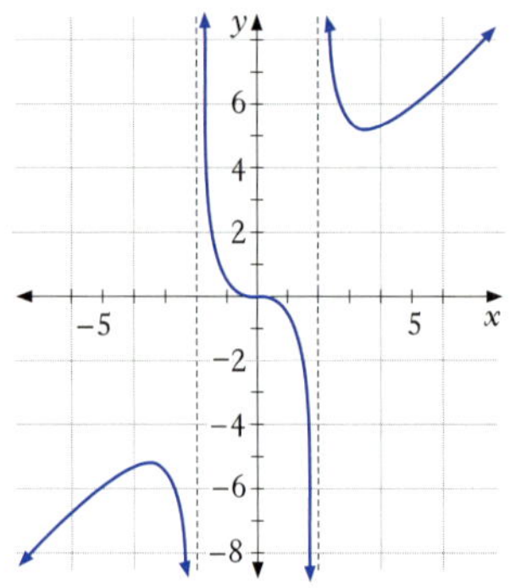

(다)

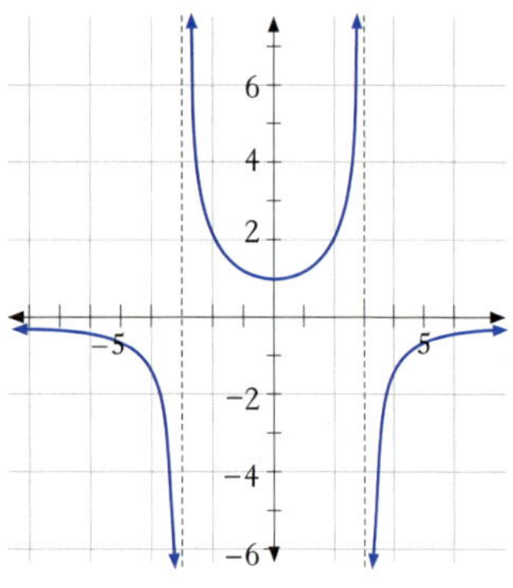

04 다음은 $f(x)=\dfrac{a}{x^2+b}$ 형태의 함수 그래프이다. 각각에서 a와 b의 값을 찾으시오.

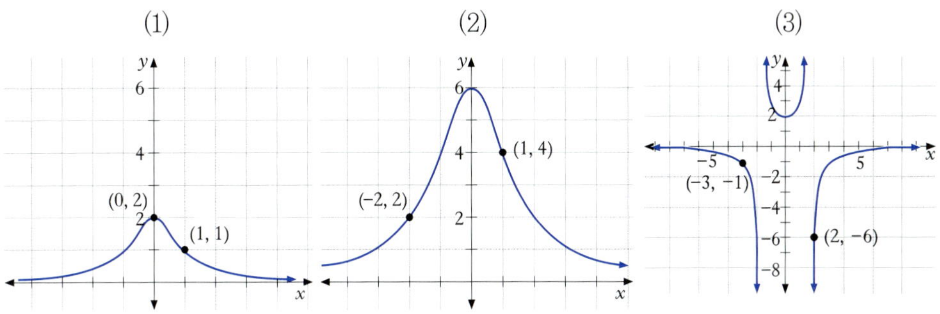

05 아래 규칙에 따라 4단계와 5단계의 분수식을 쓰시오.

1단계 : $1+\dfrac{1}{2+\dfrac{1}{2}}$

2단계 : $1+\dfrac{1}{2+\dfrac{1}{2+\dfrac{1}{2}}}$

3단계 : $1+\dfrac{1}{2+\dfrac{1}{2+\dfrac{1}{2+\dfrac{1}{2}}}}$

4단계 :

5단계 :

06 1단계와 2단계 값을 계산하고, 2단계 계산과정을 이용하여 3단계, 4단계 값을 구하시오.

1단계 : $1+\cfrac{1}{2+\cfrac{1}{2}}$

2단계 : $1+\cfrac{1}{2+\cfrac{1}{2+\cfrac{1}{2}}}$

3단계 : $1+\cfrac{1}{2+\cfrac{1}{2+\cfrac{1}{2+\cfrac{1}{2}}}}$

4단계 : $1+\cfrac{1}{2+\cfrac{1}{2+\cfrac{1}{2+\cfrac{1}{2+\cfrac{1}{2}}}}}$

5단계 : $1+\cfrac{1}{2+\cfrac{1}{2+\cfrac{1}{2+\cfrac{1}{2+\cfrac{1}{2+\cfrac{1}{2}}}}}}$

07 계산기를 사용하여 다음 값을 구하시오.

1단계 : $1+\cfrac{1}{2+\cfrac{1}{2}}$

2단계 : $1+\cfrac{1}{2+\cfrac{1}{2+\cfrac{1}{2}}}$

3단계 : $1+\cfrac{1}{2+\cfrac{1}{2+\cfrac{1}{2+\cfrac{1}{2}}}}$

4단계 : $1+\cfrac{1}{2+\cfrac{1}{2+\cfrac{1}{2+\cfrac{1}{2+\cfrac{1}{2}}}}}$

5단계 : $1+\cfrac{1}{2+\cfrac{1}{2+\cfrac{1}{2+\cfrac{1}{2+\cfrac{1}{2+\cfrac{1}{2}}}}}}$

6단계 : $1+\cfrac{1}{2+\cfrac{1}{2+\cfrac{1}{2+\cfrac{1}{2+\cfrac{1}{2+\cfrac{1}{2+\cfrac{1}{2}}}}}}}$

08 계산기를 사용하여 다음 값을 구하시오.

1단계 : $\sqrt{1+\sqrt{2}}$

2단계 : $\sqrt{1+\sqrt{1+\sqrt{2}}}$

3단계 : $\sqrt{1+\sqrt{1+\sqrt{1+\sqrt{2}}}}$

4단계 : $\sqrt{1+\sqrt{1+\sqrt{1+\sqrt{1+\sqrt{2}}}}}$

5단계 : $\sqrt{1+\sqrt{1+\sqrt{1+\sqrt{1+\sqrt{1+\sqrt{2}}}}}}$

6단계 : $\sqrt{1+\sqrt{1+\sqrt{1+\sqrt{1+\sqrt{1+\sqrt{1+\sqrt{2}}}}}}}$

추론문제

01 x는 y에 반비례하고, y는 z에 반비례하고, z는 w에 정비례한다.

(1) x와 z는 어떤 관계에 있는가?

(2) y와 w는 어떤 관계에 있는가?

풀이와 답

7.1 정비례와 반비례

문제해결

1. 키의 측정 p.368

풀이

(1) x값이 커짐에 따라 y값이 작아짐으로 정비례는 아니다.

(2) $xy=105$. 즉 거리와 키의 곱이 일정하여 거리와 키는 반비례 관계에 있음을 알 수 있다.

(3) $xy=105$에서 $y=\dfrac{105}{x}$

(4) $y=\dfrac{105}{7.5}=14$

7.5m 거리에서는 순영이의 키가 14cm로 보일 것이다.

2. 만유인력의 법칙 p.369

풀이

(1) $F=G\dfrac{m_1m_2}{d^2}$

(2) $1.98\times10^{20}=G\dfrac{5.98\times10^{24}\times7.35\times10^{22}}{(3.85\times10^{8})^2}$, 따라서 $G\fallingdotseq6.68\times10^{-11}$

(3) 두 물체의 질량이 증가하고 두 물체 사이의 거리가 일정하면 인력은 증가한다.

(4) 두 물체의 질량이 일정하고 두 물체 사이의 거리가 멀어지면 인력은 감소한다.

3. 수평 들보

☜ p.370

이해 및 계획 : 하중 P (단위 : kg)는 들보의 너비 W와 깊이 D의 곱에 비례하고, 지탱하고 있지 않은 부분의 길이 L에 반비례하므로 W, D, L에 대한 P의 함수식은 $P=a\frac{WD}{L}$이고 여기서 a는 0이 아닌 비례상수이다.

풀이

(1) 위에서 구한 함수식 $P=a\frac{WD}{L}$에서 들보의 너비(W)와 길이(L)가 2배가 되면, $P=a\frac{2WD}{2L}=a\frac{WD}{L}$가 되어 P의 값은 변함 없이 일정하다.

(2) $P=a\frac{WD}{L}$에서 들보의 너비와 깊이가 2배가 되면

$P=a\frac{(2W)(2D)}{L}=4a\frac{WD}{L}$ 가 되어 P는 4배 증가한다.

(3) $P=a\frac{WD}{L}$에서 들보의 너비, 깊이, 길이가 모두 2배가 되면

$P=a\frac{(2W)(2D)}{2L}=2a\frac{WD}{L}$가 되어 P는 2배 증가한다.

(4) 다양한 방법으로 들보의 크기를 변형할 수 있다.

① 너비 4배

② 깊이 4배

③ 너비 2배, 깊이 2배

④ 너비 4배, 깊이 2배, 길이 2배

⑤ 너비 2배, 깊이 4배, 길이 2배 등

7.2 유리함수

문제 해결

1. 소리의 이동

p.375

풀이

(1) 주어진 식에서 $T=20$일 때 t값의 6배가 된다.

즉, 이동시간 $=\dfrac{1000}{0.6\times 20+331}\times 6=\dfrac{6000}{343}$, 약 17.5초

(2) 주어진 식 $t=\dfrac{1000}{0.6T+331}$에서 $t=3.2$를 대입하면, $3.2=\dfrac{1000}{0.6T+331}$

에서 T의 값을 구한다.

$$0.6T+331=\frac{10000}{32},\qquad T\fallingdotseq -30.8$$

$1km$ 떨어진 곳에서 친 천둥소리가 3.2초 만에 들렸다면 기온은 영하 30.8도 일 것이다.

2. 공해물질 제거

p.376

풀이

(1)
$$\begin{aligned} y&=\frac{15x}{110-x}\\ &=\frac{-15x}{x-110}\\ &=\frac{-15(x-110)-15\times 110}{x-110}\\ &=\frac{-1650}{x-110}-15 \end{aligned}$$

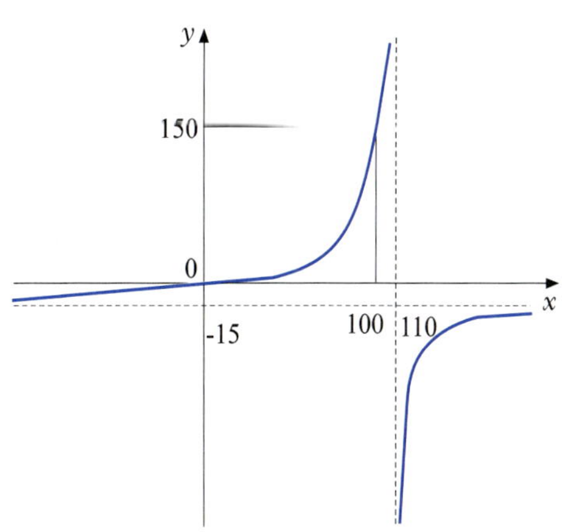

따라서 정의역은 $\{x\,|\,0\le x\le 100\}$,

치역은 $\{y\,|\,0\le y\le 150\}$

(2) $y=\dfrac{15\times 20}{110-20}=\dfrac{300}{90}\fallingdotseq 3.33$,

공해물질 20%를 제거하기 위한 비용은 약 3백3십만원이다.

$$y=\frac{15\times 40}{110-40}=\frac{600}{70}\fallingdotseq 8.57$$

공해물질 40%를 제거하기 위한 비용은 약 8백6십만원이다.

$$y=\frac{15\times 80}{110-80}=\frac{1200}{30}=40$$

공해물질 80%를 제거하기 위한 비용은 4천만원이다.

(3) 주어진 식을 $x(\%)$에 관한 식으로 정리해 보자.

$x=\dfrac{-1650}{y+15}+110$ 에서, 비용을 두 배로 늘린다고 했으므로 y에 $2y$를 대입할 때의 x 값의 변화를 살펴본다.

즉, 비용을 두 배로 늘릴 때 제거할 수 있는 공해물질은

$\dfrac{-1650}{2y+15}+110$ 가 되어 비용을 두 배로 늘린다고 해서 공해물질도 항상 두 배로 늘릴 수 있다고 말할 수 없다.

3. 요트의 속력

p.376

풀이

평균속력은 $\dfrac{\text{총 이동거리}}{\text{총 이동시간}}$이므로

$s=\dfrac{3\times 10+15\times t}{t+3}=\dfrac{30+15t}{t+3}$이다.

즉, $s=\dfrac{30+15t}{t+3}(t>0)$

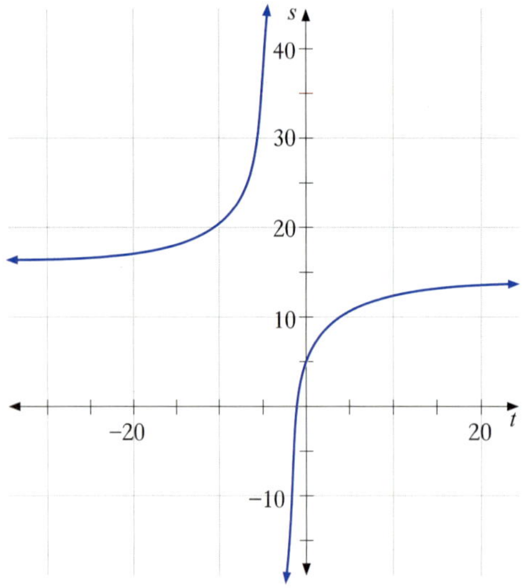

4. 도플러 효과

p.377

풀이

(1) 구급차가 가까워질 때, $f_l = \dfrac{740 \times 2000}{740 - r} = \dfrac{1480000}{740 - r}$

구급차가 멀어질 때, $f_l = \dfrac{740 \times 2000}{740 + r} = \dfrac{1480000}{740 + r}$

(2)

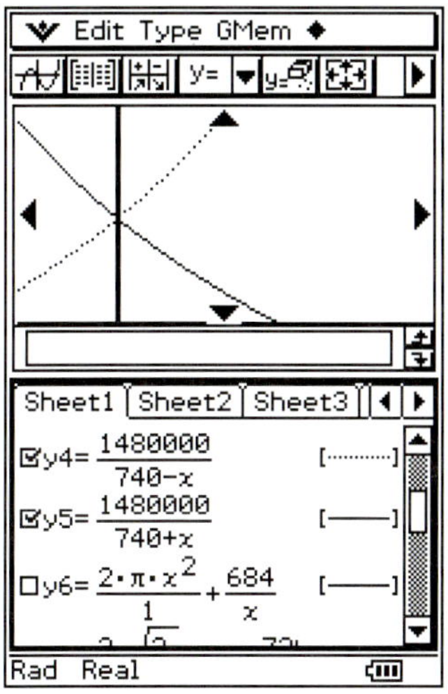

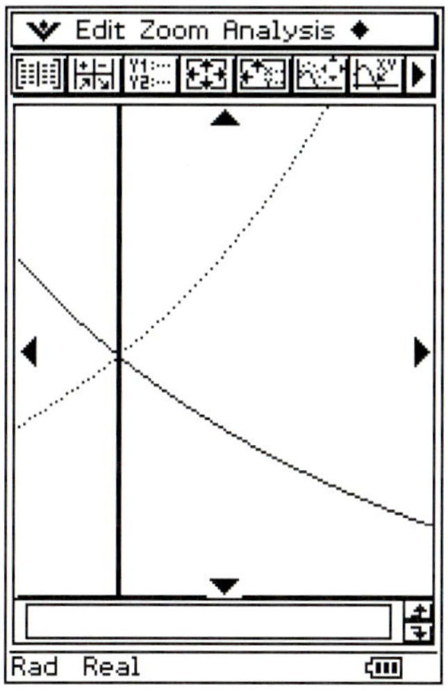

(3) 구급차가 가까워질 때 진동수는 음원의 속도가 증가할수록 함께 증가하고 구급차가 멀어질 때 진동수는 음원의 속도가 증가할수록 감소한다.

7.3 유리함수의 특징

개념 이해

1. 그래프 그리기

p.381

풀이

분모의 차수가 더 크므로 $y = 0$의 점근선을 갖는다.

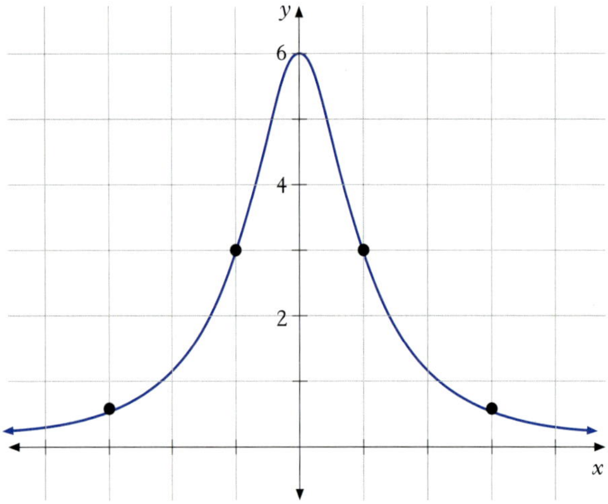

정의역 $\{x|x\text{는 실수}\}$

치역 $\{y|y\text{는 } 0 < y \leq 6\}$

2. 통조림 캔

p.381

이해 : 캔을 만드는 비용을 최소로 하려면 캔의 겉넓이가 최소가 되면 된다.

계획 : 캔의 밑면의 반지름의 길이를 r, 높이를 h라 하면 캔의 부피 $V = \pi r^2 h$에서

용량이 $342cm^3$이므로 $342 = \pi r^2 h$, $h = \dfrac{342}{\pi r^2}$

캔의 겉넓이 $S = 2\pi r^2 + 2\pi rh$

$$= 2\pi r^2 + 2\pi r\left(\frac{342}{\pi r^2}\right)$$

$$= 2\pi r^2 + \frac{684}{r}$$

풀이

그래픽 계산기를 이용하여 그래프를 그리고 겉넓이 S가 최소가 되는 점에서 r값을 찾는다.

S가 약 271 일 때, r은 약 3.79이다.

$$\text{이때, 높이 } h \fallingdotseq \frac{342}{\pi(3.79)^2} \fallingdotseq 7.58$$

따라서 캔의 겉넓이가 최소가 될 때, 밑면의 반지름의 길이 $r \fallingdotseq 3.79\ cm$, 높이 $h \fallingdotseq 7.58\ cm$가 된다.

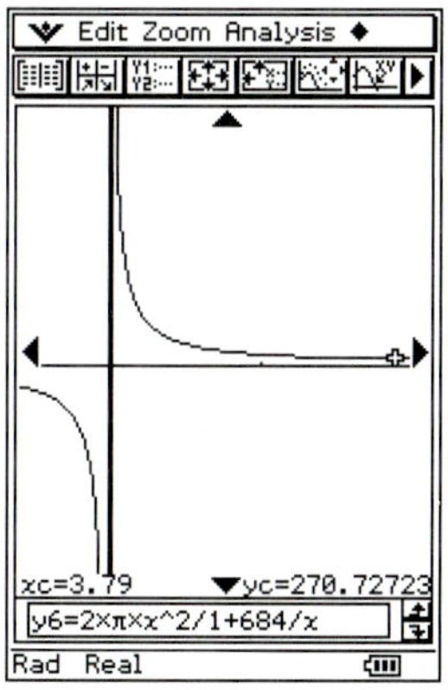

문제 해결

1. 수조의 크기

p.382

풀이

(1) 수조의 부피를 구하는 식은 $V=\dfrac{3\sqrt{3}}{2}s^2h$ 이고,

$V=540$이므로, $\quad 540=\dfrac{3\sqrt{3}}{2}s^2h$

$$h=\frac{540\times 2}{3\sqrt{3}s^2}=\frac{120\sqrt{3}}{s^2}$$

(2) 수조의 겉넓이 구하는 식은 $S=\dfrac{3\sqrt{3}}{2}s^2+6sh$ 이므로,

$$\begin{aligned} S &= \frac{3\sqrt{3}}{2}s^2+6sh \\ &= \frac{3\sqrt{3}}{2}s^2+6s\left(\frac{120\sqrt{3}}{s^2}\right) \\ &= \frac{3\sqrt{3}}{2}s^2+\left(\frac{720\sqrt{3}}{s}\right) \end{aligned}$$

그래픽 계산기를 이용하여 그래프를 그리고 S가 최소일 때 s값을 찾는다.

$s \fallingdotseq 6.2144668$

$h \fallingdotseq 5.381881474$

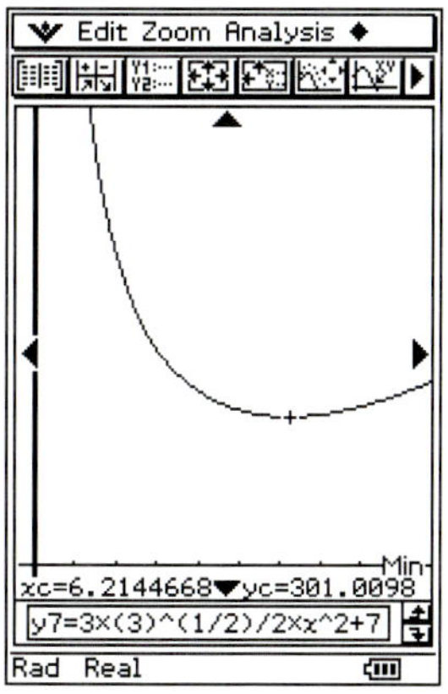

따라서, 정육각형의 한변의 길이 s는 약 $6.2m$, 높이 h는 약 $5.4m$로 하면 된다.

2. 중력가속도

p.383

풀이

(1) 그래프 넣기

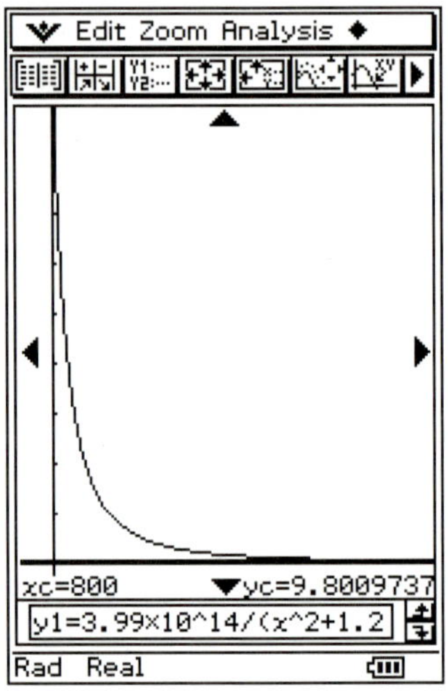

(2) $g = \dfrac{3.99 \times 10^{14}}{800^2 + (1.28 \times 10^7) \times 800 + (4.07 \times 10^{13})}$

$= \dfrac{623437500}{63609751}$

$\fallingdotseq 9.8010$

(3) $g = \dfrac{3.99 \times 10^{14}}{112000^2 + (1.28 \times 10^7) \times 12000 + (4.07 \times 10^{13})}$

$= \dfrac{12468750}{1317067}$

$\fallingdotseq 9.47$

(4) 높이가 증가하면 중력가속도 g는 점점 작아져서 0에 가까워진다.

3. 물탱크의 용량

p.384

풀이

(1) $3000000=\pi(r+20)^2(h+20)-\pi r^2h$ 에서

$$h=\frac{-(\pi r^2+40\pi r+400\pi-150000)}{2\pi(r+10)}$$

(2) $V=\pi r^2 h$ 에서 (1)에서 구한 $h=\dfrac{-(\pi r^2+40\pi r+400\pi-150000)}{2\pi(r+10)}$을 대입

$$V=\frac{-r^2(\pi r^2+40\pi r+400\pi-150000)}{2(r+10)}$$

(3)

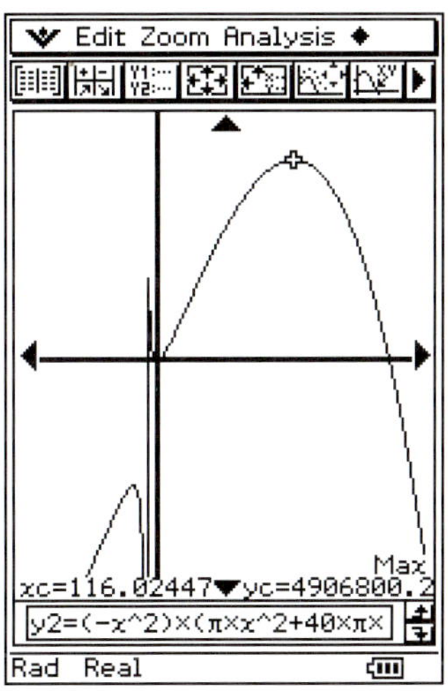

위의 그래프에서 보듯 r이 약 116(cm)일 때 V가 4906800(cm^3)으로 최댓값을 가짐을 알 수 있다. 또한, 이때 높이 h는 (1)에서 구한 식에 대입하면 약 116(cm)이다.

7.4 유리식의 성질

개념 이해

1. 울타리

p.387

이해 : $\frac{\text{둘레의 길이(P)}}{\text{농장의 넓이(S)}}$의 값은 단위 넓이당 울타리 설치비용으로 효율성의 문제로 접근할 수 있다.

계획 : 즉, 효율(E) $= \frac{\text{둘레의 길이(P)}}{\text{넓이(S)}}$으로 E가 작을수록 효율이 높다.

풀이

(a) 효율을 각각 구해보자.

$$E_A = \frac{P_A}{S_A} = \frac{8a}{4a^2} = \frac{2}{a}$$

$$E_B = \frac{P_B}{S_B} = \frac{10a}{4a^2} = \frac{5}{2a} = \frac{2.5}{a}$$

(b) A쪽 울타리가 더 작은 비가 된다.

$\frac{2}{a} < \frac{2.5}{a}$이므로 $E_A < E_B$

(c) 단위 넓이당 울타리 길이의 비가 작은 (A)정사각형 모양이 더 경제적이라 할 수 있다.

2. 분수방정식

p.387

풀이

좌변을 통분하여 우변과 비교해 보자.

좌변: $\frac{6x + 18 + 4x^2 - 12x}{x^2 - 9} = \frac{4x^2 - 6x + 18}{x^2 - 9}$

우변: $\frac{8x^2}{x^2 - 9}$

분모가 같기 때문에 분자끼리 비교한다.

(좌변의 분자) = (우변의 분자)

$4x^2 - 6x + 18 = 8x^2$

$4x^2 + 6x - 18 = 0$ (우변으로 정리)

$2x^2+3x-9=0$ (2로 나누어준다.)

$(2x-3)(x+3)=0$ (인수 분해)

$\therefore\ x=\frac{3}{2}$ or $x=-3$ (무연근 확인 필요)

그런데 -3은 분모를 0이 되게 하므로 무연근이 된다.

따라서 $x=\frac{3}{2}$

문제 해결

1. 물탱크

p.388

이해 : 부피와 겉넓이를 계산하여 효율을 구해본다.

계획 : 원기둥 모양의 물탱크 효율: $E_A=\frac{S_A}{V_A}$

구 모양의 물탱크 효율: $E_B=\frac{S_B}{V_B}$

풀이

원기둥 모양 부피: $V_A=\pi r^2 h$

구 모양 부피: $V_B=\frac{4\pi r^3}{3}$

$V_A=V_B$ 따라서 $\pi r^2 h=\frac{4\pi r^3}{3}$ $\therefore\ h=\frac{4}{3}r$

부피: $V_A=\frac{4\pi r^3}{3}$

겉넓이: $S_A=2\pi r^2+2\pi rh = 2\pi r^2+2\pi r(\frac{4}{3}r)$

$=2\pi r^2+\frac{8}{3}\pi r^2=\frac{14}{3}\pi r^2$

부피: $V_B=\frac{4\pi r^3}{3}$

겉넓이: $S_B=4\pi r^2$

$$\frac{S_A}{V_A} = \frac{14\pi r^3}{3} / V_A$$

$$\frac{S_B}{V_B} = 4\pi r^2 / V_A (\because \ V_A = V_B)$$

$$\frac{14\pi r^3}{3} \rangle \ 4\pi r^2 \text{이다.}$$

$$\therefore \ E_A > E_B$$

검토 : 구 모양 물탱크를 제작하는데 드는 재료비가 더 적게 든다.

2. 오목렌즈

p.389

이해 : a, b의 위치와 상의 크기가 비례함을 이해한다.

계획 : 물체까지의 거리 $a(a > f)$, 상까지의 거리 b와 초점과의 관계식을 파악한다.

풀이

주어진 식을 간단히 하면

$$f = \frac{1}{\frac{1}{a} + \frac{1}{b}} \text{ (분자와 분모에 } ab\text{를 곱해준다.)}$$

$$f = \frac{ab}{a+b}$$

$$af + bf = ab$$

$$b(a-f) = af$$

$$b = \frac{af}{a-f}$$

(1) $a < b$인 경우

$$b = \frac{af}{a-f} \rangle a$$

$$af > a^2 - af$$

$$f > a - f$$

$a < 2f$ 따라서 $f < a < 2f$

(2) $a=b$인 경우

$$b=\frac{af}{a-f}=a$$

$af=a^2-af$

$f=a-f$ 따라서 $a=2f$

$a=2f$

(3) $a>b$인 경우

$$b=\frac{af}{a-f}\langle a$$

$af<a^2-af$

$f<a-f$(양변을 f로 나눈다.)

$2f<a$

3. 신차구입

p.390

풀이

(1) M_1식을 변형하여 M_2를 유도한다.

$$M_1=\frac{Pr}{1-(\frac{1}{1+r})^{12t}}$$

분자 분모에 $(1+r)^{12t}$를 곱해준다.

$$M_1=\frac{Pr(1+r)^{12t}}{(1-(\frac{1}{1+r})^{12t})(1+r)^{12t}}$$

$$=\frac{Pr(1+r)^{12t}}{(1+r)^{12t}-1}=M_2$$

(2) 계산기에 대입하여 값을 구한다.

P = 5000

r = 0.005

t = 5

$$\frac{5000\times0.005\times(1.005)^{12\times5}}{(1.005)^{12\times5}-1}$$

96.6640076

∴ 김씨는 매달 약 96.7만원을 지불해야 한다.

실력 다지기

열린풀이

01

p.391

풀이

$f(x)$는 정비례 함수 이므로 일반식은 $f(x)=ax\ \ (a \neq 0)$이고

$g(x)$는 반비례 함수 이므로 일반식은 $g(x)=\dfrac{b}{x}\ \ (b \neq 0)$이다.

$$h(x)=f(x)+g(x)=ax+\frac{b}{x}$$

이때, $h(2)=2a+\dfrac{b}{2}=5$가 되는 a, b의 값은 $(1,\ 6)$, $(4,\ -6)$, $\left(\dfrac{1}{2},\ \ 8\right)$ 등이 있다.

따라서 $f(x)=x,\quad g(x)=\dfrac{6}{x}$

$$f(x)=4x,\ \ g(x)=-\frac{6}{x}$$

$f(x)=\dfrac{1}{2}x,\quad g(x)=\dfrac{8}{x}$ 등을 예로 들 수 있다.

02

p.391

풀이

$y=\dfrac{b}{a(x+8)}+3\,(a \neq 0,\ b \neq 0)$의 형태면 된다.

따라서 $y=\dfrac{2}{x+8}+3$ 등을 예로 들 수 있다.

발전풀이

01

p.391

풀이

정비례와 반비례, 비례상수를 이용하여 아래와 같은 함수식을 세울 수 있다.

(1) $x=\dfrac{ay}{z}$ ($a \neq 0$인 상수)

(2) $y=bxz^2$ ($b \neq 0$인 상수)

(3) $w=\dfrac{cxy}{z}$ ($c \neq 0$인 상수)

02

p.392

풀이

정의역 $\left\{x|x \neq \frac{1}{3}\text{인 실수}\right\}$, 치역 $\{y|y \neq 2\text{인 실수}\}$

$f(x) = \frac{6x-1}{3x-1} = \frac{2(3x-1)+1}{3x-1} = \frac{1}{3x-1}+2$, 점근선은 $x=\frac{1}{3}$, $y=2$

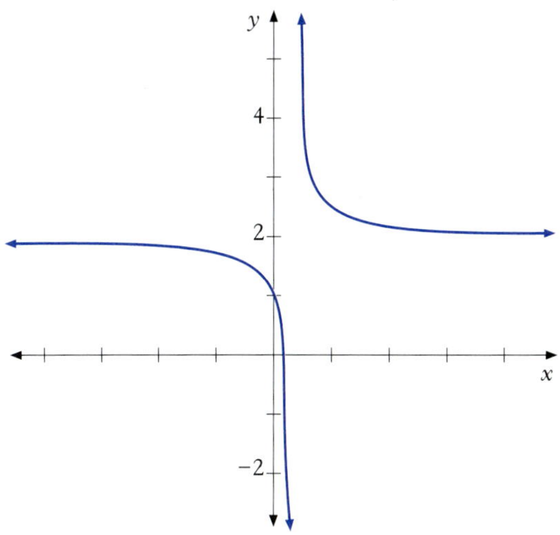

03

p.392

풀이

(1) $y = \frac{-10}{x^2-9}$ → (다)

(2) $y = \frac{x^2-10}{x^2+3}$ → (가)

(3) $y = \frac{x^3}{x^2-4}$ → (나)

04

p.393

풀이

(1) $f(x) = \frac{a}{x^2+b}$에 (0, 2)와 (1, 1)을 대입하면,

$\frac{a}{b}=2$, $\frac{a}{1+b}=1$ 이다.

연립하여 풀면 $a=2$, $b=1$

따라서 $f(x)=\dfrac{2}{x^2+1}$

(2) $f(x)=\dfrac{a}{x^2+b}$에 $(-2,\ 2)$와 $(1,\ 4)$를 대입하면,

$\dfrac{a}{4+b}=2$, $\dfrac{a}{1+b}=4$ 이다.

연립하여 풀면 $a=12$, $b=2$

따라서 $f(x)=\dfrac{12}{x^2+2}$

(3) $f(x)=\dfrac{a}{x^2+b}$에 $(-3,\ -1)$과 $(2,\ -6)$을 대입하면,

$\dfrac{a}{9+b}=-1$, $\dfrac{a}{4+b}=-6$이다.

연립하여 풀면 $a=-6$, $b=-3$

따라서 $f(x)\dfrac{-6}{x^2-3}$

05

p.393

풀이

4단계 : $1+\cfrac{1}{2+\cfrac{1}{2+\cfrac{1}{2+\cfrac{1}{2+\cfrac{1}{2}}}}}$

5단계 : $1+\cfrac{1}{2+\cfrac{1}{2+\cfrac{1}{2+\cfrac{1}{2+\cfrac{1}{2+\cfrac{1}{2}}}}}}$

06

p.394

풀이

1단계 : $1+\cfrac{1}{2+\cfrac{1}{2}}=1+0.4=1.4$

2단계 : $1+\cfrac{1}{2+\cfrac{1}{2+\cfrac{1}{2}}}=1+\cfrac{1}{2+0.4}\fallingdotseq 1+0.417=1.417$

3단계 : $1+\cfrac{1}{2+\cfrac{1}{2+\cfrac{1}{2+\cfrac{1}{2}}}}\fallingdotseq 1+\cfrac{1}{2+0.417}\fallingdotseq 1+0.414=1.414$

4단계 : $1+\cfrac{1}{2+\cfrac{1}{2+\cfrac{1}{2+\cfrac{1}{2+\cfrac{1}{2}}}}}\fallingdotseq 1+\cfrac{1}{2+0.414}\fallingdotseq 1\ +0.414$

07

p.395

풀이

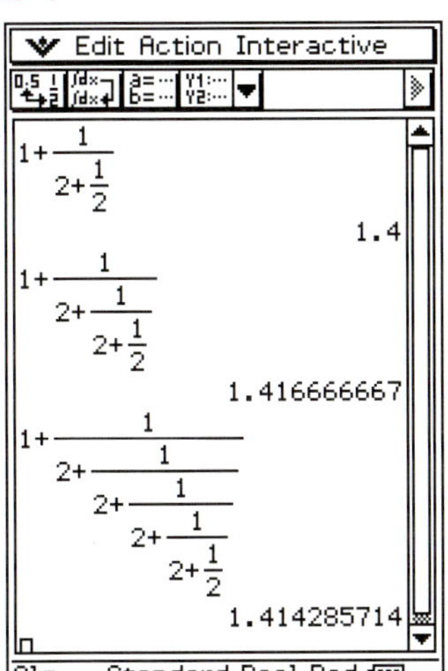

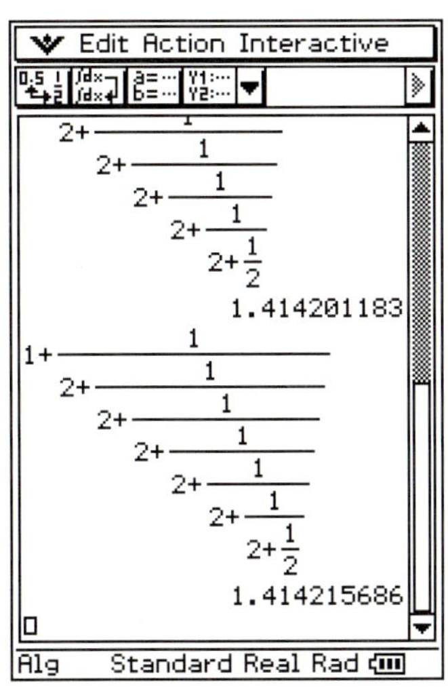

참고 : 단계가 늘어감에 따라 반복되는 부분을 x라 두면

$$2+\frac{1}{x}=x$$

$$2x+1=x^2$$

$$x^2-2x-1=0$$

$$x=1\pm\sqrt{2}$$

여기서, x는 양수이므로

$$x=1+\sqrt{2}$$

$$\therefore\ 1+\frac{1}{x}=1+\sqrt{2}-1=\sqrt{2}$$

따라서 주어진 식은 단계가 진행될수록 $\sqrt{2}$에 가까워진다.

08

p.396

풀이

단계	값
1단계	1.554
2단계	1.598
3단계	1.612
4단계	1.616
5단계	1.617
6단계	1.618

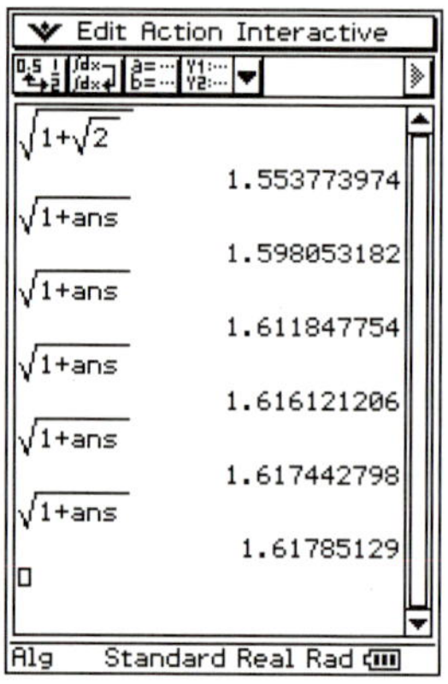

참고 : 단계가 늘어감에 따라 반복되는 부분을 x라 두면

$\sqrt{1+x}=x$ (양변을 제곱한다.)

$1+x=x^2$(다른 한변으로 이항)

$$x^2-x-1=0$$

$$x=\frac{1+\sqrt{5}}{2}\fallingdotseq 1.618$$

따라서 주어진 식은 단계가 진행될수록 $\frac{1+\sqrt{5}}{2}$에 가까워진다.

추론풀이

p.396

01

풀이

x는 y에 반비례이므로 $x=\dfrac{a}{y}\,(a\neq 0)$ …①

y는 z에 반비례이므로 $y=\dfrac{b}{z}\,(b\neq 0)$ …②

z는 w에 정비례이므로 $z=cw\,(c\neq 0)$ …③

(1) ①식의 y에 ②를 대입하면, $x=\dfrac{a}{\frac{b}{z}}=\dfrac{az}{b}$이므로 x는 z에 정비례한다.

(2) ②식의 z에 ③을 대입하면, $y=\dfrac{b}{cw}$이므로 y는 w에 반비례한다.

C·H·A·P·T·E·R **8**

8장 삼각비와 일반각

8.1 삼각비

핵심개념

- 핵심용어
  삼각비

▸ 삼각비

- $\dfrac{\overline{BC}}{\overline{AB}} = \dfrac{\overline{B_1C_1}}{\overline{AB_1}} = \dfrac{\overline{B_2C_2}}{\overline{AB_2}} = \cdots$

  $\dfrac{\overline{AC}}{\overline{AB}} = \dfrac{\overline{AC_1}}{\overline{AB_1}} = \dfrac{\overline{AC_2}}{\overline{AB_2}} = \cdots$

  $\dfrac{\overline{BC}}{\overline{AC}} = \dfrac{\overline{B_1C_1}}{\overline{AC_1}} = \dfrac{\overline{B_2C_2}}{\overline{AC_2}} = \cdots$

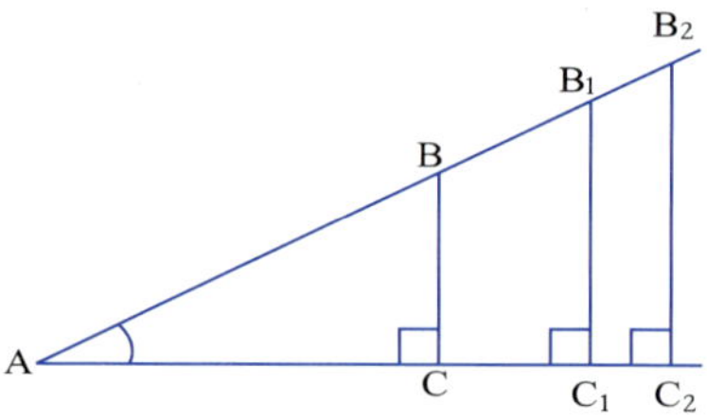

▸ 삼각비의 뜻

$\angle C = 90°$인 직각삼각형 ACB 에서 $\angle A$, $\angle B$, $\angle C$의 대변의 길이를 각각 a, b, c라고 하면

$\sin A = \dfrac{a}{c}$, $\cos A = \dfrac{b}{c}$, $\tan A = \dfrac{a}{b}$

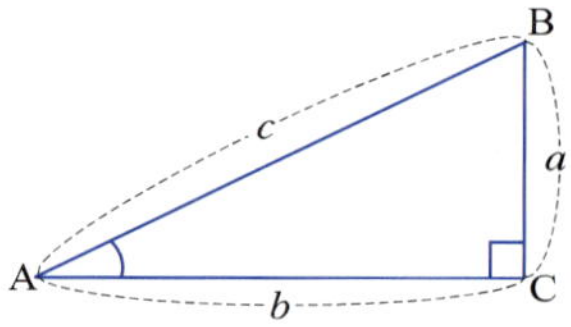

- $\operatorname{cosec}\theta$, $\sec\theta$, $\cot\theta$

  $\operatorname{cosec}\theta = \dfrac{1}{\sin\theta}$, $\sec\theta = \dfrac{1}{\cos\theta}$, $\cot\theta = \dfrac{1}{\tan\theta}$

▸ 30°, 45°, 60° 의 삼각비의 값

θ	$\sin\theta$	$\cos\theta$	$\tan\theta$	$\operatorname{cosec}\theta$	$\sec\theta$	$\cot\theta$
30°	$\frac{1}{2}$	$\frac{\sqrt{3}}{2}$	$\frac{1}{\sqrt{3}}$	2	$\frac{2\sqrt{3}}{3}$	$\sqrt{3}$
45°	$\frac{\sqrt{2}}{2}$	$\frac{\sqrt{2}}{2}$	1	$\sqrt{2}$	$\sqrt{2}$	1
60°	$\frac{\sqrt{3}}{2}$	$\frac{1}{2}$	$\sqrt{3}$	$\frac{2\sqrt{3}}{3}$	2	$\frac{\sqrt{3}}{3}$

개념이해 지리산 정상

지리산의 영신봉에서 세석평전과 천왕봉을 바라보면 90°의 각을 이룬다. 영신봉에서 세석평전까지의 거리가 2km이다. 세석평전에서 영신봉과 천왕봉을 바라보면 78°의 각을 이룬다. 이때 영신봉에서 지리산의 정상인 천왕봉까지의 거리는 얼마인가?

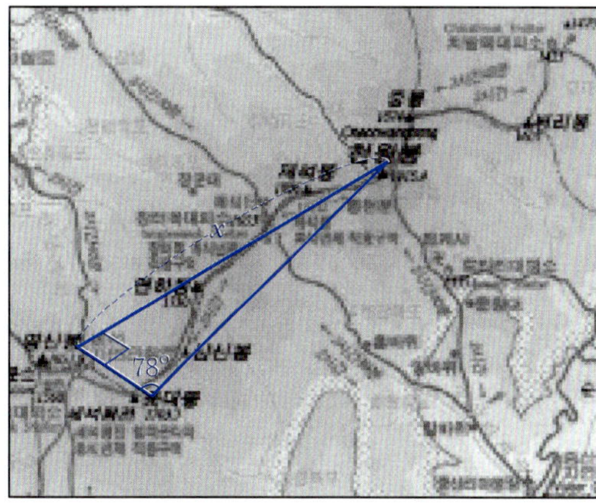

이해	문제에서 주어진 세 지점을 연결하여 직각삼각형을 만든다. 영신봉과 세석평전까지의 거리가 2km, 영신봉과 천왕봉까지의 거리를 x라 하고 삼각비(tan)을 이용하여 문제를 해결한다.
계획	• $\tan 78° = \dfrac{(\text{영신봉과 천왕봉까지의 거리})}{2}$ • 영신봉에서 세석평전과 천왕봉을 바라보았을 때 90°의 각을 이룬다. • 영신봉에서 세석평전까지의 거리가 2km이다.
풀이	x : 영신봉과 천왕봉까지의 거리 $\tan 78° = \dfrac{x}{2} \fallingdotseq 4.7046$ 따라서, $x \fallingdotseq 9.4092\text{km}$
검토	삼각비를 이용하여 실측이 어려운 거리를 대략 알 수 있다.

1 잠수부의 잠수 깊이

잠수부가 물의 표면에서 16°의 각을 유지하면서 잠수했다. 잠수를 하는 동안 수평거리로 50m를 간다면 잠수부의 위치는 수심 몇 m인가?

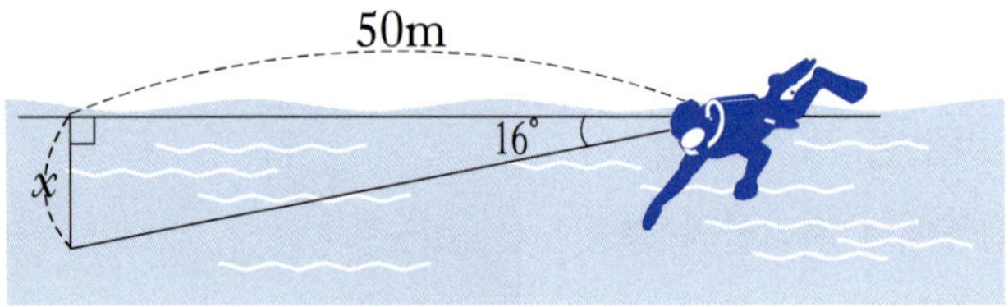

문제해결

1 정n각형

반지름의 길이가 1인 원에 내접하는 정육각형에서 다음과 같은 절차를 거쳐 π의 근삿값을 구하여 보자.

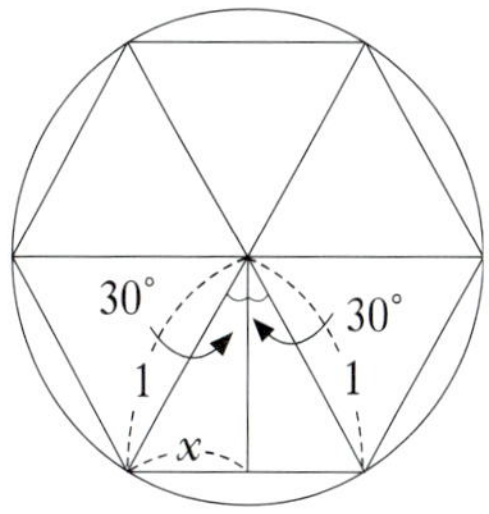

(1) 오른쪽 그림에서 x의 값을 구하고, 정육각형의 둘레의 길이를 구하시오.

(2) 반지름의 길이가 1인 원에 내접하는 정n각형의 둘레의 길이를 구하시오.

(3) (2)에서 $n=50$일 때의 정 50각형의 둘레의 길이를 구하시오.

(4) 정 50각형의 둘레의 길이를 이용하여 π의 근삿값을 구하시오.

2 비행기에서 보는 두 도시

비행기의 승객은 땅위에 일직선으로 놓여 있는 두 도시를 비행기 위에서 그림과 같이 바라보았다.

(1) 비행기로부터 A도시까지의 거리 d를 구하시오.

(2) 비행기로부터 B도시까지의 수평거리 $x+y$를 구하시오.

(3) 두 도시 사이의 거리 y를 구하시오.

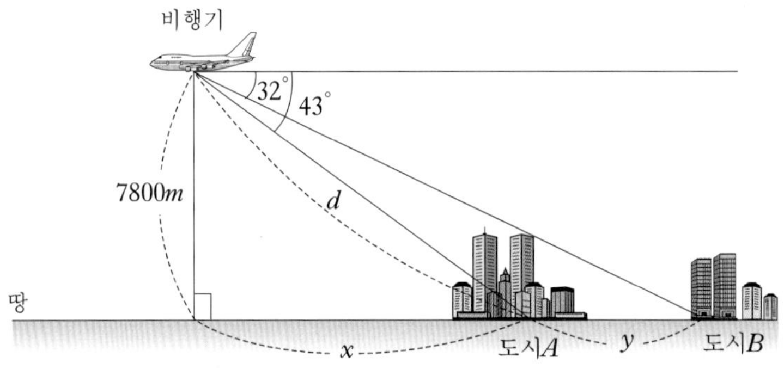

3 정2품 소나무

속리산에 있는 정2품 소나무를 지면위 어떤 지점에서 최고 높은 곳까지 올려다 본 각이 31°이었다.

소나무쪽으로 12.5m 더 걸어가서 소나무의 최고 높은 곳을 올려다 본 각이 50°였을 때, 소나무의 높이를 구하시오.

8.2 일반각과 라디안

핵심개념

- 핵심용어
  삼각비
  라디안
  일반각

▸ 라디안의 정의

반지름의 길이가 r인 원에서 r과 길이가 같은 호에 대한 중심각의 크기를 $\alpha°$라고 하면, 중심각의 크기와 호의 길이는 비례하므로

$r : 2\pi r = \alpha° : 360°$

따라서 $\alpha° = \dfrac{180°}{\pi}$

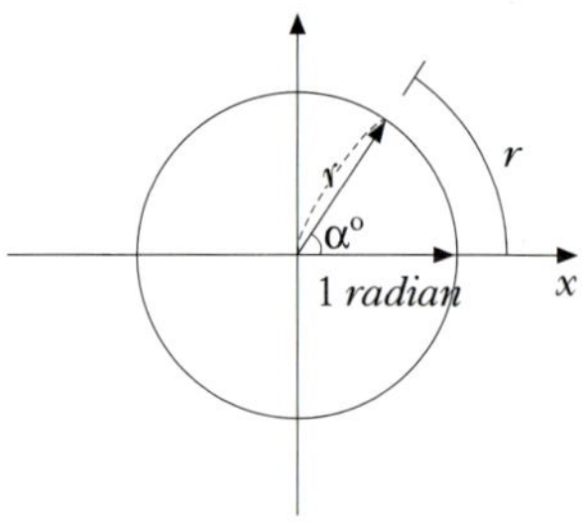

즉, $\alpha°$의 값은 원의 크기에 관계없이 항상 일정하다.

이 일정한 크기 $\dfrac{180°}{\pi}$를 1라디안이라 한다

▸ 호도법과 60분법의 관계

π(라디안) = 180°

- 1라디안 $= \dfrac{180°}{\pi} \fallingdotseq 57°17'45''$
- $1° = \dfrac{\pi}{180}$라디안 $\fallingdotseq 0.01745$라디안

▸ 일반각의 삼각함수

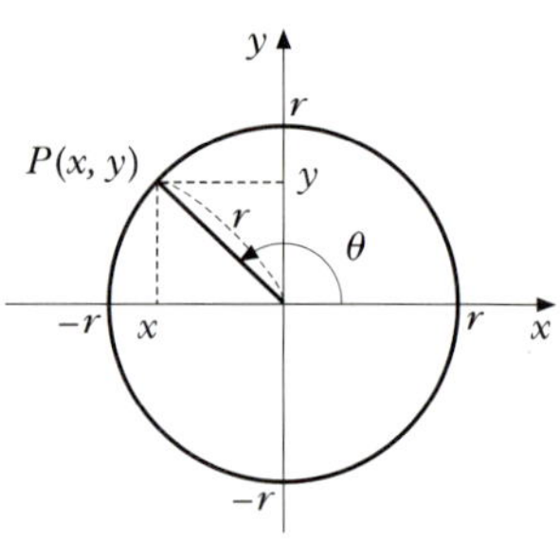

$\sin\theta = \dfrac{y}{r}$, $\cos\theta = \dfrac{x}{r}$, $\tan\theta = \dfrac{y}{x}$

$\mathrm{cosec}\,\theta = \dfrac{r}{y}$, $\sec\theta = \dfrac{r}{x}$, $\cot\theta = \dfrac{x}{y}$

개념이해 다트보드

원형 다트보드가 20개의 부채꼴로 나뉘어져 있다. 각 영역에는 점수가 있고, 그 영역의 점수에 2배 또는 3배로 받는 영역이 있다.

(1) 다트보드에서 점수가 있는 전체 영역의 넓이, 2배의 점수를 받는 영역의 넓이, 3배의 점수를 받는 영역의 넓이를 각각 구하시오.

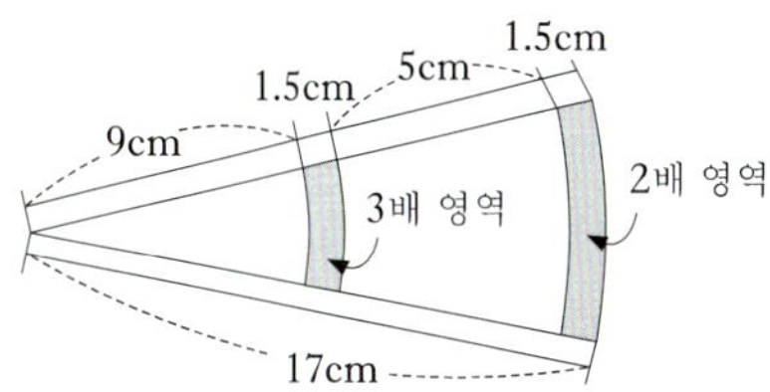

(2) 임의로 다트 한 개를 던질 때, 점수가 2배로 되는 영역에 위치할 확률은 얼마인가? 또 점수가 3배가 되는 영역에 위치할 확률은 얼마인가? (단, 다트를 던질 때, 다트보드를 벗어나는 경우는 없다.)

이해
- 주어진 것: 부채꼴의 반지름의 길이
- 구해야 할 것: 전체 영역의 넓이, 2배 영역의 넓이, 3배 영역의 넓이

계획
- 원의 넓이를 구한다.
- 점수가 2배가 되는 영역의 넓이, 3배가 되는 영역의 넓이를 구한다

풀이 (1) (전체 영역의 넓이)= $17^2 \times \pi = 289\pi \fallingdotseq 907.82(\text{cm}^2)$

(2배가 되는 부분의 넓이)=$\pi(17^2 - 15.5^2) = 48.75\pi \fallingdotseq 153.15(\text{cm}^2)$

(3배가 되는 부분의 넓이)=

$\pi(10.5^2 - 9^2) = \pi(110.25 - 81) = 29.25\pi \fallingdotseq 91.89(\text{cm}^2)$

(2) (2배의 영역에 위치할 확률)=$\dfrac{48.75\pi}{289\pi} \fallingdotseq 0.1688$ (16.88%)

(3배의 영역에 위치할 확률)=$\dfrac{29.25\pi}{289\pi} \fallingdotseq 0.1012$ (10.12%)

검토 다트 게임을 할 때 다트가 보드를 벗어나는 경우가 없다는 가정하에 과녁에 맞힐 확률을 계산할 수 있다.

1 소프트볼 구장

다음 그림과 같이 사분원 모양으로 되어있는 소프트볼 구장의 외야 펜스의 길이와 구장의 넓이를 구하시오.(단, 라디안으로 나타내시오.)

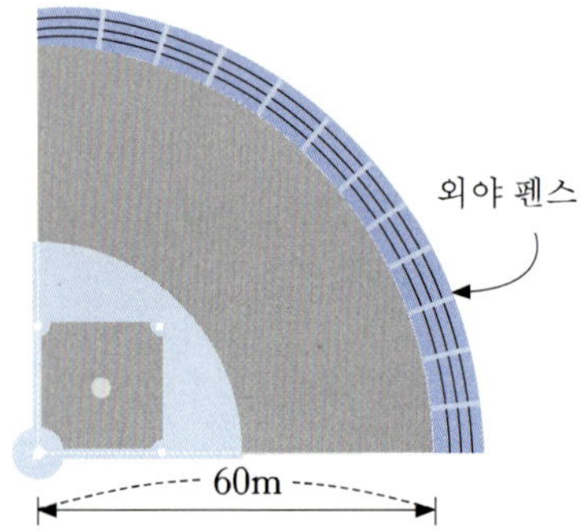

문제해결

1 위도

지구 위의 한 점에서 위도는 그 점으로부터 적도까지 가장 가까운 호의 각을 나타낸다. 예를 들면, 그림에서처럼 점 P에서의 위도는 호 PE에 대한 각 θ를 말한다. 점 P를 지나 적도와 평행인 원의 둘레의 길이가 적도의 반이 되는 점 P의 위도 θ의 값을 구하시오.

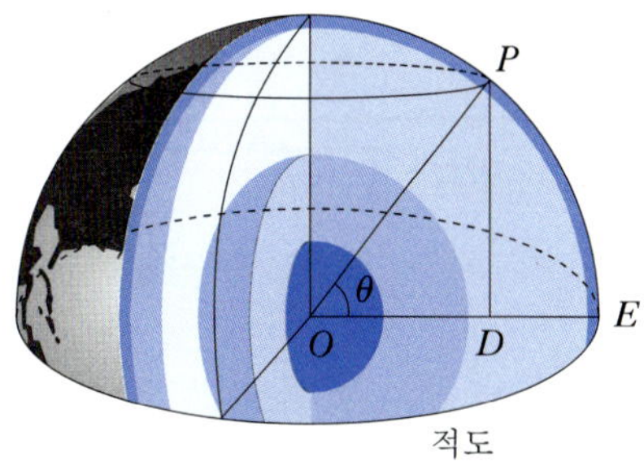

2 회전 관람차

원형 회전 관람차의 반지름이 23m이다. 그림과 같이 지면에서 5m 위에 있는 관람차의 맨 아래칸에 타고, 시계 반대방향으로 225°회전 한 후에 잠시 멈추었을 때, 높이는 얼마인가? 또 회전 관람차의 반지름의 길이가 두 배가 된다면 높이도 두 배가 되는지 확인하시오.

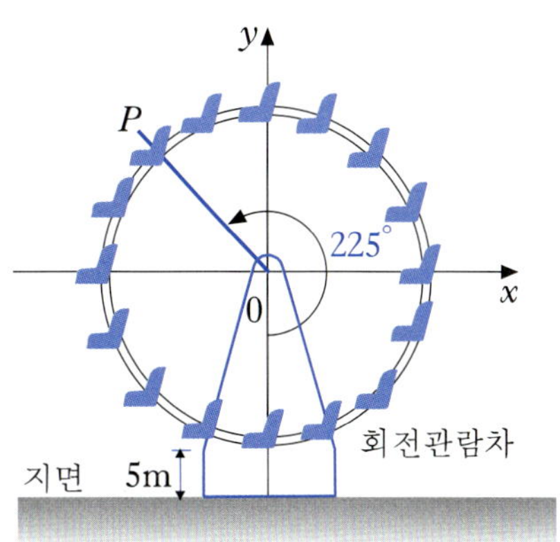

8.3 사인법칙과 코사인법칙

핵심개념

• 핵심용어
사인법칙
코사인법칙

▸ 사인법칙

△ABC 의 외접원의 반지름의 길이를 R이라 하면,

$$\frac{a}{\sin A} = \frac{b}{\sin B} = \frac{c}{\sin C}$$

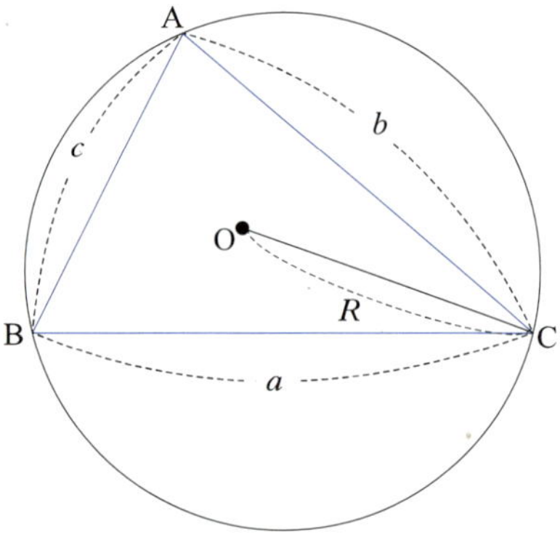

▸ 코사인법칙

△ABC에서

$$a^2 = b^2 + c^2 - 2bc\cos A$$

$$b^2 = c^2 + a^2 - 2ca\cos B$$

$$c^2 = a^2 + b^2 - 2ab\cos C$$

▸ 삼각형의 넓이

• $S = \frac{1}{2}ab\sin C = \frac{1}{2}ac\sin B = \frac{1}{2}bc\sin A$

• $s = \frac{1}{2}(a+b+c)$이면

△ABC 의 넓이 $S = \sqrt{s(s-a)(s-b)(s-c)}$

• △ABC 의 외접원의 반지름의 길이를 R이라 하면, $S = \frac{abc}{4R}$

개념이해 전광판의 높이

처음 빌딩 위 옥탑에 세워진 전광판을 올려다 보았을 때 시선의 각도는 45°였고, 빌딩을 향하여 50m 걸어간 후 다시 올려다 보았을 때 시선의 각도가 60°였다. 이 전광판의 높이를 구하시오.

풀이

• 문제상황의 도식

처음 각을 측정한 장소를 A라 하고, 두 번째 측정한 장소를 B라 하자.

빌딩 위 전광판의 위치를 C라고 하면 오른쪽과 같이 도식할 수 있으며 사인법칙을 이용하여 주어진 삼각형의 높이를 구할 수 있다.

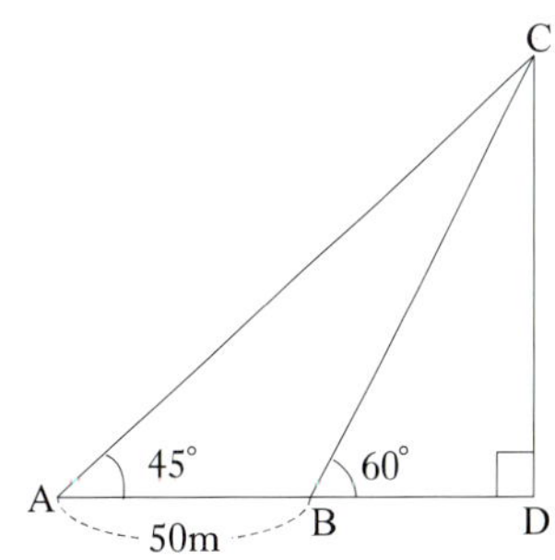

• 사인법칙의 활용

$\angle BCD = 30°$, $\angle ACB = 15°$, $\angle ABC = 120°$,

$\triangle ABC$에서 사인법칙을 이용하면 $\dfrac{\overline{BC}}{\sin 45°} = \dfrac{50}{\sin 15°}$, $\overline{BC} \fallingdotseq 136.6$

$\triangle BCD$에서 사인법칙을 이용하면 $\dfrac{136.6}{\sin 90°} = \dfrac{\overline{CD}}{\sin 60°}$, $\overline{CD} \fallingdotseq 118.30$

즉, 빌딩 위에 있는 전광판의 높이는 약 118m이다.

별해 $\overline{BD}=x$라 놓고 삼각비를 이용해 문제를 해결할 수 있다.

$$\triangle ACD \text{ 에서 } \tan 45^\circ = \frac{\overline{CD}}{50+x}, \quad \overline{CD}=x+50$$

$$\triangle BCD \text{ 에서 } \tan 60^\circ = \frac{\overline{CD}}{x} = \frac{x+50}{x}, \quad \sqrt{3}\,x = x+50$$

$$(\sqrt{3}-1)x = 50, \quad x = \frac{50}{\sqrt{3}-1} \fallingdotseq 68$$

따라서 전광판의 높이 $\overline{CD} \fallingdotseq 118$

비고

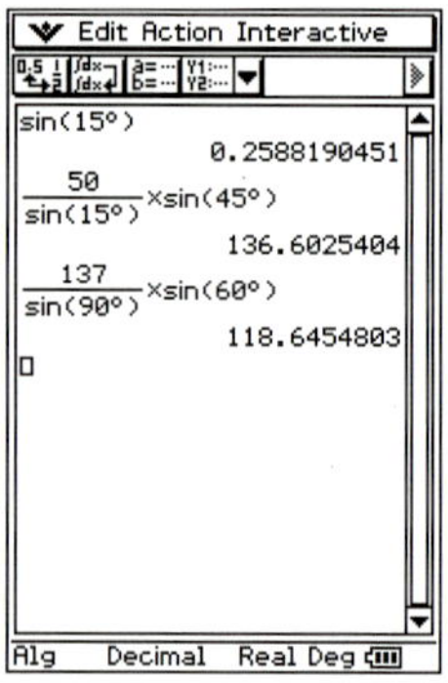

1 전망대의 높이

높이가 160m인 전망대를 400m 떨어진 곳에서 바라보았을 때 올려다 보는 각의 크기는 얼마인지 구하시오.

2 공룡 발자국

생물학자들에 의하면 생물체의 인접한 세 발자국들을 연결한 삼각형의 크기는 합이 180°에 가까울수록 효율적인 걸음걸이라고 한다.

우리나라의 한 지역에서 발견된 세 공룡발자국을 연결하였더니 아래 그림과 같은 삼각형이 되었다. 공룡발자국이 이루는 ∠ABC의 크기는 얼마인지 구하시오.

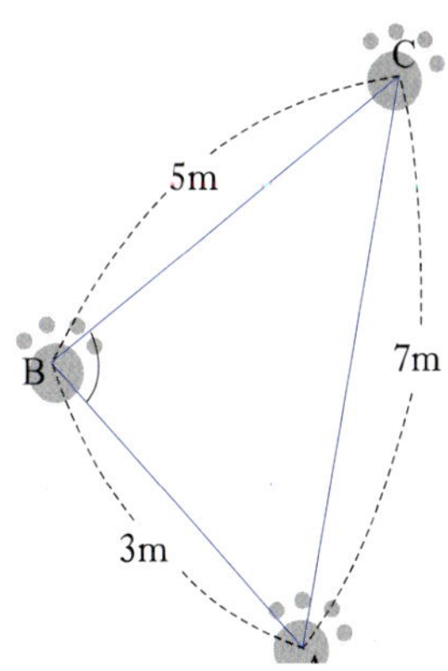

문제해결

1 빛의 굴절

수민이는 수심 100cm의 수영장에서 물안경을 떨어뜨렸다. 물 밖에서 물속의 물안경을 볼 때, 실제 물안경이 있는 위치보다 더 멀리 떨어져 보였다.

스넬의 법칙(굴절법칙)에 따라 '$\dfrac{\sin \text{입사각}}{\sin \text{굴절각}} = 1.3$'이라고 할 때, 다음 물음에 답하시오.

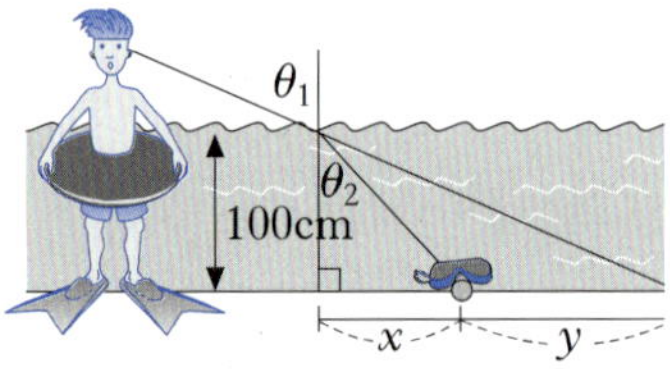

※ 흔히 볼 수 있는 빛의 굴절은 각 물질 속에서 빛의 속력이 다르기 때문에 생긴다. 즉 빛은 두 물질의 경계면에서 일부는 반사하지만 일부는 굴절하는데, 물속에 담긴 젓가락이 꺾여 보이거나 물속에 있는 물체가 떠 보이는 것, 어항 속 물고기의 모습이 다르게 보이는 것은 모두 빛의 굴절 때문이다.

$$\frac{\sin \text{입사각}}{\sin \text{굴절각}} = \frac{\text{입사전 속도}}{\text{굴절후 속도}}$$

$$= \frac{\text{입사전 파장}}{\text{굴절후 파장}}$$

$$= \frac{\text{굴절후 물질의 절대굴절률}}{\text{입사전 물질의 절대굴절률}}$$

(1) $\theta_1 = 60°$일 때, θ_2의 값을 구하시오

(2) x, y의 값을 구하시오.

(3) 실제로 물체가 떨어진 곳으로 가까이 접근할 때, y의 값은 어떻게 변하는지 설명하시오.

2 등대까지의 거리

바다 위에 있는 두 배 사이의 거리는 2km이고 각각의 배에서 다른 배와 등대를 바라볼 때 이루는 각의 크기는 각각 60°, 45°가 된다.

이때 두 배에서 등대까지의 거리를 각각 구하시오.

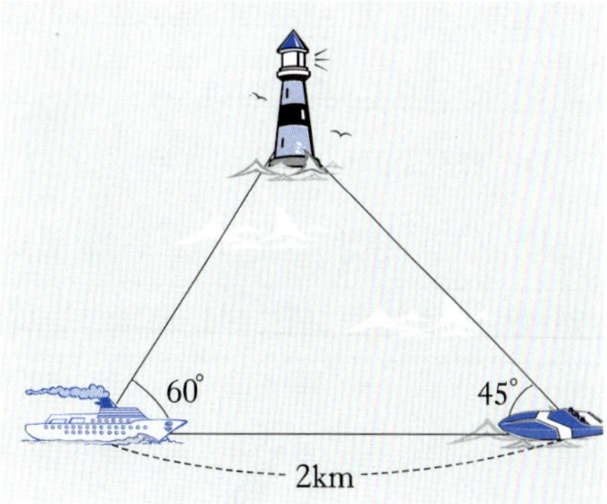

3 수성까지의 거리

태양에서 수성까지의 거리는 약 5천8백만km이고, 지구에서 태양까지의 거리는 약 1억5천만km이다. 지구에서 수성과 태양을 봤을 때 이루는 각의 크기가 22°일 때, 지구에서 수성까지의 거리는 얼마인지 구하시오.

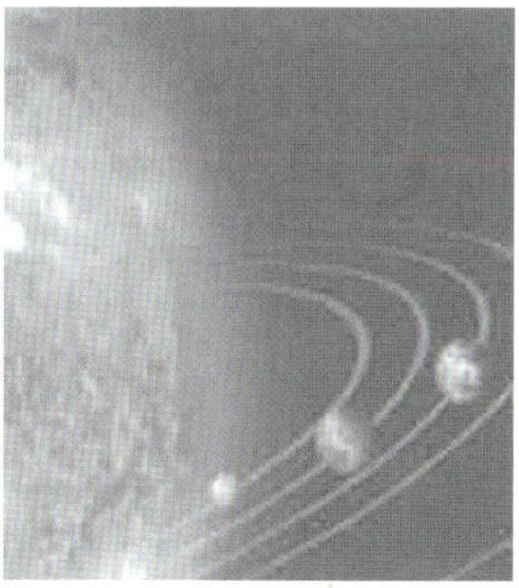

4 보트의 속력

오른쪽 그림과 같이 세 보트는 한 지점 O에서 동시에 출발하여 각각 반직선 OA, OB, OC의 방향으로 움직인다.

보트 R은 3 ㎧의 속력으로 움직이고, 보트 P는 8㎧의 속력으로 움직인다.

보트 Q가 항상 선분 PR 위에 있도록 일정한 속력으로 움직인다고 할 때, 보트 Q의 속력을 구하시오. (단, 세 보트 P, Q, R의 속력은 각각 일정하다.)

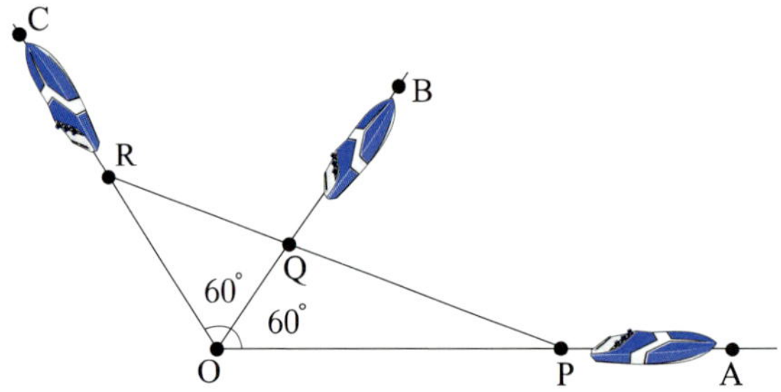

실력다지기

증명문제

01 다음 $\triangle$ABC 에서 삼각형의 넓이 구하는 공식 $S=\frac{1}{2}bc\sin A$를 유도하고, 사인법칙이 성립함을 보이시오.

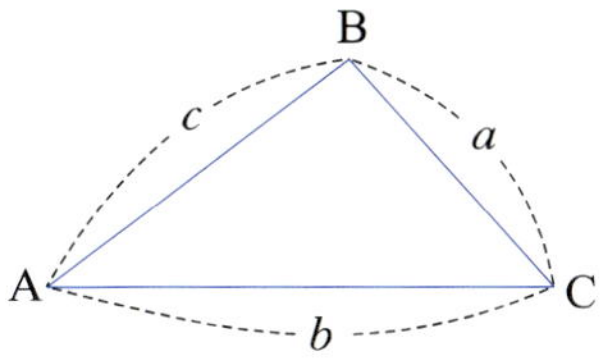

추론문제

01 높이가 h인 $\triangle$ABC 에서 코사인법칙을 증명하고, 피타고라스 정리와의 관계에 대해서 설명하시오.

풀이와 답

8.1 삼각비

개념이해

1. 잠수부의 잠수 깊이 p.420

이해 : 탄젠트의 성질

풀이

$$\tan 16^\circ = \frac{x}{50} \fallingdotseq 0.2867$$

$$x \fallingdotseq 0.2867 \times 50 = 14.335(\mathrm{m})$$

문제해결

1. 정 n각형 p.421

이해 : • 주어진 것: 단위원, 내접하는 정육각형과 정n각형
• 구해야 할 것: 내접하는 정육각형의 둘레의 길이
• 원의 둘레의 길이 : $2\pi r$ (r은 반지름)

계획 : • 정n각형의 둘레의 길이를 삼각비를 이용하여 구한다.
• 정n각형의 둘레의 길이와 원둘레의 길이를 비교한다.

풀이

(1) $x = 1\sin 30^\circ = \frac{1}{2}$이므로 정육각형의 둘레길이는 $12x$

$$\therefore\ 12x = 12 \times \frac{1}{2} = 6$$

(2) 정n각형의 한 변의 길이: $2 \cdot \sin\left(\frac{180°}{n}\right)$

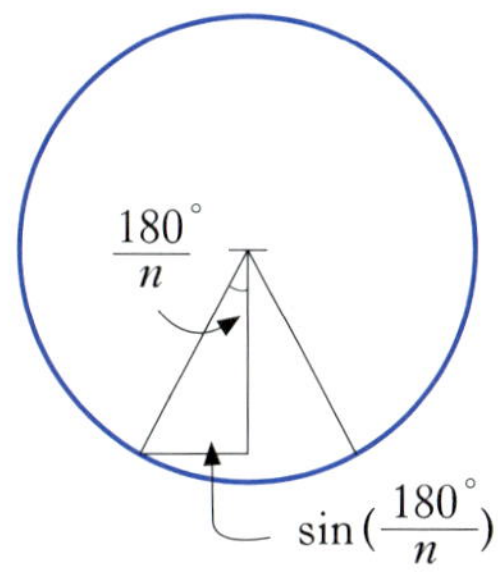

정n각형의 둘레의 길이: $2n\sin\left(\frac{180°}{n}\right)$

(3) 정50각형의 둘레의 길이: $100\sin\left(\frac{180°}{50}\right) = 100\sin3.6° ≒ 6.2790$

(4) $6.27905 = 2\pi$

$\pi = 3.139525$

검토 : n을 더 크게 하면 할수록 π의 정확한 값을 구할 수 있다.

2. 비행기에서 보는 두 도시

p.422

이해 : • 주어진 것: 비행기의 고도- $7800m$

• 구해야 할 것: d, x, y

(d : 비행기에서 도시 A까지의 거리,

x : 비행기로부터 도시 A의 수평거리

y : 두 도시 사이의 거리)

계획 : • sin, cos, tan의 정의를 생각한다.

• $\cos47° = \frac{7800}{d}$, $\tan47° = \frac{x}{7800}$

풀이

(1) $\cos 47° = \dfrac{7800}{d} \fallingdotseq 0.6820$

$d \fallingdotseq \dfrac{7800}{0.6820} = 11436.9501(\mathrm{m})$

(2) $\tan 58° = \dfrac{x+y}{7800} \fallingdotseq 1.6003$

$x+y \fallingdotseq 7800 \times 1.6003 = 12482.34(\mathrm{m})$

(3) $\tan 47° = \dfrac{x}{7800} \fallingdotseq 1.0724$

$x \fallingdotseq 7800 \times 1.0724 = 8364.72$

$y \fallingdotseq 12482.34 - 8364.72 = 4117.62(\mathrm{m})$

3. 정2품 소나무

p.423

이해 : • 주어진 것 : 소나무의 최고 높이를 올려다 본 각 31°, 50°
소나무 쪽 으로 다가간 거리 : 12.5m
• 구해야 할 것: 소나무의 높이(y)

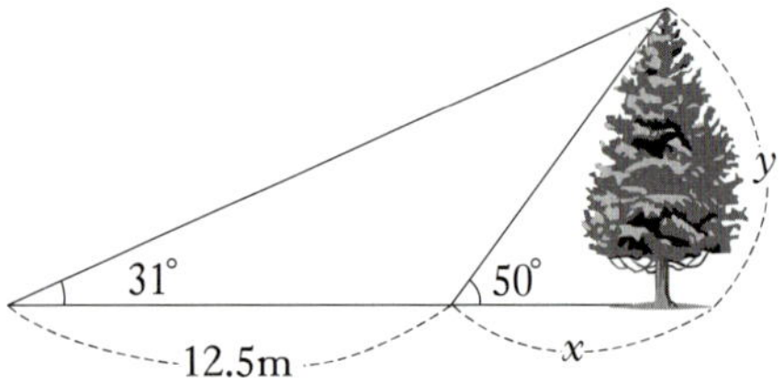

계획 : • 그림과 같이 소나무까지 남은 거리를 x, 소나무의 높이를 y로 놓는다.
• 삼각비를 이용하여 두 개의 식을 세운다.

풀이

(1) $\tan 31° = \dfrac{y}{12.5+x} \fallingdotseq 0.6008$

$\tan 50° = \dfrac{y}{x} \fallingdotseq 1.1918$

$y = 1.1918x$

$y = (12.5+x)0.6008$

$1.1918x = 0.6008x + 12.5 \times 0.6008$

$$0.591x = 7.51 \qquad \therefore x = \frac{7.51}{0.591} \fallingdotseq 12.71$$

$$y = 1.1918x = 1.1918 \times 12.71 \fallingdotseq 15.15$$

검토 : 땅 위의 두 지점에서 정2품 소나무를 올려다 본 각과 두 지점 사이의 거리를 안다면 정2품 소나무의 높이를 구할 수 있다.

8.2 일반각과 라디안

개념 이해

1. 소프트볼 구장 p.426

이해 : • 주어진 것 : 부채꼴의 반지름의 길이, 중심각

• 구해야 할 것 : 외야 펜스의 길이, 넓이

> (부채꼴의 호의 길이와 넓이)
> 반지름의 길이가 r, 중심각의 크기가 θ(라디안)인 부채꼴에서 호의 길이를 l, 넓이를 S라고 하면
>
> $$l = r\theta, \quad S = \frac{1}{2}r^2\theta = \frac{1}{2}rl$$

계획 : • 90°를 라디안으로 바꾼다.

• $90° = 90 \times \frac{\pi}{180} = \frac{\pi}{2}$

풀이

(i) (외야 펜스의 길이)= $60 \times \frac{\pi}{2} = 30\pi \fallingdotseq 94.25$(m)

(ii) (넓이)=$\frac{1}{2} \times 60 \times 30\pi \fallingdotseq 2827.43$(m)

검토 : 반지름의 길이 하나 만으로 소프트볼 구장의 야외 펜스의 길이와 넓이를 구할 수 있다.

문제 해결

1. 위도

p.427

이해 : • 주어진 것 : 위도의 정의, 원둘레의 길이
• 구해야 할 것 : 위도
• 원의 둘레의 길이 : $2\pi r$ (r은 반지름)

계획 : • 원둘레의 길이를 비교한다.
• 원둘레의 길이의 비는 반지름의 길이의 비이다.

풀이

점 P를 지나 적도와 평행인 원의 반지름의 길이를 r_1이라 한다면 원둘레의 길이는 $2\pi r_1$, 적도의 반지름을 r이라 하면 적도의 길이는 $2\pi r$이다.

$$2\pi r : 2\pi r_1 = 2 : 1$$

$$r : r_1 = 2 : 1 \quad r_1 = \frac{1}{2}r$$

$$\cos\theta = \frac{\frac{1}{2}r}{r} = \frac{1}{2} \quad \therefore \theta = \frac{\pi}{3}$$

2. 회전 관람차

p.427

이해 : • 주어진 것 : 회전한 각, 회전 관람차의 반지름
• 구해야 할 것 : 높이, x축의 양의 방향으로 부터의 각

계획 : • sin, cos 의 정의를 생각한다.
• 점 P의 위치

풀이

(1) 점 P의 위치에서의 높이: $5+23+23\sin 135^\circ = 28+23\times\frac{\sqrt{2}}{2}$

$$\fallingdotseq 28+16.2635 = 44.2635$$

(2) 똑같은 각으로 움직였다면 반지름의 길이가 두 배가 되었을 때의 높이는

$$5+46+46\sin 135^\circ = 51+46\times\frac{\sqrt{2}}{2} \fallingdotseq 51+32.5269 = 83.5269$$

처음 위치 $5m$가 있어 두 배가 되지 않는다.

검토 : 맨 아래칸 차의 지면에서의 높이 5m를 무시하면 회전관람차의 반지름이 두 배가 되면 P점에서의 높이도 두 배가 된다.

8.3 사인법칙과 코사인법칙

개념 이해

1. 전망대의 높이

p.431

이해 : 문제 상황을 도식으로 나타내어 직각삼각형에서의 삼각함수를 이용하여 문제에서 요구하는 각의 크기를 구한다.

계획 : 전망대의 높이가 160 m 이고, 전망대까지의 거리가 400 m 라고 하면, 오른쪽과 같이 도식할 수 있다. 그림에서 전망대를 올려다보았을 때 각 A 의 크기 θ는 tan를 이용하여 구할 수 있다.

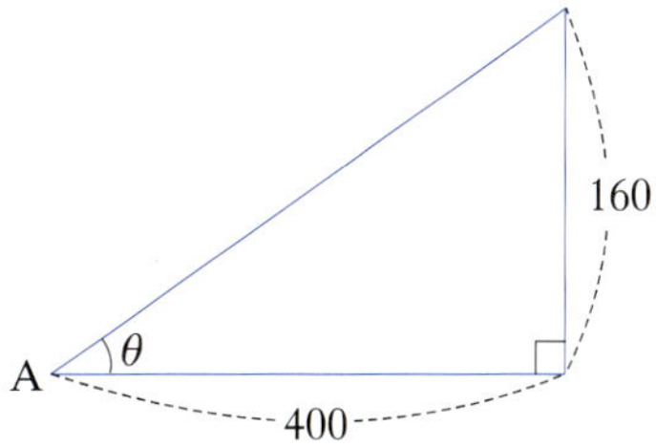

풀이

$\tan\theta = \dfrac{160}{400} = \dfrac{2}{5}$에서 계산기를 이용하면 $\theta = \tan^{-1}\dfrac{2}{5} \fallingdotseq 21.8°$

2. 공룡 발자국

p.431

이해 : 주어진 문제는 $\triangle ABC$ 에서 코사인법칙을 이용하여 $\angle ABC$ 의 값을 구하는 문제이다.

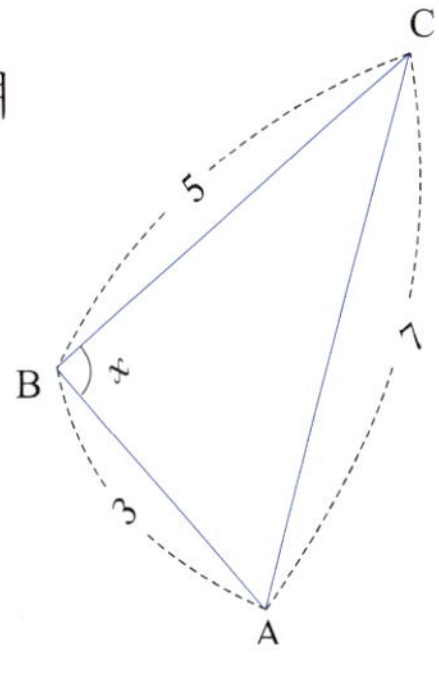

코사인법칙의 활용 : $c^2 = a^2 + b^2 - 2ab\cos C$

$$7^2 = 3^2 + 5^2 - 2 \cdot 3 \cdot 5\cos B$$

$$\cos B = \frac{3^2+5^2-7^2}{-2\cdot3\cdot5} = -\frac{1}{2},\ \cos B = -\frac{1}{2} \text{ 이므로 } B = 120°$$

공룡발자국이 이루는 각의 크기는 120°가 된다.

문제 해결

1. 빛의 굴절

p.432

풀이

(1) $\dfrac{\sin\theta_1}{\sin\theta_2} = 1.3$ 에서 $\theta_1 = 60°$이므로,

$$\sin\theta_2 = \frac{\sin 60°}{1.3} = \frac{\frac{\sqrt{3}}{2}}{1.3} = \frac{\sqrt{3}}{2.6} \fallingdotseq 0.67$$

$\theta_2 \fallingdotseq 42°$

(2) 주어진 문제 상황에 맞는 $\triangle ABC$ 에서

$\angle DAB = 42°$이므로

$\overline{AD}$와 $\overline{BD}$의 길이를 구할 수 있다.

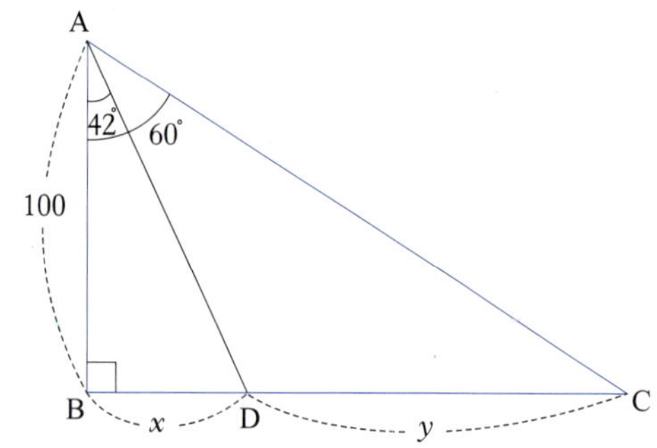

(i) $\tan 42° = \dfrac{x}{100}$

$x = 100 \times \tan 42° \fallingdotseq 100 \times 0.9 = 90\text{cm}$

(ii) $\tan 60° = \dfrac{x+y}{100} = \dfrac{90+y}{100}$

$\sqrt{3} = \dfrac{90+y}{100}$

$\therefore y = 100\sqrt{3} - 90 \fallingdotseq 83.2\text{cm}$

(3) 실제로 물체가 떨어진 곳으로 가까이 접근함에 따라 $\angle DAB$(굴절각)과 $\angle CAB$ (입사각)이 작아진다.

따라서 입사각이 0에 가까워지면서 $\tan(\text{입사각}) = \dfrac{\overline{BC}}{\overline{AB}}$도 0에 가까워진다.

$\overline{AB} = 100$으로 일정하므로 y는 0에 가까워진다.

2. 등대까지의 거리

p.433

이해 : 주어진 문제는 $\triangle ABC$에서 사인법칙을 이용하여 $\overline{AB}$, $\overline{AC}$의 거리를 구하는 문제이다.

계획 : 문제 상황에 맞는 $\triangle ABC$ 에서 $\angle A = 75°$임을 이용하여 사인법칙을 이용한다.

풀이

$$\frac{2}{\sin 75°} = \frac{\overline{AB}}{\sin 45°}, \quad \frac{2}{\sin 75°} = \frac{\overline{AC}}{\sin 60°}$$

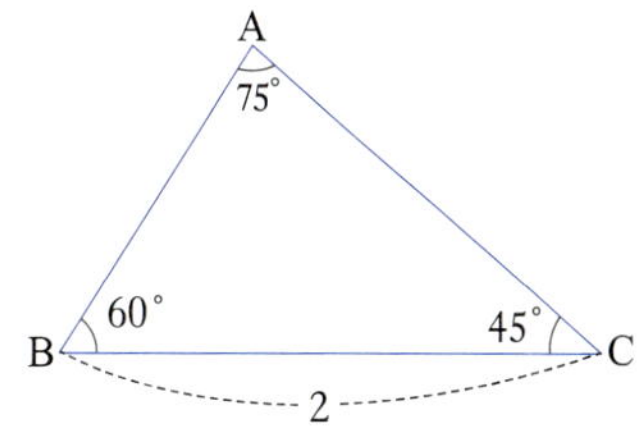

$$\overline{AB} = \frac{2\sin 45°}{\sin 75°} \fallingdotseq 1.46$$

$$\overline{AC} = \frac{2\sin 60°}{\sin 75°} \fallingdotseq 1.79$$

검토 : 각각의 배에서 등대까지의 거리는 약 1.46 km, 1.79 km가 된다.

3. 수성까지의 거리

p.433

이해 : 주어진 문제는 지구를 중심으로 하여 태양과 수성이 이루는 각이 $22°$임을 이용하여 태양에서 수성까지의 거리와 지구에서 태양까지의 거리를 알 때, 지구에서 수성까지의 거리를 구하는 문제이다.

계획 : 오른쪽 그림과 같이 태양과 수성과 지구를 각각 꼭짓점 A, B, C 로 하는 $\triangle ABC$를 생각하고, 두 변의 길이와 한 각을 알 때, 코사인 법칙을 이용하여 다른 한변의 길이를 구하면 된다.

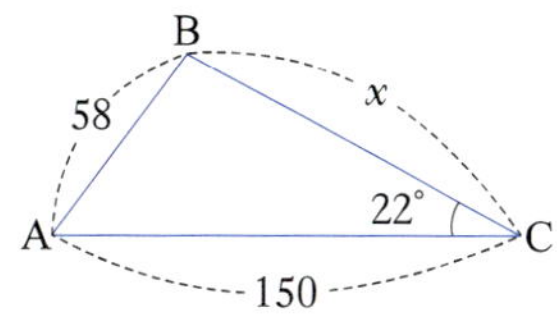

풀이

태양과 수성사이의 거리를 58(단위:백만), 태양과 지구사이의 거리를 150(단위 : 백만)이라 하고, 코사인법칙에서

$$\overline{AB}^2 = \overline{AC}^2 + \overline{BC}^2 - 2\cdot \overline{AC}\cdot\overline{BC}\cos C$$

에서 $\overline{BC} = x$라 하면,

$$58^2 = 150^2 + x^2 - 2\cdot 150x \cdot \cos 22°$$ 이고

계산기에 의해 해를 구하면

$x \fallingdotseq 124.70$, $x \fallingdotseq 153.45$이다.

검토 : 즉, 지구에서 수성까지의 거리는 1억2천4백7십만km 또는 1억5천3백4십5만km가 될 것이다.

4. 보트의 속력

p.434

이해 : 세 보트 P, Q, R의 속력은 일정하고 한 지점 O에서 동시에 출발하므로 지점 O를 꼭지점으로 하는 삼각형에서 생각해 본다.

계획 : O에서 동시에 출발하는 두 보트 R, P의 t초 후의 점O에서의 거리를 각각 $3t$, $8t$라 하고, $\overline{OQ}=x$라 하면, 전체삼각형의 넓이$\triangle ROP$는 $\triangle ROQ$와 $\triangle QOP$의 합과 같음을 이용하자

풀이

$\triangle ROQ + \triangle QOP = \triangle ROP$에서

$$\frac{1}{2}(3t)x\sin(60°)+\frac{1}{2}(8t)x\sin(60°) = \frac{1}{2}(3t)(8t)\sin(120°)$$

$$\frac{3\sqrt{3}t}{4}x+\frac{8\sqrt{3}t}{4}x=\frac{24\sqrt{3}t^2}{4}$$

$$\frac{11\sqrt{3}}{4}x=\frac{24\sqrt{3}t}{4}$$

$$x=\frac{24}{11}t$$

∴ Q는 반직선 OB 방향으로 약 2.18m/s의 속력으로 움직이면 항상 직선 RP 위에 있게 된다.

실력 다지기

열린풀이

01

p.435

풀이

(1) 점 B에서 변 $\overline{AC}$ 위로의 수선의 길이를 h라 하면, h는 변$\overline{AC}$를 밑변으로 하는 삼각형의 높이가 된다.

즉, $\sin A=\dfrac{h}{c}$이고 넓이 $S=\dfrac{1}{2}bh$에서 $h=c\sin A$이므로

결국 주어진 삼각형의 넓이 $S=\dfrac{1}{2}bc\sin A$가 된다.

(2) (1)에서 $S=\dfrac{1}{2}bc\sin A=\dfrac{1}{2}ab\sin C=\dfrac{1}{2}ac\sin B$이므로

$bc\sin A=ab\sin C=ac\sin B$에서

$c\sin A=a\sin C$ 이므로 $\dfrac{a}{\sin A}=\dfrac{c}{\sin C}$가 성립한다.

마찬가지로 $\dfrac{b}{\sin B}=\dfrac{c}{\sin C}$이므로

결국 $\dfrac{a}{\sin A}=\dfrac{b}{\sin B}=\dfrac{c}{\sin C}$가 성립한다.

∴ 각 A가 직각일 때와 둔각일 때도 위의 식이 그대로 성립한다.

추론풀이

01

p.435

풀이

삼각형 ∠ABC의 꼭짓점 A에서 BC 또는 그 연장선에 내린 수선의 발을 H라 하고 ∠C의 크기에 따라 다음의 세 가지 경우로 나누어 생각해 볼 수 있다.

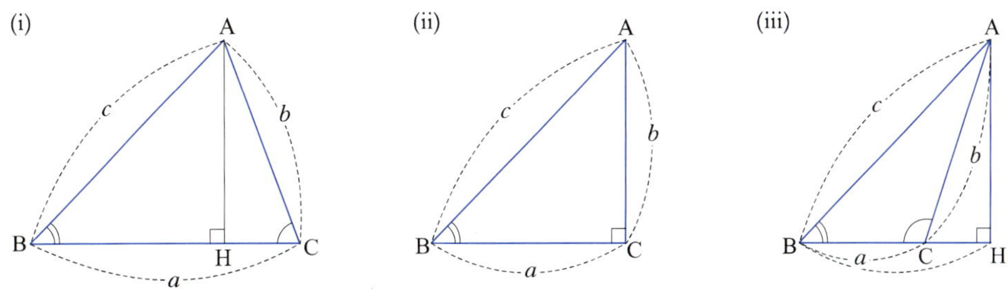

(i) $\angle$B, $\angle$C가 예각일 때

$a = \overline{\mathrm{BH}} + \overline{\mathrm{CH}} = c\cos\mathrm{B} + b\cos\mathrm{C}$

(ii) $\angle\mathrm{C} = 90°$일 때, $c\cos\mathrm{C} = 0$이므로

$a = c\cos\mathrm{B} = c\cos\mathrm{B} + b\cos\mathrm{C}$

(iii) $\angle$C가 둔각일 때

$a = \overline{\mathrm{BH}} - \overline{\mathrm{CH}} = c\cos\mathrm{B} - b\cos(180° - \mathrm{C})$

$= c\cos\mathrm{B} + b\cos\mathrm{C}$

따라서, $\angle$C의 크기에 관계없이 다음이 성립한다.

$a = b\cos\mathrm{C} + c\cos\mathrm{B}$ ················· ①

마찬가지로 다음 등식이 성립함을 알 수 있다.

$b = c\cos\mathrm{A} + a\cos\mathrm{C}$ ················· ②

$c = a\cos\mathrm{B} + b\cos\mathrm{A}$ ················· ③

여기서, $①^2 - ②^2 - ③^2$을 계산하면

$a^2 - b^2 - c^2 = -2bc\cos\mathrm{A}$

따라서, $a^2 = b^2 + c^2 - 2bc\cos\mathrm{A}$

이와 같은 방법으로 $b^2 = c^2 + a^2 - 2ca\cos\mathrm{B}$, $c^2 = a^2 + b^2 - 2ab\cos\mathrm{C}$ 를 얻을 수 있다.

한편, 코사인법칙은 피타고라스 정리의 특수한 경우이다.

$a^2 = b^2 + c^2 - 2bc\cos\mathrm{A}$에서 $\angle\mathrm{A} = 90°$이면 $\cos 90° = 0$이므로 $a^2 = b^2 + c^2$의 피타고라스정리가 유도된다.

C·H·A·P·T·E·R 9

9장 삼각함수와 삼각방정식

9.1 삼각함수와 삼각방정식

핵심개념

- 핵심용어
  주기

▸ $y=\sin x$와 $y=\cos x$의 그래프

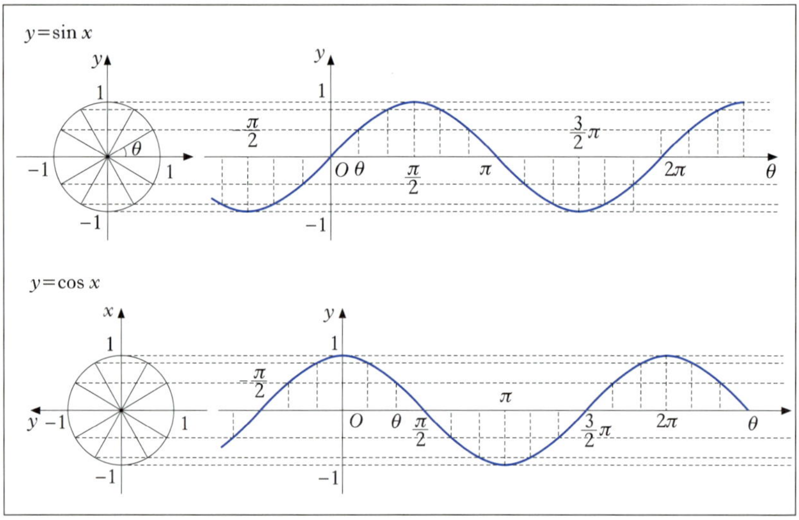

- 정의역: 실수 전체의 집합, 치역: $\{y \mid -1 \leq y \leq 1\}$
- 최솟값: -1, 최댓값 : 1
- 진폭: 각 함수의 최댓값 M과 최솟값 m의 차의 반

  즉, $\frac{1}{2}(M-m)=\frac{1}{2}\{1-(-1)\}=1$이다.
- $y=\sin x$의 x절편: $0, \pm\pi, \pm 2\pi, \pm 3\pi, \cdots$
- $y=\cos x$의 x절편: $\pm\frac{\pi}{2}, \pm\frac{3\pi}{2}, \pm\frac{5\pi}{2}, \pm\frac{7\pi}{2}, \cdots$
- 각 함수의 주기: 2π

※ 주기: 반복되는 패턴의 그래프를 가진 함수를 주기함수라 하고 반복되는 그래프의 가장 짧은 마디의 가로 길이를 주기라 한다.

참고: 함수 $y=f(x)$에 대하여 $f(x+p)=f(x)$를 만족하는 양의 최솟값 p가 주기임.

▸ $y=a\sin bx$와 $y=a\cos bx$의 진폭과 주기(단, $a, b>0$)

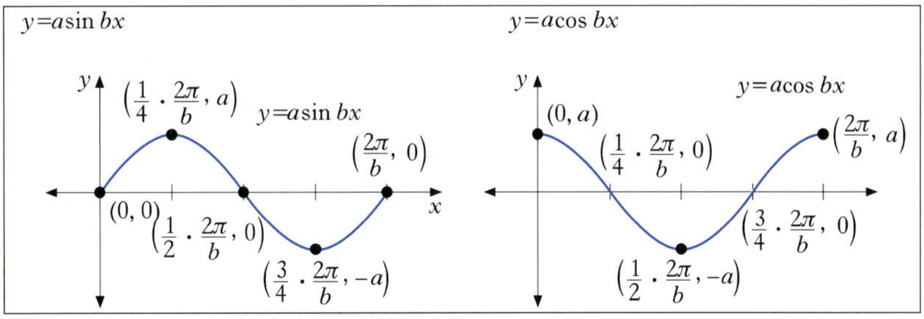

• 함수 $y=a\sin bx$, $y=a\cos bx$ (a, b는 0이 아닌 실수)의

진폭: $|a|$, 주기: $\dfrac{2\pi}{|b|}$

▸ $y=\tan x$의 그래프

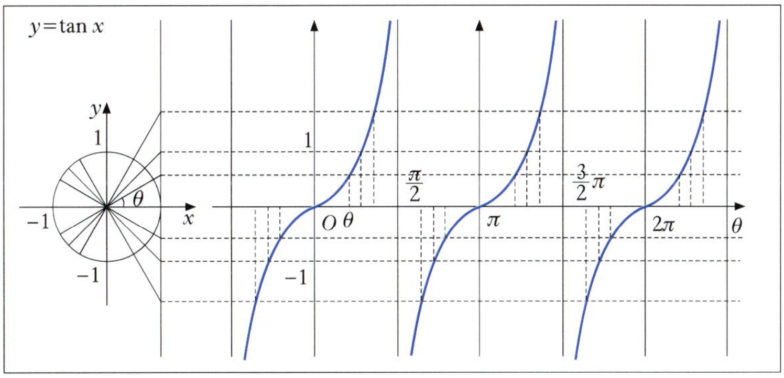

• 정의역: $\dfrac{(2n+1)\pi}{2}$(n은 정수)를 제외한 실수 전체의 집합

• 치역: 실수 전체의 집합

• 주기: π

• 원점에 대하여 대칭

• 점근선의 방정식: $x=\dfrac{(2n+1)\pi}{2}$(n은 정수)

• 핵심용어
주기

▸ $y=a\tan bx$의 그래프

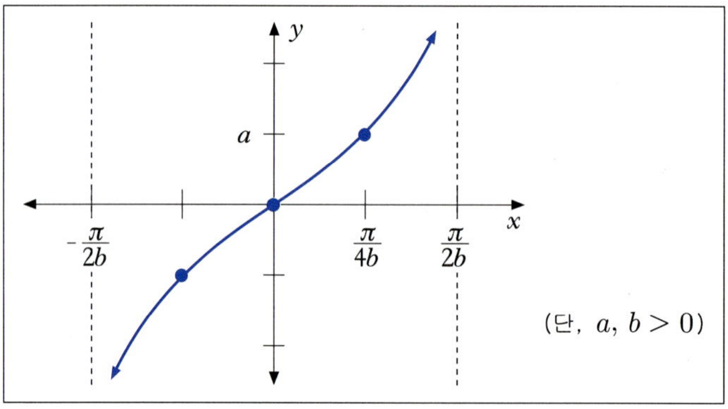

• 함수 $y=a\tan bx$ (a, b는 0이 아닌 실수)의

주기: $\frac{\pi}{|b|}$, 점근선: $x=\frac{(2n+1)\pi}{2|b|}$ (n은 정수)

핵심개념

• 핵심용어
삼각함수의 평행이동
삼각함수의 대칭이동
삼각함수의 성질

▸ $y=a\sin b(x-h)+k$, $y=a\cos b(x-h)+k$, $y=a\tan b(x-h)+k$

- $y=a\sin bx$, $y=a\cos bx$, $y=a\tan bx$의 그래프를 각각 구하여 x축으로 h만큼, y축으로 k만큼 평행이동
- $a<0$일 때,
  $y=a\sin b(x-h)+k$, $y=a\cos b(x-h)+k$의 그래프
  $\Rightarrow$ $y=|a|\sin b(x-h)+k$, $y=|a|\cos b(x-h)+k$의 그래프를 직선 $y=k$에 대하여 대칭이동
- 함수 $y=a\sin b(x-h)+k$, $y=a\cos b(x-h)+k$의
  최댓값: $|a|+k$, 최솟값: $-|a|+k$, 주기: $\dfrac{2\pi}{|b|}$

▸ 삼각함수의 성질

- 삼각함수 사이의 관계
  $\sin^2\theta+\cos^2\theta=1$, $1+\tan^2\theta=\sec^2\theta$, $1+\cot^2\theta=\operatorname{cosec}^2\theta$
- $-\theta$의 삼각함수
  $\sin(-\theta)=-\sin\theta$, $\cos(-\theta)=\cos\theta$, $\tan(-\theta)=-\tan\theta$
- $\pi\pm\theta$의 삼각함수
  $\sin(\pi+\theta)=-\sin\theta$, $\cos(\pi+\theta)=-\cos\theta$, $\tan(\pi+\theta)=\tan\theta$
  $\sin(\pi-\theta)=\sin\theta$, $\cos(\pi-\theta)=-\cos\theta$, $\tan(\pi-\theta)=-\tan\theta$
- $\dfrac{\pi}{2}\pm\theta$의 삼각함수
  $\sin\left(\dfrac{\pi}{2}+\theta\right)=\cos\theta$, $\cos\left(\dfrac{\pi}{2}+\theta\right)=-\sin\theta$, $\tan\left(\dfrac{\pi}{2}+\theta\right)=-\cot\theta$
  $\sin\left(\dfrac{\pi}{2}-\theta\right)=\cos\theta$, $\cos\left(\dfrac{\pi}{2}-\theta\right)=\sin\theta$, $\tan\left(\dfrac{\pi}{2}-\theta\right)=\cot\theta$
- $\dfrac{3\pi}{2}\pm\theta$의 삼각함수
  $\sin\left(\dfrac{3\pi}{2}+\theta\right)=-\cos\theta$, $\cos\left(\dfrac{3\pi}{2}+\theta\right)=\sin\theta$, $\tan\left(\dfrac{3\pi}{2}+\theta\right)=-\cot\theta$
  $\sin\left(\dfrac{3\pi}{2}-\theta\right)=-\cos\theta$, $\cos\left(\dfrac{3\pi}{2}-\theta\right)=-\sin\theta$, $\tan\left(\dfrac{3\pi}{2}-\theta\right)=\cot\theta$

▸ 삼각방정식, 삼각부등식

- 삼각함수의 각의 크기를 미지수로 하는 방정식과 부등식
- 삼각방정식과 삼각부등식의 풀이

  ⇒ 삼각함수의 그래프를 이용하거나 단위원을 이용

▸ 사인곡선(Sinusoid)

- $y=a\sin b(x-h)+k$이나 $y=a\cos b(x-h)+k$의 사인이나 코사인의 그래프로 나타나는 곡선

▸ 사인곡선으로 최적화하기(Sinusoidal regression)

- 그래픽 계산기를 이용하여 주어진 자료에 최적화 되는 사인곡선의 모델을 찾는 것

개념이해 물레방아

어느 마을의 물레방아는 오른쪽 그림처럼 특정부분에 검은 점이 표시되어 있고 물레방아가 회전함에 따라 지면으로부터 검은 점의 높이 h(m)는 다음 함수식으로 나타내어진다.

$$h = 2\sin\frac{2\pi}{3}\left(t - \frac{3}{4}\right) + 2.3$$

(t는 물레방아가 회전을 시작한 후 경과시간, 단위: 초)

(1) 검은 점이 위치하는 최대높이와 최소높이를 구하시오.

(2) 물레방아가 한 바퀴 도는데 걸리는 시간을 구하시오.

(3) 30초 동안 물레방아의 회전 수를 구하시오.

(4) 위 함수 그래프의 개형을 그리시오.

풀이 (1) h의 최댓값은 $2+2.3=4.3(\text{m})$ 이고 최솟값은 $-2+2.3=0.3(\text{m})$이다.

(2) 위 함수의 주기는 $\dfrac{2\pi}{\left(\dfrac{2\pi}{3}\right)}=3$(초)이다. 따라서 물레방아가 한 바퀴 도는데 걸리는 시간은 3초이다.

(3) 한 바퀴 도는데 3초가 소요되므로 30초 동안 10회 회전한다.

(4)

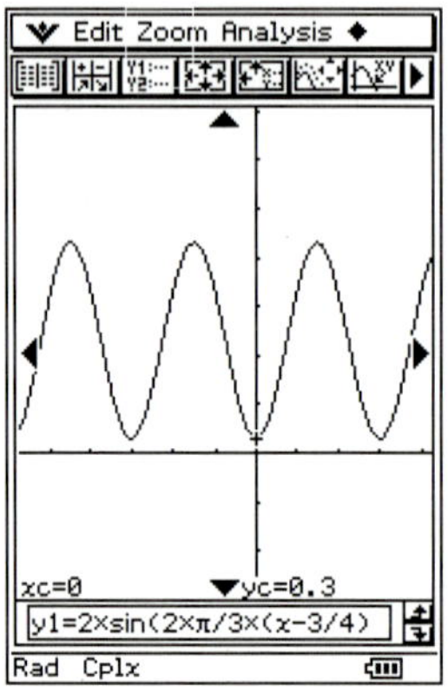

1 삼각함수의 그래프

아래의 두 삼각함수 그래프에 대하여 다음 물음에 각각 답하시오.

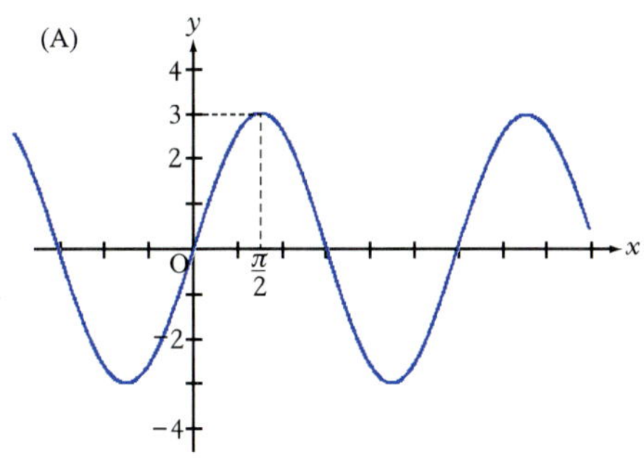

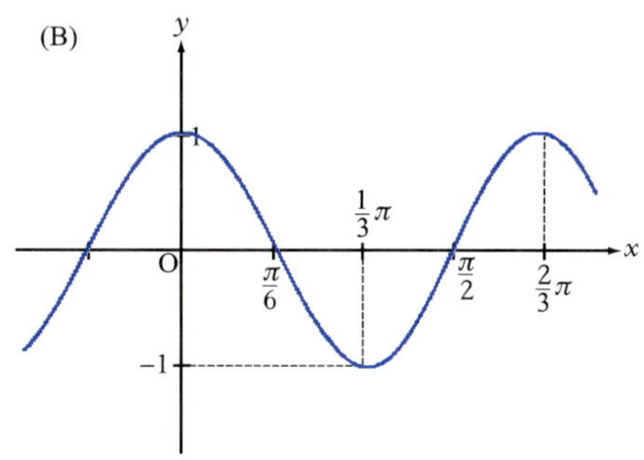

(1) 각 함수의 주기는 얼마인지 구하시오.

(2) 각 함수의 진폭은 얼마인지 구하시오.

(3) 각 함수의 최댓값과 최솟값을 구하시오.

(4) 각각의 그래프에 대응되는 함수식을 구하시오.

2 삼각함수의 그래프

아래의 삼각함수 그래프에 대하여 물음에 답하시오.

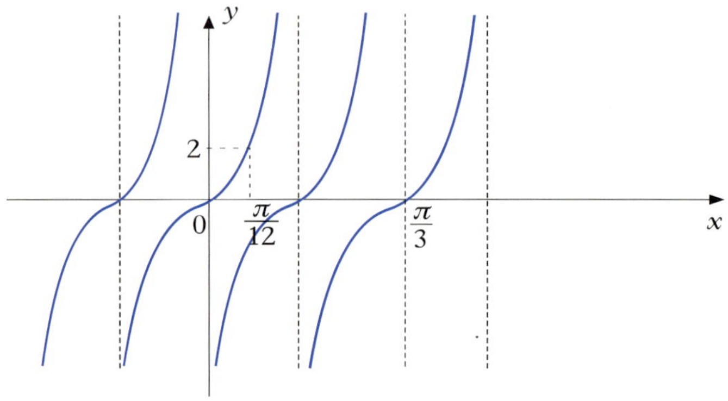

(1) 함수의 주기는 얼마인지 구하시오.

(2) 함수의 최댓값과 최솟값을 구하시오.

(3) 그래프에 대응되는 함수식을 구하시오.

(4) 점근선의 방정식을 구하시오.

3 삼각함수의 그래프

$y=-2\sin\frac{2}{3}\left(x-\frac{\pi}{2}\right)$의 그래프 개형을 그리고 주기, 최댓값, 최솟값을 구하시오.

4 삼각함수의 성질

$0<\theta<\frac{\pi}{2}$이고 $\tan\theta=2$일 때, $\sin\theta$와 $\cos\theta$의 값을 구하시오.

5 삼각함수의 성질

다음 식을 간단히 하시오.

(1) $\dfrac{\cos\left(\frac{\pi}{2}-\theta\right)-1}{1+\sin(-\theta)}$

(2) $\dfrac{\sin\theta}{1+\cos\theta}-\dfrac{1-\cos\theta}{\sin\theta}$

6 삼각방정식과 삼각부등식

$0 \leqq \theta < 2\pi$일 때, 다음 방정식과 부등식의 해를 구하시오.

(1) $\cos\theta = \frac{1}{2}$

(2) $\sin\theta < \frac{1}{2}$

문제해결

1 용수철 추

단진동 운동을 하는 용수철 추의 높이의 변화를 그래프로 나타내면 사인함수 그래프가 된다.

오른쪽 그림에서 용수철을 아래로 5cm만큼 잡아당긴 후 놓았을 때, 특정 위치($t=0$)로부터의 높이 변화를 사인함수로 나타내면 다음과 같다고 한다.

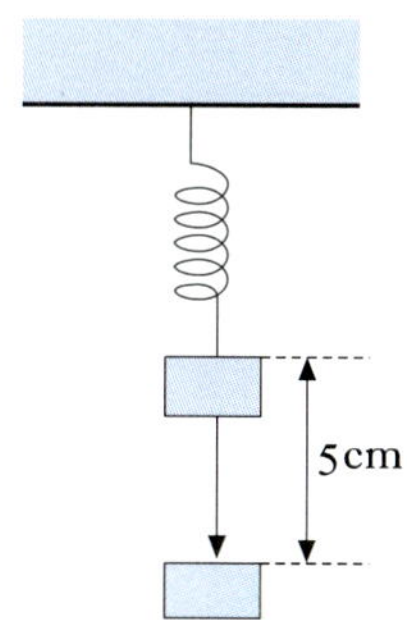

$$x = 5\sin 6\pi\left(t - \frac{1}{12}\right) + 2 \text{(}t\text{는 경과한 시간, 단위: 초)}$$

이 용수철은 5초 동안 특정 위치($t=0$)를 몇 번 지나는가?

2 대관람차

호영이는 지난 일요일에 집 근처에 있는 공원에 친구와 함께 놀러갔다. 그 곳에서 반지름이 20미터이고 3분 동안 일정한 속도로 1회전하는 대관람차를 탔다.

대관람차에 승차하는 위치는 지면에서의 높이가 가장 낮은 지점으로서 그 높이는 2미터라고 한다. 호영이가 대관람차에 승차하는 순간부터의 시간 t(단위: 분)에 대한 호영이의 지면으로부터의 높이 h(단위: 미터)의 함수식을 구하시오.

3 굴절의 법칙

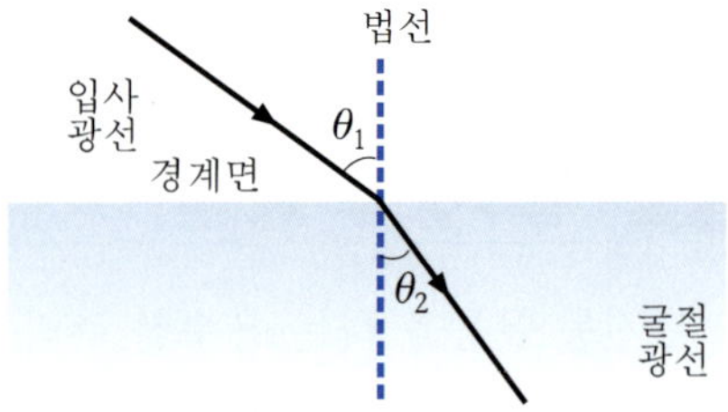

굴절의 법칙이란 방향이 바뀌어도 물리적 성질은 바뀌지 않는 빛이나 소리가 두 매질을 지나면서 굴절할 때, 입사각의 사인과 굴절각의 사인의 비는 일정하다는 법칙으로 1626년에 스넬이 발견하였다. 즉, n_1의 굴절률을 가진 매질에서 n_2의 굴절률을 가진 매질로 빛이 통과할 때 입사각 θ_1과 굴절각 θ_2사이에는

$$n_1 \cdot \sin\theta_1 = n_2 \cdot \sin\theta_2$$

인 관계가 있다.

(1) 굴절의 법칙은 $\dfrac{n_1}{\sqrt{\cot^2\theta_1 + 1}} = \dfrac{n_2}{\sqrt{\cot^2\theta_2 + 1}}$의 식으로 변형될 수 있음을 보이시오.

(2) 굴절의 법칙을 나타내는 식에서 $\theta_1 = 60^\circ$, $\theta_2 = 30^\circ$, $n_2 = 2$일 때, n_1의 값을 구하시오.

(3) 굴절의 법칙에서 $\theta_1 = \theta_2$라면 n_1과 n_2의 관계는 어떠해야하며 이것이 의미하는 상황은 무엇인지 각각 설명하시오.

4 백령도

아래의 표는 2009년 1월 초순의 어느 날, 백령도 근처 어느 지점에서 시각에 따른 해수의 깊이를 조사한 표이다.

시 각	02	04	06	08	10	12
해수의 깊이(cm)	52	76.3	139.8	218.3	281.8	306

(1) 그래픽 계산기를 이용하여 시각에 따른 해수의 깊이를 사인곡선으로 최적화하고 그래프를 그리시오.

(2) 이 자료의 경우 사인곡선으로 최적화하는 것이 타당한지 설명하시오.

실력다지기

열린문제

01 함수 $y=2\sin x+2$의 최솟값을 갖는 점에서만 만나는 탄젠트 함수를 찾으시오.

발전문제

01 삼각함수 $y=\sin x$, $y=\cos x$, $y=\tan x$의 그래프가 다음과 같다.

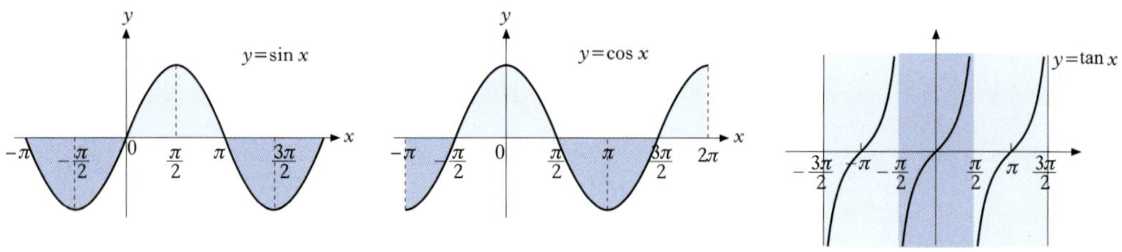

$y=\text{cosec}x$, $y=\sec x$, $y=\cot x$ 그래프의 개형을 각각 그리고 각각에서 정의역과 치역을 구하시오.

02 다음 6개의 삼각함수에 대하여 아래의 A~F 그래프 중 대응되는 것을 찾으시오.

(1) $y=\sin 2\left(x+\dfrac{\pi}{2}\right)$

(2) $f(x)=\cos(x+\pi)$

(3) $f(x)=\cos x-2$

(4) $y=\sin\left(x+\dfrac{\pi}{4}\right)$

(5) $y=\cos\dfrac{1}{2}x+1$

(6) $f(x)=\sin\dfrac{1}{2}(x-\pi)$

A.
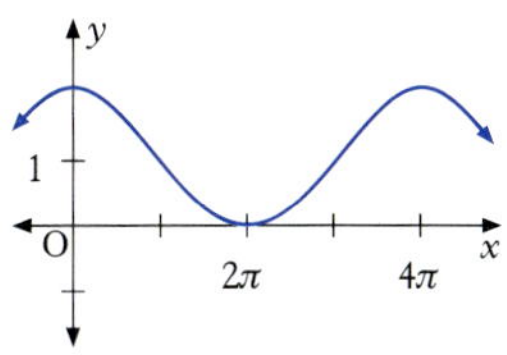

B.
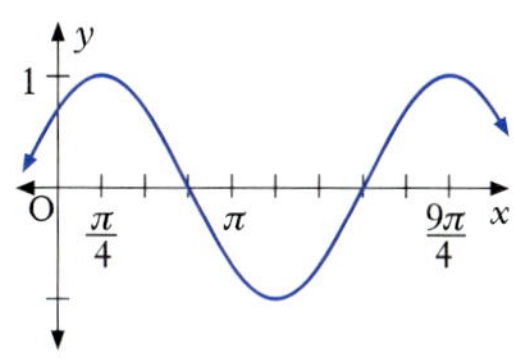

C.
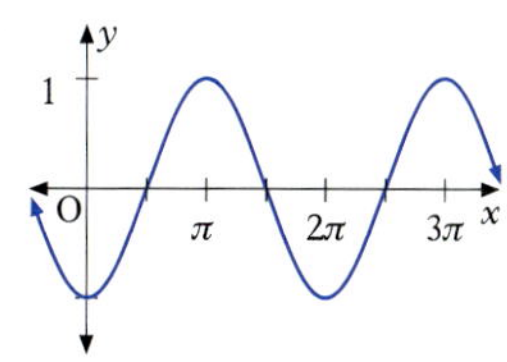

D.
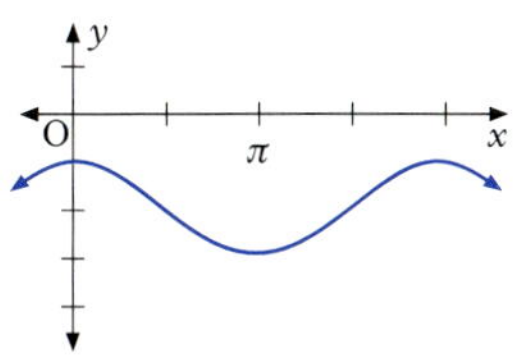

E.
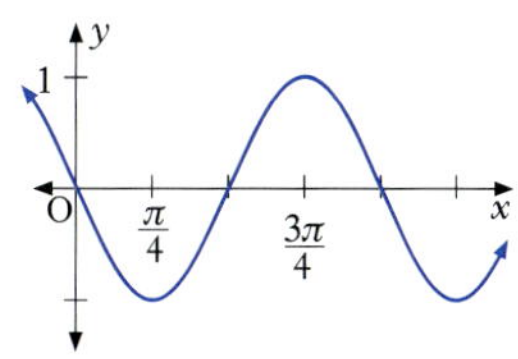

F.
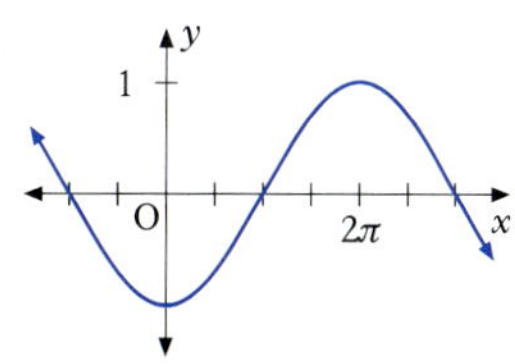

추론문제

01 $y=\sin x$의 그래프를 어떻게 이동하면 $y=\cos x$의 그래프와 겹쳐지는지 설명하시오.

풀이와 답

9.1 삼각함수와 삼각방정식

개념이해

1. 삼각함수의 그래프 p.455

풀이

(A) (1) 주기: 2π

(2) 진폭: 3

(3) 최댓값: 3, 최솟값: -3

(4) $y = 3\sin x$

(B) (1) 주기: $\frac{2\pi}{3}$

(2) 진폭: 1

(3) 최댓값: 1, 최솟값: -1

(4) $y = \cos 3x$

2. 삼각함수의 그래프 p.456

풀이

(1) 주기: $\frac{\pi}{3}$

(2) 최댓값, 최솟값: 없음

(3) $y = 2\tan 3x$

(4) 점근선: $x = \frac{(2n+1)\pi}{6}$ (n은 정수)

3. 삼각함수의 그래프

p.457

풀이

$y = 2\sin\frac{2}{3}x$

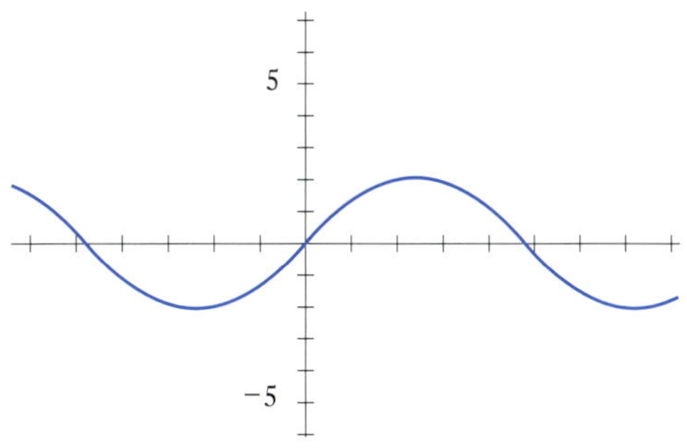

$y = -2\sin\frac{2}{3}\left(x - \frac{\pi}{2}\right)$

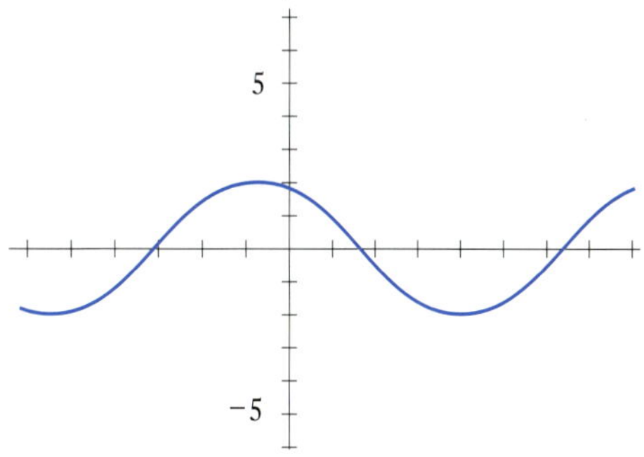

$y = 2\sin\frac{2}{3}x$의 그래프를 그린 후 x축으로 $\frac{\pi}{2}$만큼 평행이동을 하고 x축에 대하여 대칭이동 한다.

주기: $\frac{2\pi}{\frac{2}{3}} = 3\pi$

최댓값: 2

최솟값: −2

4. 삼각함수의 성질

p.457

풀이

$1 + \tan^2\theta = \sec^2\theta$에서 $\sec^2\theta = 5$이므로

$\cos^2\theta = \frac{1}{5}$

그런데 $0 < \theta < \frac{\pi}{2}$이므로

$\cos\theta = \frac{\sqrt{5}}{5}$

$\tan\theta = \frac{\sin\theta}{\cos\theta}$에서 $\sin\theta = \tan\theta\cos\theta$이므로

$\sin\theta = \frac{2\sqrt{5}}{5}$

별해 : 오른쪽 그림과 같이 $\tan\theta = 2$를 만족하는 직각삼각형은 피타고라스 정리에 의하여 빗변의 길이가 $\sqrt{5}$이다. 따라서 1사분면의 각 θ에 대하여

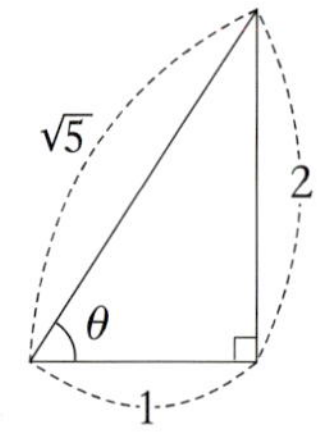

$$\sin\theta = \frac{2}{\sqrt{5}} = \frac{2\sqrt{5}}{5}$$

$$\cos\theta = \frac{1}{\sqrt{5}} = \frac{\sqrt{5}}{5}$$ 이다.

5. 삼각함수의 성질

p.457

풀이

(1) $$\frac{\cos\left(\frac{\pi}{2}-\theta\right)-1}{1+\sin(-\theta)} = \frac{\sin\theta - 1}{1-\sin\theta} = \frac{-(1-\sin\theta)}{1-\sin\theta} = -1$$

(2) $$\frac{\sin\theta}{1+\cos\theta} - \frac{1-\cos\theta}{\sin\theta} = \frac{\sin^2\theta - (1-\cos\theta)(1+\cos\theta)}{(1+\cos\theta)\sin\theta} = \frac{\sin^2\theta - (1-\cos^2\theta)}{(1+\cos\theta)\sin\theta} = \frac{\sin^2\theta - \sin^2\theta}{(1+\cos\theta)\sin\theta} = 0$$

6. 삼각방정식과 삼각부등식

p.458

풀이

(1) $y = \cos\theta$의 그래프와 직선 $y = \frac{1}{2}$의 교점의 θ의 좌표를 구하면 $\theta = \frac{\pi}{3}$ 또는 $\frac{5}{3}\pi$이다.

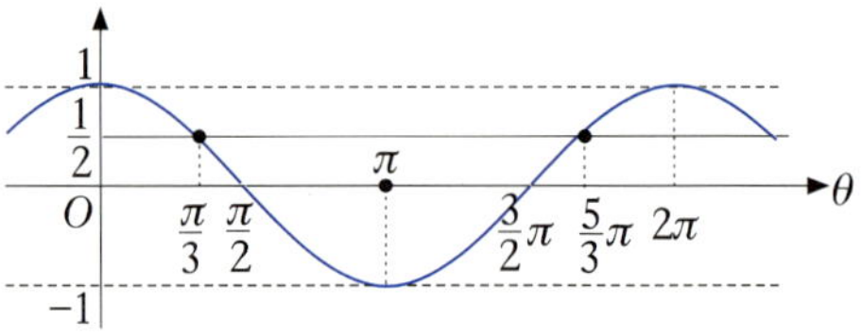

다른풀이 : 오른쪽 그림과 같이 직선 $x=\frac{1}{2}$과 단위원과의 교점을 P, Q라고 하면 선분 OP와 OQ가 x축의 양의 방향과 이루는 각의 크기가 구하는 해이다. 따라서,

$$\theta=\frac{\pi}{3} \text{ 또는 } \frac{5}{3}\pi$$

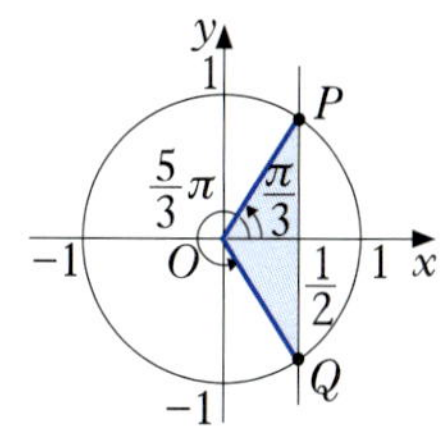

(2) $y=\sin\theta$의 그래프가 직선 $y=\frac{1}{2}$보다 아래쪽에 있는 θ값의 범위를 구하면

$$0 \leqq \theta < \frac{\pi}{6} \text{ 또는 } \frac{5}{6}\pi < \theta < 2\pi \text{이다.}$$

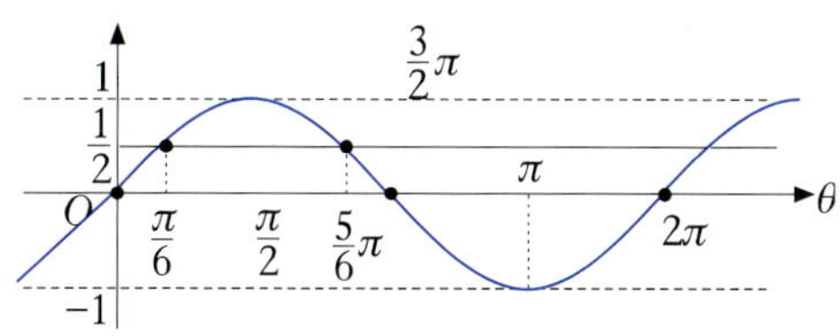

다른풀이 : 직선 $y=\frac{1}{2}$과 단위원과의 교점을 P, Q라고 하면 구하는 각 θ의 범위는 색칠한 부분이다. 따라서 구하는 해는 $0 \leqq \theta < \frac{\pi}{6}$ 또는 $\frac{5}{6}\pi < \theta < 2\pi$ 이다.

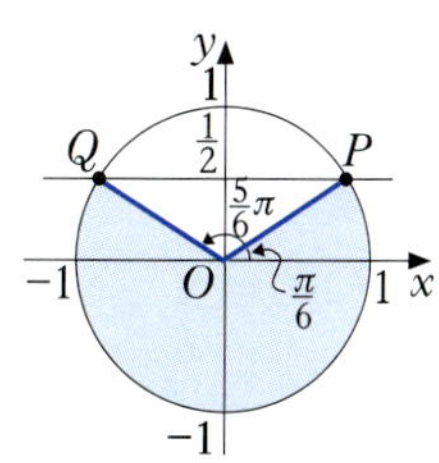

알아두기 : 오른쪽 그림에서와 같이 중심이 원점이고 반지름의 길이가 1인 단위원이 있다고 하자.
x축의 양의 방향과 θ의 각을 이루는 선분과 단위원의 교점의 좌표 (x, y)는 삼각비의 정의에 의하여 $x=\cos\theta$, $y=\sin\theta$로 표현되고 따라서 $(x, y)=(\cos\theta, \sin\theta)$임을 알 수 있다.
위 문제의 다른 풀이에서는 이 사실을 이용하였음을 밝혀둔다.

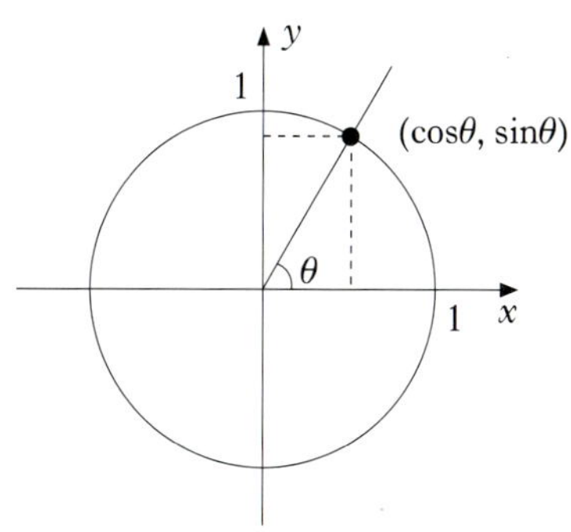

문제해결

1. 용수철 추

p.459

풀이

사인함수 $x = 5\sin 6\pi(t - \frac{1}{12}) + 2$ 그래프의 주기는 $\frac{2\pi}{6\pi} = \frac{1}{3}$(초)이고, 그래프를 그려보면 오른쪽과 같다. 1주기 당 용수철은 특정 위치를 2번 지난다(그래프에서 시간 축과 그래프와의 교점).

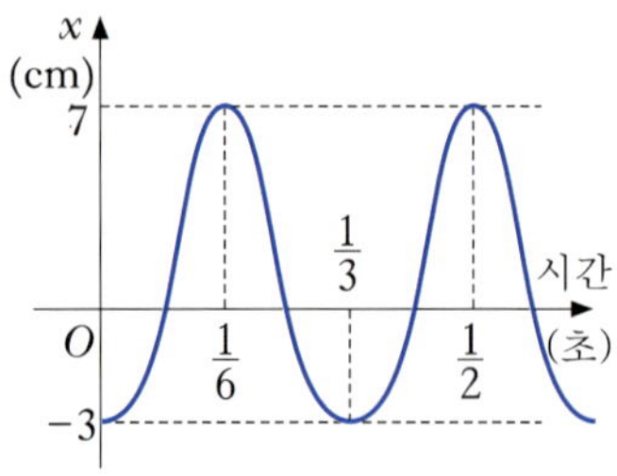

$5 \div \frac{1}{3} = 15$이므로 5초 동안에는 특정 위치를 30번 지나게 된다.

2. 대관람차

p.459

풀이

호영이의 지면으로부터의 최소높이는 승차할 때이므로 2미터이고, 최대높이는 대관람차의 반지름이 20미터이므로 42미터이다.

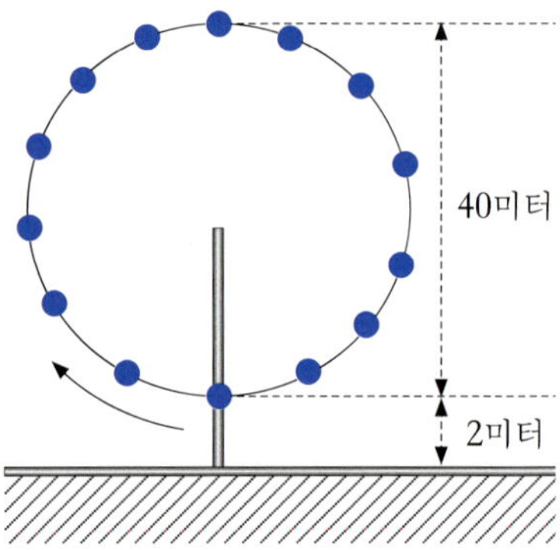

한편, 대관람차는 3분 동안 1회전하므로 호영이의 지면으로부터의 높이는 주기가 3분, 최댓값 42미터, 최솟값 2미터, $t = 0$일 때 $h = 2$인 사인그래프를 그리게 된다.

따라서, $h = a\sin b(t + c) + d \ (a > 0)$에서

$$a + d = 42, \ -a + d = 2, \ \frac{2\pi}{b} = 3, \ (0, 2)$$ 를

지나야 하므로

$$a = 20, b = \frac{2\pi}{3}, \ c = -\frac{3}{4}, \ d = 22$$이다.

$\therefore$ 구하는 함수식은 $h = 20\sin\frac{2\pi}{3}(t - \frac{3}{4}) + 22$ 이다.

3. 굴절의 법칙

p.460

풀이

(1) $\dfrac{n_1}{\sqrt{\cot^2\theta_1+1}}=\dfrac{n_2}{\sqrt{\cot^2\theta_2+1}}$

$\dfrac{n_1}{\sqrt{\mathrm{cosec}^2\theta_1}}=\dfrac{n_2}{\sqrt{\mathrm{cosec}^2\theta_2}}$

$\dfrac{n_1}{\mathrm{cosec}\theta_1}=\dfrac{n_2}{\mathrm{cosec}\theta_2}$

$\dfrac{n_1}{\dfrac{1}{\sin\theta_1}}=\dfrac{n_2}{\dfrac{1}{\sin\theta_2}}$

$\dfrac{n_2}{\sin\theta_1}=\dfrac{n_1}{\sin\theta_2}$

$n_1\cdot\sin\theta_1=n_2\cdot\sin\theta_2$

(2) $n_1\cdot\sin\theta_1=n_2\cdot\sin\theta_2$에서 $n_1\sin60^\circ=2\cdot\sin30^\circ$

즉, $n_1=\dfrac{2\times\dfrac{1}{2}}{\dfrac{\sqrt{3}}{2}}=\dfrac{2}{\sqrt{3}}\fallingdotseq 1.15$이다.

(3) 굴절의 법칙에서 $\theta_1=\theta_2$라면 n_1과 n_2는 서로 같아야 하며 이는 두 매질이 같은 매질이거나 다른 매질이라도 두 매질의 굴절률이 같은 상황임을 의미한다.

4. 백령도

p.461

풀이

(1) ① A열에는 '시각'을, B열에는 '해수의 깊이'를 문제에서 주어진 자료를 계산기에 입력한다.

② 입력한 자료를 좌표평면상의 점으로 나타내고 사인함수로 최적화 하기 위한 준비를 한다.

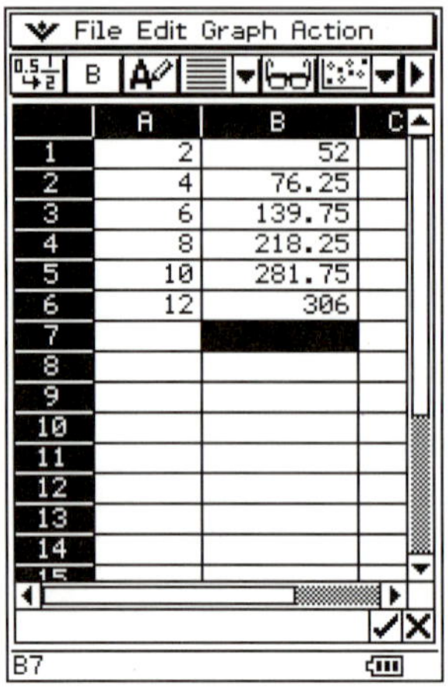

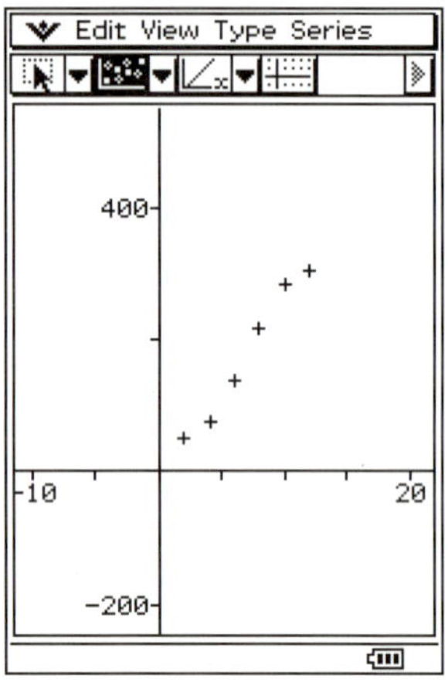

③ 사인의 최적화 함수 메뉴를 확인

④ 최적화 함수를 구하고 그래프를 그릴 수 있다.

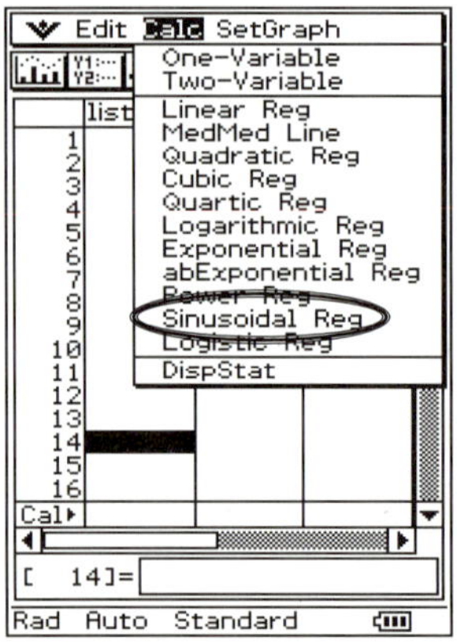

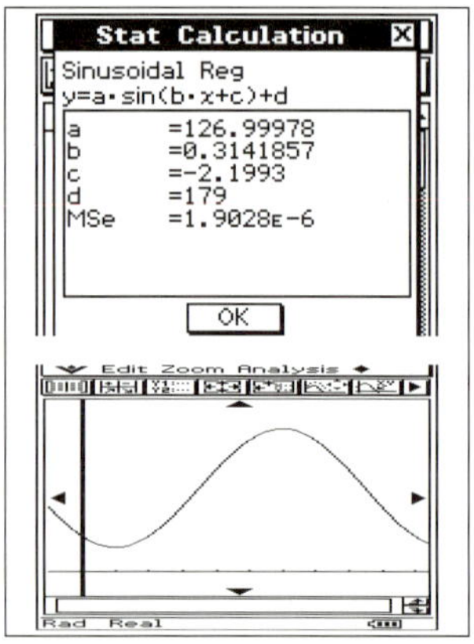

(2) 해수면의 깊이는 밀물과 썰물에 의한 주기성을 띠며 나타나므로 다른 곡선보다 사인곡선으로 최적화하는 것이 타당하다.

실력 다지기

열린풀이

01

p.462

풀이

$y=2\sin x+2$의 그래프는 주기가 2π이고 $x=\dfrac{3}{2}\pi+2n\pi$ (n은 정수)에서 최솟값 0을 가진다.

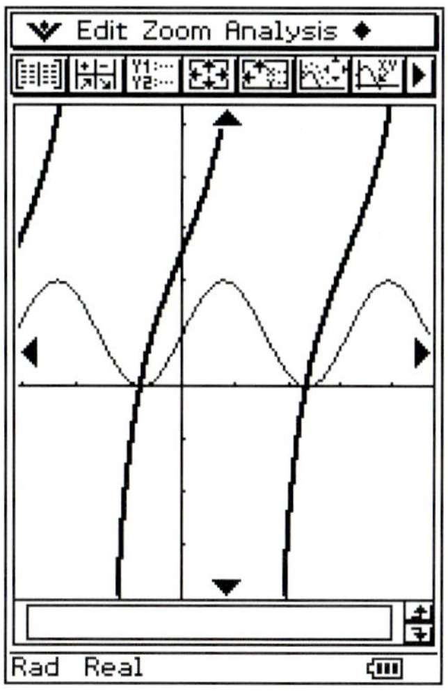

따라서 어떤 탄젠트 함수가 주어진 조건을 만족하기 위해서는 탄젠트함수의 주기가 사인함수의 주기인 2π와 일치해야 하고 사인함수와 탄젠트함수의 교점이 $\left(\dfrac{3}{2}\pi+2n\pi, 0\right)$ 뿐이기 위해서는 $y=a\tan\dfrac{1}{2}x+a$ 꼴의 탄젠트 함수면 가능하다.

여기서 a가 작으면 또 다른 교점이 존재할 수 있지만 a가 충분히 크면 탄젠트함수의 기울기가 커지면서 문제의 조건을 만족할 수 있다. 오른쪽 그래프는 위 함수의 a가 5일 때의 탄젠트 그래프이다.

발전풀이

01

p.462

풀이

구해야 하는 함수의 그래프는 $y=\sin x$, $y=\cos x$, $y=\tan x$의 역수함수이므로 $y=\operatorname{cosec}x$, $y=\sec x$, $y=\cot x$의 그래프는 $y=\sin x$, $y=\cos x$, $y=\tan x$의 함수값이 0인 점의 좌우에서 한없이 무한히 증가하거나 감소하는 형태를 띠어 점근선을 갖게 된다.

(1) $y=\operatorname{cosec}x$ 정의역은 $x\neq n\pi$(n은 정수)인 모든 실수
치역은 $\{y\,|\,y\geq 1$ 또는 $y\leq -1\}$

(2) $y=\sec x$ 정의역은 $x\neq\dfrac{\pi}{2}+n\pi$(n은 정수)인 모든 실수
치역은 $\{y\,|\,y\geq 1$ 또는 $y\leq -1\}$

(3) $y=\cot x$ 정의역은 $x\neq n\pi$(n은 정수)인 모든 실수
치역은 모든 실수

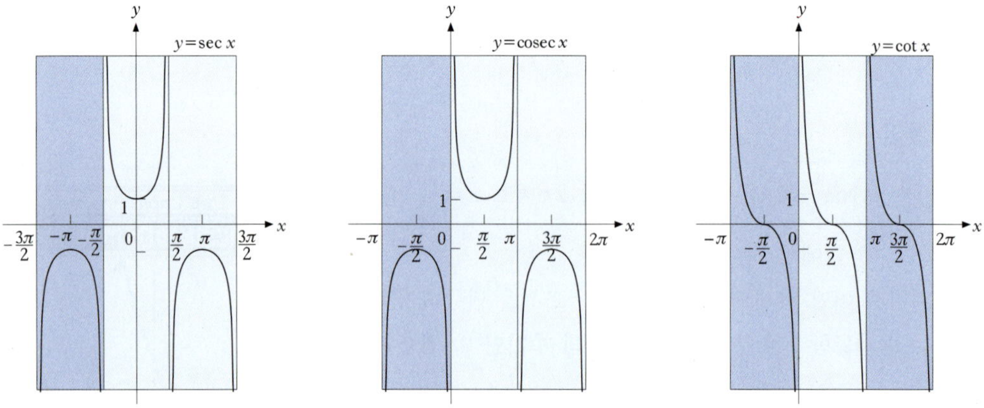

02

p.463

풀이

(1) E (2) C (3) D (4) B (5) A (6) F

추론풀이

01

p.463

풀이

$\cos x = \sin\left(x + \frac{\pi}{2}\right)$이고 $y = \sin\left(x + \frac{\pi}{2}\right)$의 그래프는 $y = \sin x$의 그래프를 x축으로 $-\frac{\pi}{2}$만큼 평행이동하면 되므로 $y = \cos x$의 그래프도 $y = \sin x$의 그래프를 x축으로 $-\frac{\pi}{2}$만큼 평행이동하면 된다.

참고문헌

권숙일 외 3인(1995). **물리Ⅱ**. (주)두산

김성기, 고지흡, 김홍종, 계승혁, 하길찬(2005). **교양을 위한 대학수학 제2권: 다변수함수의 미적분**. 교우사.

류희찬, 조완영, 조정묵, 임미선, 유익승, 함명주, 박원균, 남선주, 정성윤 (2009). **고등학교 수학**. (주)미래엔컬처그룹.

신인선(1998). **수학교사를 위한 프랙탈 기하**. 경문사.

예림당출판부(2001). **동물도감**. 예림당.

우규환 외 5인(2002). **화학Ⅱ**. (주)중앙교육진흥연구소.

우정호(2001). **학교수학의 교육적 기초**. 서울대학교출판부.

이장우(2000). **미분방정식**. 경문사.

장경윤(2000). **그래픽 계산기와 함께 하는 수학 탐구**. 경문사.

최용준, 신현성(2003) **고등학교 수학 10-가, 나, 수학Ⅰ, 수학Ⅱ**. (주)천재교육.

한세호(2001). **그래픽 계산기를 활용한 개방형 문제 풀이 활동에 관한 연구**. (한국교원대학교 석사학위 논문)

______(2009). **고등학교 수학학습에서 컴퓨터대수체계(CAS)의 도구발생**. (건국대학교 대학원 박사학위 논문)

황선욱 외 12인(2010). **고등수학, 수학I**. 좋은책 신사고.

Arfken, G. B. & Weber, H. J. *Mathematical Methods for Physicists*. 김성원 역(1999). **수리물리학**. 경문사.

Drijvers, P.H.M. and Gravemeijer, K. (2005). "Computer algebra as an instrument: Examples of algebraic schemes". In D. Guin,, K. Ruthven & L. Trouche (Eds.), *The Didactical Challenge of Symbolic Calculators*(pp. 176-186). New York: Springer.

Eves, H. *History of mathematics*. 이우영, 신항균 역(1995). **수학사**. 경문사.

Koppett, L. (The) *new thinking fan's guide to baseball*. 이종남 역 (2009). **야구란 무엇인가**. 황금가지.

참고문헌

Kutzler, B. (2003). CAS as Pedagogical Tools for Teaching and Learning Mathematics", In Fey. J.T. , Couco A., Kieran C, McMillin, L. and Zbiek, R.M.(Eds), *Computer Algebra Systems in Secondary School Mathematics Education*(pp.73-88). Reston, VA: National Council of Teachers of Mathematics.

Lagrange, J.B.(2001). A multi-dimensional study of the use of IC technologies: The case of computer algebra. In J. Novotna (Ed), *Proceeding of the second conference of the European Society for Research in Mathematics Education*(pp.170-182).

Larson, Boswell, Kanold , Stiff (2007). Algebra I , Algebra II, IL: McDougal littell.

National Council of Teachers of Mathematics (1989). *Curriculum and evaluation standards for school mathematics*. Reston, VA: NCTM

________ (2000). *Principles and standards for school mathematics*. Reston, VA: NCTM.

National Science Foundation (1998). *Mathematics in context*. Chicago, IL: Encyclopædia Britannica Educational Corporation.

Stacey, K., Chick, H. Kendal. Margaret, K. (eds.). (2004) *The Future of the Teaching and Learning of Algebra: The 12th ICMI Study*, Springer.

Stewart. *Calculus*. 수학교재편찬위원회 역(1998). **미분적분학**. 청문각.

Tipler, P. A. *Physics*. 물리학교재편찬위원회 역(1998). **물리학**. 청문각.

자료수집 관련 사이트

기상청 홈페이지 http://www.kma.go.kr

통계청 홈페이지 http://www.kostat.go.kr

http://www.msi.vxu.se/picme10/F6BP.pdf

http://www.casio.co.jp/edu_e/classpad

http://www.classpad.org/index.php

http://www.emh.co.kr/compound.pl

htttp://classpad.net

그래핑계산기 제공 웹사이트

http://my.hrw.com/math06_07/nsmedia/tools/Graph_Calculator/graphCalc.html

http://javaboutique.internet.com/graphcalc

http://webgraphing.com/graphing_basic.jsp

장경윤
서울대학교 사범대학 수학교육과
미국 Boston University, Ed.D.(수학교육)
현재 건국대학교 수학교육과 교수
kchang@konkuk.ac.kr

류현아
건국대학교 수학교육학 박사
현재 건국대학교 강사
경인교육대학교 강사
한국교육과정평가원 위촉연구원
ryuha29@naver.com

한세호
건국대학교 수학교육학 박사
현재 건국대학교 강사
수지고등학교 교사
hanseho1@hanmail.net

장만석
건국대학교 수학교육학 석사
현재 건국대학교 부속고등학교 교사
jangmanseok@hanmail.net

서효훈
건국대학교 수학교육학 석사
현재 풍생고등학교 교사
seohyohoon@hanmail.net

홍선표
건국대학교 사범대학 수학교육과
현재 분당영덕여자고등학교 교사
recon15@hanmail.net

문제해결을 위한 수학
Power Math

2010년 4월 8일 초판 인쇄
2010년 4월 15일 초판 발행

저 자 / 장경윤 · 류현아 · 한세호
장만석 · 서효훈 · 홍선표
발행자 / 오판근
발행처 / 교우사

주 소 / 서울 동대문구 제기2동 148-19
전 화 / 925-2861(代), 편집부 / 925-2825
팩 스 / 925-2860

E-mail / kyowoo@kyowoo.co.kr
http://www.kyowoo.co.kr

등록 / 1994. 3. 24 제6-0256호

ISBN 978-89-8172-853-3 (93410)

값 27,000 원